Auto-Reparaturanleitung Band 1348

# FIAT 500

## Modell 312

Limousine und Cabriolet

**Benzinmotoren**

0,9l TwinAir Turbo
1,0l TwinAir
1,2l 8V
1,4l 16V

Modelljahre 2007 bis 2019



bucheli verlag

**IMPRESSUM**

ISBN ISBN 978-3-7168-2319-4

Auto-Reparaturanleitung
Band 1348



**Text und redaktionelle Bearbeitung:**
Christoph Pandikow

**Bilder/Zeichnungen:**
Silke Pandikow; Christoph Pandikow; PCI Diagnosetechnik GmbH & Co. KG; Hella KGaA Hueck & Co; Bosch Presseabteilung; FCA-Deutschland Presseableitung

**Herstellung:** Pandikow, 65554 Limburg/Lahn

**Druck und Bindung:**
PBtisk a.s. Pribram
Printed in Czech Republic


Bucheli Verlags AG
Gewerbestrasse 10
CH-6330 Cham
Postadresse:
Postfach 4161
CH-6304 Zug
Telefon: ++41 (0)41 741 77 55
Telefax: ++41 (0)41 741 71 15
www.bucheli-verlag.ch

1. Auflage 2022

# Inhalt

Fiat 500
Fiat 500

# Inhalt

**Folgende Symbole** verdienen im Laufe der Arbeit besondere Beachtung:

**Sichtprüfung**
*Teil genau ansehen; besonders beachten.*

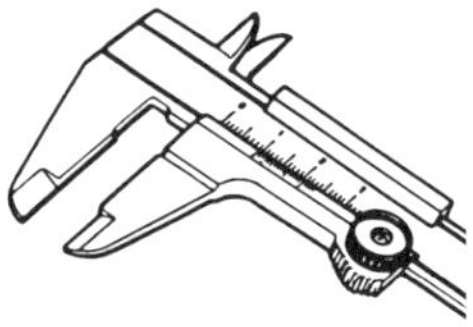

**Messen**
*Schieblehre oder anderes Messwerkzeug nötig.*

**Achtung**
*Besondere Vorsicht geboten; Sicherheitshinweise beachten!*

**Tipp**
*Wertvoller Hinweis für einfacheres Schrauben; Erläuterung von Bauteilen und Begriffen.*

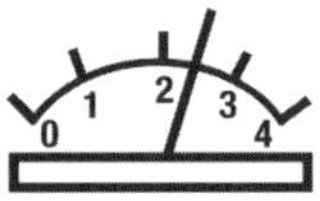


**Messen mit elektr. Messgeräten**
*Multimeter- oder Diagnosegeräte-Einsatz erforderlich*

# 1 Einleitung

## Arbeiten mit diesem Buch

Ein Reparaturhandbuch ist dann ein Reparaturhandbuch, wenn es bei Reparaturen zur Hand gehen kann. Es soll also helfen, Ihren Fiat wieder »in die Gänge« zu bringen. Ganz klar, als blutiger Laie werden Sie nur mit einiger Hilfe gezielt arbeiten können. Bedenken Sie, dass Ihr Fahrzeug in jedem (oder zumindest in fast jedem) Teil etwas mit Sicherheit im Straßenverkehr zu tun hat. Jede einzelne Sekunde, in der Ihr Fahrzeug in Betrieb ist. Nehmen Sie die Fehler deshalb immer ernst. Gerade Anfänger übersehen oft Kleinigkeiten, die nachher durchaus größere oder zumindest schwer aufzufindende Fehler ergeben. Bei einer Fehlersuche am eigenen Fahrzeug unterhielten sich zwei angehende Kfz-Mechatroniker: »... was hast du denn zuletzt repariert?«, letztendlich fand sich dort dann auch der Fehler. Diese Anekdote zeigt sehr deutlich, dass zum einen die eigene Arbeit, zum anderen der Ablauf der Arbeiten, die Kenntnisse über den Funktionszusammenhang der Systeme und natürlich auch über die Informationsquellen, die zur Verfügung stehen, immer hinterfragt werden müssen. Dieses Buch eignet sich aber auch, um die Details Ihres Fiat 500 einmal genauer unter die Lupe zu nehmen.

Wir haben den Aufbau so gestaltet, dass die Informationen praxisgerecht auf- und umgearbeitet wurden.

In den einzelnen Kapiteln wird der Umgang mit den Test- und Messgeräten genauer vorgestellt. Es handelt sich um getestete Übungen, die Sie problemlos nachvollziehen können. »An modernen Autos kann man gar nichts mehr selber machen!«, das ist ein typischer Satz, der weder richtig ist noch die motivierten Schrauber unter den Lesern von der Reparatur abhalten sollte. Betrachtet man sich die Probleme genauer, die mit der Fehlerdiagnose entstehen, stellt sich ein einfaches Prinzip heraus. Grundsätzlich sind Bauteile, deren Funktionsabläufe nachvollzogen und im wahrsten Sinne des Wortes »begriffen« werden können, leicht zu prüfen.

**Elektrisches Messen**

Leuchtet eine Glühlampe nicht, wird sie in der Regel demontiert und der Zustand des Glühfadens gegen das Licht kontrolliert. Über die Glühlampe, beziehungsweise ihren Aufbau, ist jedem bekannt, dass sie ohne den Glühfaden nicht funktionieren kann. Könnte man in alle Bauteile hineinsehen und den Funktionsablauf und den Aufbau auf diese Art kontrollieren, würde kaum ein Mechaniker über die immer komplizierter werdende Technik schimpfen. Hier kommt die Messtechnik zum Zuge. Es ist nämlich möglich, die Funktionsabläufe und die Funktion optisch zu überprüfen. Es ist auch möglich, das Bauteil selbst zu prüfen. Auch dafür werden keine teuren Spezialgeräte gebraucht. Sie oder Ihr Mechaniker müssen sich lediglich bereit erklären, die Technik und dazugehörige Prüfmethoden anzunehmen und gelegentlich auch etwas dazuzulernen.

Ganz klar gibt es Einschränkungen für Arbeiten, die aus Sicherheitsgründen nicht durchgeführt werden sollten. Dazu zählen Arbeiten z. B. an der Klimaanlage und am Airbagsystem.

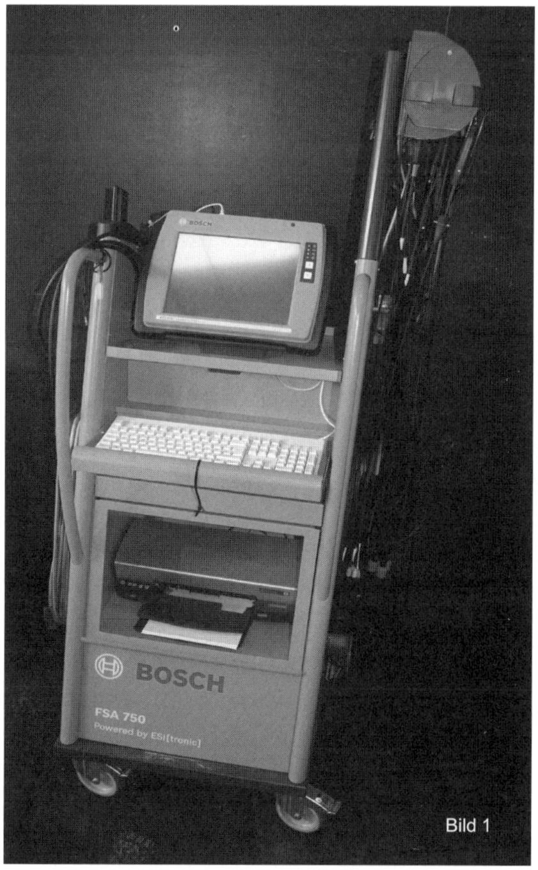


*Bild 1*
*Bosch KTS 650/670 mit FSA 750-Modul und Abgastester.*

»Die Tester kann sich keiner leisten!«, ist auch eine These, die wir widerlegen werden. Anhand der Beschreibungen der Spezialwerkzeuge und deren ungefähren Preise lassen sich hier die Kosten leicht überschauen. Die notwendige Ausrüstung ist bei den meisten Schraubern oftmals schon vorhanden. Andere Teile sind gar nicht so teuer und lassen sich sinnvoll als Geburtstagsgeschenkidee an die Lieben weitergeben. Die Aufgabe dieses Reparaturhandbuches ist es, eine Hilfestellung für Wartungsarbeiten und Reparaturen am Fiat zu geben.
Das Buch wendet sich an die ambitionierten Schrauber, die mit ihrer Erfahrung Reparaturen, Wartungsarbeiten und Einstellungen an ihrem Fahrzeug vornehmen wollen. Da zu allen diesen Arbeiten ein OBD-Diagnosetester dazugehört und dieser für deutlich unter 100 Euro im günstigsten Fall erhältlich ist, wird die Arbeit anhand eines »Beispiel«-Testers dargestellt. Sie halten ein Buch in der Hand, das Lernstoff, Informationsquelle und Nachschlagewerk ist. Es soll die praktische Arbeit am Fahrzeug erleichtern und Sie ermutigen sich »Know-how« anzueignen, auch als Ungeübter den ersten Schritt zu machen oder als Erfahrener sich recht tief gehend mit der Diagnose auseinanderzusetzen.
Um einen möglichst schnellen Zugriff auf die Informationen in diesem Buch zu ermöglichen, sind die technischen Daten, die zur Einstellung, Reparatur und Wartung benötigt werden, in einem separaten Kapitel zusammengefasst. Alle technischen Angaben, die speziell bei den Arbeiten benötigt werden, finden Sie natürlich auch an den entsprechenden Stellen. Die Montagearbeiten werden auf gängige Reparaturen beschränkt. Sie sollten aber immer sicherstellen, dass Sie in der Lage sind, die Reparaturen selbst durchzuführen. Ungeeignete Messgeräte oder auch fehlerhafte Handhabung eines Messgerätes können nicht nur finanzielle Folgen haben. Für die Arbeiten an Airbagsystemen ist eine spezielle Ausbildung erforderlich, die mit einem Sachkundenachweis abgeschlossen wird.

⚠ Unterlassen Sie es zu Ihrer eigenen Sicherheit, an Sitzen oder anderen Bauteilen Hand anzulegen, ohne diese spezielle Ausbildung abgeschlossen zu haben. Arbeiten an diesem System ohne Sachkunde sind GROB fahrlässig und gefährden Ihr Leben. Sollten Probleme an diesem System auftauchen, suchen Sie immer eine Werkstatt auf und erkundigen Sie sich auch darüber, inwieweit die »Airbag-Sachkunde« besteht.

⚠ In den einzelnen Airbageinheiten befinden sich zwar »kleine«, aber nicht ungefährliche Mengen an Sprengstoff. Nicht umsonst sind der Transport, der Umgang und die Lagerung gesetzlich im Sprengstoffgesetz geregelt. Die Arbeiten am Airbagsystem werden aus diesem Grunde nicht beschrieben. Es gibt aber auch so noch genügend Arbeiten, die Sie durchaus in Eigenregie angehen können.

Natürlich beschäftigt sich dieses Buch nicht nur mit Elektronik oder der reinen Montagearbeit. Auch einige Arbeiten mit den Diagnosegeräten wurden mit Praxisbezug ausgewählt und im Detail dargestellt.

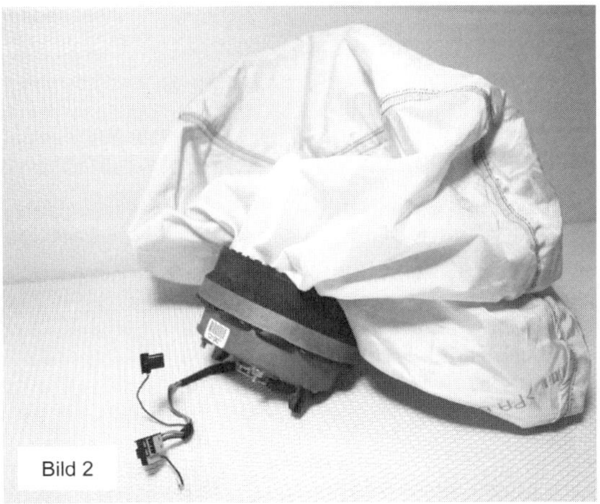

Bild 2

*Bild 2 EXPLOSIV: gezündeter Airbag*

Bild 3

*Bild 3 »Self-made«-Beulen-doktor*

## Sicherheit geht immer vor

Sicherheit hat beim Heimwerken absolute Priorität. Nur Arbeiten anpacken, die man wirklich beherrscht. Handwerkliche Tätigkeiten, mit denen man in der Praxis bislang wenig oder gar keine Erfahrung hatte, sollte man niemals auf die leichte Schulter nehmen. Unsachgemäß ausgeführte Arbeiten können früher oder später fatale Folgen haben (Bilder 4-12).

**Umgang mit Pyrotechnik-Bauteilen**

⚠ Der Sicherheitsaspekt gilt insbesondere für pyrotechnische Bauteile. Diese enthalten einen Treibstoff, bei dessen Abbrand ein Gas erzeugt wird. In manchen Fällen steht für die Gaserzeugung noch zusätzlich in einem Druckbehälter gespeichertes Druckgas zur Verfügung.
Die Zündung erfolgt über elektrische/ mechanische Anzünder. Bei unsachgemäßer Handhabung von Komponenten dieser Systeme kann es zu schweren Unfällen kommen. Deshalb keine Schraub- oder gar Reparaturversuche an der Sicherheitsausstattung vornehmen, sondern bei notwendigen Instandsetzungen an eine Fachwerkstatt mit Fehler-Auslesegeräten, Diagnose-Einrichtungen und geschultem Personal wenden!

⚠ Mechaniker, die an Rückhaltesystemen arbeiten, müssen spezielle Schulungen nachweisen und bei den zuständigen Behörden gemeldet sein. Pyrotechnische Bauteile dürfen auch nur im eingebauten Zustand und mit vom Hersteller frei gegebenen Diagnosesystemen geprüft werden, keinesfalls mit Prüflampe, Voltmeter oder Ohmmeter.
Nach dem Berühren von gezündeten pyrotechnischen Bauteilen: Hände waschen! Bauteile, die auf eine harte Unterlage herabgefallen sind oder Beschädigungen zeigen, dürfen nicht mehr verbaut werden.

⚠ Lagerung, Transport und Entsorgung von Airbag-, Gurtstraffer- und Batterieabtrennungseinheiten (pyrotechnische Bauteile) unterliegen der jeweiligen nationalen Gesetzgebung.

Bild 4

*Bild 4*
*Gehörschutz: Bei Blecharbeiten mit Winkelschleifer u. Ä. notwendig*

Bild 5

*Bild 5*
*Schutzbrille: besonders beim Bohren, Schleifen und Meißeln tragen.*

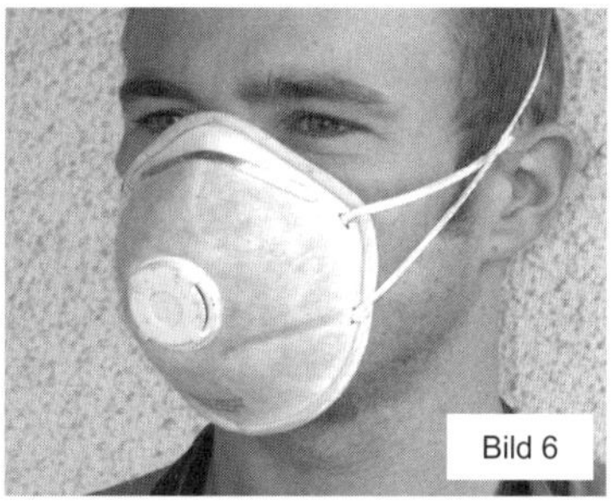

Bild 6

*Bild 6*
*Atemschutzmaske mit auswechselbaren Filterelementen: Bei Arbeiten mit atemgängigen Stäuben unerlässlich.*

Bild 7

*Bild 7*
*Bei Arbeiten in der Grube: Unbedingt für Frischluft sorgen.*

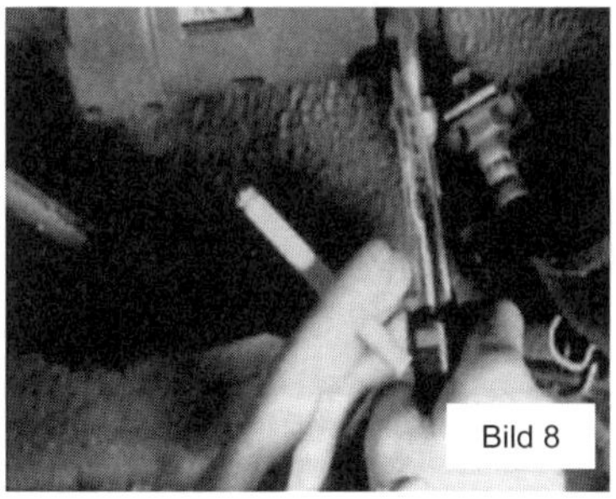

Bild 8

*Bild 8*
*Nicht rauchen: Das sollte eigentlich bei Arbeiten gerade an der Kraftstoffanlage die Regel sein.*

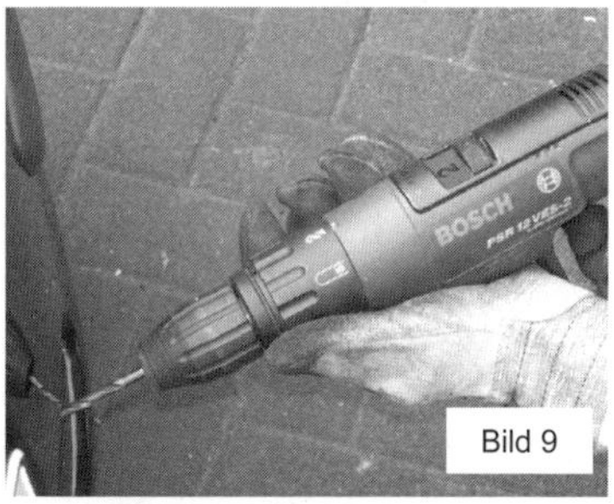


Bild 9

*Bild 9*
*Arbeitshandschuhe: Bei vielen Arbeiten angebracht, beim Umgang mit Bohrmaschinen jedoch sehr gefährlich.*

Bild 10

*Bild 10*
*Leere Sprühdosen, Altöl, Bremsflüssigkeit u. Ä.: als Sondermüll entsorgen*

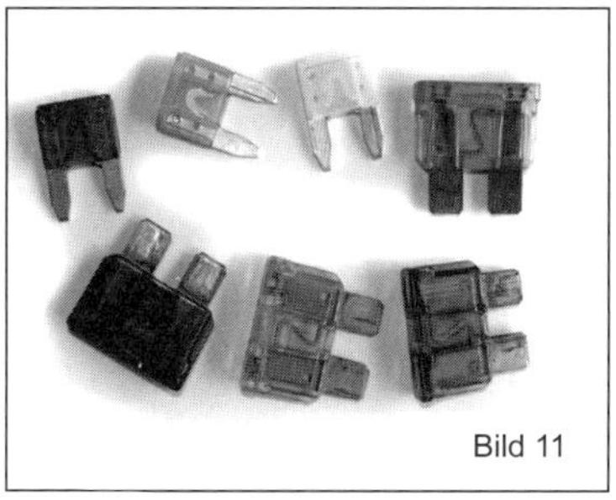

Bild 11

*Bild 11*
*Durchgebrannte Sicherungen: niemals mit Alufolie, Büroklammern o. Ä. flicken.*

Bild 12

*Bild 12*
*Hochspannung: Vorsicht bei laufendem Motor oder eingeschalteter Zündung.*

**Umgang mit Bauteilen der Klimaanlage**

Für das Kfz-Gewerbe sind z. B. auf europäischer Ebene zahlreiche relevante Gesetze erlassen worden. National ist z. B. in der BRD zusätzlich zur Präzisierung der europäischen Gesetzgebung ab dem 1. August 2008 die Chemikalien-Klimaschutzverordnung in Kraft getreten.

- Verordnung (EG) Nr. 1005/2009
- Verordnung (EG) Nr. 842/2006
- Verordnung (EG) Nr. 706/2007
- Verordnung (EG) Nr. 307/2008
- Richtlinie 2006/40/EG
- Chemikalien-Klimaschutzverordnung, Kreislaufwirtschafts- und Abfallgesetz (für die BRD)

Alle Personen, die an Kraftfahrzeug-Klimaanlagen Wartungs- und Reparaturarbeiten durchführen, müssen eine Schulung oder ein Trainingsprogramm besucht haben und die Sachkunde nachweisen (Sachkundenachweis).

⚠ Beim unkontrollierten Druckablassen besteht Gefahr durch Vereisung. Hieraus können schwerwiegende Verletzungen entstehen (Gefrierbrand ist nicht nur bei Grillfleisch unschön!). Bei nicht entleertem Kältemittelkreislauf tritt Kältemittel aus. Das Kältemittel ist vor dem Öffnen des Kältemittelkreislaufs abzusaugen. Wird der Kältemittelkreislauf nach dem Absaugen innerhalb 10 Minuten nicht geöffnet, kann durch Nachverdampfung Druck im Kältemittelkreislauf entstehen. Das Kältemittel muss dann nochmals abgesaugt werden. Alle geöffneten Bauteile des Kältemittelkreislaufs sind gegen Eintritt von Luftfeuchtigkeit mit geeigneten Verschlussstopfen zu verschließen. Es ist verboten beim Betrieb, bei Instandsetzungsarbeiten und bei Außerbetriebnahme von Erzeugnissen, die Kältemittel enthalten, entgegen dem Stand der Technik, die in ihnen enthaltenen Stoffe in die Atmosphäre entweichen zu lassen.

Bild 13

*Bild 13*
*Achtung Stromschlag! Restladungen und Induktionsspannungen können gesundheitsgefährdend sein*

**Verletzungsgefahr durch automatischen Motorstart bei Fahrzeugen mit Start-Stopp-System**

Bei Fahrzeugen mit aktiviertem Start-Stopp-System (erkennbar an einer Meldung im Schalttafeleinsatz) kann der Motor bei Bedarf automatisch starten.

☞ Deshalb sicherstellen, dass bei Arbeiten am Fahrzeug das Start-Stopp-System deaktiviert ist (Zündung ausschalten, bei Bedarf Zündung wieder einschalten).

**Verletzungsgefahr bei Arbeiten an der elektrischen Anlage**

Nicht nur die schon angesprochene Zündanlage birgt einige Überraschungen, die Sie in ungünstigen Situationen oder bei körperlichen Vorschäden leicht in Lebensgefahr bringen können. Im Gegensatz zur Hauselektrik sind keine »Personenschutzschalter« vorgesehen. Ziehen Sie grundsätzlich nichtleitende Handschuhe an, wenn Sie an Bauteilen arbeiten, deren Ladungszustand Sie nicht kennen.

Der Fiat 500 Hybrid ist ein »Mild-Hybrid«, der seinen Verbrenner unterstützt und das Starten über einen Startgenerator realisiert. Für die Arbeiten an Elektrofahrzeugen ist ein besonderer Lehrgang erforderlich. Zumindest für alle Arbeiten, die einen Eingriff in oder um das Hochvoltsystem erforderlich machen. Für diese Fahrzeuge wird noch ein gesonderter Band mit den Besonderheiten um Antrieb, Komponenten und den Arbeiten daran erscheinen.

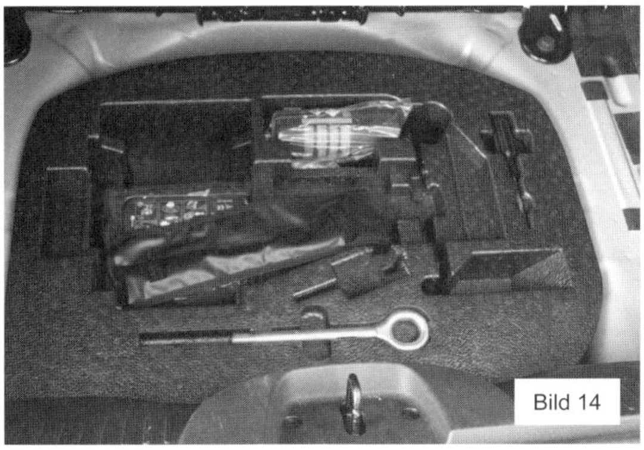
Bild 14

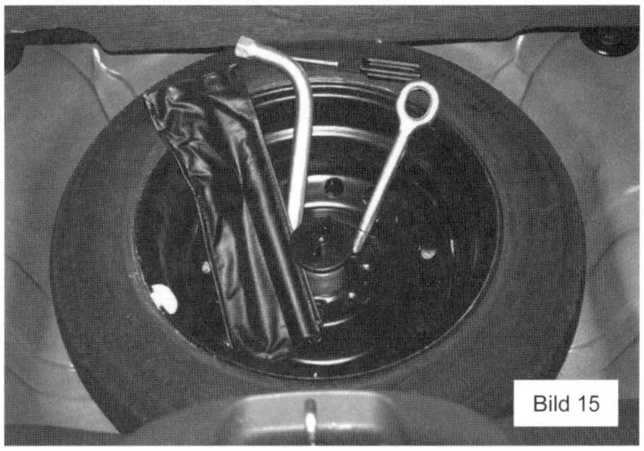
Bild 15

Bild 14
*Einlage mit Pannenhilfespray und Kompressor*

Bild 15
*Reserverad mit Wagenheber und Radschlüssel*

## Richtiges Aufbocken

Im Bordwerkzeug des Fiats ist der übliche Spindelwagenheber nur vorhanden, wenn ein Reserverad und nicht das Reifenreparaturset (Bild 14) zur Serienausstattung gehört. Mit dem Dichtmittel ist ja bei einer Reifenpanne der Radausbau nicht mehr nötig. Die Reparatur geschieht über das Ventil des beschädigten Reifens.
Ist der Spindelwagenheber im Bordwerkzeug (Bild 15), kann man mit diesem einfachen Gerät das Fahrzeug für viele Arbeiten hoch genug anheben. Mit einer untergelegten Bohle können Sie die Hubhöhe sogar noch etwas vergrößern.
Ratsam vor allem bei weichem Untergrund ist es, ein 2 cm dickes Brett mit 30 x 30 cm Seitenlänge unter den Heberfuß zu legen. Das verringert die Gefahr, dass der Heberfuß in den Boden einsinken kann.
Der Bordwagenheber darf jedoch nur dazu dienen, das Fahrzeug anzuheben. Eine ausreichende Abstützung für Arbeiten an der Wagenunterseite stellt er nicht dar, dazu sind Unterstellböcke erforderlich. Schon bei kleineren Arbeiten, z. B. dem Wechseln der Bremsbeläge, soll das angehobene Fahrzeug aus Sicherheitsgründen unbedingt mit Unterstellböcken abgestützt sein.
Zum Anheben bequemer, effektiver und auch sicherer sind Werkstattwagenheber (mit geeigneter Gummi- oder Holzzwischenlage), auch Rangierwagenheber genannt.
Die beste Möglichkeit ist natürlich eine Hebebühne. Um Beschädigungen am Fahrzeugboden bzw. ein Abkippen des Fahrzeugs zu vermeiden, darf das Fahrzeug nur an den vorgesehenen, mit einer Eindrückung markierten und extra verstärkten Aufnahmepunkten (Bild 16) am Unterholm

Bild 16

Bild 16
*Markierung am Schweller für die Positionierung von Bühne oder Wagenheber*

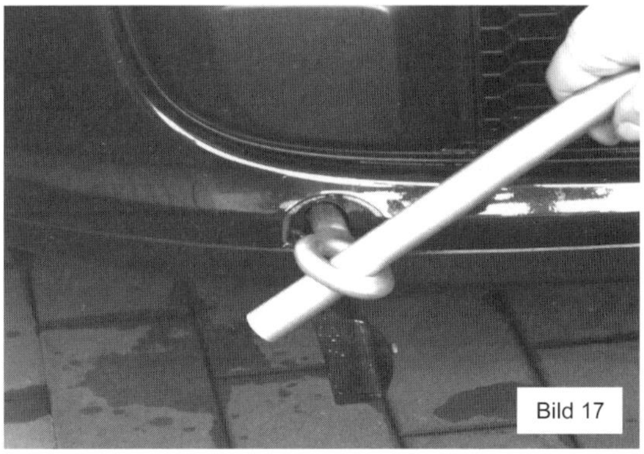
Bild 17

Bild 17
*Einschrauben der Abschleppöse*

angehoben werden. Diese Stellen sind erkennbar am Schweller mit einem Dreieck markiert. Der Wagen darf keinesfalls an der Motorölwanne, am Getriebe oder an den Achsen angehoben werden, da sonst schwerwiegende Schäden eintreten können.

## An- und Abschleppen

Bei manchen Pannen muss das Fahrzeug abgeschleppt werden. Anschleppen weil der Motor nicht anspringen will, sollte man nur, wenn keine Möglichkeit besteht, den Motor mit Starthilfekabeln zu starten.

⚠ **Fahrzeuge ohne Schmiermittel** im Schaltgetriebe oder mit Automatikgetriebe dürfen nur mit angehobenen Antriebsrädern abgeschleppt werden.

Das Anschleppen von Fahrzeugen mit **automatischem Getriebe** zum Starten des Motors ist aus technischen Gründen nicht möglich. Beim Abschleppen von Fahrzeugen mit automatischem Getriebe muss der Wählhebel in Position »N« sein, und es darf nicht weiter als 50 km und nicht schneller als 50 km/h geschleppt werden, da sonst das Getriebe zerstört wird

Zum An- und Abschleppen sollten Kunstfaserseile oder Seile aus ähnlich elastischem Material verwendet werden. Sicherer ist eine Abschleppstange. Beim Abschleppen dürfen keine unzulässigen Zugkräfte und keine stoßartigen Belastungen auftreten. Seil oder Stange dürfen nur an den vorgesehenen Abschleppösen vorn oder hinten angebracht werden. Die einschraubbare Öse befindet sich im Bordwerkzeug, die Einschraubgewinde werden nach Entfernen einer kleinen Abdeckung in den Stoßfängerverkleidungen vorn und hinten zugänglich. Von Hand eindrehen, mit durchgestecktem Radschraubenschlüssel festziehen.

⚠ Bei Schleppmanövern abseits regulärer Straßen besteht die Gefahr, dass die Befestigungsteile überlastet werden. Wird ein Abschleppseil verwendet, muss der Fahrer des ziehenden Wagens beim Anfahren und Schalten besonders weich einkuppeln. Der Fahrer des gezogenen Wagens hat darauf zu achten, dass das Seil straff gehalten wird. An beiden Fahrzeugen die Warnblinkanlage einschalten. Die Zündung muss eingeschaltet sein, damit das Lenkrad nicht blockiert ist und Blinkleuchten, Hupe und Scheibenwischer bei Notwendigkeit eingeschaltet werden können. Da der Bremskraftverstärker nur bei laufendem Motor arbeitet, muss ggf. das Bremspedal kräftiger getreten werden. Beim Anschleppen von Fahrzeugen mit Schaltgetriebe ist Folgendes zu beachten:

- Vor dem Anschleppen 2. oder 3. Gang einlegen, Kupplung halten.
- Zündung einschalten, damit das Lenkrad nicht blockiert und Blinkleuchten, Hupe sowie Wisch-/Waschanlage benutzt werden können.
- Kupplungspedal loslassen, wenn beide Fahrzeuge in Bewegung sind.
- Sobald der Motor angesprungen ist, Kupplung treten und Gang herausnehmen, um Auffahren auf das Zugfahrzeug zu vermeiden.

## Einige Kniffe für Schrauber

Eine unlösbare Verschraubung oder eine abgerissene Schraube haben schon manchen Heimwerker von seinem Reparaturvorhaben wieder abgebracht. Unsere Hinweise sollen helfen, ungewohnte Arbeiten durchzuführen.

### Verrostete Verschraubungen lösen

- Die freiliegenden Gewindegänge des Gewindebolzens von Rost und Schmutz befreien.
- Gewinde mit einer Drahtbürste säubern und anschließend mit Rostlöser besprühen.
- Bei Schnell-Rostlösern die Mutter sofort losdrehen.
- Bei anderen Rostlösern etwas warten.
- Wenn die Kanten einer Mutter bereits rund gedreht sind, oder wenn Rost die Anlageflächen deformiert hat, hilft nur noch Gewalt.
- Gripzange verwenden. Damit lässt sich die Mutter fest greifen und oft losdrehen.
- Hilft das nicht weiter, wird ein scharfer Meißel angesetzt und die Mutter aufgemeißelt.
- Eine gut zugängliche Mutter kann auch entlang des Gewindes mit einer Metallsäge aufgesägt werden. Werkstätten benutzen einen Mutternsprenger.

### Innensechskant- und Innenvielzahnschrauben lösen

- Das Schraubenloch muss von jeglichem Schmutz gesäubert sein, ehe das Werkzeug angesetzt wird.
- Am besten eignen sich Steckeinsätze mit langem Sechskant oder Vielzahn (Torx).
- Im Gegensatz zu Winkelschlüsseln, bei denen die Kraft schräg ansetzt, vertragen die Steckeinsätze einen Hammerschlag auf der Adapterseite mit dem Vierkant. Der Schlag lockert den Sitz der Schraube und erleichtert merklich das Lösen.

### Schlitz- und Kreuzschlitzschrauben lösen

Schrauben können so festsitzen, dass sie sich nicht mehr mit dem Schraubendreher herausdrehen lassen. Bei Kreuzschlitzschrauben dreht sich der Schraubendreher auch bei starkem Druck auf den Griff aus dem Kreuzschlitz heraus. Nach einigen erfolglosen Versuchen ist der Schlitz vermurkst, die Schraube ist praktisch unlösbar.

- Stabilen Schraubendreher ansetzen und mit kräftigem Hammerschlag auf das Griffende versuchen, die Schraubverbindung zu lösen. Meistens bricht die mit dem Kopf fest korrodierte Schraube los. Sie lässt sich dann normal herausdrehen.
- Hilft der kräftige Hammerschlag nichts, muss ein Schlagschrauber her. Bei jedem Schlag auf dessen Griffoberseite wird der Schraubendrehereinsatz unter Druck ein wenig weitergedreht.

### Blechschrauben ausbohren

Lässt sich in einem Schraubenkopf kein Werkzeug mehr ansetzen, hilft nur noch Ausbohren.

- Erst entfernt man mit einem passenden Bohrer den Schraubenkopf. Eventuell mit einem kleineren Bohrer vorbohren.
- Das Gewindeteil lässt sich jetzt entweder durchstoßen oder mit einer Zange von der Rückseite abnehmen.
- Andernfalls mit einem dünnen Bohrer das Gewindeteil ausbohren. Den Bohrerdurchmesser nicht zu groß wählen, sonst hält später nur eine dickere Blechschraube.

### Stehbolzen lösen und festdrehen

- Anlagefläche für Schraubenschlüssel schaffen.
- Auf dem freien Gewindeteil zwei Muttern fest gegeneinander drehen (kontern).
- An den blockierten Muttern den Schraubenschlüssel ansetzen und den Bolzen lösen.

### Abgerissene Schrauben ausbohren

Das Gegengewinde, in dem die abgerissene Schraube steckt, sollte möglichst wenig Schaden nehmen.

- Körnerschlag auf Schraubenrestmitte.
- Bis Schraubengröße M8 mit einem Kernlochbohrer arbeiten. Das ist der Durchmesser einer Schraube ohne Gewindeflanken. Faustregel: Gewindedurchmesser multipliziert mit 0,8.
- Schrauben größer als M8 mit einem dünneren Bohrer vorbohren.
- Wenn sich die Metallreste nicht mit einer Reißnadel aus den Gewindegängen entfernen lassen, Gewinde nachschneiden.

### Gewinde schneiden

Hat das Metall noch genug Substanz, kann ein größeres Gewinde eingeschnitten werden. Andernfalls muss eine Gewindebuchse eingesetzt werden.

Das Nach- oder Neuschneiden von Gewinden geht in drei Stufen vor sich. Die entsprechenden Gewindeschneider heißen Vorschneider (mit einem Ring am Schaft gekennzeichnet), Mittelschneider (zwei Ringe am Schaft) und Fertigschneider (drei Ringe oder ohne Kennzeichnung).

- Gewindeschneider nacheinander unter ständigem Ölen in das vorgebohrte Kernloch hinein- und wieder herausdrehen.
- Beim Hineindrehen ab und zu absetzen und ein Stück zurückdrehen. Sonst werden die Metallspäne zu lang und klemmen.

Bild 18

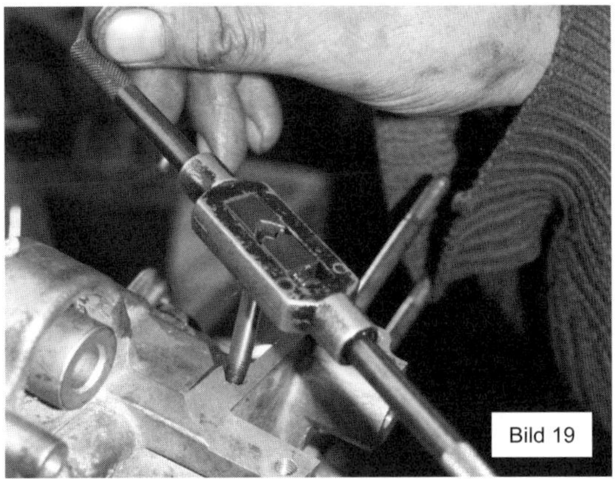

Bild 19

*Bild 18*
*Genaues Bohren ist erforderlich um die Bauteile nicht zu Beschädigen.*

*Bild 19*
*Gewindeschneiden mit Vorsicht und Bedacht.*

*Bild 1*
*a Überhang vorne*
*b Achsabstand*
*c Überhang hinten*
*d Fahrzeughöhe*

Bild 1

*Bild 2*
*e Spurweite vorne*
*f Radstand vorne*

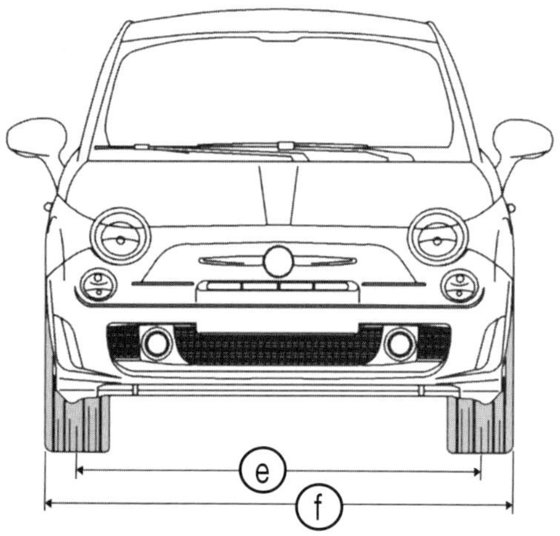


Bild 2

*Bild 3*
*g Spurweite hinten*

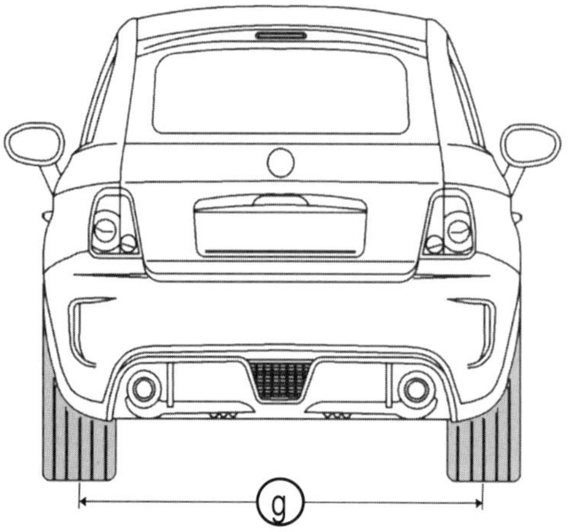


Bild 3

# 2 Modell

## Modellvorstellung

Der Fiat 500 ist ein Kleinwagen, der längst nicht nur als ein beliebiges Transport- oder Fortbewegungsmittel angesehen wird. Kein verblüffender Kofferraum oder ein komfortables Platzangebot, nicht mal herausragende Fahrwerte oder übermäßiger Komfort zeichneten schon das Urmodell des Fiat 500 aus. Die knuffige Optik des Fiat und kleine Betriebskosten machten ihn zum Kultobjekt, was es bis heute als »typisch italienisch« kennzeichnen.

Das kleine Auto hat es sogar in alter und neuer Bauform bis in den Disneyfilm »Cars« geschafft. Nach der Einstellung der Produktion des Nova 500 und einem nicht ganz so erfolgreichen Modellwechsel zum Cinquecento (die Zahl 500 auf Italienisch), kam das Modell 312 im Jahr 2007 wieder als Fiat 500 auf den Markt.

Das durchaus moderne Design dieser Modellreihe orientiert sich am Nuova 500 aus den Jahren bis 1977. Limousine und Cabrio (Fiat 500C) sind mit ihrem Frontantrieb und durchaus spektakulären technischen Details das Ziel dieses Buches. Der Fokus dieses Bandes liegt, wie bei allen Reparaturanleitungen dieser Buchreihe, in der Wartung und der Reparatur mit Schwerpunkt Mechanik. Auch die Besonderheiten des TwinAir und der Ventilsteuerung, ob mit Antriebs-

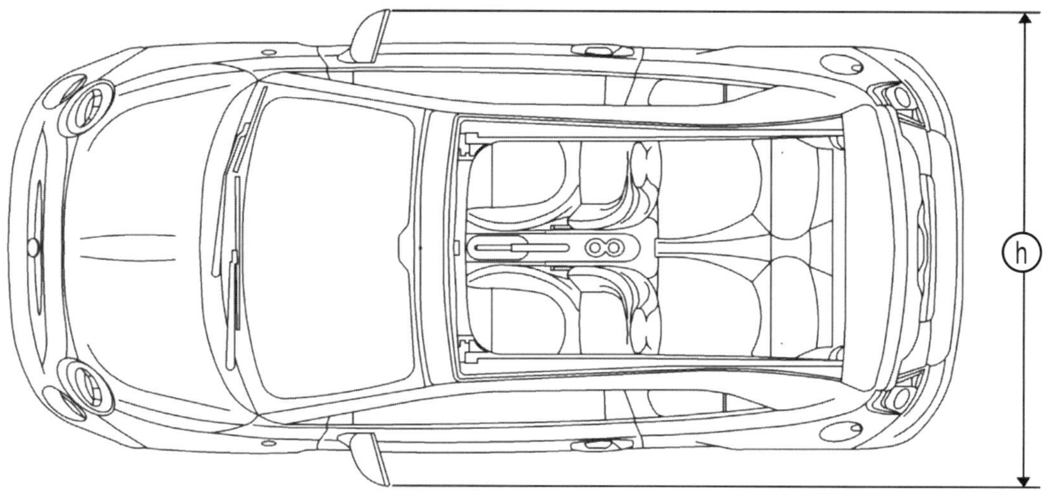


Bild 4

*Bild 4*
*h Fahrzeugbreite im Bereich der Spiegel*

riemen oder Steuerkette, werden hier in typischen Reparaturschritten vorgestellt.

**Abmessungen**

| Kürzel | Bezeichnung | Abmessung |
|---|---|---|
| a | *Überhang vorne* | 703 mm |
| b | *Achsabstand* | 2300 mm |
| c | *Überhang hinten* | 543 mm |
| d | *Fahrzeughöhe* | ca. 1488 mm |
| e | *Spurweite vorne* | 1413 mm |
| f | *Radstand vorne* | 1627 mm |
| g | *Spurweite hinten* | 1408 mm |
| h | *Fahrzeugbreite im Bereich der Spiegel* | 1893 mm |

**Assistenzsysteme**
Fahrassistenzsysteme gehören heute zu fast jeder Ausstattungsliste der Fahrzeuge in diesen Baujahren. Auch im Fiat 500 finden Sie je nach Ausstattung unterschiedliche Systeme und Funktionen, die aus Verknüpfungen der Systeme entstehen.
Übrigens finden sich schon in der Fiat-Preisliste Komponenten, die es erlauben, das Fahrzeug auch behindertengerecht auszustatten.

**Das Start-Stopp-System**
Eine weitere Besonderheit der technischen Ausrüstung ist das Start-Stopp-System. Die Start-Stoppfunktion ist recht leicht vorstellbar. Über das Bordnetzsystem lässt sich natürlich auch die Nutzung des Fahrzeuges erkennen. Entsprechend wird bei aktiviertem System und einer Haltephase der Motor abgestellt. So wird zum einen Kraftstoff und zum anderen eine CO2-Senkung realisiert. Bei diesen Fahrzeugvarianten ist ein verstärkter Starter verbaut.

**Sicherheitssysteme**
*Airbagsystem:*
Zur Serienausstattung des Fiat 500 zählen je ein Full-Size-Airbag für Fahrer und Beifahrer sowie ein Seiten-Airbag auf der Fahrer- und Beifahrerseite. Die Airbags im Lenkrad und in der Instrumententafel werden ausgelöst, wenn ein Aufprall entsprechender Stärke von vorn erfolgt und die Kollisionskräfte innerhalb eines 60° Winkels wirken. Die Seiten-Airbags werden durch den jeweiligen Crash-Sensor einzeln, je nach Aufprall von links oder rechts, ausgelöst. Die Sensoren zur Erfassung der Seitenaufprallbeschleunigung befinden sich links und rechts im Innenschweller im Bereich der B-Säulen. Das zentrale Steuergerät mit seinen Sensoren befindet sich mittig am Querträger unter der Instrumententafel.

*Reifendruckkontrolle:*
Im Fiat 500 ist ein »passives« System verbaut, das nicht den Druck über Sensoren im Rad erfasst, sondern über die ABS-Sensoren den Radabrollumfang.

*Isofix Kindersitzbefestigung:*
Der Beifahrersitz kann als Sonderausstattung für die Verwendung von ISOFIX Kindersitzen vorbereitet werden. Es sind dann

*Bild 5*
*Einbaulage der Typenschilder und Plaketten.*
*1 Lacknummer und Bezeichnung*
*2 Fahrgestellnummer (eingeschlagen)*
*3 Typenschild*

*Bild 6*
*Typenschild im Fahrereinstiegbereich.*
*A Fahrgestellnummer*
*B Zulässiges Gesamtgewicht*
*C Achslasten*
*D Motorenkennung*
*E Karosserieausführung*
*F Ordnungsnummer für die Ersatzteilbestellung*

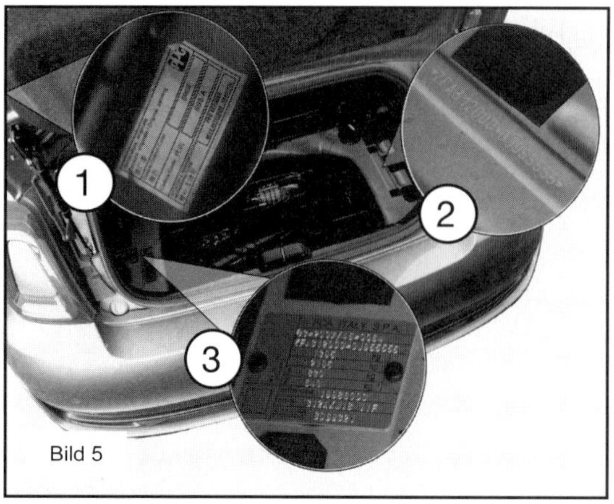

Bild 5

Halteösen angeschweißt, an denen Kindersitze einfach und crashsicher befestigt werden können. Dazu kann dann auch der Beifahrerairbag mit dem Fahrzeugschlüssel und einem Schlossschalter auf der Beifahrerseite deaktiviert werden. Die Abschaltung wird im Dachrahmen hinter der Innenbeleuchtung mit einer »Airbag Off Kontrollleuchte« quittiert.

*Bremssysteme:*
Auch das Bremssystem ist gegenüber der Vorgängerreihe weiterentwickelt worden. Das Bremssystem verfügt über EBD (Electronic Brake Force Distribution), die elektronische Bremskraftverteilung auf Vorder- und Hinterräder, ESP (Electronic Stability Program) ist die elektronische Kontrolle der Fahrzeugstabilität und ergänzend der Hill Holder (mit ESP), der das Bremsen und Anfahren auf geneigten Straßen ohne Hilfe der Handbremse erlaubt.
Der HBA (Hydraulic Brake Assistance) ist der elektrohydraulische Bremsassistent, der automatisch den Druck des Bremskreises während einer Notbremsung (mit ESP) erhöht.

**Elektrische Servolenkung**
Neben der mechanischen Lenkung, die es nur in der Basisversion gab, wird ein elektrisches Lenksystem verbaut. Das EPS (Electric-Power-Steering) übernimmt neben der Lenkkraftunterstützung auch die Anpassung der Lenkkräfte an die tatsächlichen Anforderungen und die Fahrgeschwindigkeit auch die aktive Lenkrückstellung. Es gibt keine hydraulischen Komponenten mehr.

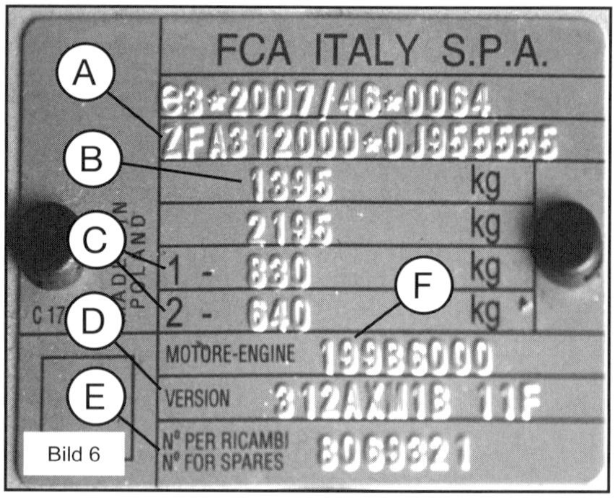

Bild 6

## Identifizierung

**Fahrgestellnummer**
Die Fahrzeug-Identifizierungsnummer befindet sich rechts im Kofferraum (2 im Bild 5) auf der Beifahrerseite und auf dem Typenschild (1). Im Bild 6 ist sie mit dem Buchstaben (A) gekennzeichnet

*Aufschlüsselung der Fahrzeug-Identifizierungsnummer (FIN):*

| | |
|---|---|
| ZFA | Herstellerzeichen |
| 312 | Baureihe |
| 000 | Füllzeichen |
| * | Füllzeichen |
| 0 | Modelljahr 2017 |
| J | Produktionsstätte |
| 955555 | Laufende Nummer |

**Das Typenschild**
Das Fahrzeugtypenschild ist im Kofferraum eingenietet und kann dort abgelesen werden. Dort können Sie die Fahrgestellnummer sowie die Achslasten (A), variable Angaben wie z. B. Achslasten, zulässiges Gesamtgewicht, zulässiges Zuggewicht (B) und die Typ-Kennnummer (C) ablesen.

**Die Motornummer**
Die Motornummer finden Sie als Einschlag oder Fräszahlen auf einer Fläche von vorne auf dem Motorblock. Die Motorcodierung ist auch auf dem Typenschild (D im Bild 6) vermerkt. Notieren Sie sich diese Nummern und Zahlenfolge zur besseren zukünftigen Zugänglichkeit in ihrem Serviceheft.

**Die Getriebekennnummer**
Die Getriebekennzeichnung kann an zwei unterschiedlichen Stellen erfolgen. Zum einen finden Sie die Kennnummer eingeschlagen im Bereich des Schaltstellers. Zum anderen ist oft ein Aufkleber von unten vorne ersichtlich angebracht. Der Aufkleber ist oft kaum noch oder zumindest schlecht lesbar. Notieren Sie sich auch diese Nummern und Zahlenfolge in Ihrem Serviceheft.

**Die Farbnummer**
Die Plakette für den originalen Farbton (1 im Bild 5) der Karosserie ist in der Kofferraumklappe eingeklebt.

## Servicevorgaben

**Anzeige im Tachodisplay**
Beim Fiat 500 wird die Fälligkeit der Wartung über das Tachometerdisplay (1 im Bild 7) angezeigt.

*Service steht demnächst an:*
Wenn Wartung oder Ölwechsel innerhalb der nächsten 2000 km oder 30 Tagen erforderlich sind, erscheint die Servicemeldung (1 im Bild 7) selbstständig.

*Service ist überfällig:*
Wird der Servicetermin über 1000 km oder 30 Tage überschritten, erscheint die Fälligkeit als Servicemeldung (1 im Bild 7) selbstständig.

*Servicestatus abfragen:*
■ Schalten Sie die Zündung ein.
■ Drücken die Funktionstaste (3 im Bild 7).
■ Wählen Sie mit den Tasten (2) den Menüpunkt »Service« an.
■ Bestätigen Sie die Anwahl mit der Funktionstaste (3). Nun wird Ihnen die verbleibende Restlauflistung oder die verbleibenden Tage bis zum nächsten Service dargestellt.
■ Drücken die Funktionstaste (3) erneut, um in die normale Anzeige zurückzukehren.

**Rücksetzen der Serviceanzeige**
■ Grundsätzlich sollten Sie die Servicemeldungen nur dann zurücksetzen, wenn Sie die Servicearbeiten durchgeführt haben.

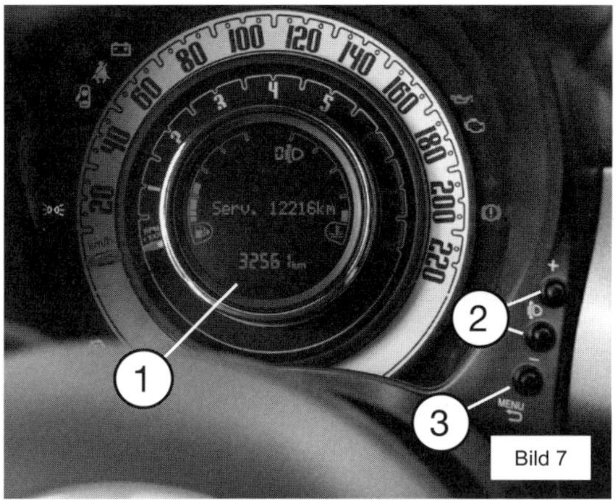


*Bild 7*
*Tachometer im Fiat 500.*
*1 Serviceanzeige*
*2 Anwahltasten*
*3 Menü und Bestätigungstaste (Funktionstaste)*

Auch wenn Sie die Servicearbeiten in Eigenregie durchführen, sollten Sie die Arbeiten im Serviceplan eintragen und den Umfang dokumentieren, um nachvollziehen zu können, welche Arbeiten anliegen oder noch erledigt werden müssen.

*Rücksetzen ohne Diagnosetester:*
■ Schalten Sie die Zündung ein.
■ Treten Sie innerhalb von 5 Sekunden das Gaspedal 3x hintereinander gleichmäßig durch und lassen Sie es wieder los. Die Displayanzeige zeigt nun kurz die Restlaufzeit bis zum nächsten Service an.
■ Schalten Sie die Zündung wieder aus.
■ Kontrollieren Sie die erfolgte Rücksetzung wie bereits unter »Servicestatus abfragen« beschrieben.

*Rücksetzen mit dem Diagnosetester:*
Natürlich werden Sie durchaus einen anderen Tester für die Arbeiten einsetzen als den, den wir Ihnen an dieser Stelle vorstellen. Die Arbeitsschritte unterscheiden sich aber nur geringfügig voneinander. Die Anforderung an die Bedienung kommt schließlich vom Fahrzeug.
■ Abdeckung links neben dem Lenkrad (1 im Bild 8) abziehen und den Tester an der OBD-Anschlussdose (2) im Fahrzeug anschließen.
■ Zündung einschalten, die Fastcheckanwendung »Service« über die Tasten anwählen und bestätigen.
■ Den Fahrzeughersteller »Fiat« über die Tasten (3 im Bild 9) anwählen und mit der Taste (4) bestätigen.
■ Über die Tasten (3 im Bild 10) »andere unterstützte Fahrzeuge« anwählen.
■ Die Kachel (5 im Bild 12) »Geführte Funk-

Sichtprüfung Messen

*Bild 8*
*Diagnoseanschluss unter der Verkleidung.*
*1 Verkleidung links*
*2 OBD-Anschluss*

*Bild 9*
*Anwahl Fahrzeughersteller.*
*3 Tasten hoch und runter*
*4 Bestätigen der Anwahl*

*Bild 10*
*Anwahl Fahrzeugtyp.*
*3 Tasten hoch und runter*
*4 Bestätigen der Anwahl*

*Bild 11*
*Kommunikationsaufbau mit dem Steuergerät »Tachometer«.*

*Bild 12*
*Anwahlkachel geführte Funktionen.*
*4 Bestätigen der Anwahl*
*5 Anwahlkachel*
*6 Tasten links und rechts.*

*Bild 13*
*Anwahl der Servicerückstellung.*
*3 Tasten hoch und runter*
*4 Bestätigen der Anwahl*

*Bild 14*
*Hinweise zur Wartungsrückstellung.*
*7 Bestätigung über »F2«*

Bild 15
Übersicht nach der Wartungsrückstellung.
7 Funktionstaste »F2«

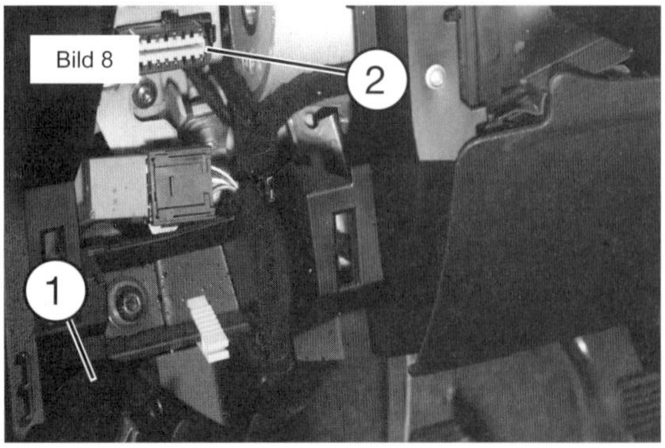

Bild 8

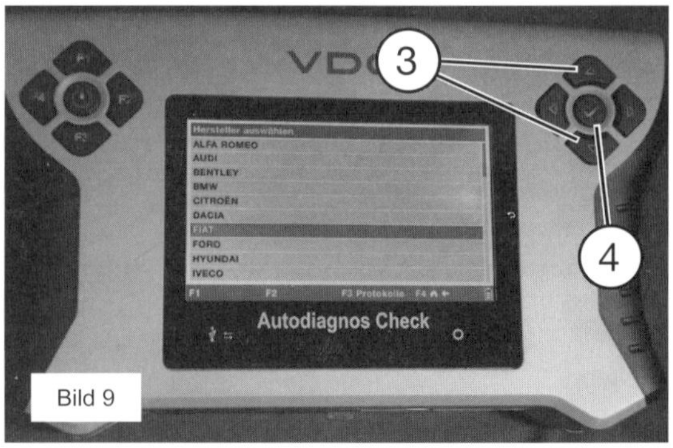

Bild 9

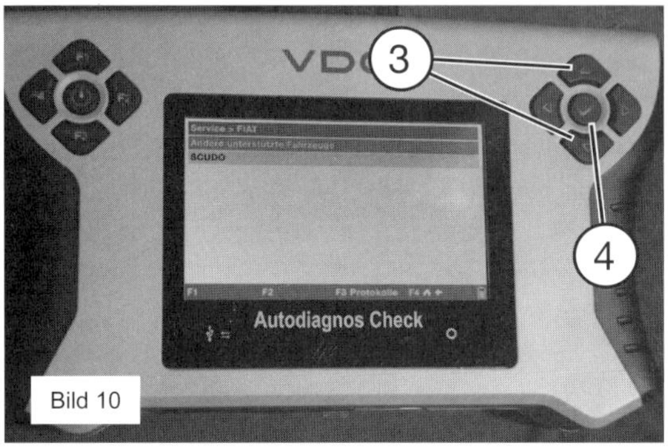

Bild 10

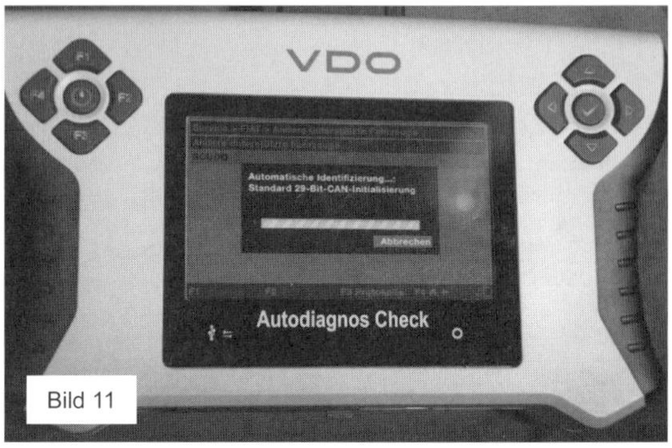

Bild 11

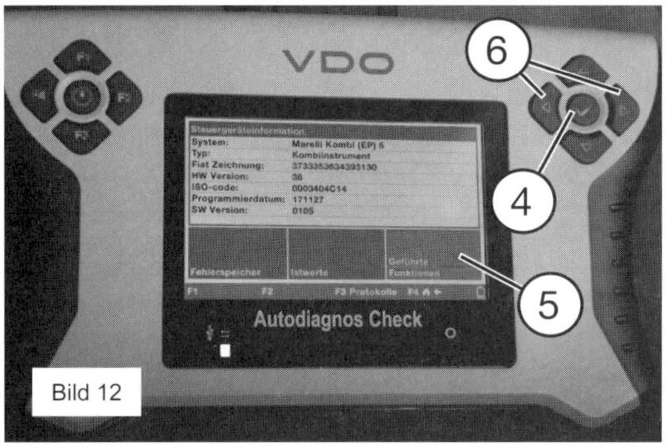

Bild 12

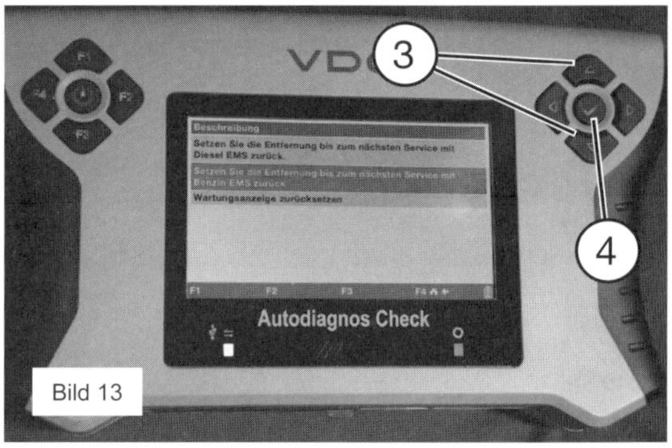

Bild 13

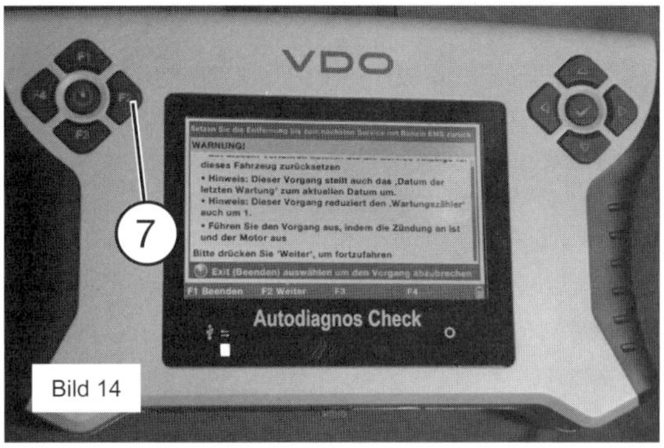

Bild 14

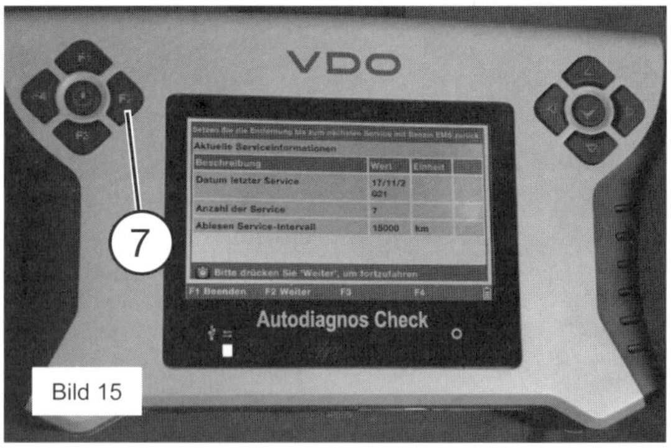

Bild 15

tionen« über die Tasten (6) anwählen und mit der Taste (4) bestätigen.

■ Über die Tasten (3 im Bild 13) »Setzen Sie die Entfernung bis zum nächsten Service mit Benzin EMS zurück« anwählen und mit der Taste (4) bestätigen.

■ Es folgt der Hinweis (Bild 14) zu der angewählten Funktion, die mit der Funktionstaste »F2« (7) bestätigt werden muss.

■ Abschließend wird eine Übersicht auf dem Bildschirm (Bild 15) dargestellt, die mit der Funktionstaste »F2« (7) bestätigt wird.

■ Zündung ausschalten, Diagnosestecker abziehen, Zündung wieder einschalten.

■ Nun wird kein Serviceereignis mehr angezeigt.

## Wartung nach Plan

Fiat schreibt Wartungsintervalle von 30.000 km vor. Lediglich für Fahrzeuge, die überwiegend auf Kurzstrecken oder im Anhängerbetrieb eingesetzt werden und solche, die besonderen Belastungen wie staubreicher Umgebung ausgesetzt sind, sollten die Wartungsintervalle auf 10.000 km verkürzt werden. Wir haben hier einen eigenen Wartungsplan erstellt, der – angelehnt an den originalen Wartungsplan – die Arbeitsschritte in einen Arbeitsablauf integriert.

Die drei Spalten **(Ö = Ölservice, W = Wartung, Z = Zusatzarbeiten)** beschreiben die erforderlichen Arbeiten. In einzelnen Fällen, wie das Wechselintervall für das Motoröl, weichen wir aus voller Überzeugung von den Werksvorgaben ab und verkürzen diese. Die folgenden Seiten können Sie durchaus auch als Kopiervorlage für die »Wartung in Eigenregie« nutzen. In der Spalte Bemerkung können Sie Auffälligkeiten oder auch die Haltbarkeit von Verbandskasten oder Reifenfüllset vermerken.

**Regelmäßige Kontrollen**
Hier beschreiben wir die Arbeitsschritte, die Sie zwischendrin z. B. beim Tanken oder bei der Fahrzeugreinigung kontrollieren sollten:

| Arbeitsschritte | Bemerkung | OK / Defekt |
|---|---|---|
| Scheibenwaschwasser auffüllen. Scheibenwischer und Waschanlage prüfen | | |
| Wasserablauf im Wasserkasten prüfen. Blätter und Blütenreste | | |
| Motorölstand und Kühlflüssigkeit prüfen eventuell nachfüllen. | | |
| Kontrollleuchten, Standlicht, Abblend- und Fernlicht prüfen | | |
| Bremsleuchten, Blinker und Warnblinker sowie das Signalhorn (auch Lichthupe) prüfen | | |
| Bremsen und Bremsflüssigkeit prüfen, Handbremshebelweg prüfen und eventuelle Einstellung prüfen | | |
| Reifen (und, falls vorhanden, Reserverad): Zustand, Reifenlaufbild, Fülldruck und Profiltiefe prüfen. Wenn damit ausgestattet: Haltbarkeitsdatum des Reifenreparatur-Sets prüfen. (Bild 16) | | |
| Prüfen Sie, ob das Haltbarkeitsdatum des Verbandskastens überschritten ist. (Bild 17) | | |

**Ölservice (»Ö« in den nachfolgenden Tabellen) als kleine Inspektion**
Wir empfehlen diese Wartungsschritte alle 15.000 km oder zumindest einmal im Jahr durchzuführen.

**Wartung (»W« in den nachfolgenden Tabellen) als große Inspektion**
Wir empfehlen diese Wartungsschritte alle 30.000 km oder zumindest alle zwei Jahre durchzuführen.

**Zusatzarbeiten (»Z« in den nachfolgenden Tabellen) als Zusatzarbeiten**
Für die Zusatzarbeiten finden Sie Anmerkungen im Beschreibungstext oder auch Fälligkeitshinweise. Diese Arbeiten fallen dann je nach Beschreibung zusätzlich an.

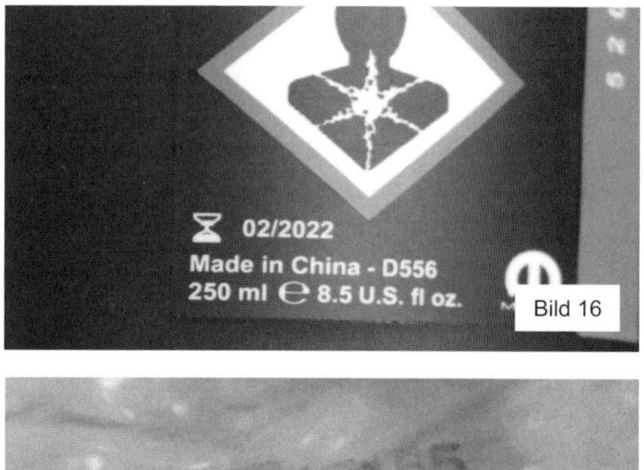

Bild 16

Bild 16 Fälligkeitsdatum für das Reifenfüllset.

Bild 17

Bild 17 Fälligkeitsdatum für den Verbandskasten

Sichtprüfung Messen

**Umfang im Fahrzeuginnenraum**

Hier beschreiben wir die Arbeiten die in Fahrzeuginnenraum dürchgeführt werden sollen.
(Ö = Ölservice 15.000 km, W = Wartung 30.000 km, Z = Zusatzarbeiten)

| Ö | W | Z | Bezeichnung | Bemerkung | OK / Defekt |
|---|---|---|---|---|---|
| X | X | | Elektrische Fensterheber, Heckscheibenheizung, Sitzheizung, Zigarettenanzünder und Spiegeleinstellung auf Funktion prüfen | | |
| X | X | | Bedienelemente von Heizung, Lüftung und Klimaanlage auf Funktion prüfen | | |
| X | X | | Scheibenwischer, Scheibenwaschanlage auf Funktion prüfen | | |
| X | X | | Leuchten im Kombiinstrument und Innenbeleuchtung prüfen | | |
| X | X | | Kombiinstrument: Serviceanzeige zurücksetzen | | |
| X | X | | Verbandskasten prüfen | Verfallsdatum: | |
| X | X | | Reifendichtmittel prüfen | Verfallsdatum: | |
| | X | | Batterie: Flüssigkeitsstand prüfen, eventuell korrigieren | | |
| | | X | Aktivkohle-Staubfilter erneuern (je nach Verschmutzung) | | |
| X | X | | Fehlerspeicher auslesen | | |
| | X | X | Kupplungspedalweg prüfen/nachstellen | | |
| X | X | | Wartungsintervall zurücksetzen ( ) Manuell / ( ) Tester | | |

**Umfang an der Fahrzeugaußenseite**

In diesem Abschnitt geht es um die Karosserie und die Anbauteile außen.
(Ö = Ölservice 15.000 km, W = Wartung 30.000 km, Z = Zusatzarbeiten)

| Ö | W | Z | Bezeichnung | Bemerkung | OK / Defekt |
|---|---|---|---|---|---|
| X | X | | Außenbeleuchtung auf Funktion prüfen | | |
| | X | | Scheinwerfereinstellung prüfen und einstellen | | |
| X | X | | Karosserie im sichtbaren Bereich auf Lackschäden prüfen | | |
| X | X | | Zustand der Türdichtungen prüfen | | |
| X | X | | Frontscheibe auf Beschädigung prüfen | | |
| | X | | Zentralverriegelung auf Funktion prüfen | | |
| | X | | Scharniere und Türschlosser und Klappen schmieren | | |
| | X | | Verdeck und Verdckführungen prüfen / reinigen / Schmieren | | |

**Umfang an der Fahrzeugunterseite**

Arbeiten unter dem Fahrzeug sin in diesem Abschnitt als Schwerpunkt anzusehen
(Ö = Ölservice 15.000 km, W = Wartung 30.000 km, Z = Zusatzarbeiten)

| Ö | W | Z | Bezeichnung | Bemerkung | OK / Defekt |
|---|---|---|---|---|---|
| X | X | | Reifen auf Beschädigung und Rissbildung prüfen. | | |
| X | X | | Alle sichtbaren Teile der Fahrzeugunterseite auf Beschädigungen und Undichtheit prüfen. | | |
| X | X | | Alle Anschlussleitungen und Anschlusskabel auf Beschädigungen und schadhafte Befestigung prüfen. | | |
| X | X | | Motor, Getriebe und Bauteile der betriebshilfsstoffe Undichtheiten und schadhafte Befestigung prüfen. | | |
| X | X | | Alle sichtbaren Teile der Abgasanlage auf Beschädigungen, Undichtheiten und schadhafte Befestigung prüfen. | | |
| X | X | | Alle sichtbaren Teile von Motor und Getriebe auf Beschädigungen, Undichtheiten und schadhafte Befestigung prüfen. | | |
| X | | | Keilrippenriemen im sichtbaren Bereich auf Verschleiß prüfen (Benzinmotor) | | |
| | X | | Keilrippenriemen im sichtbaren Bereich auf Verschleiß prüfen (Dieselmotor) | | |
| | X | | Vorderachsgelenke auf Spiel prüfen, Manschetten prüfen | | |
| | X | | Spur- und Lenkstangengelenke auf Spiel prüfen, Manschetten prüfen. (alle 80.000 Km) | | |
| | | X | Kraftstofffilter erneuern (Dieselmotor) alle 60.000 Km | | |
| | | X | Keilrippenriemen erneuern (Dieselmotor) alle 60.000 Km | | |
| | | X | Keilrippenriemen erneuern (Benzinmotor) alle 100.000 Km | | |
| | | X | Keilrippenriemen erneuern (Klimaanlage) alle 90.000 Km | | |
| | | X | Kühlmittel Hauptkreislauf erneuern (alle 60.000 Km) | | |
| | | X | Dichtmanschetten, Radbremszylinder und Bremsnachsteller auf Beschädigung prüfen. | | |

### Umfang im Motorraum

Arbeiten die speziell im Motorraum anfallen werden hier vorgestellt
(Ö = Ölservice 15.000 km, W = Wartung 30.000 km, Z = Zusatzarbeiten)

| Ö | W | Z | Bezeichnung | Bemerkung | OK / Defekt |
|---|---|---|---|---|---|
| X | X | | Motorkühlsystem: Kühlmittelstand und Frostschutzgehalt prüfen | | |
| X | X | | Motor Öl- und Filterwechsel | | |
| | | X | Getriebeölstand kontrollieren / Wechseln (alle 90.000 Km) (Wechsel bei 180.000 Km) | | |
| | X | | Kraftstoffleitungen auf Dichtheit und Zustand prüfen | | |
| | X | X | Kraftstofffilter wechseln | | |
| | | X | Luftfiltereinsatz erneuern alle 60.000 Km (Diesel 30.000 Km) | | |
| | | X | Zündkerzen erneuern (Benzinmotor) alle 30..000 Km | | |
| | | X | Hydrostößel prüfen, alle 90.000 Km (Klappergeräsche nach dem Kaltstart?) | | |
| X | X | | Scheibenwaschanlage: Flüssigkeitsstand prüfen, richtigstellen | | |
| X | X | | Bremsanlage: Bremsflüssigkeitsstand prüfen | | |
| X | X | X | Bremsflüssigkeit Nasssiedepunkt prüfen / erneuern (alle 2 Jahre) | | |
| | X | X | Zustand des Zahnriemens prüfen / erneuern (120.000 Km) | | |

### Umfang rund um das Thema Rad und Bremse

In diesem Abschnitt stellen wir Ihnen die Arbeiten vor die für die Wartung an Rad und Bremse erforderlich sind (Ö = Ölservice 15.000 km, W = Wartung 30.000 km, Z = Zusatzarbeiten)

| Ö | W | Z | Bezeichnung | Bemerkung | OK / Defekt |
|---|---|---|---|---|---|
| X | X | | Bremsentest auf einem Prüfstand durchführen und Ergebnisse notieren | | |
| | X | | Vorderachse: Bremsbelagstärke prüfen | | |
| | X | | Vorderachse: Bremsscheiben auf Zustand prüfen | | |
| | X | | Hinterachse: Bremsbelagstärke prüfen | | |
| X | X | | Reifendruck Koregieren und den koregierten Reifendruck unter Bemerkungen vermerken | | |
| | X | | Zustand von Bremsleitungen und Schläuchen prüfen | | |
| | X | | Befestigungen von Bremsleitungen und Schläuchen prüfen | | |

# 3 Werkzeug und Ausrüstung

Ob nun reines Hobby oder beruflich: Das Schrauben birgt gewisse Risiken. Vom kleinen Kratzer bis hin zum tödlichen Unfall ist schon alles vorgekommen. Ärgerlich ist es aber auch schon, wenn durch einen unpassenden Schraubenschlüssel eine Schraube so beschädigt wird, dass sie sich nur mit einem erheblichen Aufwand lösen lässt. Einige Arbeiten werden durch Spezialwerkzeug deutlich erleichtert. Sollten Sie bestimmte Tätigkeiten öfter durchführen, scheuen Sie sich nicht, die Preise für das Spezialwerkzeug anzufragen. Gelegentlich sind die Preise so günstig, dass es sich nicht mal lohnt, die Werkzeuge nachzubauen.

## Standardausrüstung für mechanische Arbeiten

Sicherlich ist es immer besser, auf die Werkzeugsätze der Top-Markenhersteller zurückzugreifen. Als Basis allerdings sind auch schon günstigere Ausführungen recht bekannter Marken erhältlich. Gerade für die Arbeiten an modernen Fahrzeugen müssen neben den üblichen Sechskantnüssen auch Vielzahn- und Torxeinsätze zur Verfügung stehen (Bild 4). Eine günstige Alternative für unsere Zwecke bieten »Snap On«- oder »KS-Tool«-Werkzeugkoffer, die ein sehr komplettes Angebot liefern. Sind die Sätze im Angebot, kann man sein Werkzeugsortiment mit einem solchen Set leicht auch um 100 Euro erweitern.

Bild 1

Bild 1
Werkbank und Ablage.

Bild 2

Bild 2
Kistchen und Kästchen – das spart Zeit.

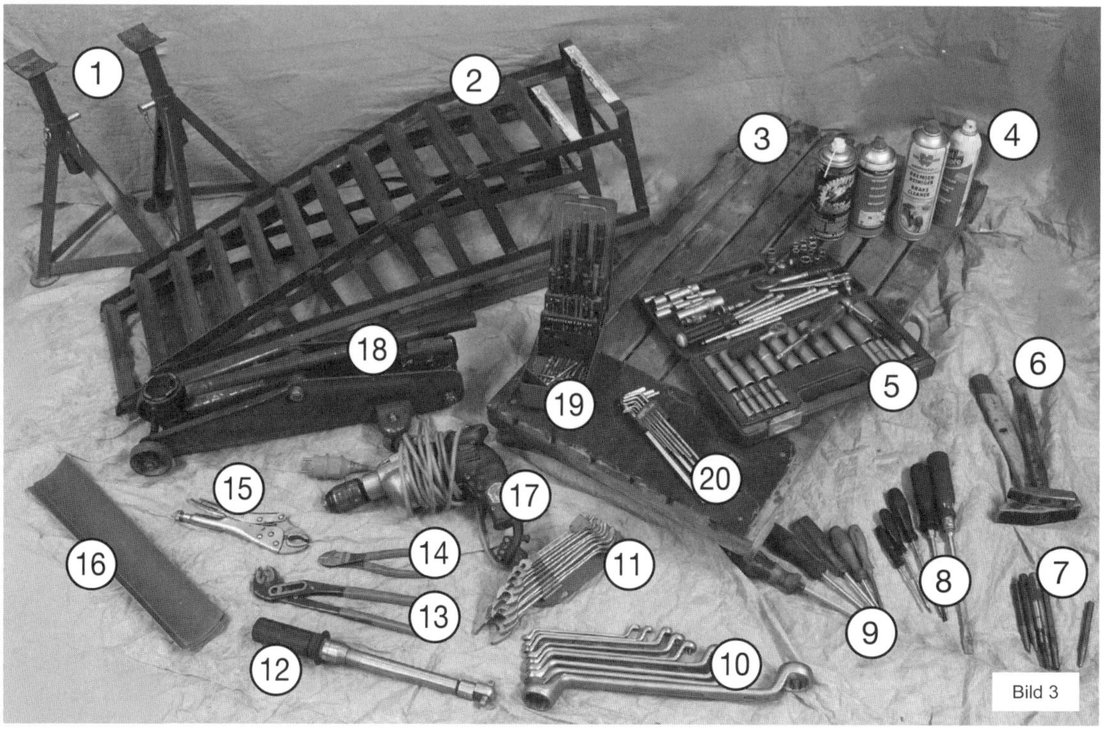

Bild 3

Bild 3
Standardwerkzeug in der Übersicht.
1 Unterstellböcke
2 Auffahrrampen
3 Rollbrett
4 Sprühfett, Rostlöser und Bremsenreiniger
5 Ratschenkasten-Werkzeugset
6 Schlosserhammer 500 g und Schlosserhammer 200 g
7 Durchschlagset und Körner
8 Schlitz-Schraubendreherset
9 Kreuz-Schraubendreherset
10 Ringschlüsselset
11 Gabelschlüsselset
12 Drehmomentschlüssel
13 Wasserpumpenzange
14 Seitenschneider
15 Grip- oder Schnappzange
16 Schleifpapier Korn 120
17 Handbohrmaschine
18 hydraulischer Wagenheber
19 Bohrerset
20 Innensechskant/Torx/Vielzahnset

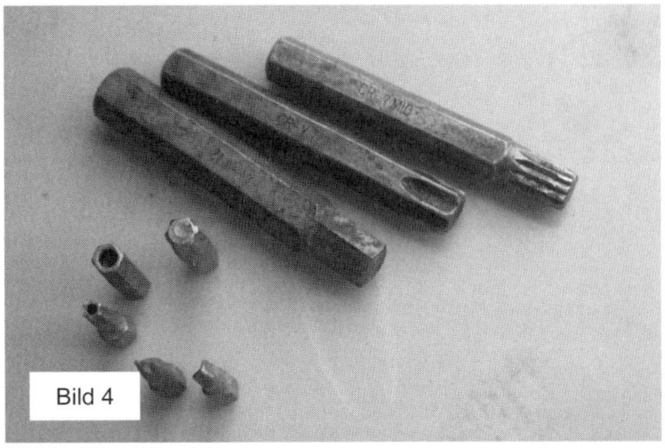
Bild 4

Bild 4
Innensechskant, Torx und Vielzahn bis öfter mal was Neues.

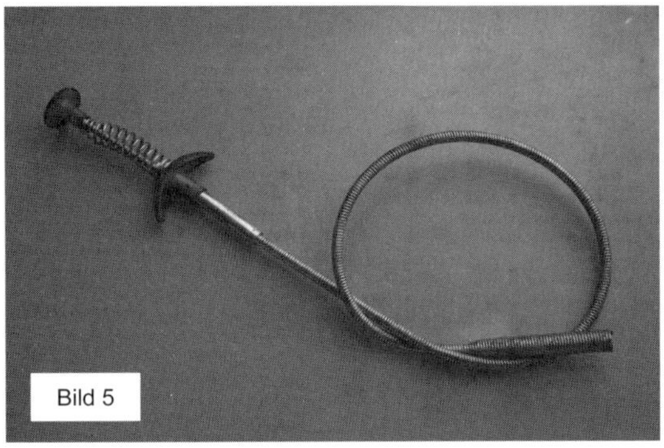
Bild 5

Bild 5
Greifer.

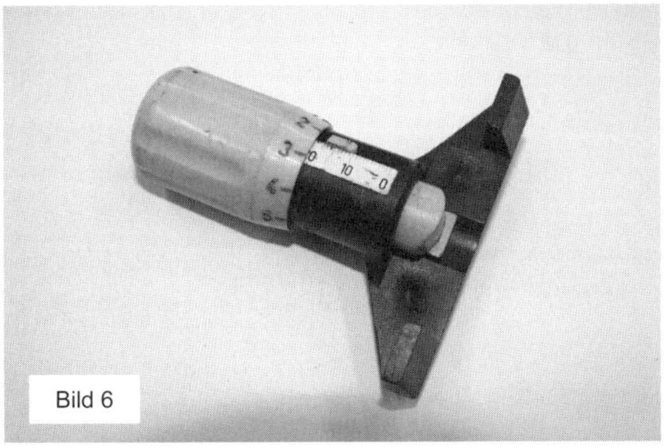
Bild 6

Bild 6
Zahnriemenvorspannungsprüfer.

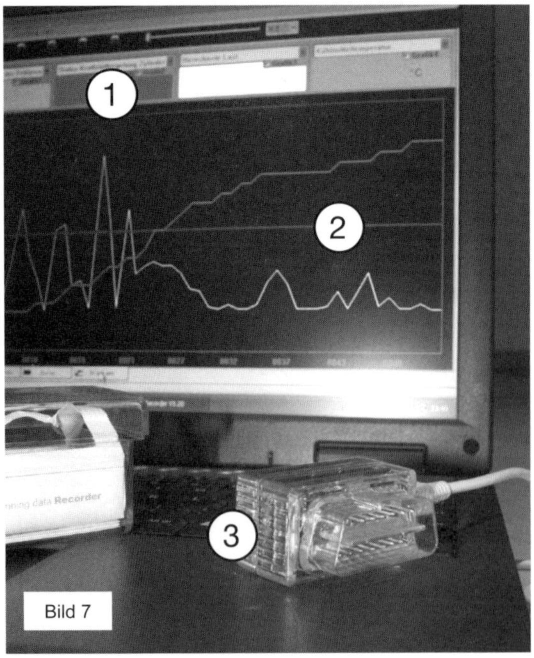

Bild 7

Bild 7
Aufzeichnen während der Fahrt: Alle OBD-Daten bis zu 24 Stunden erfassen.
1 Laptop,
2 Kennlinien,
3 Datenlogger

An Werkzeug lässt sich leider kein Geld einsparen. Zum einen ist die Lebenserwartung dieses Werkzeuges stark an den Anschaffungspreis gekoppelt und zum anderen ist es extrem wichtig, dass die Maßhaltigkeit genau stimmt.
Wenn es um die Demontage von einzelnen Bauteilen geht oder auch nur zur Ablage von ausgebauten Fahrzeugteilen, ist eine Werkbank sehr hilfreich (Bild 1). Ist sie stabil genug, kann sie bei der Demontage der Motorteile gute Dienste leisten. Bei der Demontage fallen regelmäßig einige Schrauben an. Um diese besser wieder zuordnen zu können und sie sicher und sauber zu lagern, empfiehlt es sich, für die einzelnen Baugruppen jeweils eine, am besten verschließbare Kiste zu verwenden (Bild 2).

**Spezialwerkzeuge**
Ein hilfreicher Spezialist für enge Stellen ist ein so genannter Greifer oder auch ein »Magnet am Stiel« (Bild 5). Der Motorraum ist gerade bei heutigen Fahrzeugen recht zugebaut. Fällt eine Schraube oder Klammer hinunter, muss diese natürlich wieder herausgesammelt werden. Oft genug wird es für die Finger zu eng. Der Versuch, mit einem Schraubendreher das Entfallene in erreichbare Nähe zu bekommen, endet meist mit einer noch verzwickteren Lage. Der Greifer oder auch ein Magnet kann helfen, die entflohenen Teile ohne fingerbrecherische Aktionen wieder einzufangen.

**Zahnriemenvorspannungsprüfer (Bild 6)**
Bei allen Motorvarianten ohne automatischen Zahnriemenspanner muss dieser entsprechend den Angaben des Herstellers gespannt werden. Ist er zu lose, können genau wie bei zu fester Spannung Schäden an Riemen oder den Umlenkungen entstehen

## Standardausrüstung für Arbeiten an der elektrischen Anlage

**Diagnose-Tools und Auslesegeräte**
Unabdingbar ist heutzutage, die in jedem Steuergerät eingebauten Fehlerspeicher auszulesen. Es geht schon lange nicht mehr

darum, die großen Fehler abzulegen, sondern eben auch kleine Funktionsstörungen, die vom Steuergerät erkannt werden, für eine Fehlerabfrage bei der Inspektion oder bei der Reparatur zu sichern. Es gibt heute schon Auslesegeräte für die OBD (On Board Diagnose) unter 100 Euro, die zumindest das Auslesen nach Codenummer ermöglichen. Wir verwenden in diesem Buch den »FI-COM« (SECONS-Diagnosesystem), um die Auslese, einige Bauteilprüfungen und Einstellungen im Bordnetz durchzuführen. Dieses PC-basierte Diagnosesystem liegt mit seinen 399 Euro ungefähr beim Preis eines Profiratschenkastens. Zusätzlich wird lediglich ein Notebook mit Windows-Betriebssystem oder ein ausgedienter Desktop-PC benötigt. Regelmäßige, kostenlose Softwareupdates halten Sie stets auf dem neuesten Stand (Bilder 7 und 8). Die Auslesegeräte werden zunehmend vielfältiger und es ergeben sich neue Möglichkeiten. Der »C-Recorder« ermöglicht eine Langzeitüberwachung der Bordelektronik bis zu 24 h Fahrzeit (Nr. 3 in Bild 7). Das ist eine sehr hilfreiche Variante für die Fehlersuche, gerade bei kaum zu ortenden sporadisch auftretenden Fehlern.

Bild 8

Bild 8
Nadelkontaktierer im Einsatz.

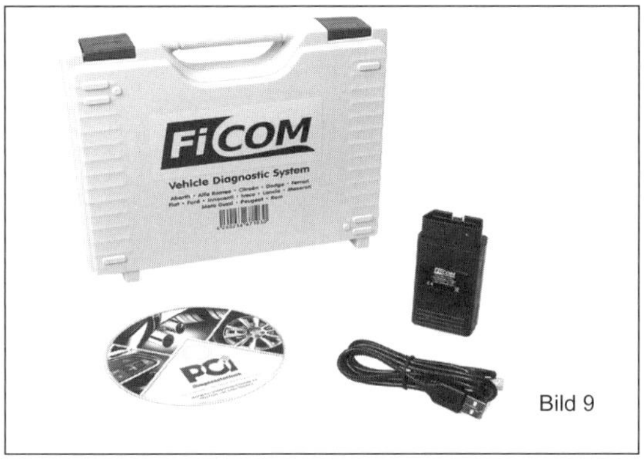

Bild 9

Bild 9
Freier Tester:
FI-Com als Diagnoseset mit Dongel und Software.

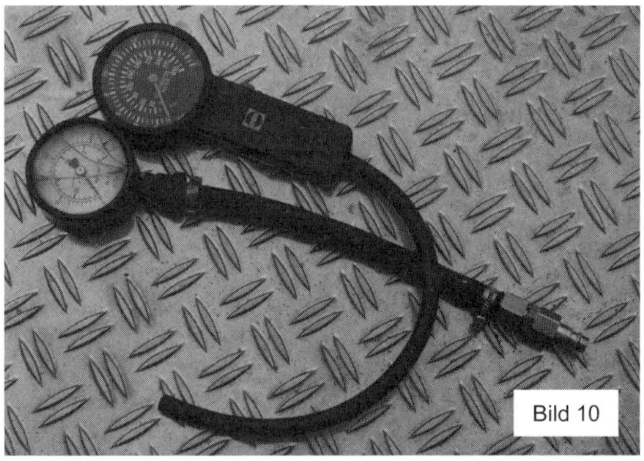
Bild 10

Bild 10
Kraftstoffdruckmanometer: Die Alten sind die besten: Sind die Innereien aus Blech, lassen sich damit nicht nur Luft-, sondern auch der Öl- und der Kraftstoffdruck messen. Anschlüsse und Gewindestücke gibt's oft schon beim örtlichen Hydraulik-Händler oder im Werkzeugladen.

## Sinnvolle Anschaffung für die Messtechnik

### Messspitzen

Riesige Probleme bereitet es, eine Messung an einem angeschlossenen Kabel am Bauteil in Funktion zu realisieren. Zumal ja weder die Isolierung noch das Kabel selbst oder der Stecker beschädigt werden sollen. Die Firma Rose Messtechnik in Limburg-Offheim stellt einen Nadelkontaktierer (Bild 10) her, der genau diese Anforderungen erfüllt (www.rose-netztechnik.de). Das Anstichloch im Kabel ist so klein, dass es keine relevanten Löcher in der Isolierung hinterlässt.

### Messbechersatz »kraftstofffest«

Für die Messungen an der Benzinpumpe oder auch nur mal um den Kraftstoff aufzufangen, werden Behältnisse mit Volumenangaben benötigt. Mit etwas Geduld finden sich in der Haushaltsabteilung des Supermarktes recht günstig verwendbare Messbecher oder Schüsseln. Auch Ausrangierte Messuhren eignen sich durchaus für die Prüfung des Kraftstoff oder Öldruckes.

### Zum Selbermachen

Natürlich sind Messwerkzeuge in der Regel teuer. Es sei denn, man zeigt etwas Kreativität und Bastlerspürsinn. Die Profigeräte sind sicherlich deutlich professioneller, der Eigenbau aber ist genauso einsatzfähig und kostet oft nur wenige Euro. Messkabelsätze lassen sich aus passenden Anschlüssen vom Schrottplatz leicht und funktionell selbst herstellen (Bilder 11 bis 13). Neben normalen Labormesskabel werden unter-

Bild 11
Freier Tester:
FI-Com als Diagnoseset mit Dongel und Software.

Bild 12
Die Kabel und Stecker ermöglichen den Test auch außerhalb des Fahrzeuges.

Bild 13
Messkabelsatz.
1 Messspitzen,
2 Flachstecker auf Rundstecker für Laborkabel,
3 Krokodilklemme,
4 Y-Stecker,
5 Nadelkontaktierer
6 Anschlusskabel mit Sicherung
7 Laboranschlusskabel
8 Anschlusskabel mit Schalter

Bild 14
Standard-Ausrüstung für Arbeiten an der Karosserie:
1 Schwingschleifer,
2 Schleifklotz,
3 Spachtelmasse,
4 Japanspachtelset,
5 Hohlraumpistole,
6 Ausbeuleisen,
7 Heißluftföhn,
8 Schleifpapier,
9 Kartuschen-Pistole,
10 Heißklebepistole,
11 Hammerset,
12 Gripzange flach,
13 Hohlraumversiegelungssonden,
14 Gripzange abgesetzt und breit,
15 Scherenset für gerade und kurvige Schnitte,
16 Karosseriefeile,
17 Absetzzange,
18 Unterbodenschutzpistole,
19 Nahtabdichtungs-Spritzpistole,
20 Luftschleifer gerade,
21 Bristol Look-Kunststoffschleifpads,
22 Luftschleifer winklig

Bild 11

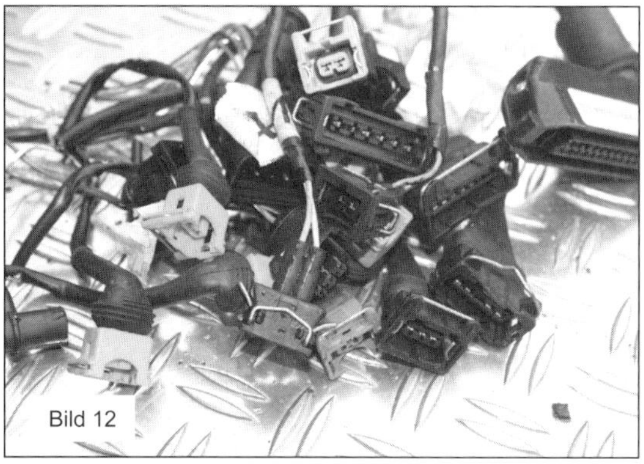
Bild 12

schiedliche Anschlüsse, Stecker und Y-Kabel benötigt, um Bauteile und Funktionen rund um die Motorsteuerung zu prüfen. Im Laufe der Berufsjahre sammeln sich schnell die Unterschiedlichen Messadapter an.

**Arbeiten an der Karosserie**
Die Standardausrüstung für Arbeiten an der Karosserie haben wir im Bild 14 als Übersicht zusammengestellt. Mit der Ausrüstung lassen sich auch Korosionschäden und Kampfspuren die im Alltagseinsatz entstehen beseitigen. Korosionsschutz und Ausbesserung des Unterbodens gehören schließlich auch zu den Wartungsarbeiten. Zumindest zu den erweiterten Arbeiten rund um die Wartung.

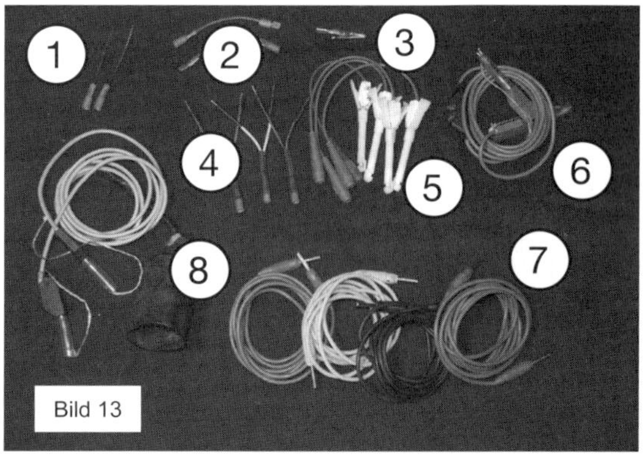

Bild 13

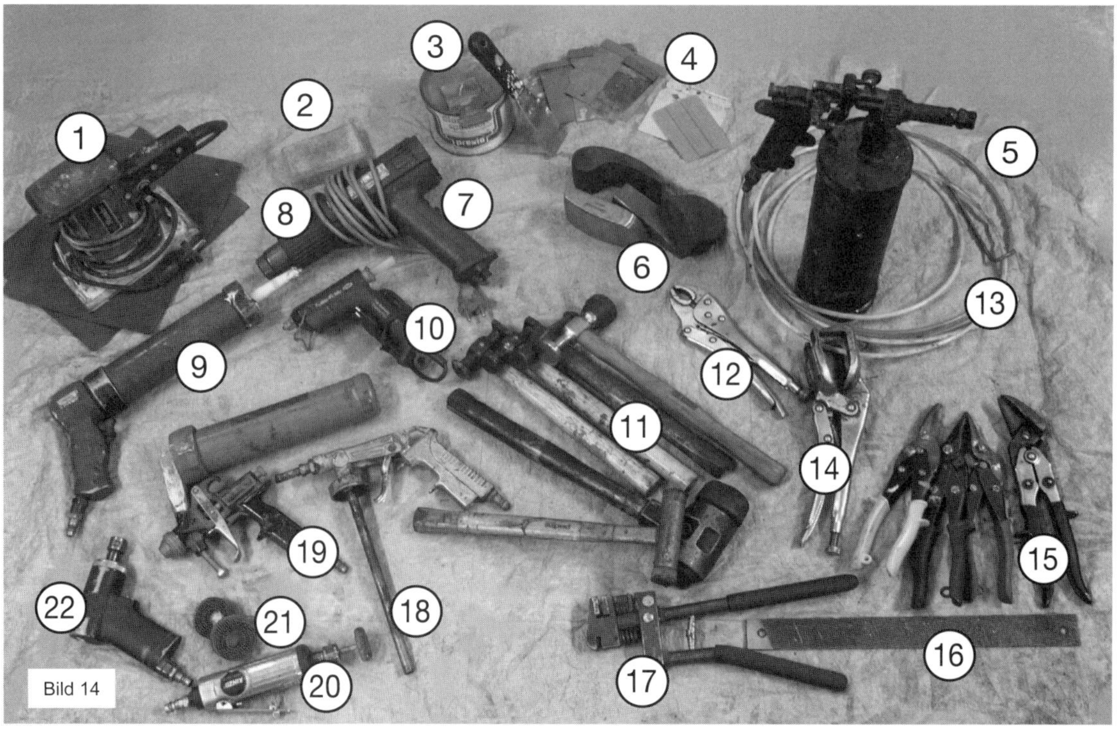

Bild 14

# 4 Motoren

In diesem Kapitel werden wir uns mit dem Otto (Benzin-Motor) des Fiat 500 beschäftigen. Der Dieselmotor spielte in diesem Modell eine untergeordnete Rolle und wird in diesem Band nicht berücksichtigt. Wie in allen Bänden dieser Buchreihe werden wir die gängigsten Arbeiten am Motor und an der Motorsteuerung vorstellen. Messwerte und Drehmomente finden Sie im Kapitel 16 »Technische Daten« in der Übersicht.

## Die Motormerkmale-Technische Daten

### 0,9-l-TwinAir-Benzinmotoren

Die 0,9-l-TwinAir-Motoren gibt es unter dieser Bezeichnung in zwei unterschiedlichen Hubraumklassen. Genaugenommen müsste der Motor mit 964 cm³ als 1,0-l-Motor bezeichnet werden. In dieser Tabelle stellen wir Ihnen die beiden Motoren mit dem kleineren Hubraum vor. Die weiteren Varianten finden Sie in den folgenden Tabellen

| Motor und Leistung | 0,9l/80 PS | 0,9l/85 PS | 0,9l/105 PS | 1,0/60PS | 1,0/65PS |
|---|---|---|---|---|---|
| Kraftstoff (Qualität) | Benzin (95 ROZ) | | | | |
| Hubraum | 875 cm³ | | | 964 cm³ | |
| Motorkennbuchstaben | 312A5000 | 312A2000 | 199B6000 | 312A6000 | 312A4000 |
| Zylinderzahl | 2 | | | | |
| Ventile pro Zylinder | 4 | | | | |
| Leistung kW bei 1/min | 59/5500 | 63/5500 | (72/3750)<br>77/3750* | 44/6250 | 48/6250 |
| Drehmoment Nm bei 1/min | 145/1900 | 145/1900 | (145/2000)<br>120/1750* | 88/3500 | |
| Bohrung Ø mm | 80,5 | | | 83,5 | |
| Hub mm | 86,0 | | | 88 | |
| Material Zylinderkopf/Motorblock | Aluminium-Legierung/Grauguss | | | | |
| Anzahl der Nockenwellen | 1 | | | | |
| Lage der Nockenwellen | oben | | | | |
| Antrieb der Nockenwellen | Steuerkette | | | | |
| Massenausgleichswelle | 1 | | | | |
| Anzahl der Kurbelwellenlager | 3 | | | | |
| Gemischaufbereitung | Motronic<br>Magneti Marelli | | | | |
| Aufladung/Typ/Druck | Bypasslader | | | Kein | |
| Zündanlage | Einzelspule<br>MAP DI | | | | |
| Abgasreinigung | 3 Wegekat / 2 Sonden | | | | |

* Angabe im Sportmodus

### 1,2-l- und 1,4-l-Benzinmotoren

Die 1,2-l- und 1,4-l-Motoren sind die 4-Zylindermotoren im Fiat 500. Die Motorenbauweise ist auch die Basis für die leistungsgesteigerten Motoren der Fiat-Tuning-Schmiede Abarth. Die Abarth-Motoren werden wir aber in diesem Buch nicht behandeln. Auch der 1,0-l-3-Zylinder-Mild-Hybrid wird in diesem Buch ausgeklammert. Er wird möglicherweise gemeinsam mit dem elektrischen Antrieb in einem gesonderten Band behandelt.

<table>
<tr><th>Motor und Leistung</th><th>1,2l/69PS</th><th>1,2l/69PS LPG</th><th>1,4l/100PS</th><th>1,4l/102PS</th></tr>
<tr><td>Kraftstoff (Qualität)</td><td>Benzin (95 ROZ)</td><td>LPG</td><td colspan="2">Benzin (95 ROZ)</td></tr>
<tr><td>Hubraum</td><td colspan="2">1242 cm³</td><td colspan="2">1368 cm³</td></tr>
<tr><td>Motorkennbuchstaben</td><td colspan="2">169A4.000</td><td>169A3.000</td><td>169A3.000 EAB</td></tr>
<tr><td>Zylinderzahl</td><td colspan="4">4</td></tr>
<tr><td>Ventile pro Zylinder</td><td colspan="2">2</td><td colspan="2">4</td></tr>
<tr><td>Leistung kW bei 1/min</td><td colspan="2">51/5500</td><td>73,5/6000</td><td>74/6000</td></tr>
<tr><td>Drehmoment Nm bei 1/min</td><td colspan="2">102/3000</td><td>131/4250</td><td>131/4250</td></tr>
<tr><td>Bohrung Ø mm</td><td colspan="2">70,8</td><td colspan="2">72,0</td></tr>
<tr><td>Hub mm</td><td colspan="2">78,86</td><td colspan="2">84,0</td></tr>
<tr><td>Material Zylinderkopf/Motorblock</td><td colspan="4">Aluminium-Legierung/Grauguss</td></tr>
<tr><td>Anzahl der Nockenwellen</td><td colspan="2">1</td><td colspan="2">2</td></tr>
<tr><td>Lage der Nockenwellen</td><td colspan="4">oben</td></tr>
<tr><td>Antrieb der Nockenwellen</td><td colspan="2">Zahnriemen</td><td colspan="2">Zahnriemen (Nockenwellen untereinander über Zahnräder)</td></tr>
<tr><td>Massenausgleichswelle</td><td colspan="4">keine</td></tr>
<tr><td>Anzahl der Kurbelwellenlager</td><td colspan="4">5</td></tr>
<tr><td>Gemischaufbereitung</td><td colspan="2">Magneti Marelli IAW 5SF8</td><td colspan="2">Bosch ME 7.9.10</td></tr>
<tr><td>Aufladung/Typ/Druck</td><td colspan="4">keine</td></tr>
<tr><td>Zündanlage</td><td colspan="2">Spulenmodul mit ruhender Verteilung</td><td colspan="2">Einzelspule MAP DI</td></tr>
<tr><td>Abgasreinigung</td><td colspan="4">3 Wegekat / 2 Sonden</td></tr>
</table>

## Arbeiten am Motor

### Maßnahmen für Sicherheit, einwandfreie Funktion und Sauberkeit

⚠ Bei Arbeiten am Motor, an der Kraftstoffversorgung (Kapitel 7) und an der Einspritzanlage sind bestimmte Maßnahmen zu treffen und Hinweise zu befolgen, die zur Sicherheit bei der Arbeit dienen, eine einwandfreie Funktion aller Systeme gewährleisten sollen und Fehlfunktion oder Schäden durch Verunreinigung vermeiden helfen. Wir stellen sie hier als grundlegend für alle folgenden Arbeiten voran.

### Sicherheit

■ Bei allen Montagearbeiten am Kraftstoffsystem Schutzbrille und Schutzhandschuhe tragen. Hautkontakt mit Kraftstoff vermeiden.

■ Der Kraftstoff bzw. die Kraftstoffleitungen im Kraftstoffsystem können sehr heiß werden (Verbrühungsgefahr). Außerdem steht das Kraftstoffsystem unter Druck. Vor dem Öffnen des Systems deshalb Putzlappen um die Verbindungsstelle legen und durch vorsichtiges Lösen der Verbindung Druck abbauen.

■ Aus Sicherheitsgründen muss vor dem Öffnen des Kraftstoffsystems die Sicherung für die Kraftstoffpumpe aus dem Sicherungshalter entfernt werden, da die Pumpe durch den Türkontaktschalter der Fahrertür aktiviert werden kann.

■ Kraftstoffleitungen sind mit Schnellverschlüssen gesichert. Kraftstoffschläuche dürfen nur mit Federbandschellen gesichert werden. Die Verwendung von Klemm- oder Schraubschellen ist nicht zulässig.

■ Beim Aus- und Einbau des Gebers für Kraftstoffvorratsanzeige oder der Kraftstoffpumpe (Kraftstofffördereinheit) aus gefüllten oder teilweise gefüllten Kraftstoffbehältern muss bereits vor Beginn der Arbeiten in die Nähe der Montageöffnung des Kraftstoffbehälters der Schlauch einer eingeschalteten Abgas-Absauganlage zum Absaugen der frei werdenden Kraftstoffgase gelegt werden.

■ Bei den Diesel Motoren ist die Einspritzanlage in einen Hochdruckbereich (maximal bis 2000 bar) und in einen Niederdruckbereich (ca. 6 bar) aufgeteilt. Vor dem Öffnen des Hochdruckbereichs, z. B. beim Ausbau der Hochdruckpumpe, des Kraftstoffverteilers, der Einspritzventile, der Kraftstoffrohre oder des Kraftstoffdruckgebers, muss der Kraftstoffdruck im Hochdruckbereich definiert auf einen Restdruck von ca. 6 bar abgebaut werden. Dazu ist ein Werkstatt-Diagnosesystem nötig. Bei Einsatz des Werkstatttesters wird eine »Geführte Funktion: Kraftstoffhochdruck abbauen« nach Testeranweisungen ausgeführt. Grundsätzlich muss die Zündung ausschaltet werden und ein sauberer Putzlappen um die Verbindungsstelle gelegt werden. Dann wird die Verbindungsstelle vorsichtig geöffnet und der Druck abgelassen. Der ausfließende Kraftstoff muss aufgefangen werden. Abschließend sollte der Fehlerspeicher abgefragt, alle Einträge gelöscht und ein Readinesscode erzeugt werden.

Bild 1

Bild 1
0,9-l-Benziner.

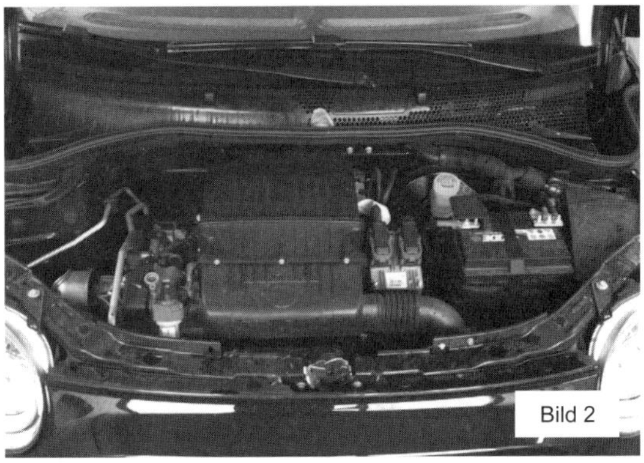

Bild 2

Bild 2
1,2-l-Benziner

**Funktionssicherheit**

■ Bei allen Montagearbeiten, insbesondere aufgrund der engen Bauverhältnisse im Motorraum, Leitungen aller Art z. B. für Kraftstoff, Kühl- und Kältemittel, Unterdruck und elektrische Leitungen so verlegen, dass die ursprüngliche Leitungsführung wiederhergestellt wird.

■ Alle Kabelbinder, die beim Ausbau gelöst oder aufgeschnitten werden, sind beim Einbau an der gleichen Stelle wieder zu befestigen.

■ Um Beschädigungen an den Leitungen zu vermeiden, auf ausreichenden Freigang zu allen beweglichen oder heißen Bauteilen achten.

**Sauberkeit (5 Regeln)**

■ Verbindungsstellen und deren Umgebung vor dem Lösen gründlich reinigen.

■ Ausgebaute Teile auf einer sauberen Unterlage ablegen und abdecken. Keine fasernden Lappen benutzen.

■ Geöffnete Bauteile sorgfältig abdecken bzw. verschließen, wenn die Reparatur nicht umgehend ausgeführt wird.

■ Nur saubere Teile einbauen: Ersatzteile erst unmittelbar vor dem Einbau aus der Verpackung nehmen. Keine Teile verwenden, die unverpackt (z. B. im Regal oder in Werkzeugkästen) aufgehoben wurden.
■ Bei geöffneter Kraftstoff- und Einspritzanlage möglichst nicht mit Druckluft arbeiten und das Fahrzeug nach Möglichkeit nicht bewegen.

## Diagnosetester einsetzen

An diesem Kapitel lässt es sich leicht erkennen, dass viele Funktionen über die Elektronik virtuell realisiert worden sind. Die Anschaffung eines Testers für die Diagnose ist zwingend erforderlich. Nicht einmal der Anbau der Anhängerkupplung oder das Einstellen des Lichtes ist mehr möglich, wenn man eine fachgerechte Arbeit abliefern möchte. Es geht nicht mehr darum, einen Fehlerspeicher zu löschen, um dann mal »rumzuraten«, was es denn gewesen sein könnte. Es wäre das Gleiche, wenn Sie die Seiten dieses Buches ungelesen ausreißen und dann raten, was denn dringestanden haben könnte. Die Diagnose über die Fehlerspeicher vereinfacht die Arbeit am Fahrzeug um einiges. Man muss lediglich lernen mit diesem »Werkzeug« zu arbeiten. Ohne Tester bleibt nur der Weg zum Händler, um den Fehlerstatus zu erfassen oder Einstellungen zu machen.

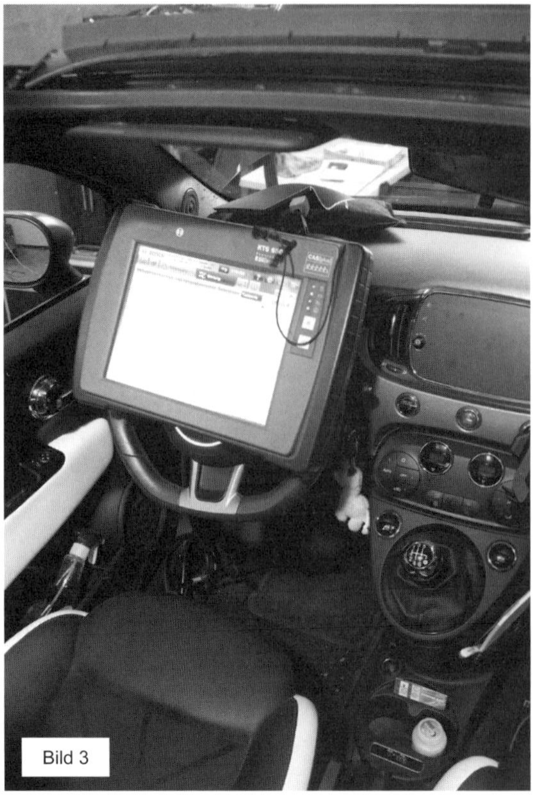
Bild 3

Bild 3
Boschtester mit integriertem Messsystem und herstellerbezogenen Messergebnissen, Schaltplänen und Diagnosewegen.

### Werks-Werkstatt-Tester

Ein großer Teil der Reparaturarbeiten schließt die Diagnose von Fehlern ein. Diese wird durch die elektronischen Werkstatthandbücher im Zusammenspiel mit den Diagnosegeräten unterstützt. In der Fachwerkstatt hat der Mechatroniker direkten Zugriff auf aktuelle Werkstattliteratur sowie die Unterstützung vom Hersteller über Telediagnose.

Bei der Diagnose werden alle Kunden- und Fahrzeugdaten an die angeschlossenen Geräte weitergeleitet und sind automatisch an jedem Arbeitsplatz abrufbar. Während einer Reparatur können technische Problemlösungen nachgeschlagen oder beim Hersteller tagesaktuelle Zusatzinformationen abgerufen werden. Diese Anbindung an das Netzwerk ermöglicht Software-Updates von Steuergeräten, Geheimnis- und Komponentenschutz, Softwareversionsmanagement, Übertragung von Diagnoseprotokollen, die besagte Telediagnose, die softwaregestützte Durchführung von Aktionen und viele weitere Funktionen.

Möglich werden durch diese Systemkomponenten:

■ Datenaustausch zwischen kaufmännischem Bereich und Werkstatt;
■ Datenaustausch über Werkstattauslastung und Terminvereinbarung;
■ Austausch von Kunden-, Fahrzeug- und Termindaten;
■ Rückfluss von Daten über bereits ausgeführte Reparaturen von der Werkstatt auf den Fortschrittsmonitor, sodass der Serviceberater gegebenenfalls in den laufenden Prozess eingreifen kann;
■ Datenrückfluss von der Werkstatt für Qualitätskontrolle und Rechnungserstellung;
■ Bereitstellung von Daten über benötigte Arbeitszeiten, Arbeitspositionen und Ersatzteile;
■ Einbeziehung des Teiledienstes ab Terminvorbereitung in den Service-Prozess.

### Testgerät für Mehrmarkenwerkstätten

Gerade für Mehrmarkenwerkstätten und auch freie Werkstätten ergibt sich durch die Vielzahl der unterschiedlichen Fahrzeugmarken das Problem den Zugang zu den einzelnen Fahrzeugen mit möglichst wenigen Testern zu realisieren. Schließlich müssen die Tester nicht nur angeschafft, sondern auch auf dem neuesten Stand gehalten werden. Neben den Großen der Branche wie Bosch und Gutmann sind auch günstigere Tester wie der VDO Autodiagnose Check auf dem Markt. Gerade bei Herstellern wie Fiat ist es schwierig, die Diagnosetiefe eines VW zu erreichen. Die Vertriebskonzepte und natürlich auch die Marktdurchdringung machen es deutlich leichter, ein Testgerät für einen Massenhersteller auszuarbeiten. Bemerkbar wird das dann, wenn einzelne Komponenten des Systems um-, hinzu- oder ausprogrammiert werden sollen. Der Schwerpunkt für diese Testerkategorie liegt in typischen Servicearbeiten und der Diagnose rund um den Antrieb. Gerade hier sind Geräte wie der handliche VDO nicht schlagbar.

### Geeignete Diagnosewerkzeuge für den Schrauber

Natürlich wählen wir wie auch beim Werkzeug nicht die billigste Variante aus, sondern empfehlen Ihnen die Anschaffung eines Systems, das im Laufe der nächsten Jahre noch einiges an Potenzial in deutscher Sprache liefern wird.

### FiCOM

Der »FICOM« kommt aus den USA und wird hier in einer deutschen Ausgabe von wenigen Händlern angeboten.

■ Auf der Internetseite www.diagwiki.com können Sie sich genauer informieren. Die Sprache der Seite ist allerdings englisch. Gerade diejenigen unter den Lesern, die dem Thema »Diagnose« kritisch gegenüberstehen, werden zumeist nach wenigen Versuchen erkennen, wie einfach der Umgang mit Laptop und Fahrzeug wird.
Eine typische Situation im Umgang mit den Fahrzeugen dieser Generation liegt in der schon recht umfangreichen Steuerung und Regelungstechnik.

■ Abgestimmt und eingestellt wird oft auf der virtuellen Ebene.

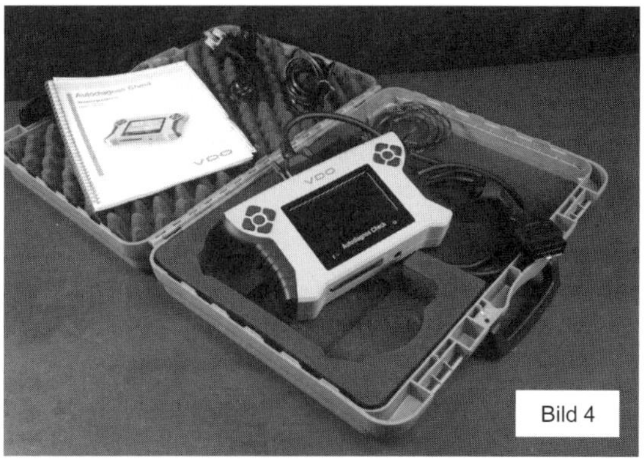


Bild 4

Bild 4
VDO-Diagnosetester: kleines Handgerät ohne Messfunktionen.

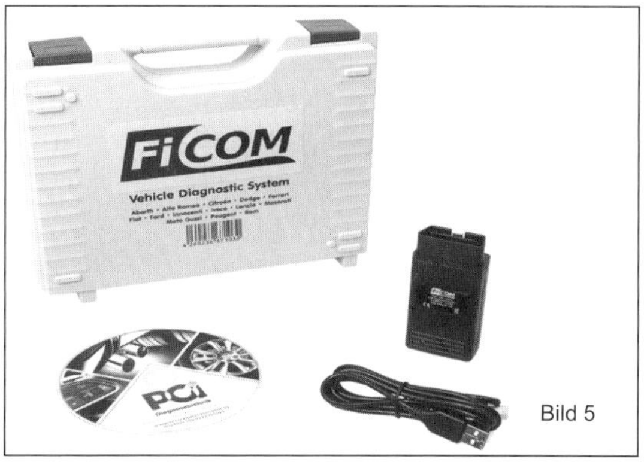


Bild 5

Bild 5
FiCom: Dongel mit OBD-Zugang und Software auf Laptop oder PC.

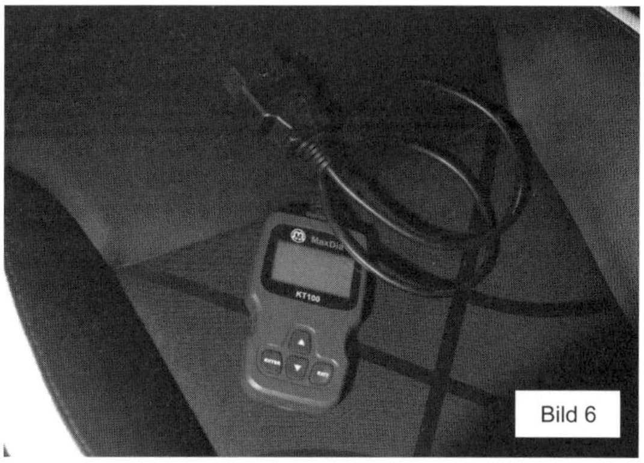


Bild 6

Bild 6
OBD-Handtester zum Lesen und Löschen.

### Handgeräte zum Lesen und Löschen

OBD2 ist das Zauberwort, welches den Zugang zumindest zu den Motorsteuergeräten ermöglicht. Die Normung der Diagnose ermöglicht zumindest in diesem Bereich den Zugang zu allen aktuellen Fahrzeugen. Um den Fehlerspeicher auszulesen oder auch Prüffunktionen der Eigendiagnose ausführen zu können, reicht meist schon ein Diagnosetool, welche durchaus schon um 100 Euro in diversen Onlineversteigerungen angeboten werden. Oft noch günstiger sind die kleinen Handgeräte schon im Baumarkt um die Ecke erhältlich. Wichtig ist, dass die entsprechende Software und zumindest eine Beschreibung auf Deutsch mitgeliefert wird.

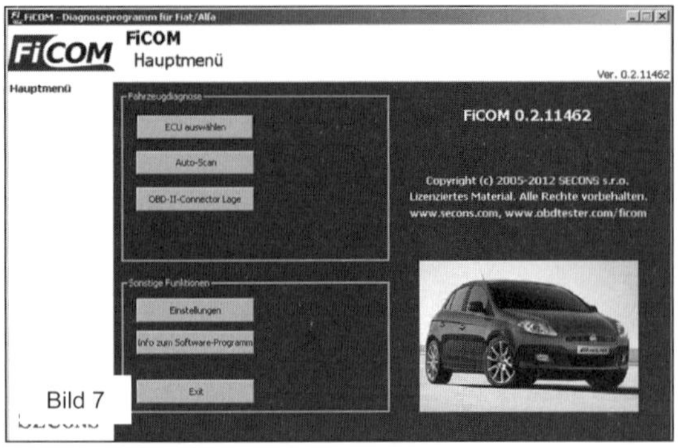


Bild 7
Startmaske des FiCom auf dem Bildschirm.

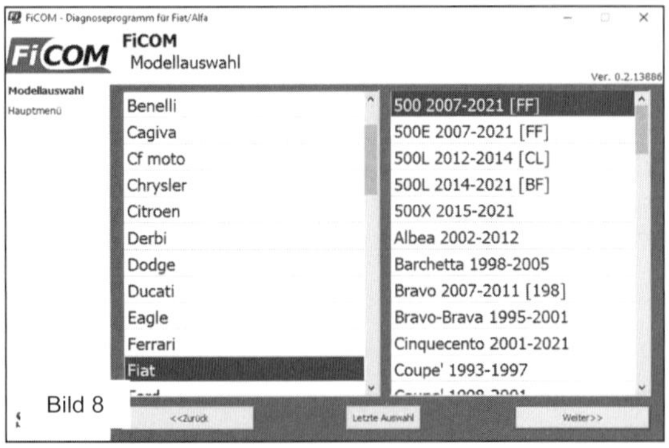


Bild 8
Anwahl des Herstellers und des Fahrzeugmodell.

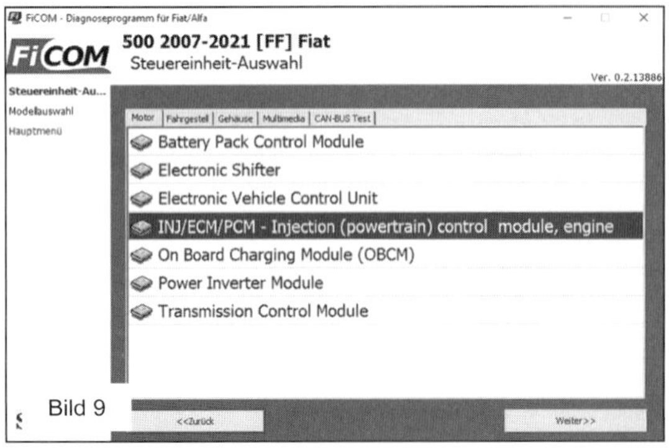


Bild 9
Übersicht der Ergebnisse aus der Funktion Autoscan.

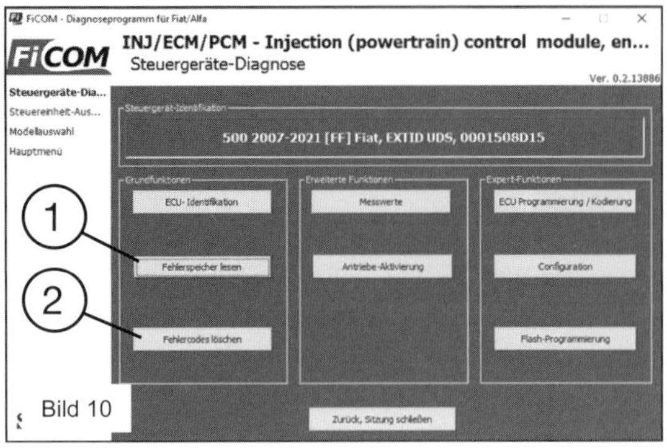


Bild 10
Startmaske des Motorsteuergerätes mit unterschiedlichen Funktionen.
1 Funktionstaste »Fehlerspeicher lesen«,
2 Funktionstaste »Fehlercodes löschen«

## Fehlerspeicher abfragen

Schwierig? Kann ich nicht? Ach was! Wer es schafft E-Mails abzurufen ohne den Computer zu zerstören kann, auch diese Arbeiten leicht erlernen. Wir zeigen Ihnen an einigen Beispielen, wie Aufgaben dieser Art angegangen werden können und möchten Sie animieren, sich zusammen mit Fachforen auch mit der Thematik Tester und Diagnose genauer auseinanderzusetzen. Die Vorgehensweise unterscheidet sich zwischen den einzelnen Testgeräten kaum. Auch dann, wenn Sie ein Handgerät benutzen, werden Sie über die Menüführung eine ähnliche Beschreibung wie die Folgende erhalten. Wir werden diese Beschreibung am Secons FiCom vorstellen.

- Wir gehen davon aus, dass Sie den Diagnosetester ordnungsgemäß nach Handbuch installiert haben.
- Schließen Sie den Diagnosetester an die OBD-Dose im Fahrerfußraum an.

Die Diagnosedose finden Sie unter der Verkleidung links im Kniebereich der Armaturentafel (Bild 3). Der Anschluss ist sofort erkennbar. Stecken Sie den OBD-Stecker in die Diagnosedose und den Anschluss in die entsprechende Anschlussdose Ihres Testers.

- Starten Sie die entsprechende Diagnosesoftware auf Ihrem Laptop oder dem Tester (Bild 6).
- Schalten Sie die Zündung ein.
- Klicken Sie auf die Taste »weiter«. Die Diagnosesoftware wird nun gestartet und die Bildschirmmaske wechselt zur Auswahl des Fahrzeuges.
- Klicken Sie die Funktionstaste »Auto-Scan« an.
- Klicken Sie den Fahrzeughersteller und den Fahrzeugtyp an (Bild 8). Bestätigen Sie Ihre Anwahl durch klicken der Funktionstaste »weiter«.
- Der Tester fragt nun alle verfügbaren Steuergeräte ab. Die Ergebnisse werden in einer Übersicht dargestellt (Bild 9).
- Wählen Sie ein Steuergerät mit einem »Doppelklick« mit der rechten Maustaste an. In diesem Beispiel haben wir das Motorsteuergerät angewählt und gelangen nun in die Startmaske des Motorsteuergerätes.
- Klicken Sie die Funktionstaste »Fehlerspeicher lesen« (1 im Bild 10) an.
- Sie können nun die Fehlercodes aus der Übersicht im Detail sehen.

Hier stellt sich dann auch ein Unterschied in der Diagnosetiefe der einzelnen Tester heraus. Bei einfachen Testern beschränkt man sich auf die Möglichkeiten den Fehlerspeicher zu lesen und zu löschen. Je mehr Funktionen sich hinter dem einzelnen Steuergerät verbergen, umso aufwendiger ist die Software des Diagnosesystems.

### Fehlerspeicher löschen

Wenn Sie die Fehlereinträge speichern oder ausdrucken wollen, wählen Sie die entsprechende Funktion über die Funktionstasten (1 im Bild 11) aus.

Sind die Fehler im Fehlerspeicher bekannt und wurden lediglich noch nicht gelöscht, können Sie nun wie folgt vorgehen.

- Klicken Sie die Funktionstaste »Fehlerspeicher löschen« (2 im Bild 10) an.
- Lassen Sie das Fahrzeug einige Minuten laufen.
- Klicken Sie die Funktionstaste »Fehlerspeicher lesen« (1 im Bild 10) an und kontrollieren Sie, ob der Fehler nicht erneut vorliegt.

Derselbe Vorgang kann auf dem Handgerät nachvollzogen werden. Lediglich die Anwahl ist deutlich geringer. Für einen Ausdruck muss eigentlich jedes mobile Gerät an einen Computer oder Laptop angeschlossen werden. Die Anwahl der Funktionen erfolgt meist über die Pfeiltasten. »Enter« betätigt die getroffene Anwahl und »ESC« erlaubt den Rückzug aus der angewählten Maske. Reine OBD2-Geräte ermöglichen in der Regel nur den Zugang zur Motorelektronik. Die Belegung und die Steuergerätesprache ist nur für den OBD2-Bereich verbindlich auf die abgasrelevanten Bauteile und die Motorelektronik geregelt.

## Motorabdeckung aus- und einbauen

Nicht in jedem Modell sind die Abdeckungen für den Motorraum von unten oder die Abdeckung über dem Motor verbaut. Soweit verbaut kann auch die Ausführung der Abdeckungen unterschiedlich ausfallen. Prinzipiell unterscheiden sich die Montagearbeiten aber nicht. Wir stellen Ihnen an dieser Stelle die Montagearbeiten exemplarisch vor.

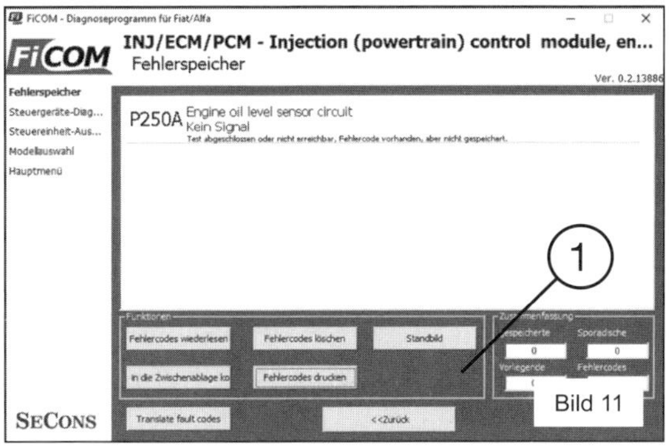


Bild 11
Fehlereintrag im Motorsteuergerät.
1 Funktionstasten

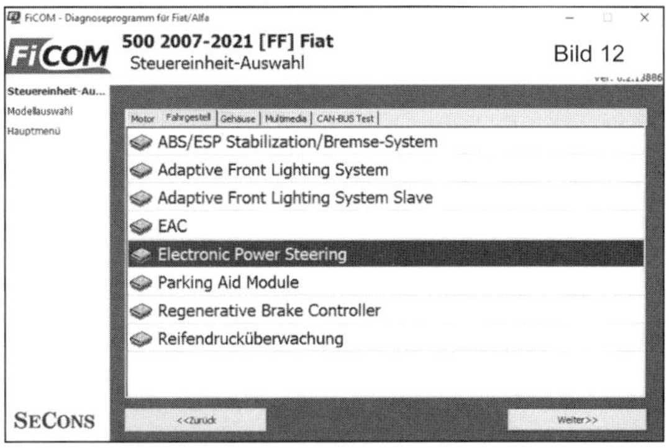


Bild 12
Anwahl der Steuergeräte und die Betätigung mit der Taste »Weiter« unten rechts.

Bild 13
Motorraum von unten: meist ohne irgendwelche Abdeckungen.

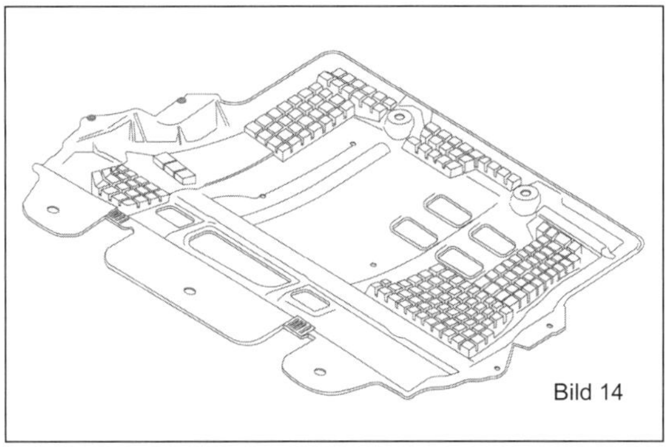

Bild 14
Motorabdeckung unten: Der Vollschutz ist recht selten verbaut.

### Motorabdeckung seitlich

- Bauen Sie das entsprechende Rad ab.
- Ziehen Sie die Abdeckung vom Rahmen ab und nehmen Sie sie heraus.
- Legen Sie die Abdeckung außerhalb des Autos sicher ab.

Die Montage erfolgt sinngemäß in umgekehrter Reihenfolge.

Sichtprüfung Messen

Bild 15
Befestigung Motorabdeckung.
1 Verschraubungen
2 Abdeckung Motorraum seitlich
3 Radhausschale

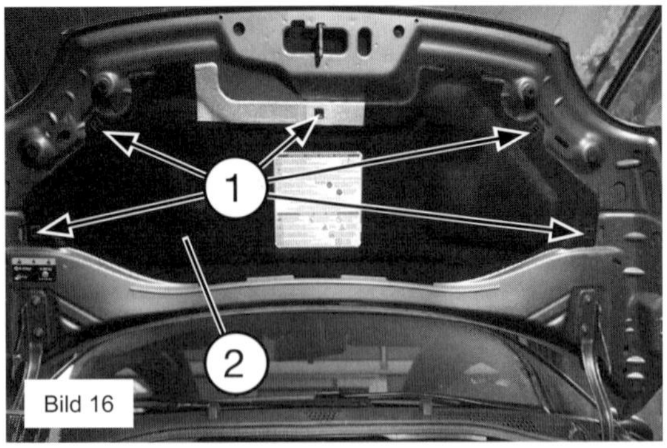


Bild 16
Haubendämmung.
1 Halteclips
2 Haubendämmung

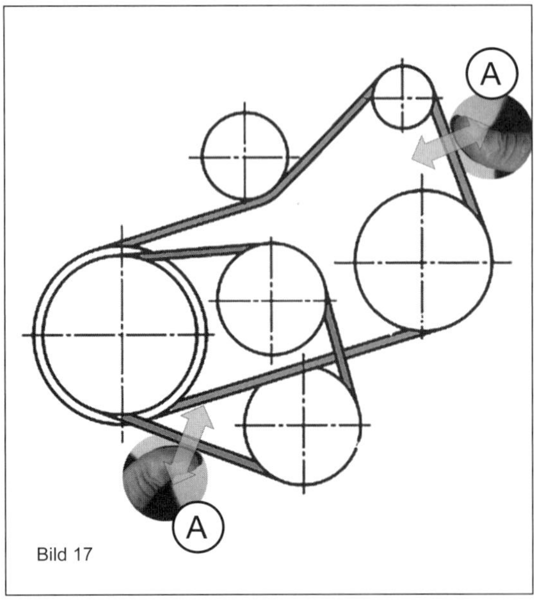


Bild 17
Riemenspannung prüfen: Grundsätzlich an Stellen, an denen der Riemen frei hängt (A).

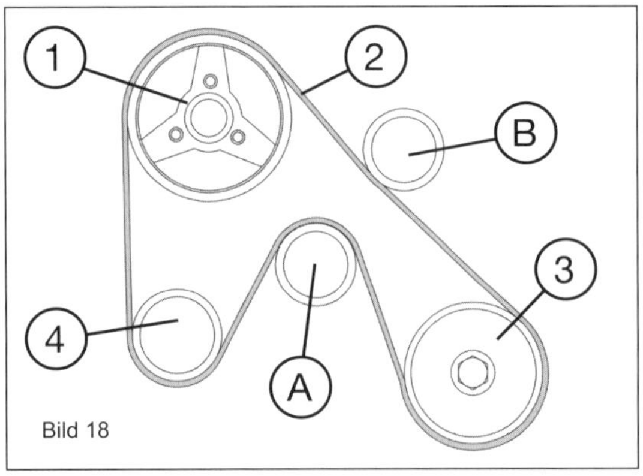


Bild 18
Keilrippenriemen mit Klimaanlage (0,9 l).
1 Klimakompressor
2 Keilrippenriemen
3 Kurbelwellenriemenscheibe
4 Generator
A Spannrolle
B Umlenkrolle

■ Achten Sie darauf, dass die Motorabdeckung sicher einrastet.

**Motorabdeckung unten**
■ Heben Sie das Fahrzeug vorne an.
■ Drehen Sie die Befestigungsschrauben heraus.
■ Ziehen Sie die Verkleidung aus der vorderen Stoßstange heraus.
■ Nehmen Sie die Verkleidung ab.
■ Legen Sie die Abdeckung außerhalb des Autos sicher ab.
Die Montage erfolgt sinngemäß in umgekehrter Reihenfolge.

## Prüfung auf Undichtigkeiten und Beschädigung

Die Sichtprüfung ist von oben und von unten vorzunehmen, weshalb die Geräuschdämpfung abzubauen ist.

**Sichtprüfung wie folgt durchführen:**
■ Motor und Bauteile im Motorraum auf Undichtigkeiten und Beschädigungen prüfen.
■ Leitungen, Schläuche und Anschlüsse des Kraftstoffsystems, des Kühl- und Heizsystems, des Ölkreislaufs, der Klimaanlage, der Ansauganlage und der Bremsanlage auf Undichtigkeiten, Scheuerstellen, Porosität und Brüchigkeit prüfen.
■ Alle festgestellten Mängel durch Reparatur beseitigen.
■ Bei nicht verbrauchsbedingtem Flüssigkeitsverlust muss die Ursache ermittelt und beseitigt werden.

## Keilrippenriemen prüfen

Der Keilrippenriemen oder auch Flachriemen ist für den antrieb vieler nebenagregate wie der Klimaanlage zuständig. Aber auch Generator und Wasserpumpe werden durch Ihn angetrieben. Die unterschiedlichen Einbaulagen des Keilrippenriemens Ihres Fiats stellen wir Ihnen auch für die Montagearbeiten am Generator-Aus- und Einbau an diese Stelle vor. In diesem Kapitel werden wir uns neben der Einbaulage auch mit den unterschiedlichen Spannvorrichtungen befassen und den Umgang mit ihnen darstellen.

### Zustand prüfen

Kontrollieren Sie die Keil- und Keilrippenriemen nach folgenden Gesichtspunkten an mehreren Stellen:

- Unterbaurisse (Anrisse, Kernbrüche, Querschnittsbrüche)
- Lagentrennung (Deckschicht, Zugstränge)
- Ausbruch am Unterbau
- Ausfransen der Zugstränge
- Flankenverschleiß (Materialabtrag, Ausfransungen, Flankenverhärtung, Oberflächenrisse)
- Öl und Fettspuren

### Spannung des Keilrippenriemens prüfen (ohne automatische Spannvorrichtung):

- Drücken Sie den Antriebsriemen in einem Bereich (A im Bild 17) wo er frei hängt mit einem kräftigen Daumendruck nach unten.

Er sollte sich etwa 5 mm herunterdrücken lassen.

- Korrigieren Sie die Vorspannung, wenn erforderlich.

### Spannung für Keilrippenriemen prüfen (mit automatischer Spannvorrichtung)

- Drücken Sie den Keilrippenriemen in einem Bereich wo er frei hängt mit einem kräftigen Daumendruck nach unten.

Die Spannrollen müssen nun nachgeben. Wenn Sie den Druck wegnehmen, muss sich die Spannrolle ohne Verzögerung zurückbewegen und den Antriebsriemen wieder spannen.

## Keilrippenriemen aus- und einbauen

### Riementrieb mit Klimaanlage und Spannrolle (Bild 18 und 19)

*Ausbau Keilrippenriemen:*

Soll der gebrauchte Keilrippenriemen wieder verwendet werden, muss die Laufrichtung auf dem Keilrippenriemen markiert werden.

- Fahrzeug mit der Hebebühne anheben.

Das Fahrzeug muss zwischen den Hebebühnensäulen ausgerichtet werden und die vier Aufnahmeteller an den vom Fahrzeughersteller vorgeschriebenen Hebebühnenaufnahmepunkten platziert sein.

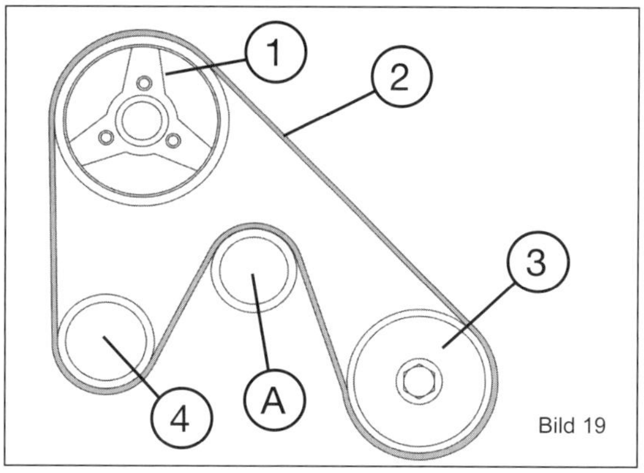


Bild 19
Keilrippenriemen mit Klimaanlage (1,2 l und 1,4 l).
1 Klimakompressor
2 Keilrippenriemen
3 Kurbelwellenriemenscheibe
4 Generator
A Spannrolle

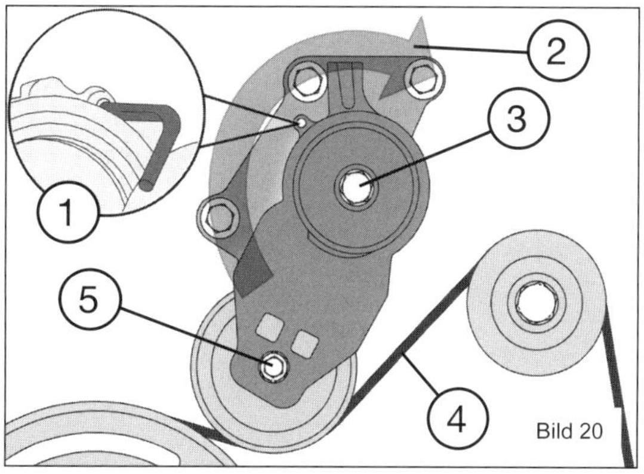


Bild 20
Keilrippenriemenspanner.
1 Sicherungsstift
2 Bewegungsrichtung zum Lösen
3 Befestigungsschraube
4 Keilrippelriemen
5 Sechskant auf der Spannrolle

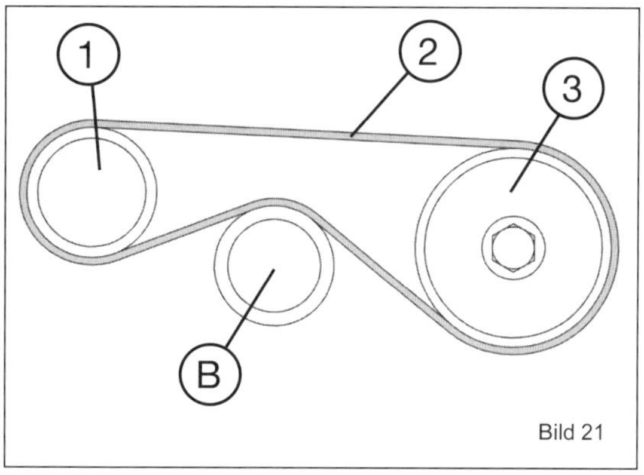


Bild 21
Keilrippenriemen ohne Klimaanlage.
1 Generator
2 Keilrippenriemen
3 Kurbelwellenriemenscheibe
B Umlenkrolle

- Demontieren Sie das rechte Vorderrad.
- Bauen Sie den Innenradkasten vorne rechts aus.
- Bauen Sie (soweit vorhanden) die Motorabdeckung unten aus.
- Demontieren Sie den Befestigungsbügel im Radkasten zwischen Karosserie und Vorderradaufhängung (soweit verbaut).
- Demontieren Sie die Abdeckung zum Motorraum.
- Bauen Sie (soweit vorhanden) die Motorabdeckung oben ab.
- Demontieren Sie (soweit verbaut) die Keilrippenriemenverkleidung oben.
- Einen passenden Schlüssel auf den Sechskant des Riemenscheibenspanners

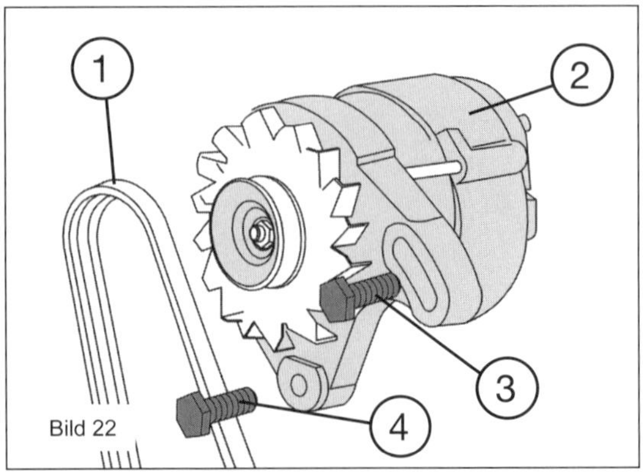


Bild 22
Spannen des Keilrippenriemens über den Generator.
1 Keilrippenriemen
2 Generator
3 Schraube Verstellung
4 Schraube Halterung

Bild 23
Kontrolle der Spannung des Keilrippenriemens.

aufsetzen und im Uhrzeigersinn verdrehen (2 im Bild 20), um den Keilrippenriemen zu entspannen.

**Riementrieb ohne Klimaanlage und ohne Spannrolle (Bild 21)**
*Ausbau Keilrippenriemen:*
■ Der Keilrippenriemen wird über den Generator gespannt.
☞ Soll der gebrauchte Keilrippenriemen wieder verwendet werden, muss die Laufrichtung auf dem Keilrippenriemen markiert werden.
■ Fahrzeug mit der Hebebühne anheben.
⚠ Das Fahrzeug muss zwischen den Hebebühnensäulen ausgerichtet werden und die vier Aufnahmeteller an den vom Fahrzeughersteller vorgeschriebenen Hebebühnenaufnahmepunkten platziert sein.
■ Demontieren Sie das rechte Vorderrad.
■ Bauen Sie den Innenradkasten vorne rechts aus.
■ Bauen Sie (soweit vorhanden) die Motorabdeckung unten aus.
■ Demontieren Sie den Befestigungsbügel im Radkasten zwischen Karosserie und Vorderradaufhängung (soweit verbaut).

☞ **Schraubertipp:**
**Einbaulage des Keilrippenriemens**
■ Achten Sie vor dem Einbau des Keilrippenriemens darauf, dass alle Aggregate (Generator, Klimakompressor) festmontiert sind.

■ Beim Einbauen des Keilrippenriemens achten Sie bitte auf die Laufrichtung und auf einen korrekten Sitz des Riemens in den Riemenscheiben.

■ Nach fertiggestellter Arbeit grundsätzlich Motor starten und Riemenlauf kontrollieren.

■ Demontieren Sie die Abdeckung zum Motorraum.
■ Bauen Sie (soweit vorhanden) die Motorabdeckung oben ab.
■ Demontieren Sie (soweit verbaut) die Keilrippenriemenverkleidung oben.
■ Lösen Sie die Schraube unten (4 im Bild 22).
■ Lösen Sie die obere Schraube (3).
■ Drücken Sie den Generator ganz an den Motor an.
■ Nehmen Sie den Keilrippenriemen zuerst von der Riemenscheibe ab.

Die Montage erfolgt sinngemäß in umgekehrter Reihenfolge.
■ Kontrollieren Sie den richtigen Sitz und den geraden Lauf des Keilrippenriemens.
■ Spannen Sie den Keilrippenriemen gerade so fest, dass Sie ihn mit dem Finger noch verdrehen können (90°).

**Unterschiede bei Fahrzeugen mit Start/Stopp-Automatik**
Es gibt für die Montagearbeiten am Generator keinen Unterschied für Fahrzeuge mit Start/Stopp-Funktion oder Fahrzeugen ohne dieses Ausstattungsmerkmal. Das Anlassen erfolgt über den normalen Starter. Es wurde lediglich ein Generator mit höherer Leistung verbaut

## TwinAir und MultiAir

Die Begriffe »TwinAir« und »MultiAir« sind Begriffe, die für eine innovative Technologie

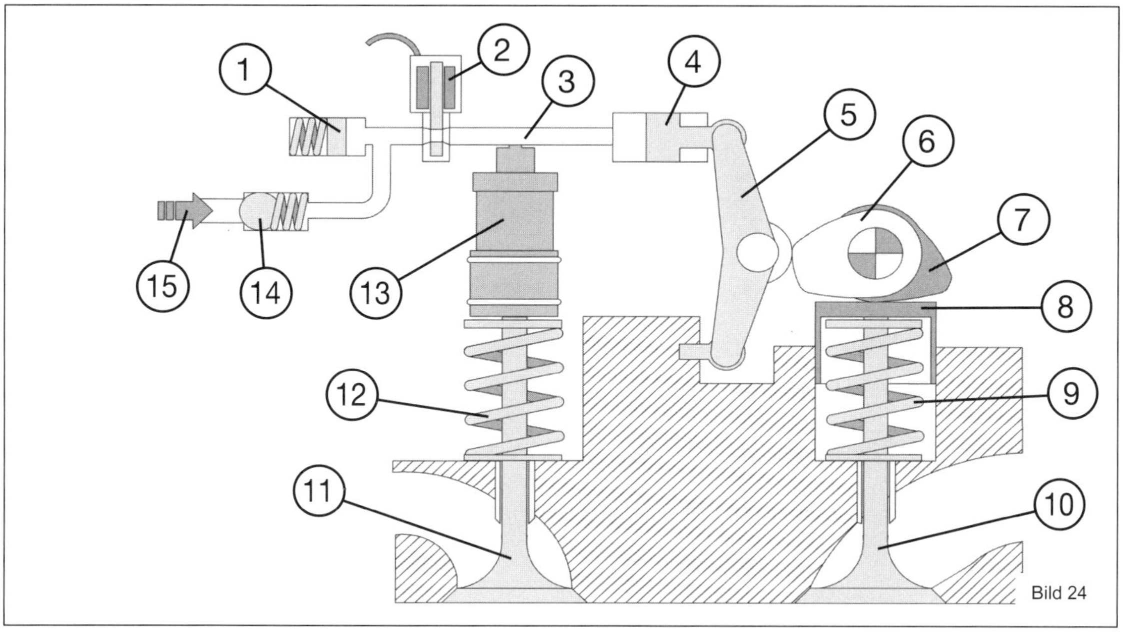

Bild 24

Bild 24
MultiAir (UniAir) System als Funktionsskizze.
1 Druckspeicher
2 Ansteuerventil
3 Druckkanal
4 Hochdruckkolben
5 Schlepphebel
6 Nocke Hochdruckpumpe auf der Nockenwelle
7 Nocke Auslassventil auf der Nockenwelle
8 Tassenstößel Auslassventil
9 Ventilfeder Auslassventil
10 Auslassventil
11 Einlassventil
12 Ventilfeder Einlassventil
13 Ventilbetätigung Einlassventil mit Drosselbohrung und Ventilspielausgleich
14 Rückschlagventil
15 Versorgung Öldruck vom Motorkreislauf

zur lastabhängigen Ventilsteuerung des Einlassventils stehen. Für die Montagearbeiten ist es hilfreich, die Funktionen der Technologie zu verstehen.

**TwinAir (Bild 24)**
Hinter der Bezeichnung »TwinAir« versteckt sich der 0,9-l-Zweizylinder-Parallel-Twin, der zum Massenausgleich eine Ausgleichswelle verwendet und die Ventile noch konventionell über eine Ventilfeder schließt. Im Fiat-Motor kommt ein spezielles von Fiat und Schaeffler entwickeltes Ventiltriebsystem zum Einsatz. Das so genannte »MultiAir« oder bei Schaeffler »UniAir« genannte System steuert konventionell die Auslassventile über die Auslassnockenwelle an. Die Einlassventile werden über ein elektrohydraulisches System angesteuert.

*Ansteuerung der Auslassventile:*
Die Ansteuerung der Auslassventile (10 im Bild 24) erfolgt konventionell über die Nockenwelle (7). Der Ausgleich des Ventilspiels erfolgt über hydraulische Tassenstößel (8) automatisch.

*Ansteuerung der Einlassventile:*
Die Ansteuerung der Einlassventile (11 im Bild 24) erfolgt folgendermaßen: Die Nocke (6) auf der Nockenwelle betätigt über den Schlepphebel (5) den Hockdruckkolben (4). Der Hochdruckkolben (4) verdrängt das im Druckkanal (3) befindliche Öl. Wird das Ansteuerventil (2) bestromt, schließt es und das durch den Hochdruckkolben verdrängte Öl betätigt die Ventilbetätigung des Einlassventils (13). Wird das Ansteuerventil (2) abgeschaltet, wird das Öl in den Druckspeicher entweichen und das Einlassventil schließt. So wird es möglich, zwischen keiner Ventilbetätigung bis zur Vollöffnung den Ventilhub, den Öffnungszeitpunkt, den Schließzeitpunkt und sogar eine mehrfache Öffnung für jeden einzelnen Arbeitstakt zu formen.

**Ansteuerprofile der Einlassventile**
Die Ansteuerprofile werden durch das Motorsteuergerät und das Magnetventil (2 im Bild 24) realisiert. Wir stellen Ihnen die unterschiedlichen Ansteuerprofile zwischen Leerlauf und Volllast in fünf Teilschritten vor.

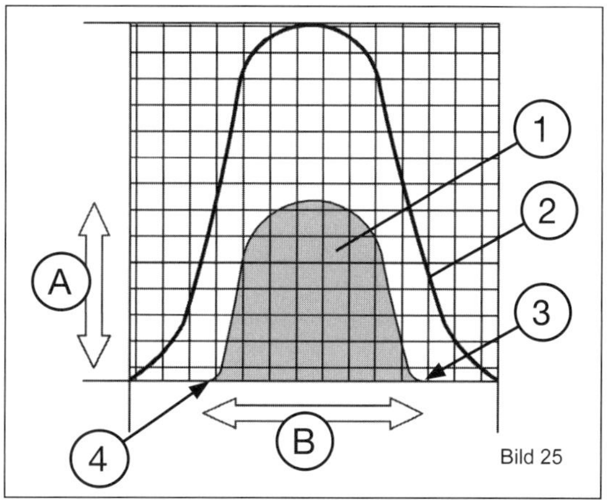

Bild 25

Bild 25
Late Intake Valve Opening.
1 Öffnung Einlassventil
2 Nockenkontur auf der Nockenwelle
3 Schließzeitpunkt
4 Öffnungszeitpunkt
A Ventilhub Einlassventil
B Öffnungszeit Einlassventil

Sichtprüfung Messen

Im Wesentlichen werden folgende Ansteuerprofile mit dem MultiAir-System realisiert:

*Late Intake Valve Opening »LIVO« (Bild 25):*
Die spätere Öffnung (4 im Bild 25) der Einlassventile ergibt ein verbessertes Startverhalten, was den Einsatz der Start/Stopp-Technik erleichtert. Das Einlassventil wird später geöffnet (4) und früher geschlossen (3). Die Ventilöffnung (A) fällt kleiner aus. Der Modus wir bei Motorstart und im Leerlauf verwendet.

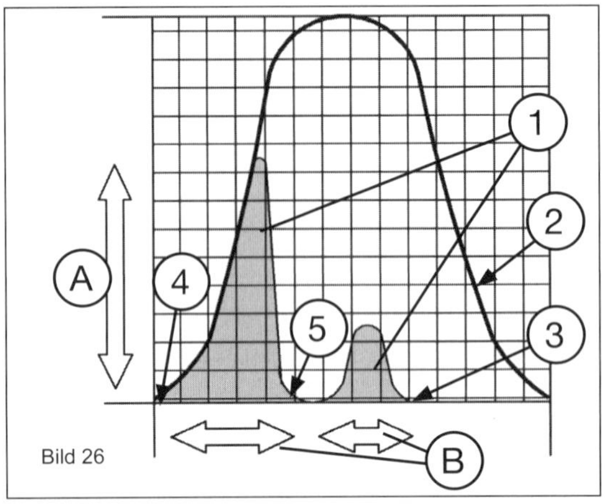


Bild 26
Multi Lift.
1 Öffnung Einlassventil
2 Nockenkontur auf der Nockenwelle
3 Schließzeitpunkt
4 Öffnungszeitpunkt
5 kurzes Schließen des Einlassventils
A Ventilhub Einlassventil
B Öffnungszeit Einlassventil

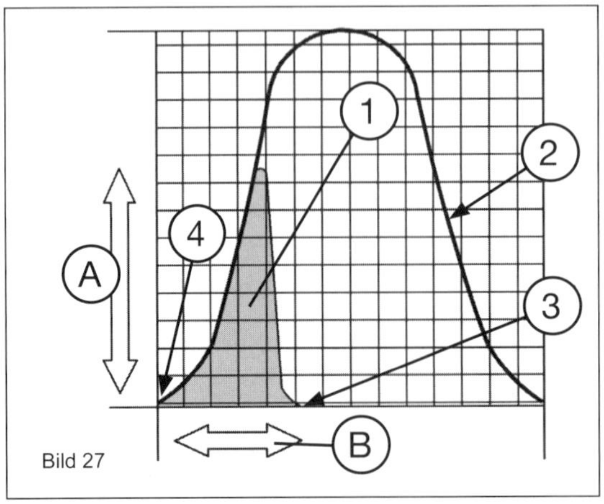


Bild 27
Early Intake Valve Closing.
1 Öffnung Einlassventil
2 Nockenkontur auf der Nockenwelle
3 Schließzeitpunkt
4 Öffnungszeitpunkt
A Ventilhub Einlassventil
B Öffnungszeit Einlassventil

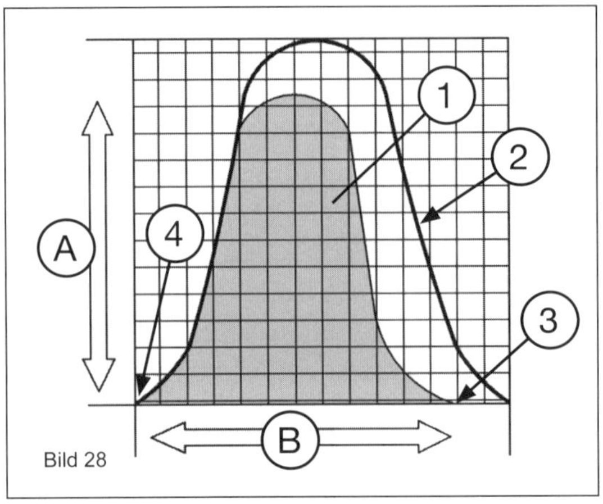


Bild 28
Partial Load.
1 Öffnung Einlassventil
2 Nockenkontur auf der Nockenwelle
3 Schließzeitpunkt
4 Öffnungszeitpunkt
A Ventilhub Einlassventil
B Öffnungszeit Einlassventil

*Multi Lift (Bild 26):*
Durch mehrfache Teilöffnungen des Einlassventils wird die Zylinderfüllung verringert. Dieser Modus wird im unteren Teillastbereich und im Leerlauf verwendet. Eine klassische Verkehrssituation ist hierzu ein Stau oder der innerstädtische Verkehr. Hier wird ein besseres Verbrennungsverhalten des Motors erreicht.

*Early Intake Valve Closing »EIVC« (Bild 27):*
Das frühe Schließen des Einlassventils (3 im Bild 27) wird bei niedrigen Drehzahlen und geringer Zylinderfüllung umgesetzt. Bei mittleren Drehzahlen wird das Rückströmen von Luft-/Kraftstoffgemisch in den Ansaugkrümmer verringert.

*Partial Load (Bild 28):*
Die reduzierte Ventilöffnung ist eine Ergänzung des »EIVC«-Modus. Genau genommen ist dieser Modus eine Zwischenstufe zwischen dem »EIVC«-Modus und dem »Full-Load«-Modus. Der Übergang kann stufenlos bis zum Full-Load-Modus erfolgen. Der Modus wird auch als Teillastmodus bezeichnet. Bei mittleren Drehzahlen wird das Rückströmen von Luft-/Kraftstoffgemisch in den Ansaugkrümmer (so genannte Pumpverluste an der Drosselklappe) verringert.

*Full Load (Bild 29):*
Die Ventilöffnung entspricht der vollen Nockenkontur. Die tasächliche Ventilöffnung entspricht dem Profil der Nocke. Dieser Modus wird nur bei voller Motorleistung nötig. Wenn die Leistungsanforderung wieder sinkt, wird auch die Ventilöffnung in Richtung »Partial Load« verändert.

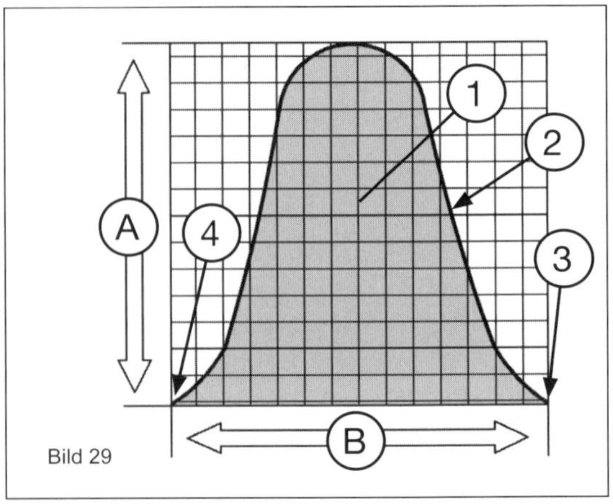


Bild 29
Full Load.
1 Öffnung Einlassventil
2 Nockenkontur auf der Nockenwelle
3 Schließzeitpunkt
4 Öffnungszeitpunkt
A Ventilhub Einlassventil
B Öffnungszeit Einlassventil

## Arbeiten am Steuerkettenantrieb (0,9l- und 1,0l- Motoren)

Die beiden Motoren werden als 0,9-l-TwinAir-Motoren bezeichnet. Hinsichtlich der Montage der Steuerkette gibts es keine nennenswerten Unterschiede. Wir stellen Ihnen an dieser Stelle eine Arbeitsbeschreibung für beide Varianten vor. Die Montagearbeiten sind für die Demontage des Zylinderkopfes oder bei Schäden an Kettenspanner, Spann- oder und Führungsschiene erforderlich.

**Absteckpunkte Kurbelwelle und Nockenwelle**

*Abstecken der Kurbelwelle:*

Die Kurbelwelle kann an der Riemenscheibe (2 im Bild 30) zum Steuerkettenkasten abgesteckt werden (Fiat 2.000.035.200). Eine weitere Möglichkeit besteht durch den Schlitz in der Getriebeglocke auf der Motorvorderseite zur Schwungscheibe (Bild 31) (Fiat 2.000.035.300 oder 2.000.042.700)

*Abstecken der Nockenwelle:*

Die Nockenwelle wird nach der Demontage der Unterdruckpumpe auf der linken Zylinderkopfseite durch das Einlegen und Verschrauben der Nockenwellenfixierung (Fiat 2.000.035.100) abgesteckt.

*Abstecken der Ausgleichswelle:*

Die Ausgleichswelle wird zum Motorblock durch das Ausgleichswellenwerkzeug (Fiat 2.000.038.300) abgesteckt.

**Vorbereitungen am Fahrzeug**

- Lesen Sie den Fehlerspeicher aus und sichern Sie die Ergebnisse.
- Fahrzeug mit der Hebebühne anheben. Das Fahrzeug muss zwischen den Hebebühnensäulen ausgerichtet werden und die vier Aufnahmeteller an den vom Fahrzeughersteller vorgeschriebenen Hebebühnenaufnahmepunkten platziert sein.
- Demontieren Sie das rechte Vorderrad.
- Bauen Sie den Innenradkasten vorne rechts aus.
- Bauen Sie (soweit vorhanden) die Motorabdeckung unten aus.

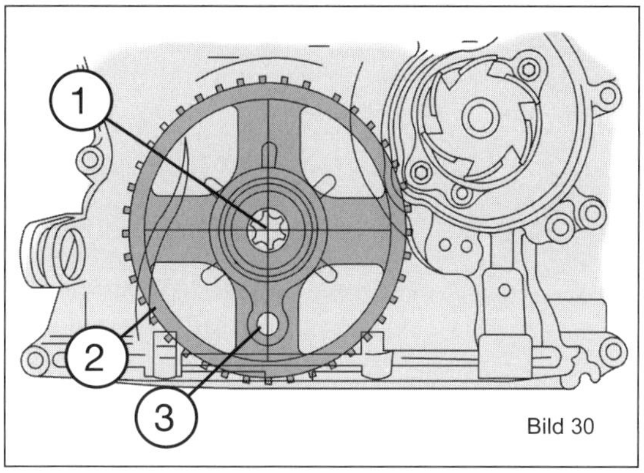


Bild 30

Bild 30
Abstecken der Riemenscheibe auf der Kurbelwelle.
1 Zentralschraube Riemenscheibe
2 Riemenscheibe
3 Absteckbohrung (1. Zylinder OT)

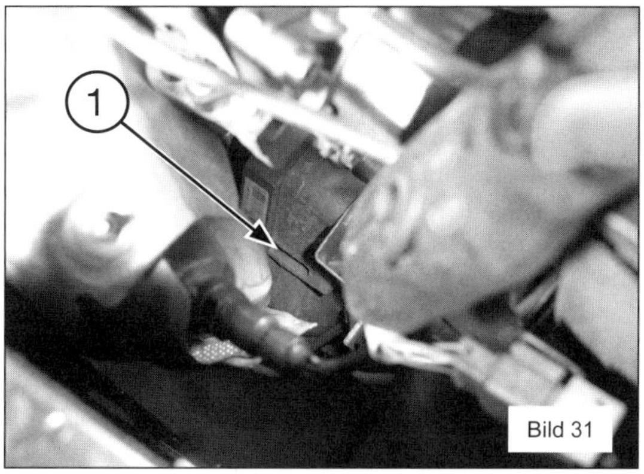


Bild 31

Bild 31
OT Abstecken der Kurbelwelle Schwungscheibe beim 0,9-l-Motor.
1 Einsteckposition für den Absteckdorn in der Getriebeglocke auf die Schwungscheibe zum Fixieren der Kurbelwelle auf den OT des 1. Zylinders

- Demontieren Sie den Befestigungsbügel im Radkasten zwischen Karosserie und Vorderradaufhängung (soweit verbaut).
- Demontieren Sie die Abdeckung zum Motorraum seitlich.
- Bauen Sie (soweit vorhanden) die Motorabdeckung oben ab.
- Demontieren Sie (soweit verbaut) die Keilrippenriemenverkleidung oben.
- Sichern Sie den Radiocode und klemmen Sie die Batterie ab.

**Montagearbeiten am 0,9-l- und 1,0-l-Motor**

- Lassen Sie das Motoröl ab.
- Lassen Sie das Kühlmittel ab.
- Demontieren Sie den Keilrippenriemen wie bereits beschrieben.
- Bauen Sie den Kühlmittelschlauch an der Wasserpumpe ab.
- Demontieren Sie die Wasserpumpe.
- Demontieren Sie die Ölwanne.
- Bauen Sie die Zündkerzen aus, damit sich der Motor leichter drehen lässt.
- Drehen Sie den Motor über die Zentralschraube der Kurbelwellenriemenscheibe auf OT des ersten Zylinders.
- Stecken Sie den Absteckdorn in die Kupplungsglocke des Getriebes ein (Bild 31).

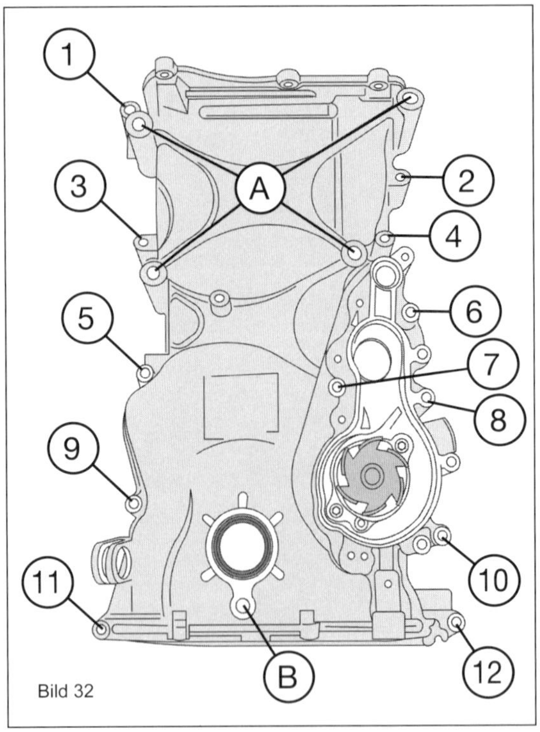


Bild 32

Bild 32
Steuerkastendeckel beim 0,9-l- und 1,0-l-TwinAir
1-12 Reihenfolge zum Lösen des Steuerkastendeckels.
A Befestigungsschrauben Motorlager
B Absteckbohrung

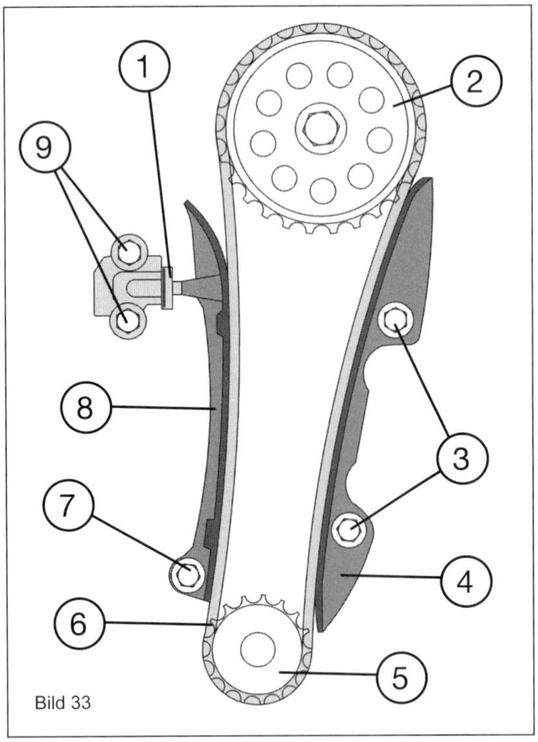


Bild 33

Bild 33
Steuerkette beim 0,9-l- und 1,0-l-Motor.
1 Steuerkettenspanner
2 Nockenwellenrad
3 Schrauben
4 Führungsschiene
5 Kurbelwellenrad
6 Steuerkette
7 Schraube
8 Spannschiene
9 Schrauben

- Demontieren Sie die Unterdruckpumpe am Zylinderkopf und montieren Sie die Nockenwellenfixierung.
- Markieren Sie die Einbauposition des OT-Gebers (soweit verbaut) und bauen Sie ihn aus.
- Halten Sie die Riemenscheibe mit einem Gegenhalter fest und lösen Sie die Zentralschraube der Riemenscheibe auf der Kurbelwelle.

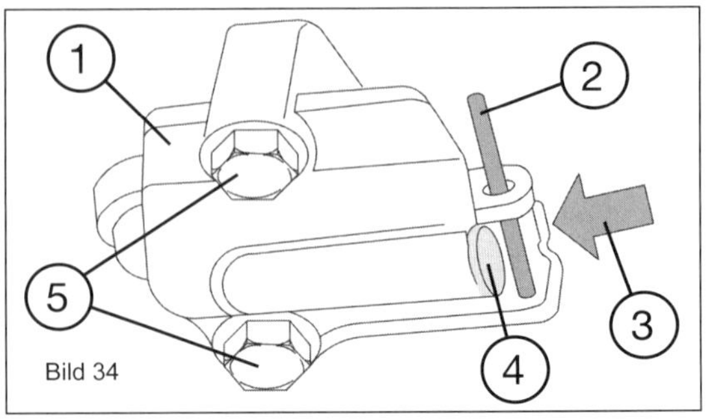


Bild 34

Bild 34
Sichern des Steuerkettenspanners.
1 Steuerkettenspanner
2 Sicherungsstift
3 Bewegungsrichtung zum Zurückdrücken des Steuerkettenspanners
4 Spannkolben
5 Schrauben

Fiat fixiert die Kurbelwelle über das Ausgleichswellen-Einstellwerkzeug (Fiat 2.000.038.300). Es ist aber auch möglich, die Riemenscheibe mit einem universellen Gegenhalter zu fixieren.

- Drehen Sie die Zentralschraube der Riemenscheibe auf der Kurbelwelle heraus und nehmen Sie die Riemenscheibe ab.

⚠ Die Zentralschraube der Riemenscheibe hat ein Linksgewinde.

- Demontieren Sie den Ventildeckel.
- Hängen Sie den Motor auf einer Konsole oder einem Motorheber auf.
- Demontieren Sie die Befestigungsschrauben (A im Bild 32) und die Halterungen des Motorlagers am Rahmen.
- Nehmen Sie das Motorlager heraus.
- Drehen Sie die Schrauben am Steuerkastendeckel (1-12) heraus.
- Hebeln Sie den Steuerkasten Deckel vorsichtig ab.
- Halten Sie das Nockenwellenrad mit einem Gegenhalter fest.
- Drehen Sie die Zentralschraube los.
- Schieben Sie den Steuerkettenspanner zusammen und fixieren Sie ihn mit einem geeigneten Absteckwerkzeug in dieser Position.
- Drehen Sie die beiden Schrauben (5) heraus und nehmen Sie den Steuerkettenspanner ab.
- Nehmen Sie das Nockenwellenrad zusammen mit der Steuerkette ab.

## Arbeiten am Zahnriehmenantrieb (1,2l- Motoren)

**Vorbereitungen am Fahrzeug**

- Lesen Sie den Fehlerspeicher aus und

sichern Sie die Ergebnisse.

- Fahrzeug mit der Hebebühne anheben.

Das Fahrzeug muss zwischen den Hebebühnensäulen ausgerichtet werden und die vier Aufnahmeteller an den vom Fahrzeughersteller vorgeschriebenen Hebebühnenaufnahmepunkten platziert sein.

- Demontieren Sie das rechte Vorderrad.
- Bauen Sie den Innenradkasten vorne rechts aus.
- Bauen Sie (soweit vorhanden) die Motorabdeckung unten aus.
- Demontieren Sie den Befestigungsbügel im Radkasten zwischen Karosserie und Vorderradaufhängung (soweit verbaut).
- Demontieren Sie die Abdeckung zum Motorraum seitlich.
- Bauen Sie (soweit vorhanden) die Motorabdeckung oben ab.
- Sichern Sie den Radiocode und klemmen Sie die Batterie ab.
- Bauen Sie den Batterieträger und die Batterie aus.
- Demontieren Sie den Luftfilterkasten und die Ansaugleitungen.
- Demontieren Sie das Motorsteuergerät und seine Halterung.
- Bauen Sie die Zündspulen aus.
- Demontieren Sie (soweit verbaut) die Keilrippenriemenverkleidung oben.
- Demontieren Sie die Zahnriemenabdeckung oben (1 im Bild 35).
- Bauen Sie den Nockenwellensensor aus.
- Demontieren Sie den Ventildeckel.
- Bauen Sie (soweit vorhanden) die Motorabdeckung unten ab.
- Demontieren Sie den Keilrippenriemen wie bereits beschrieben.
- Lassen Sie das Kühlmittel ab.
- Drehen Sie die Befestigungsschrauben (2 im Bild 36) der Riemenscheibe heraus und nehmen Sie die Riemenscheibe (1) ab.
- Demontieren Sie die Zahnriemenabdeckung unten.

## Absteckpunkte 1,2-l-Motor

Der Motor befindet sich in der Absteckposition nicht in der OT-Stellung des 1. Zylinders, sondern im Ansaugtakt. So wird verhindert, dass Kolben und Ventile bei der Montage beschädigt werden. Grundsätzlich muss der Ventildeckel demontiert werden.

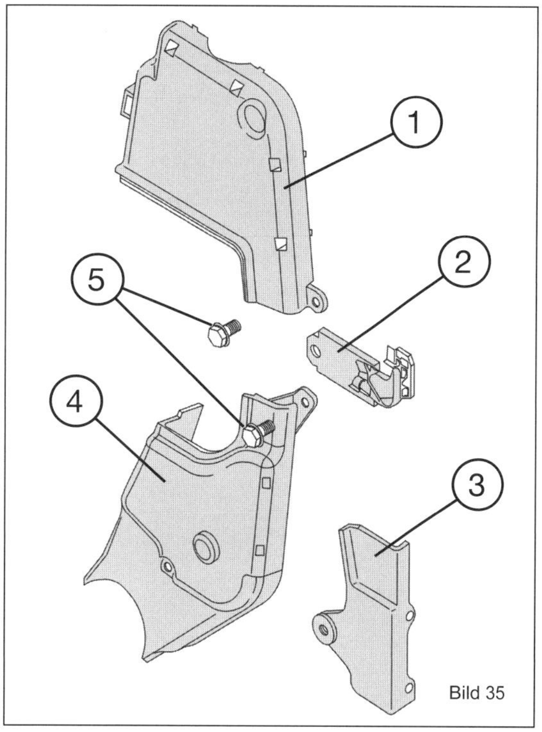


Bild 35
Zahnriemenabdeckung an den 1,2-l-Motoren.
1 Zahnriemenabdeckung oben
2 Halter
3 Abdeckung
4 Zahnriemenabdeckung unten
5 Schrauben

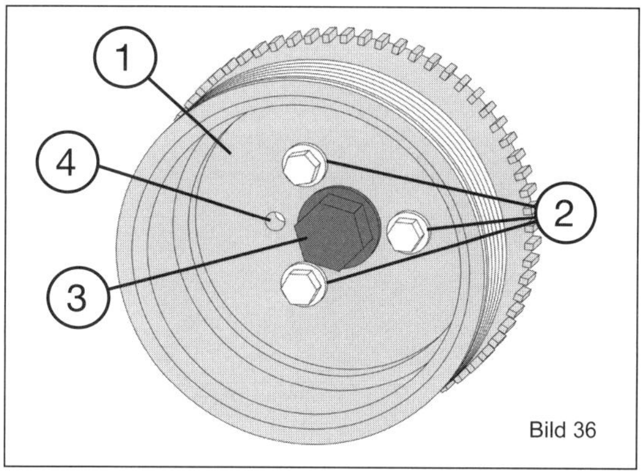


Bild 36
Riemenscheibe Kurbelwelle.
1 Riemenscheibe
2 Schrauben am Zahnriemenrad
3 Zentralschraube Zahnriemenrad
4 Zentrierbohrung zur Riemenscheibe

Das Kurbelwelleneinstellwerkzeug lässt sich in zwei Positionen montieren. An der eingefrästen Nut in der Nockenwelle ist die richtige Absteckposition erkennbar. Die Nut (6 im Bild 37) muss gerade nach oben stehen.

*Abstecken der Nockenwelle:*

- Die Nockenwelle wird nach der Demontage des Ventildeckels durch das Einlegen und Verschrauben der Nockenwellenfixierung (Fiat 2.000.004.400) fixiert.

Die Nut (6 im Bild 37) muss gerade nach oben stehen, um die Absteckwerkzeuge montieren zu können.

Bild 37
Blockierwerkzeug Nockenwelle.
1 Nockenwelle
2 Zylinderkopf
3 Nockenwelle
4 Schrauben
5 Nockenwellenfixierwerkzeug (Fiat .000.004.400)
6 Kerbe in der Nockenwelle

Bild 38
Absteckposition Kurbelwelle.
1 Motorgehäuse
2 Zentralschraube Kurbelwelle
3 Zahnriemenrad Kurbelwelle
4 Zahnriemen
5 OT-Geber
6 Gewinde zur Verschraubung der Riemenscheibe
7 Passstift Riemenscheibe

Bild 39
Blockierwerkzeug Kurbelwelle.
1 Schrauben der Riemenscheibe des Keilrippenriemens
2 Schraube zum Fixieren im Motorblock
3 Spezialwerkzeug (Fiat 2.000.004.500) zum Blockieren
4 OT-Geber
5 Zentralschraube Kurbelwelle

Bild 40
Zahnriemen beim 1,2-l-Motor.
1 Zahnriemen
2 Nockenwellenrad
3 Wasserpumpenrad
4 Kurbelwellenrad
5 Spannrolle

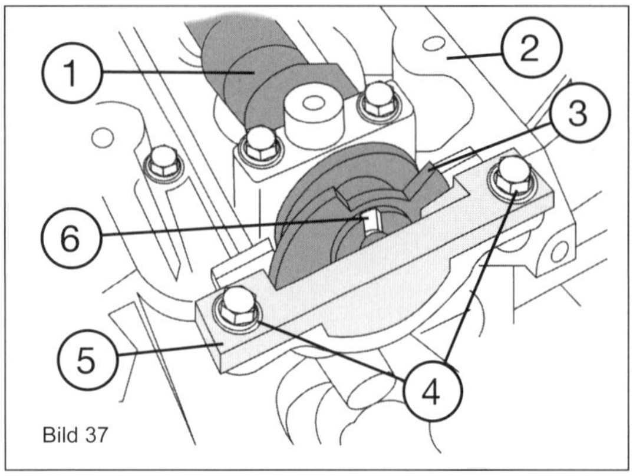

Bild 37

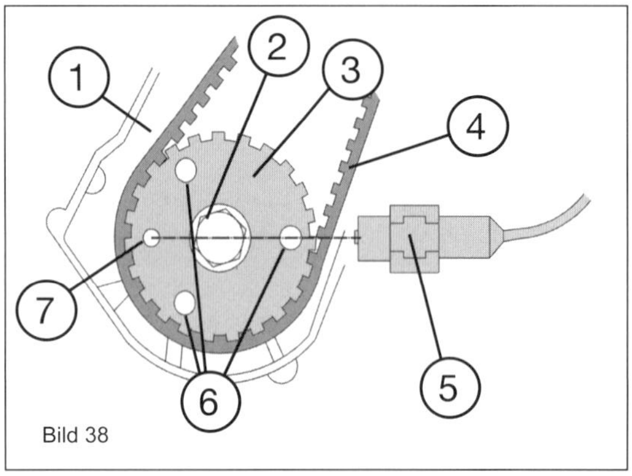

Bild 38

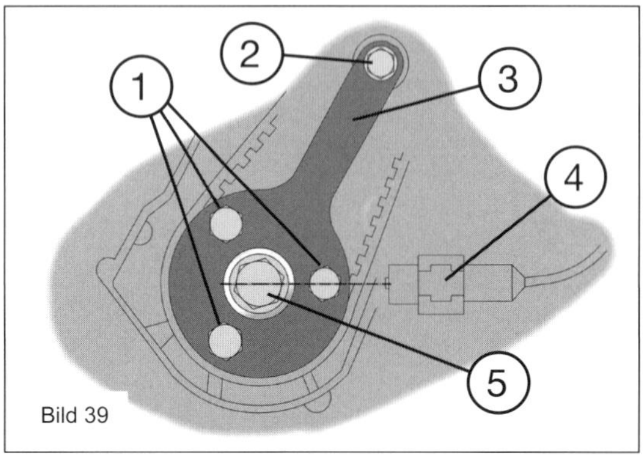

Bild 39

*Abstecken der Kurbelwelle:*

■ Beachten Sie die richtige Einstellposition der Nockenwelle. Die Kurbelwelle wird in die Stellung (Bild 38) gedreht und mit dem Kurbelwelleneinstellwerkzeug (Bild 39) fixiert.

Die Zentrierbohrung, die Zentralschraube und der OT-Geber sollen eine gerade Linie wie gezeigt ergeben.

### Montagearbeiten am 1,2-l-Motor

Bei Fahrzeugen mit variabler Ventilsteuerung muss zur Erleichterung der korrekten Ausrichtung vor der Demontage die Position der Bauteile zueinander gekennzeichnet werden.

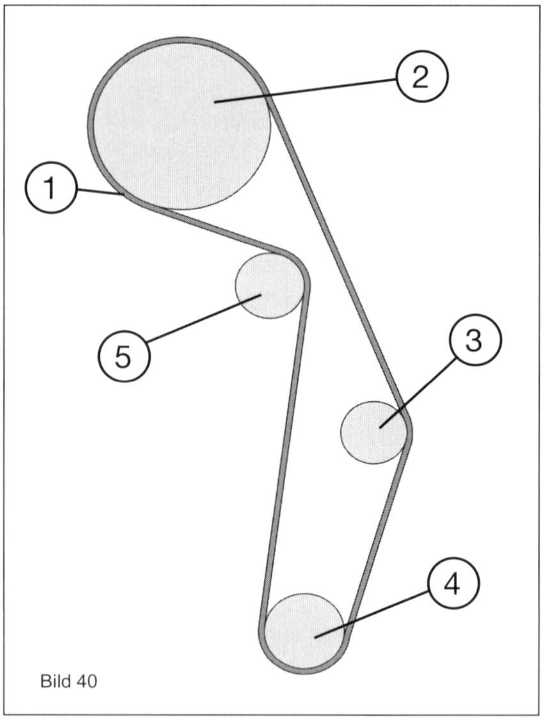

Bild 40

■ Unterbauen Sie den Motor mit einem geeigneten Motorheber oder einer Motormontagebrücke.
■ Drehen Sie die Befestigungsschrauben des Motorhalters rechts an der Karosserie heraus.
■ Drehen Sie die Befestigungsschrauben des Motorhalters rechts am Motor heraus.
■ Demontieren Sie den Luftfilter und die Luftleitungen.
■ Nehmen Sie den Motorhalter nach oben ab.
■ Drehen Sie die Kurbelwelle an der Zentralschraube (2 im Bild 38) so weit, dass die Zentrierbohrung (Passstift (7) Riemenscheibe), die Zentralschraube und der OT-Geber eine gerade Linie wie im Bild gelegt ergeben.

Achten Sie auf die richtige Positionierung der Nockenwelle (Bild 37).

■ Stecken Sie die Nockenwelle und die Kurbelwelle wie bereits beschrieben ab.
■ Lösen Sie die Verschraubung (1 im Bild 41) der Spannrolle.
■ Nehmen Sie den Zahnriemen (1im Bild 40) von der Spannrolle (5), der Wasserpumpe (3), der Kurbelwelle (4) und der Nockenwelle (2) ab.

Die Montagearbeiten erfolgen sinngemäß in umgekehrter Reihenfolge.

■ Achten Sie auf den richtigen Sitz der Arretierwerkzeuge für Kurbelwelle und Nockenwelle.

■ Verdrehen Sie die Spannrolle so weit, dass die Zeiger (3 und 4 im Bild 41) etwas mehr als deckungsgleich sind.

Bei einigen Spannrollen ist eine Kerbe eingefräst, die die Maximalverdrehung darstellen soll.

■ Demontieren Sie die Arretierung für die Nockenwelle und für die Kurbelwelle.

■ Bauen Sie die Zündkerzen aus, damit sich der Motor leichter drehen lässt.

■ Drehen Sie den Motor zwei Umdrehungen in Drehrichtung (im Uhrzeigersinn), bis sie die Absteckposition wieder erreichen.

■ Montieren Sie das Absteckwerkzeug wieder.

■ Korrigieren Sie die Einstellung der Spannrolle so weit, dass die Zeiger (3 und 4 im Bild 41) genau deckungsgleich sind.

■ Demontieren Sie die Arretierung für die Nockenwelle und für die Kurbelwelle erneut.

## Arbeiten am Zahnriehmenantrieb (1,4l- Motoren)

### Vorbereitungen am Fahrzeug

■ Lesen Sie den Fehlerspeicher aus und sichern Sie die Ergebnisse.

■ Fahrzeug mit der Hebebühne anheben.

Das Fahrzeug muss zwischen den Hebebühnensäulen ausgerichtet werden und die vier Aufnahmeteller an den vom Fahrzeughersteller vorgeschriebenen Hebebühnenaufnahmepunkten platziert sein.

■ Demontieren Sie das rechte Vorderrad.

■ Bauen Sie den Innenradkasten vorne rechts aus.

■ Bauen Sie (soweit vorhanden) die Motorabdeckung unten aus.

■ Demontieren Sie den Befestigungsbügel im Radkasten zwischen Karosserie und Vorderradaufhängung (soweit verbaut).

■ Demontieren Sie die Abdeckung zum Motorraum seitlich.

■ Bauen Sie (soweit vorhanden) die Motorabdeckung oben ab.

■ Sichern Sie den Radiocode und klemmen Sie die Batterie ab.

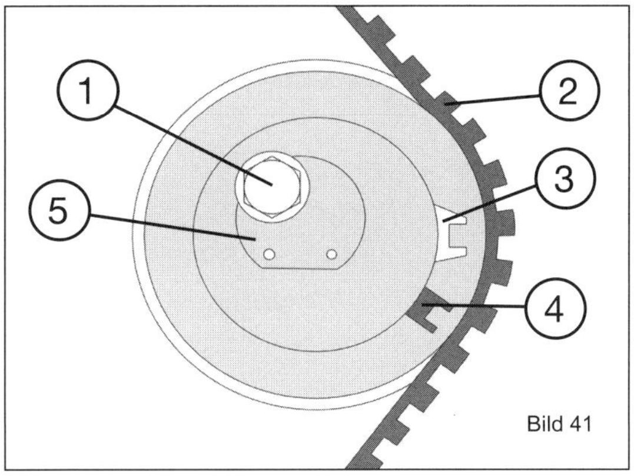

Bild 41

Bild 41
1 Schraube,
2 Zahnriemen,
3 Zeiger,
4 Zeiger,
5 Exzenter Spannrolle

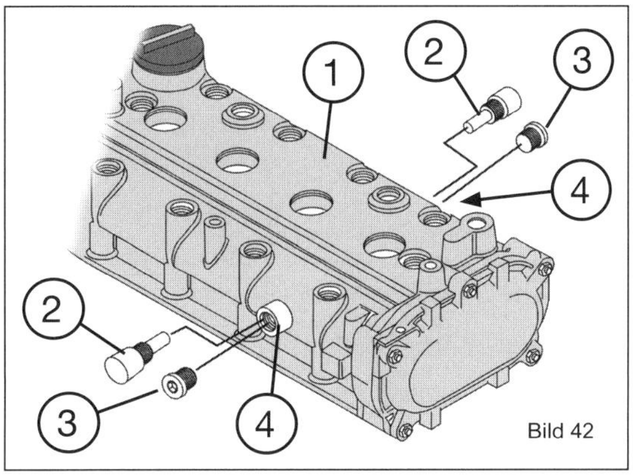

Bild 42

Bild 42
Absteckposition Nockenwellenwellen.
1 Ventildeckel
2 Absteckstift Nockenwelle
3 Verschlussstopfen
4 Gewinde im Ventildeckel

### Absteckpunkte 1,4-l-Motor

Der Motor befindet sich in der Absteckposition nicht in der OT-Stellung des 1. Zylinders, sondern im Ansaugtakt. So wird verhindert, dass Kolben und Ventile bei der Montage beschädigt werden. Das Kurbelwelleneinstellwerkzeug lässt sich in zwei Positionen montieren. Die richtige Absteckposition ist an der Nockenwelle erkennbar. Wenn sich der Absteckstift (2 im Bild 42) montieren lässt und das Kurbelwellenwerkzeug (wie im Bild 39) auf die Bohrungen passt, ist die richtige Position erreicht.

*Abstecken der Kurbelwelle:*

■ Beachten Sie die richtige Einstellposition der Nockenwelle. Die Kurbelwelle wird in der Stellung (Bild 38) gedreht und mit dem Kurbelwelleneinstellwerkzeug (Bild 39) fixiert.

Die Zentrierbohrung, die Zentralschraube und der OT-Geber sollen eine gerade Linie wie gezeigt ergeben.

*Abstecken der Nockenwelle:*

Die Nockenwelle wird durch die Absteckstifte (2 im Bild 42) fixiert. Hierzu muss sich die

Sichtprüfung Messen

Bild 43
Zahnriemenabdeckung an den 1,2-l-Motoren.
1 Zahnriemenabdeckung oben
2 Abdeckung
3 Zahnriemenabdeckung unten
4 Schrauben

Bild 45
Spannrolle beim 1,4-l-Motor.
1 Verschraubung
2 Exzenter
3 Spannmarkierung
4 Maximalmarkierung

Bild 44
Zahnriemen beim 1,4-l-Motor.
1 Nockenwellenrad
2 Wasserpumpenrad
3 Kurbelwellenrad
4 Zahnriemen
5 Spannrolle

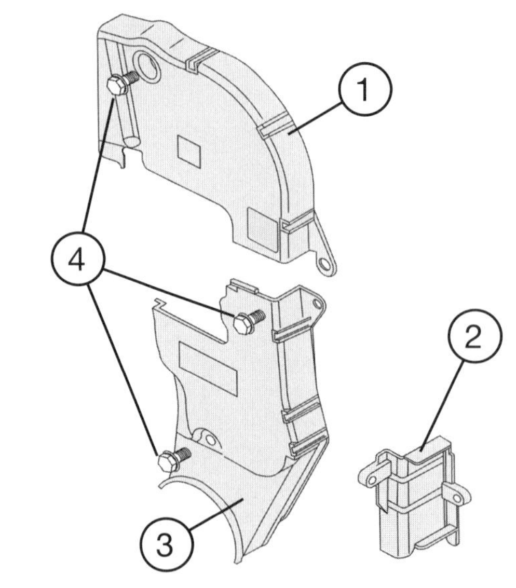

Bild 43

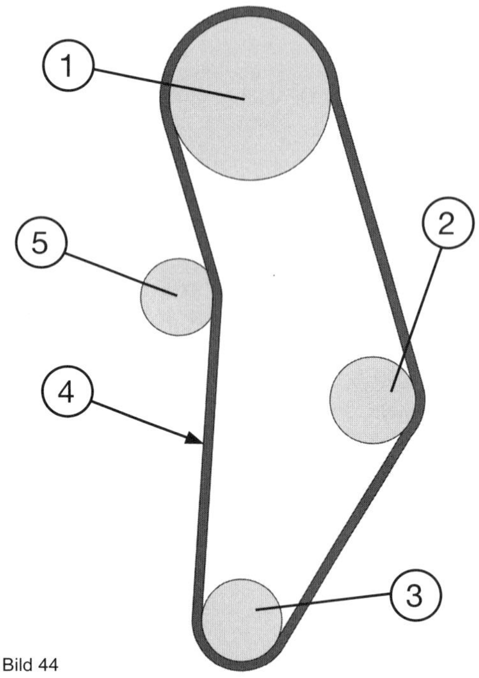

Bild 44

Kurbelwelle in der Einstellposition befinden. Die Verschlussschrauben (3) werden herausgedreht und durch die Absteckstifte (2) ersetzt.

### Montagearbeiten am 1,4-l-Motor

- Unterbauen Sie den Motor mit einem geeigneten Motorheber oder einer Motorkonsole.
- Drehen Sie die Befestigungsschrauben des Motorhalters rechts an der Karosserie

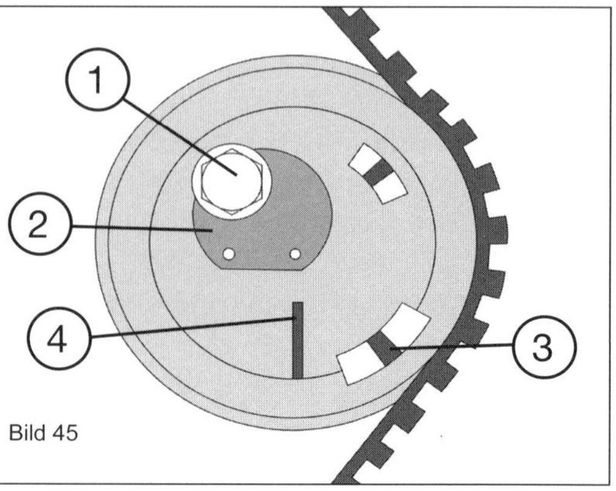

Bild 45

heraus.

- Drehen Sie die Befestigungsschrauben des Motorhalters rechts am Motor heraus.
- Demontieren Sie den Luftfilter und die Luftleitungen.
- Nehmen Sie den Motorhalter nach oben ab.
- Demontieren Sie die Zahnriemenabdeckung oben (1 im Bild 43).
- Demontieren Sie die Zahnriemenabdeckung unten (3).
- Drehen Sie die drei Schrauben (2 im Bild 36) heraus und nehmen Sie die Riemenscheibe (1) der Kurbelwelle ab.
- Drehen Sie die Kurbelwelle an der Zentralschraube (2 im Bild 38) so weit, dass die Zentrierbohrung, die Zentralschraube und der OT-Geber eine gerade Linie wie im Bild gezeigt ergeben.
- Drehen Sie die Verschlussstopfen (3 im Bild 42) heraus und drehen Sie die Absteckstifte (2) für die Nockenwellen hinein.

Sollten sich die Absteckstifte nicht einsetzen lassen, verdrehen Sie den Motor leicht an der Zentralschraube auf dem Zahnriemenrad der Kurbelwelle (2 im Bild 38).

Die Positionierung der Steuerzeiten erfolgt bei Ausrichtung der vier Kolben bei halbem Arbeitshub. Der Kolben des ersten Zylinders steht NICHT auf OT, sondern genau zwischen OT und UT. Es ist also nur möglich, die Steuerzeiten über die Fixierwerkzeuge sicher und genau einzurichten.

- Montieren Sie das Blockierwerkzeug für die Kurbelwelle (3 im Bild 37).

Wenn der Zahnriemen unbeschädigt ist, und wiederverwendet werden soll, markieren Sie mit einem wasserfesten Stift die Laufrichtung.

■ Kontrollieren Sie den Zustand der Wasserpumpe (Lagerspiel und Wasserspuren). Der Wechsel kann im Rahmen der Arbeiten am Zahnriemen leicht durchgeführt werden.
■ Lösen Sie die Verschraubung der Spannrolle (1 im Bild 45).
■ Nehmen Sie den Zahnriemen ab.
■ Fixieren Sie das Nockenwellenrad mit einem Gegenhalter und drehen Sie die Zentralschraube der Nockenwelle gerade so weit los, dass sich das Nockenwellenrad verdrehen lässt.
■ Legen Sie den Zahnriemen wieder auf die Zahnriemenräder (Reihenfolge zum Auflegen des Zahnriemens: 3, 5, 1, 2 im Bild 44) auf.
■ Die Spannrolle gegen den Uhrzeigersinn drehen, bis die Markierung (3 im Bild 45) mit der Maximalmarkierung (4) übereinstimmt.
■ Ziehen Sie die Verschraubung (1) mit 25 Nm an.
■ Fixieren Sie das Nockenwellenrad mit einem Gegenhalter und drehen Sie die Zentralschraube der Nockenwelle mit 120 Nm fest.
■ Demontieren Sie das Nockenwellenabsteckwerkzeug (Bild 42) und das Blockierwerkzeug der Kurbelwelle (Bild 39).
■ Drehen Sie den Motor an der Zentralschraube der Kurbelwelle 2 Umdrehungen im Uhrzeigersinn durch.

Kontrollieren Sie die Einstellung der Zahnriemenspannrolle.

■ Setzen Sie das Blockierwerkzeug der Kurbelwelle wieder ein.

Die Absteckwerkzeuge der Nockenwelle müssen sich nun wieder leicht einsetzen lassen.

Die weitere Montage erfolgt sinngemäß in umgekehrter Reihenfolge zur Demontage.

## Ventildeckel (0,9-l- und 1,0-l-Motoren

Die beiden Motoren werden als 0,9-l-TwinAir-Motoren bezeichnet. Hinsichtlich der Montage der Steuerkette gibt es keine Unterschiede.
■ Lassen Sie die Klimaanlage evakuieren. Für die Arbeiten an der Klimaanlage ist ein Absaug- und Füllgerät sowie die Klimasachkunde erforderlich.
■ Lesen Sie den Fehlerspeicher aus und

Bild 46
Blick in den Motorraum ohne Luftfilter beim 0,9-l-Motor.
1 Ansaugrohr
2 Ansaugbrücke
3 Kabelbrücke (Kanal)
4 Magnetventil Ladedruck
5 Unterdruckpumpe
6 Zündspulen

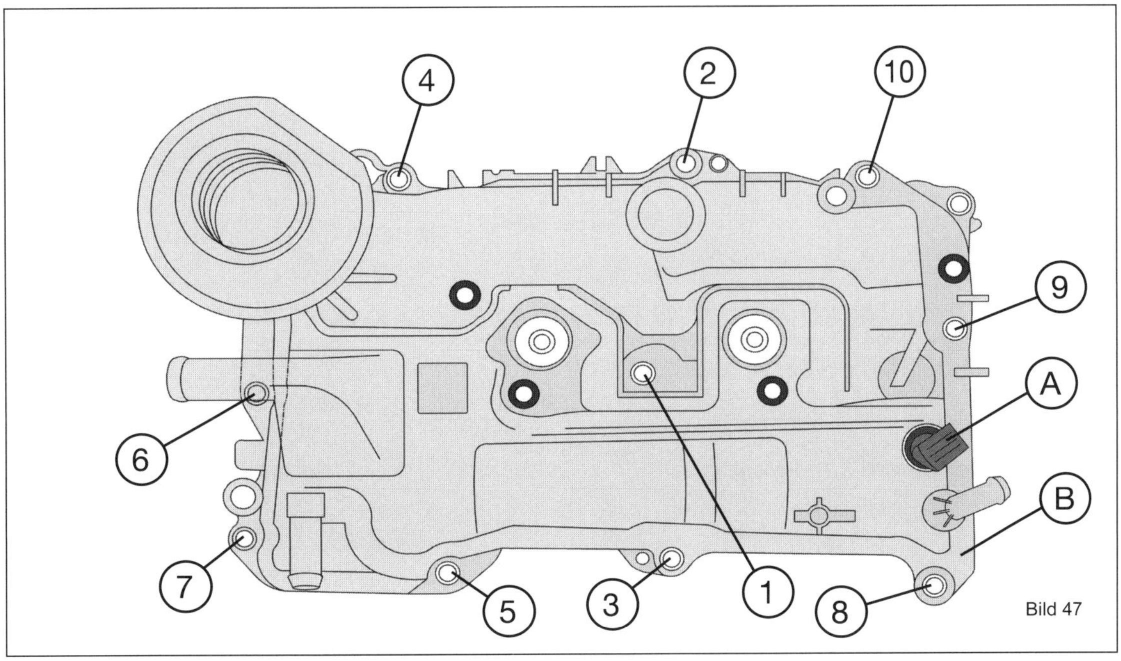


Bild 47
Anzugsreihenfolge Ventildeckel beim 0,9- und 1,0-l-Motor.
1-10 Anziehen
10-1 Lösen
A Einbauposition Nockenwellensensor
B Ventildeckel

sichern Sie die möglichen Einträge.

■ Schalten Sie die Zündung aus und ziehen Sie den Zündschlüssel ab.

■ Klemmen Sie die Batterie ab.

■ Fahrzeug mit der Hebebühne anheben.

⚠ Das Fahrzeug muss zwischen den Hebebühnensäulen ausgerichtet werden und die vier Aufnahmeteller an den vom Fahrzeughersteller vorgeschriebenen Hebebühnenaufnahmepunkten platziert sein

■ Demontieren Sie das rechte Vorderrad.

Bild 48

Bild 48
1 Luftführungsrohr zwischen Turbolader und Ansaugrohr
2 Wastegate Ansteuerventil
3 Wastegate Unterdruckdose
4 Kühlmittelentlüftungsleitung zwischen Thermostat und Ausgleichsbehälter

Bild 49

Bild 49
1 Drosselklappengehäuse
2 Leitung zum Tankentlüftungsventil (Aktivkohlefilter)
3 Ansauglufttemperatur und Drucksensor

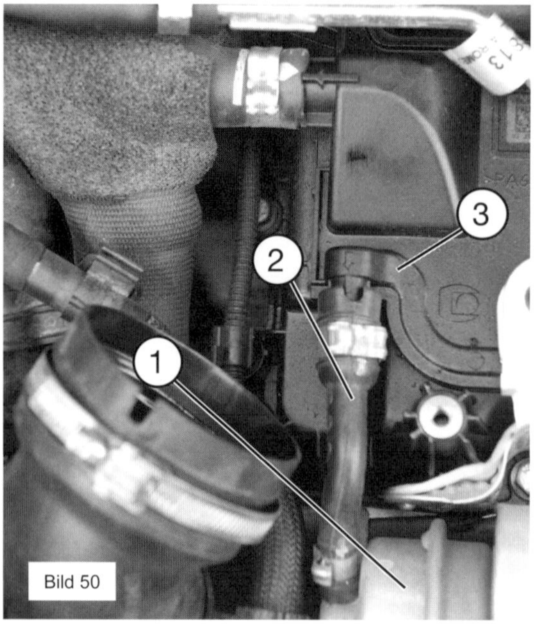


Bild 50

Bild 50
Unterdruckanschluss am Wastegateventil.
1 Wastegateventil am Turbolader
2 Unterdruckleitung
3 Kanal im Ventildeckel

■ Bauen Sie den Innenradkasten vorne rechts aus.

■ Bauen Sie (soweit vorhanden) die Motorabdeckung unten aus.

■ Lassen Sie das Kühlmittel ab.

■ Demontieren Sie den Keilrippenriemen wie bereits beschrieben.

■ Bauen Sie den Luftfilterkasten komplett aus.

■ Demontieren Sie das Luftführungsrohr (1 im Bild 48) zwischen Turbolader und Ansaugkrümmer.

■ Bauen Sie das Drosselklappengehäuse (1 im Bild 49) ab.

■ Bauen Sie den Ansaugkrümmer aus.

■ Demontieren Sie die Zündspulen wie bereits beschrieben.

■ Bauen Sie das Steuerventil für das Wastegateventil (2 im Bild 48) am Turbolader ab.

■ Bauen Sie die Batterie aus.

■ Bauen Sie den Anschlussschlauch (2 im Bild 50) vom Ventildeckel zur Wastegate-Unterdruckdose aus.

■ Demontieren Sie die Entlüftungsleitung (4 im Bild 48) zwischen Thermostatgehäuse und Kühlmittelausgleichsbehälter.

■ Bauen Sie das Druckumluftventil des Turboladers aus.

■ Ziehen Sie den Stecker zu den UniAir-Ventilen von der Rückseite aus ab.

■ Drehen Sie den Öldeckel auf und ziehen Sie ihn mit dem Ölpeilstab heraus.

■ Lösen Sie den Kabelkanal des Motors von seinen Halteklammern und legen Sie ihn aus dem Arbeitsbereich heraus.

■ Lösen Sie die Befestigungsschrauben des Ventildeckels (Bild 47) in der Reihenfolge (10-1).

■ Drehen Sie die Befestigungsschrauben des Ventildeckels, (10 bis 1) heraus.

■ Nehmen Sie den Ventildeckel (B) ab.

Die Montage erfolgt sinngemäß in umgekehrter Reihenfolge.

■ Beachten Sie die Anzugsfolge für die Schrauben des Ventildeckels.

■ Erneuern Sie die Dichtungen

## Ventildeckel (1,2-l-Motoren)

### Demontage des Ventildeckels

■ Drehen Sie die Schraube am Lufteinlass

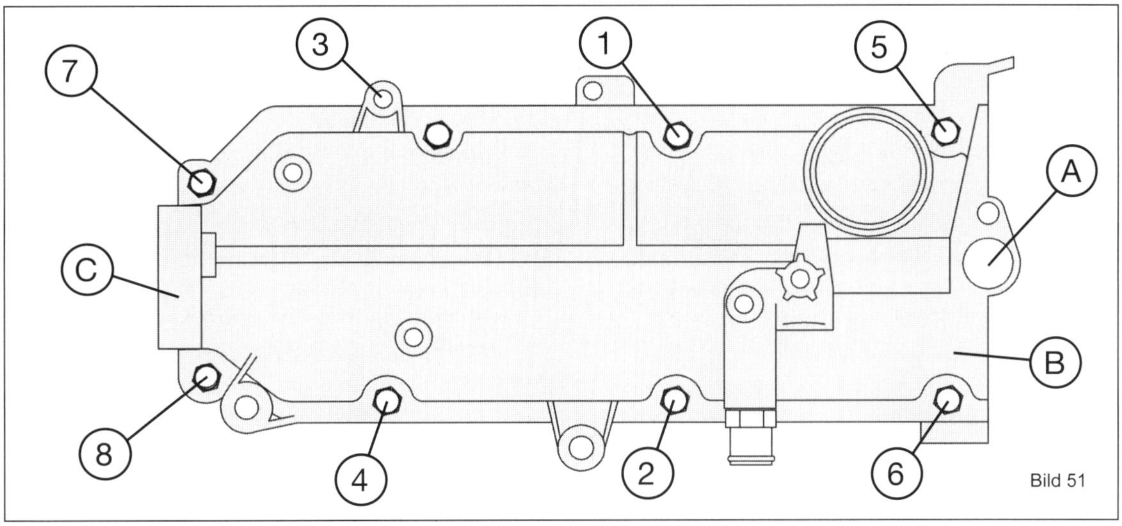


Bild 51
Anzugsreihenfolge Ventildeckel beim 1,2-l-Motor.
1-8 Anziehen,
8-1 Lösen
A Einbauposition Nockenwellensensor
B Ventildeckel
C Einbauposition Nockenwellendichtring

am Frontabschluss heraus.
- Betätigen Sie die Verrastung am Luftfilter und ziehen Sie das Luftansaugrohr ab.
- Demontieren Sie den Luftfilterkasten komplett.
- Reinigen Sie das Umfeld des Ventildeckels mit Druckluft und Bremsenreiniger.
- Bauen Sie die Batterie aus.
- Demontieren Sie den Batteriehalter.
- Ziehen Sie die Anschlussstecker vom Zünd- und Einspritzmodul ab.
- Bauen Sie das Zünd- und Einspritzmodul ab.
- Demontieren Sie den Halter für das Zünd- und Einspritzmodul.
- Ziehen Sie den Stecker des OT-Gebers ab.
- Demontieren Sie die Schlauchschelle und demontieren Sie den Motorentlüftungsschlauch vom Ventildeckel.
- Ziehen Sie den Stecker des Magnetventils für die Steuerzeitverstellung ab.
- Drehen Sie die Verschraubung heraus und nehmen Sie die Kabelführung der Einspritzung am Ventildeckel ab.
- Demontieren Sie die Zündspulen am Ventildeckel und nehmen Sie sie ab.
- Drehen Sie die Schrauben des Ventildeckels (B im Bild 51) in der Reihenfolge 8-1 heraus.
- Nehmen Sie den Ventildeckel nach oben ab.

**Montage des Ventildeckels**

⚠ Die Einbaulage des Ventildeckels ist genau definiert und muss mit der Prüflehre (Fiat 2.000.004.300) erfolgen.

- Drehen Sie die Schraube des Ventildeckels 1 - 8 im Bild 51 ein, aber ziehen Sie sie noch nicht an.
- Montieren Sie die Prüflehre (Fiat 2.000.004.300) in der Position (C).

☞ Der Werkzeugsatz ist in diversen Internetportalen auch als Zubehörwerkzeug erhältlich.

Die weitere Montage erfolgt sinngemäß in umgekehrter Reihenfolge.

## Ventildeckel (1,4-l-Motoren)

Beim 1,4-l-Motor handelt es sich nicht um einen Ventildeckel in klassischer Bauweise. Der Ventildeckel ist das obere Deck des Zylinderkopfes und nimmt die Nockenwellen, den Antrieb der Auslassnockenwelle mit den Nockenwellenzahnrädern auf. Die Demontage ist erforderlich, wenn Undichtigkeiten auftreten oder wenn die Zylinderkopfdichtung erneuert werden soll.

**Demontage des oberen Zylinderkopfdecks (Nockenwellenkasten)**
- Klemmen Sie die Batterie ab.
- Bauen Sie die Luftfilterkasten ab.
- Kraftstoffdruck des Verteilerrohres ablassen und den austretenden Kraftstoff auffangen.
- Anschlussstecker zum Nockenwellengeber abziehen und das Anschlusskabel zur Seite legen.
- Schnellverschluss der Kraftstoffvorlaufleitung lösen und abziehen.

Sichtprüfung Messen

■ Anschlussstecker zu den Einspritzventilen ausrasten und von den Einspritzdüsen abziehen.
■ Drehen Sie die Schrauben der Kraftstoffverteilerleiste heraus.
■ Nehmen Sie die Kraftstoffverteilerleiste zusammen mit den Einspritzdüsen heraus.
■ Demontieren Sie das Luftführungsrohr zwischen Ansaugkrümmer und Luftfilter.
■ Ziehen Sie den Anschlussstecker am Drosselklappenmodul ab.
■ Drehen Sie die Befestigungsschrauben heraus und nehmen Sie das Drosselklappenmodul heraus.
■ Demontieren Sie den Kombisensor für Saugrohrdruck und Ansauglufttemperatur.
■ Drehen Sie die Befestigungsschraube des Halters für die Kühlmittelentlüftungsleitung zum Ausgleichsventil und der Kraftstoffvorlaufleitung heraus und legen Sie den Halter und die Leitungen zur Seite aus dem Arbeitsbereich heraus.
■ Ziehen Sie die Öldampfleitung zwischen Nockenwellengehäuse und Ansaugbrücke ab.
■ Entsichern Sie den Stecker und ziehen Sie den Anschlussstecker vom Tankentlüftungsventil (Kraftstoffdampfrückführung) ab.
■ Clipsen Sie von unten den Kabelbaum aus den Halterungen am Ansaugkrümmer ab und legen Sie die Kabel aus dem Arbeitsbereich heraus.
■ Ziehen Sie die Dichtung zur Motorhaube ab.
■ Drehen Sie die Schrauben (1 im Bild 52) heraus und clipsen Sie die obere Verkleidung (2) aus den Halterungen aus.
■ Nehmen Sie die Verkleidung ab.
■ Drehen Sie die Schrauben (4) und die Muttern (5) heraus und nehmen Sie die untere Verkleidung (3) ab.

Die Demontage der Verkleidungen oben und unten erleichtern die Montagearbeiten erheblich.

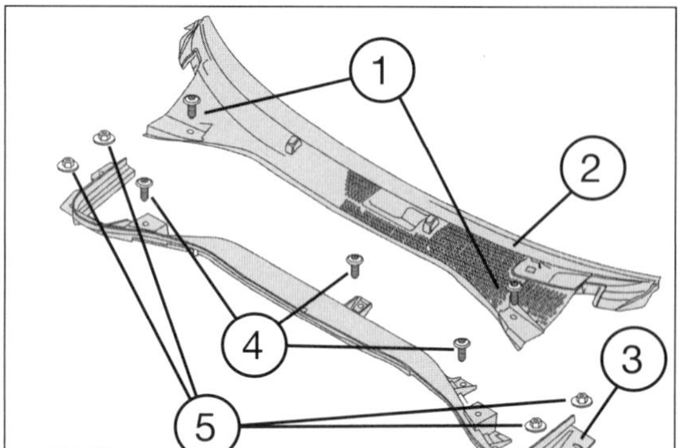

Bild 52

Bild 52
Scheibenabschluss Windschutzscheibe.
1 Schrauben
2 Verkleidung oben
3 Verkleidung unten
4 Schrauben
5 Muttern

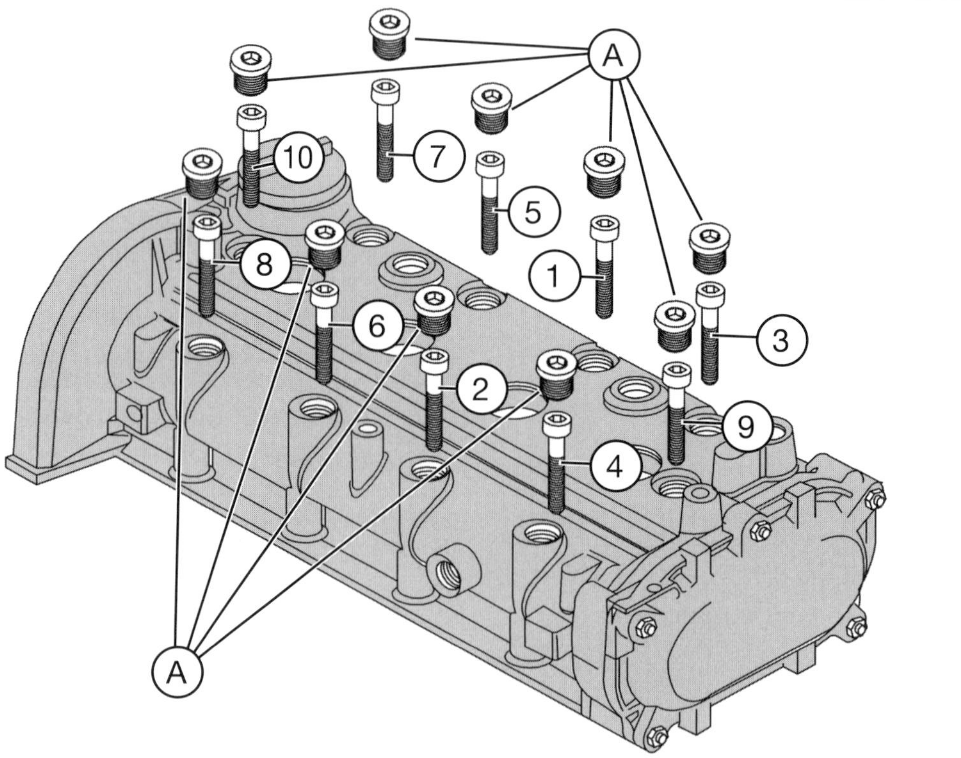

Bild 53

Bild 53
Anzugsreihenfolge für den Nockenwellenkasten beim 1,4-l-Motor,
1-10 Anziehen
10-1 Lösen
A Verschlussschrauben

■ Drehen Sie die Befestigungsschrauben des Ansaugkrümmers von unten am Zylinderkopf und von oben am Ventildeckel heraus.
■ Nehmen Sie den Ansaugkrümmer ab.
■ Ziehen Sie die Anschlussstecker der Zündspulen ab.
■ Drehen Sie die Befestigungsschrauben heraus und ziehen Sie die Zündspulen heraus.
■ Demontieren Sie den Zahnriemen wie bereits beschrieben.

Soll der Zahnriemen wiederverwendet werden, markieren Sie die Laufrichtung mit einem wasserfesten Stift.

■ Drehen Sie die Stopfen (A im Bild 53) heraus.
■ Drehen Sie die Schrauben (10 - 1) in der angegebenen Reihenfolge heraus.
■ Heben Sie den Nockenwellenkasten leicht an und fixieren Sie die Stößel mit dem Fiat Spezialwerkzeug (Fiat 1.860.988.000) oder einem anderen geeigneten Werkzeug.
■ Nehmen Sie den Nockenwellenkasten ab.

Die Montage erfolgt sinngemäß in umgekehrter Reihenfolge.
■ Reinigen Sie die Dichtflächen gründlich.
■ Erneuern Sie die Dichtung zum Zylinderkopf.
■ Achten Sie auf die Steuerzeiten.

Prüfen Sie den Zustand von Wasserpumpe und Zahnriemen.

■ Führen Sie einen Ölwechsel durch.

## Demontage der Nockenwelle (0,9-l- und 1,0-l-Motoren)

■ Lassen Sie die Klimaanlage evakuieren. Für die Arbeiten an der Klimaanlage sind ein Absaug- und Füllgerät sowie die Klimasachkunde erforderlich.
■ Lesen Sie den Fehlerspeicher aus und sichern Sie die möglichen Einträge.
■ Schalten Sie die Zündung aus und ziehen Sie den Zündschlüssel ab.
■ Klemmen Sie die Batterie ab.
■ Fahrzeug mit der Hebebühne anheben. Das Fahrzeug muss zwischen den Hebebühnensäulen ausgerichtet werden und die vier Aufnahmeteller an den vom Fahrzeughersteller vorgeschriebenen Hebebühnenaufnahmepunkten platziert sein.

Bild 54
Zylinderkopf beim 0,9-l-Motor.
1 Nockenwellenböcke
2 MultiAir-Einheit
3 MultiAir-Steuerventile
4 Filter MultiAir

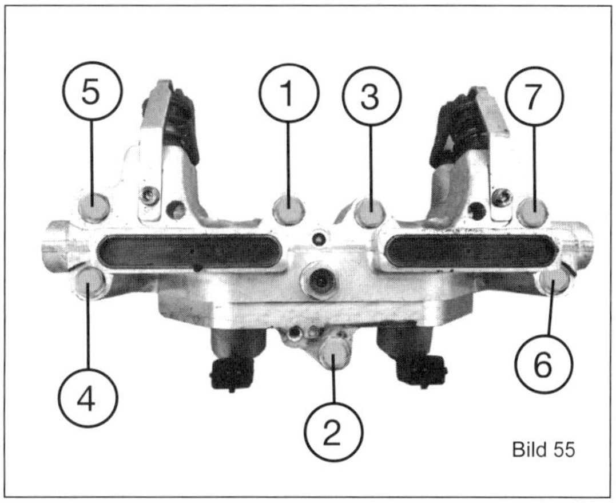


Bild 55
Anzugsfolge der Verschraubungen der Multi-Air-Einheit.
1-7 Anzugsfolge
7-1 Lösereihenfolge

■ Demontieren Sie das rechte Vorderrad.
■ Bauen Sie den Innenradkasten vorne rechts aus.
■ Bauen Sie (soweit vorhanden) die Motorabdeckung unten aus.
■ Demontieren Sie den Ventildeckel wie bereits beschrieben.
■ Drehen Sie die Verschraubungen (7 bis 1 im Bild 55) los und nehmen Sie die Schrauben heraus.
■ Nehmen Sie das MultiAir-System heraus.

Das MultiAir-Modul darf nicht mit den Hydrostößeln nach oben abgelegt werden. Legen Sie es so auf einen sauberen Lappen ab, wie es der Einbaulage entspricht. Die Lage darf auch nicht zum Reinigen der Dichtflächen verändert werden.

■ Bauen Sie die Unterdruckpumpe vom Zylinderkopf ab.
■ Stecken Sie die Nockenwelle wie bereits für die Arbeiten am Steuerkettenantrieb beschrieben ab.
■ Lösen Sie die Zentralschraube der Riemenscheibe mit einem geeigneten Gegenhalter.

⚠ Es handelt sich um ein Linksgewinde.

■ Drücken Sie den Steuerkettenspanner zusammen und sichern Sie ihn wie im Bild 34 gezeigt.
■ Drehen Sie die Schrauben der Nockenwellenlagerdeckel (1 im Bild 54) gleichmäßig in mehreren Durchgängen heraus.
■ Nehmen Sie die Lagerdeckel ab und legen Sie sie in Montagerichtung auf einem Lappen ab.

Auf den Lagerdeckeln sind Nummern eingeschlagen: 1 linke Motorseite (Steuerkettenseite), 2 wird in der Mitte verbaut, 3 ist getriebeseitig verbaut.

Achten Sie auf die Einbaurichtung. Verdreht montierte Lagerdeckel verklemmen die Nockenwelle und können den Zylinderkopf und den Lagerdeckel beschädigen.

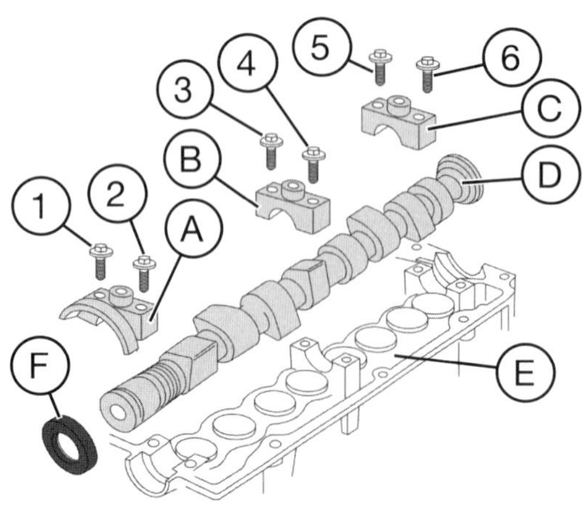

Bild 56

Bild 56
Nockenwelle beim 1,2-l-Motor.
1-6 Schrauben Nockenwellenbock
A Nockenwellenbock mit Wellendichtringaufnahme
B Nockenwellenbock
C Nockenwellenbock
D Nockenwelle
E Zylinderkopf
F Wellendichtring

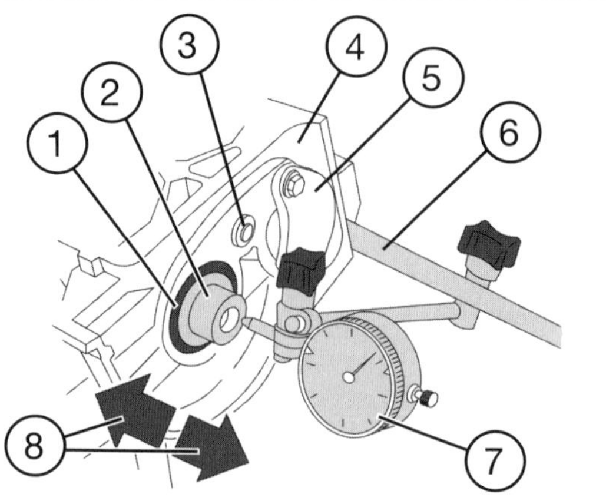

Bild 57

Bild 57
Axialspielmessung an der Einlassnockenwelle.
1 Nockenwellensimmerring
2 Einlassnockenwelle
3 konische Madenschraube
4 Zylinderkopfoberteil
5 Deckel Nockenwelle
6 Messuhrhalter
7 Messuhr
8 Spielprüfung

■ Nehmen Sie die Nocke aus dem Zylinderkopf heraus. Führen Sie sie dabei aus der Steuerkette heraus.
■ Sichern Sie die Steuerkette gegen Hineinfallen in den Steuerkettenkasten.

Die Montage erfolgt sinngemäß in umgekehrter Reihenfolge.

■ Reinigen Sie die Dichtflächen gründlich.

Prüfen Sie den Zustand der Nockenwelle und der Lagerung gründlich.

■ Tragen Sie etwas Öl auf die Lagerstellen der Nockenwelle vor der Montage auf.
■ Achten Sie auf gleichmäßigen Anzug (in mehreren Stufen, um die Nockenwelle gerade herunterzudrücken) der Schrauben der Nockenwellenlager.
■ Ziehen Sie die Schrauben der MultiAir-Einheit gleichmäßig mit 22 Nm an.

## Demontage der Nockenwelle (1,2-l-Motoren)

■ Lassen Sie die Klimaanlage evakuieren.

⚠ Für die Arbeiten an der Klimaanlage sind ein Absaug- und Füllgerät sowie die Klimasachkunde erforderlich.

■ Lesen Sie den Fehlerspeicher aus und sichern Sie die möglichen Einträge.
■ Schalten Sie die Zündung aus und ziehen Sie den Zündschlüssel ab.
■ Klemmen Sie die Batterie ab.
■ Fahrzeug mit der Hebebühne anheben.

⚠ Das Fahrzeug muss zwischen den Hebebühnensäulen ausgerichtet werden und die vier Aufnahmeteller an den vom Fahrzeughersteller vorgeschriebenen Hebebühnenaufnahmepunkten platziert sein.

■ Demontieren Sie den Zahnriemen wie bereits beschrieben.
■ Demontieren Sie wie bereits beschrieben den Ventildeckel.
■ Lösen Sie die Zentralschraube des Nockenwellenrades und bauen Sie es ab.

Markieren Sie die Einbauposition der Nockenwellenböcke (A, B und C im Bild 56) mit Körnerschlägen oder einem öl- und wasserfesten Marker.

■ Drehen Sie die Schrauben (1-6) gleichmäßig los (immer nur ein kleines Stück) heraus.

Die Ventilfedern drücken über die Tassenstößel auf die Nockenwelle. Ein gleichmäßiges Lösen und Anziehen vermeidet Schäden an Nockenwelle, Stößeln oder der Lagerung.

- Nehmen Sie den Wellendichtring (F) ab.
- Nehmen Sie die Nockenwelle heraus.

Die Montage erfolgt sinngemäß in umgekehrter Reihenfolge.

- Reinigen Sie die Dichtflächen gründlich.

Prüfen Sie den Zustand der Nockenwelle und der Lagerung gründlich.

- Tragen Sie vor der Montage etwas Öl auf die Lagerstellen der Nockenwelle auf.
- Achten Sie auf gleichmäßigen Anzug der Schrauben (1 - 6).
- Ersetzen Sie den Wellendichtring.

## Demontage der Nockenwelle (1,4-l-Motoren)

Beim 1,4-l-Motor laufen die Nockenwellen in dem Zylinderkopfoberteil, das als oberes Deck ausgelegt ist. Die Stößel liegen im Zylinderkopf. Der Ausbau der Nockenwellen ist nur möglich, wenn das obere Deck (Nockenwellenkasten) demontiert ist.

**Vorarbeiten**

- Demontieren Sie das obere Zylinderdeck (Nockenwellenkasten) wie bereits beschrieben.

**Prüfen des Axialspiels der Einlassnockenwelle (Bild 57)**

- Spannen Sie das Zylinderkopfoberteil vorsichtig in einem Schraubstock ein.
- Bauen Sie wie im Bild 57 gezeigt den Messuhrhalter (6) mit der Messuhr (7) auf.

Prüfen Sie, ob das Axialspiel (8) zwischen 0,10 und 0,29 mm beträgt. Fällt das Spiel größer aus, muss das Zylinderkopfoberteil ersetzt werden.

**Ausbau der Nockenwellen**

- Drehen Sie die Schrauben (2 im Bild 58) heraus.
- Nehmen Sie den Deckel (3) ab.
- Lösen Sie die beiden Zentralschrauben (6 im Bild 59) der Nockenwellenräder (2).
- Nehmen Sie die Nockenwellenräder (2) und die Zentralschrauben (6) ab.
- Drehen die beiden konischen Schrauben (7) heraus.
- Drehen Sie auf der Zahnriemenseite die konische Schraube (3 im Bild 57) heraus.
- Demontieren Sie den Wellendichtring (1).
- Ziehen Sie die Nockenwellen aus dem Nockenwellenkasten heraus.

Die Montage erfolgt sinngemäß in umgekehrter Reihenfolge.

- Reinigen Sie die Dichtflächen gründlich.

Prüfen Sie, dass die Nocken- und Lagerzapfenflächen keine Abnutzungs-, Eingriffsspuren oder Riefen aufweisen.

- Tragen Sie etwas Öl auf die Lagerstellen der Nockenwelle vor der Montage auf.

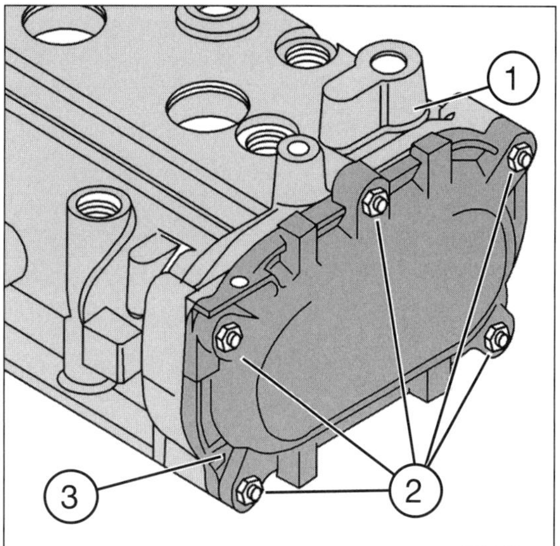


Bild 58

Bild 58
Deckel am Nockenwellenkasten.
1 Nockenwellenkasten
2 Muttern
3 Deckel

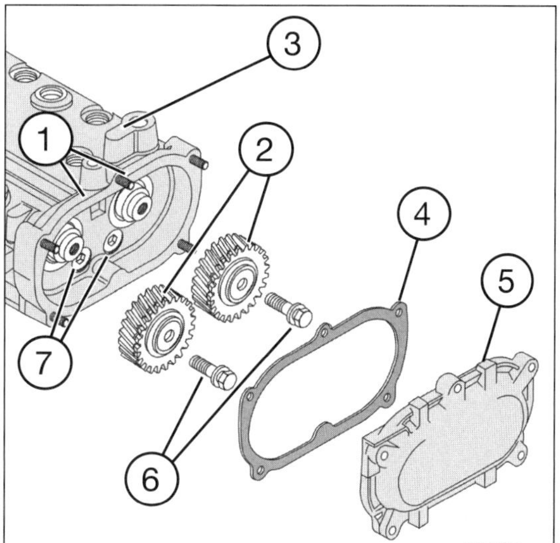


Bild 59

Bild 59
Nockenwellenräder beim 1,4-l-Motor.
1 Nockenwellen
2 Nockenwellenräder
3 Nockenwellenkasten
4 Dichtung
5 Deckel
6 Zentralschrauben
7 konische Schrauben

Sichtprüfung Messen

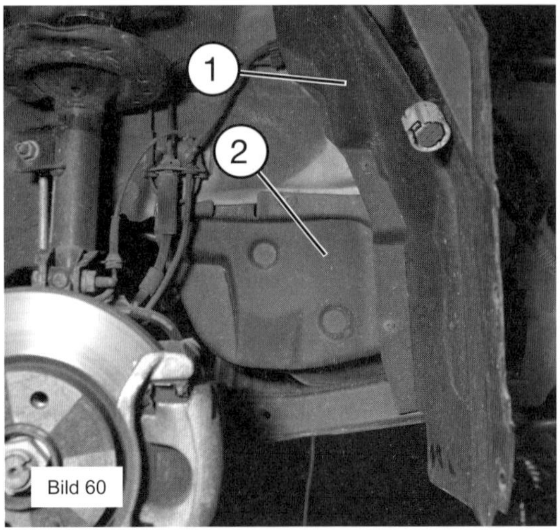


Bild 60
Verkleidungen im Radkasten.
1 Innenkotflügel
2 Radhausabdeckung vorne

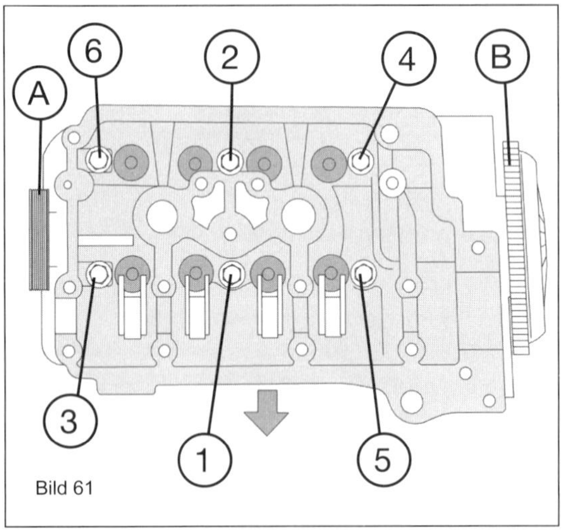


Bild 61
Zylinderkopf beim 0,9-l-Motor.
1-6 Anzugsreihenfolge
6-1 Lösereihenfolge
A Riemenscheibenseite
B Kupplungsseite

## Demontage des Zylinderkopfes (0,9-l- und 1,0-l-Motoren)

- Lassen Sie die Klimaanlage evakuieren.

⚠ Für die Arbeiten an der Klimaanlage sind ein Absaug- und Füllgerät sowie die Klimasachkunde erforderlich.

- Lesen Sie den Fehlerspeicher aus und sichern Sie die möglichen Einträge.
- Schalten Sie die Zündung aus und ziehen Sie den Zündschlüssel ab.
- Klemmen Sie die Batterie ab.
- Fahrzeug mit der Hebebühne anheben.

⚠ Das Fahrzeug muss zwischen den Hebebühnensäulen ausgerichtet werden und die vier Aufnahmeteller an den vom Fahrzeughersteller vorgeschriebenen Hebebühnenaufnahmepunkten platziert sein.

- Bauen Sie das rechte Vorderrad ab.
- Demontieren Sie den rechten Innenkotflügel im Radhaus (1 im Bild 60).
- Demontieren Sie die Radhausabdeckung vorn (2) zum Motorraum.
- Lassen Sie das Kühlmittel wie beschrieben ab.
- Demontieren Sie den Keilrippenriemen wie bereits beschrieben.
- Bauen Sie den Luftfilter mit dem Ansaugrohr zur Fahrzeugfront ab.
- Bauen Sie das Ansaugrohr zwischen Turbolader und Ansaugkrümmer ab.
- Demontieren Sie das Drosselklappengehäuse.
- Demontieren Sie den Ansaugkrümmer.
- Demontieren Sie die Zündspulen.
- Bauen Sie das Ventil für die Wastegate-Ventilansteuerung vom Ventildeckel ab.
- Bauen Sie die Batterie aus.
- Demontieren Sie den Batteriekasten.
- Demontieren Sie die Entlüftungsleitung zwischen Thermostat und Ausgleichsbehälter.
- Bauen Sie den Ventildeckel wie beschrieben ab.
- Drehen Sie die Verschraubungen (7 bis 1 im Bild 55) los und nehmen Sie die Schrauben heraus.
- Nehmen Sie das MultiAir-System heraus.

⚠ Das MultiAir-Modul darf nicht mit den Hydrostößeln nach oben abgelegt werden. Legen Sie es so auf einen sauberen Lappen ab, wie es der Einbaulage entspricht. Die Lage darf auch nicht zum Reinigen der Dichtflächen verändert werden.

- Bauen Sie die Unterdruckpumpe vom Zylinderkopf ab.
- Bauen Sie den Hitzeschutz des Turboladers ab.
- Demontieren Sie die Nockenwelle wie bereits beschrieben.
- Bauen Sie die Kühlmittelleitung vom Turbolader ab.
- Demontieren Sie die Ölzulaufleitung zu Turbolader.
- Bauen Sie die Luftführungsrohre vom Luftfilter zum Turbolader ab.
- Bauen Sie die Ölrücklaufleitung vom Turbolader ab.
- Demontieren Sie den Luftführungsstützen zwischen Turbolader und Ladeluftkühler.
- Demontieren Sie das Luftführungsrohr vom Turbolader.
- Bauen Sie den Hitzeschutz des Abgaskrümmers ab.

■ Demontieren Sie den Katalysator und zumindest den vorderen Teil der Abgasanlage.
■ Bauen Sie den Turbolader mit dem Krümmer aus.
■ Ziehen Sie den Steckkontakt des Nockenwellensensors ab.
■ Drehen Sie die Befestigungsschrauben des Thermostatgehäuses heraus.
■ Legen Sie das Thermostatgehäuse aus dem Arbeitsbereich heraus.
■ Lösen Sie die Befestigungsschrauben des Steuerkastendeckels zum Zylinderkopf.

Die Schrauben schlagen am Motorhalter an und können nicht herausgenommen werden.

■ Drehen Sie die hinteren Schrauben des Steuerkastens zum Zylinderkopf heraus.
■ Drehen Sie oberen Befestigungsschrauben des Motorlagers zum Zylinderkopf heraus.
■ Lösen Sie die Zylinderkopfschrauben in der Reihenfolge 6 - 1 (Bild 61).
■ Nehmen Sie den Zylinderkopf ab.

Beim Abheben des Zylinderkopfes muss der feste Gleitschuh vom Stift am Zylinderkopf abgezogen werden.

Die Montage erfolgt sinngemäß in umgekehrter Reihenfolge.
■ Reinigen Sie die Dichtflächen gründlich. Legen Sie die neue Zylinderkopfdichtung auf.
■ Ziehen Sie die Zylinderkopfschrauben mit dem vorgeschriebenen Drehmoment in der Reihenfolge (1 - 6 im Bild 61) an.

## Demontage des Zylinderkopfes (1,2-l-Motoren)

■ Lassen Sie die Klimaanlage evakuieren.

Für die Arbeiten an der Klimaanlage sind ein Absaug- und Füllgerät sowie die Klimasachkunde erforderlich.

■ Lesen Sie den Fehlerspeicher aus und sichern Sie die möglichen Einträge.
■ Schalten Sie die Zündung aus und ziehen Sie den Zündschlüssel ab.
■ Klemmen Sie die Batterie ab.
■ Fahrzeug mit der Hebebühne anheben.

Das Fahrzeug muss zwischen den Hebebühnensäulen ausgerichtet werden und die vier Aufnahmeteller an den vom Fahrzeughersteller vorgeschriebenen Hebebühnenaufnahmepunkten platziert sein.

■ Demontieren Sie den Zahnriemen wie bereits beschrieben.
■ Demontieren Sie wie bereits beschrieben den Ventildeckel.
■ Bauen Sie die Nockenwelle wie bereits beschrieben aus.
■ Entriegeln Sie die Steckverbindungen zu den Lambdasonden und ziehen Sie die Kabelanschlüsse ab.
■ Demontieren Sie den Endschalldämpfer und die mittlere Abgasleitung.
■ Bauen Sie den Abgaskrümmer zusammen mit dem Katalysator aus.
■ Ziehen Sie die Anschlussleitung zum Regenerierventil vom Ansaugkrümmer und den elektrischen Anschluss ab.
■ Ziehen Sie den elektrischen Anschluss zum Kombisensor für Saugrohrdruck und Ansauglufttemperatur ab.
■ Clipsen Sie von unten den Kabelbaum aus den Halterungen am Ansaugkrümmer ab und legen Sie die Kabel aus dem Arbeitsbereich heraus.
■ Kraftstoffdruck des Verteilerrohres ablassen und den austretenden Kraftstoff auffangen.
■ Betätigen Sie den Schnellverschluss und ziehen Sie die Kraftstoffleitung vom Kraftstoffverteilerrohr ab.
■ Ziehen Sie die Unterdruckleitung vom Bremskraftverstärker ab.
■ Kontrollieren Sie, ob alle Anschlüsse und Leitungen zwischen Zylinderkopf, Motorblock und Fahrzeug getrennt worden sind.
■ Drehen Sie die Schrauben (10 - 1 im Bild 60) heraus und heben Sie den Zylinderkopf ab.

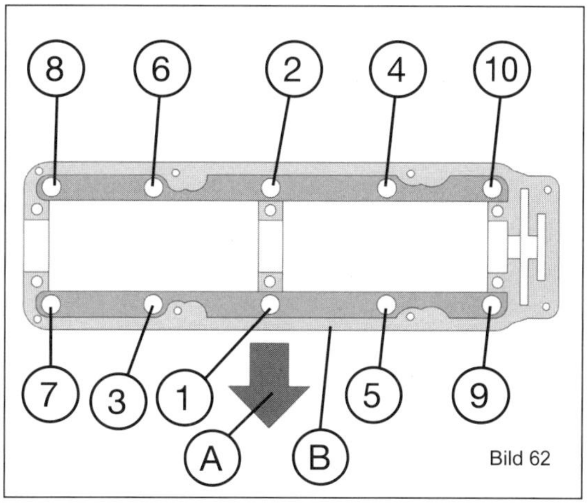


Bild 62
Zylinderkopfschrauben am 1,2-l-Motor.
1-10 Anzugsreihenfolge
10-1 Lösereihenfolge
A Fahrtrichtung
B Zylinderkopf

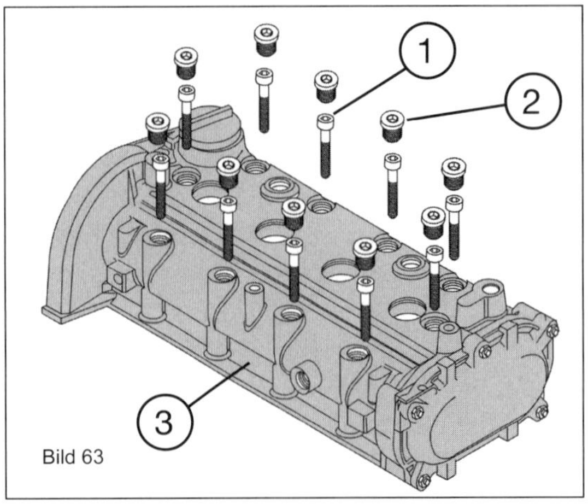


Bild 63
Zylinderkopfoberteil beim 1,4-l-Motor.
1 Schrauben Zylinderkopfoberteil
2 Stopfen
3 Zylinderkopfoberteil

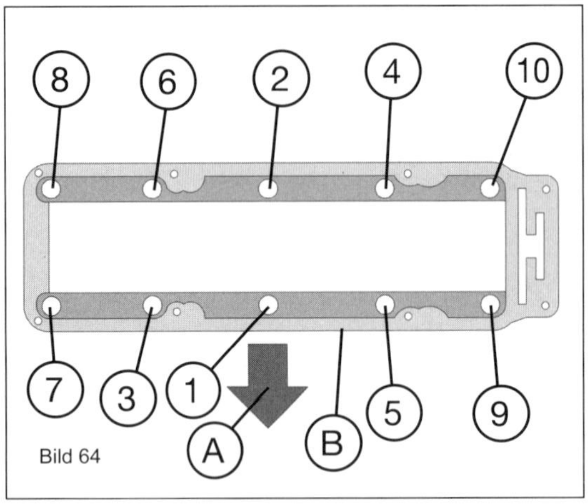


Bild 64
Zylinderkopfschrauben am 1,4-l-Motor.
1-10 Anzugsreihenfolge
10-1 Lösereihenfolge
A Fahrtrichtung
B Zylinderkopf

Die Montage erfolgt sinngemäß in umgekehrter Reihenfolge.

■ Reinigen Sie die Dichtflächen gründlich. Legen Sie die neue Zylinderkopfdichtung auf.

■ Ziehen Sie die Zylinderkopfschrauben in vier Stufen mit dem vorgeschriebenen Drehmoment in der Reihenfolge (1 - 10 im Bild 60) an.

## Demontage des Zylinderkopfes (1,4-l-Motoren)

Das Lösen und Anziehen des Zylinderkopfes unterscheiden sich wesentlich von den Arbeiten für den 1,2-l-Motor. Die Arbeiten zur Vorbereitung fallen allerdings deutlich aufwendiger aus.

■ Lassen Sie die Klimaanlage evakuieren. Für die Arbeiten an der Klimaanlage sind ein Absaug- und Füllgerät sowie die Klimasachkunde erforderlich.

■ Lesen Sie den Fehlerspeicher aus und sichern Sie die möglichen Einträge.

■ Schalten Sie die Zündung aus und ziehen Sie den Zündschlüssel ab.

■ Klemmen Sie die Batterie ab.

■ Fahrzeug mit der Hebebühne anheben.

⚠ Das Fahrzeug muss zwischen den Hebebühnensäulen ausgerichtet werden und die vier Aufnahmeteller an den vom Fahrzeughersteller vorgeschriebenen Hebebühnenaufnahmepunkten platziert sein.

■ Lassen Sie das Kühlmittel ab.

■ Demontieren Sie den Luftfilter komplett und die Luftführung zur Fahrzeugfront.

■ Bauen Sie die Muffe zwischen Luftfilter und Ansaugkrümmer aus.

■ Demontieren Sie das Kraftstoffverteilerrohr mit den Einspritzdüsen.

■ Bauen Sie den Ansaugkrümmer ab.

■ Bauen Sie das Drosselklappenstück ab.

■ Bauen Sie den Zündspulen aus.

■ Demontieren Sie den OT-Geber.

■ Bauen Sie das rechte Vorderrad ab.

■ Demontieren Sie die Strebe zwischen dem Achsträger und der Rahmenträger rechts.

■ Demontieren Sie den rechten Innenkotflügel im Radhaus (1 im Bild 60).

■ Demontieren Sie die Radausabdeckung vorn (2) zum Motorraum.

■ Bauen Sie den Kühlmittelausgleichsbehälter aus.

■ Fangen Sie den Motor mit einem geeigneten Heber oder einer Hebekonsole ab und bauen Sie das Motorlager rechts mit Halter aus.

■ Demontieren Sie den Keilrippenriemen wie bereits beschrieben.

■ Demontieren Sie die Riemenscheibe der Kurbelwelle.

■ Demontieren Sie den Zahnriemen wie bereits beschrieben.

■ Bauen Sie die Pendelstütze und die Zugstrebe zum Getriebe aus.

Demontieren Sie das Rohr für den Ölpeilstab.

■ Demontieren Sie wie bereits beschrieben den oberen Zylinderkopf (Nockenwellenkasten).

■ Nehmen Sie die Dichtung ab.

■ Drehen Sie die Schrauben (10 - 1 im Bild 64) heraus und heben Sie den Zylinderkopf (B) ab.

Die Montage erfolgt sinngemäß in umgekehrter Reihenfolge.

■ Reinigen Sie die Dichtflächen gründlich. Legen Sie die neue Zylinderkopfdichtung auf.

■ Ziehen Sie die Zylinderkopfschrauben in vier Stufen mit dem vorgeschriebenen Drehmoment in der Reihenfolge (1 - 10 im Bild 64) an.

■ Verwenden Sie grundsätzlich neue Dichtungen.

## Kompressionsdruck prüfen

Die Prüfwerte des Kompressionsdrucks in den einzelnen Zylindern zeigen an, ob der Motor sich noch in einem guten mechanischen Zustand befindet oder ob er für einen Austausch reif ist, zumindest aber komplett überholt werden muss.

Zur Prüfung werden ein Kompressionsdruck-Prüfgerät, ein Zündkerzenschlüssel sowie ein Drehmomentschlüssel 5 bis 50 Nm benötigt.

Die Motoröltemperatur muss mindestens 30 °C und die Batteriespannung mindestens 11,5 V betragen.

**Vorbereitung und Druckprüfung**

■ Motorabdeckungen oben oder den Luftfilterkasten ausbauen, um den Zugang zu den Zündspulen und den Zündkerzen zu ermöglichen.

■ Die Steckkontakte aller Zündspulen abziehen und die Zündspulen ausbauen.

■ Alle Zündkerzen ausbauen.

■ Das Gaspedal durch eine zweite Person bis Anschlag durchtreten lassen.

■ Den Kompressionsdruck mit Kompressionsdruck-Prüfgerät prüfen. Die Handhabung des Prüfgerätes ist in der jeweiligen Bedienungsanleitung beschrieben.

■ Den Anlasser so lange betätigen, bis kein Druckanstieg mehr vom Prüfgerät angezeigt wird. Der Höchstdruck sollte spätesten nach 12 bis 15 Umdrehungen erreicht sein.

**Auswertung**

■ Werten Sie die Schreiberkarte oder die Messergebnisse aus:

Der Druck sollte zwischen 12 und 14 bar liegen.

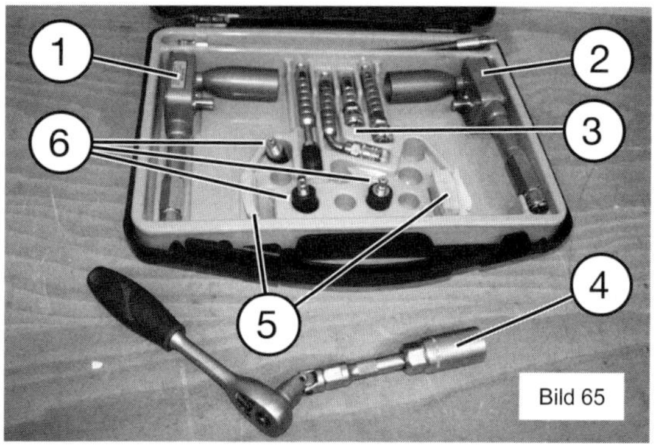


Bild 65

Bild 65
Kompressionsdruckschreiber.
1 Schreiber für Dieselmotoren
2 Schreiber für Ottomotoren
3 Verlängerungen
4 Knarre mit Kerzenschlüssel
5 Schreiberkarten für Otto- und Dieselmotoren
6 Dichtkonus für das Andrücken auf die Kerzenbohrungen im Zylinderkopf

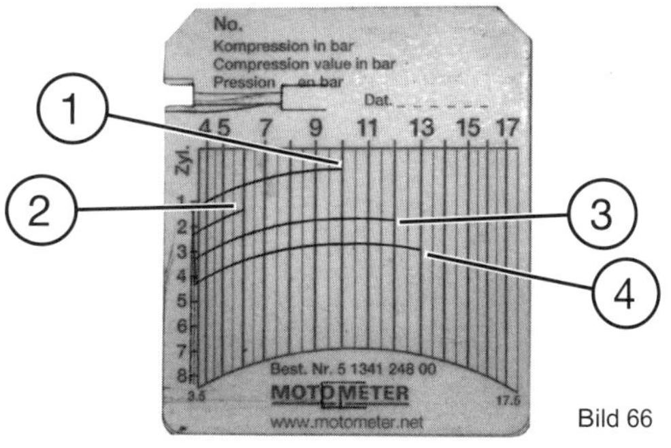


Bild 66

Bild 66
Auswertung des Schreiberkärtchens: Der gemessene Druck sollte bei etwa 12-14 bar liegen und zwischen den einzelnen Zylindern höchstens 1,5 bar abweichen.
1 abgelesener Druck 10 bar
2 abgelesener Druck 6 bar
3 abgelesener Druck 12 bar
4 abgelesener Druck 13 bar

Der Druckunterschied zwischen einzelnen Zylindern (höchster und niedrigster) darf höchstens 1,5 bar betragen.

■ Fallen die Messergebnisse deutlich anders aus, sollte mittels Druckverlustprüfung die Undichtigkeit des Brennraums genauer lokalisiert oder der Motor für eine genauere Diagnose zerlegt werden.

**Rückbau und in Betrieb setzen**

■ Zündkerzen mit dem Zündkerzenschlüssel einschrauben und mit dem richtigen Drehmoment festziehen.

■ Der weitere Zusammenbau erfolgt sinngemäß in entgegengesetzter Reihenfolge zum Ausbau.

■ Fehlerspeicher abfragen und ggf. vorhandene Fehler beheben, danach Fehlerspeicher löschen

## Druckverlusttest

Oft schon vergessen, war er schon vor einigen Jahrzehnten bekannt. Da der Tester in den meisten Werkstätten nicht mehr oder kaum noch zum Einsatz kommt, lässt sich ab und an ein solches Gerät auch von Bosch schon mal günstig erstehen. 25 bis 50 Euro werden es dann meist. Auch mit

Sichtprüfung | Messen

Bild 67

Bild 67
Druckverlusttest am Motor Verlustwert und Verlustort werden festgestellt.

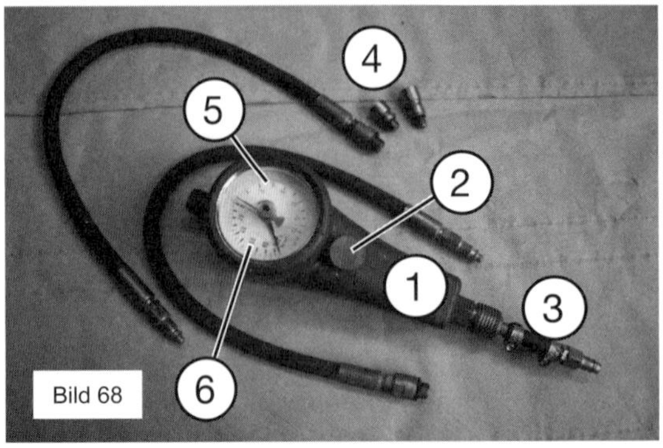

Bild 68

Bild 68
Meist recht günstig zu ersteigern: der Druckverlustprüfer.
1 Gehäuse
2 Einstellrad für Druckangleich
3 Anschlussschlauch Druckluftnetz
4 Prüfanschluss
5 Messuhr Kompressionsdruck
6 Messuhr Kompressionsdruck

Bild 69

Bild 69
Der OT-Finder: Auf dem Weg nach OT verdrängt der Kolben Luft und schiebt den Anzeigekolben im Gerät nach oben. Fällt er schlagartig ab, wurde der OT-Punkt überschritten.

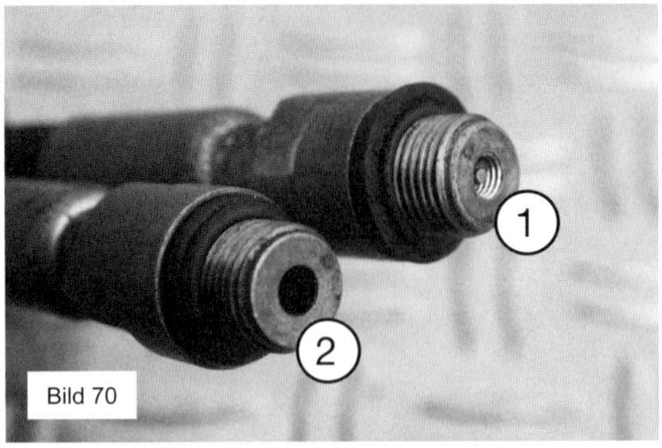

Bild 70

Bild 70
Nicht verwechseln: Mit Ventil (1) ist er für den Kompressionstest gerüstet, ohne Ventil (2) für den Druckverlusttest.

diesem Gerät wird die Dichtheit des Zylinders bewertet. Nur, dass nicht der Motor den Druck aufbringt, sondern der Motor mit Luftdruck aus dem Tester beaufschlagt wird. Undichtheiten können nun zum einen zahlenmäßig erfasst und zum anderen »erhört« werden. Die Diagnose fällt deshalb deutlich präziser aus, als das Ergebnis des Kompressionstests.

**Vorbereitung**
- Bauen Sie alle Zündkerzen aus.
- Schalten Sie die Zündung aus.
- Prüfen Sie, ob der Zahnriemen in Ordnung ist.
- Schließen Sie den Druckverlustprüfer an die Druckluftversorgung Ihrer Werkstatt an.
- Stimmen Sie den Druckschreiber auf den Kompressordruck Ihrer Werkstatt ab.
- Wählen Sie den passenden Gewindeadapter und den Anschlussschlauch für den Druckverlusttest aus.
- Stellen Sie Radio und andere Lärmquellen ab.
- Verdrehen Sie den Motor so weit, bis er am Ende des Verdichtungstaktes oder am Anfang des Arbeitstaktes steht.
- Ertasten Sie vorsichtig den Kolbenboden mit einem Schraubendreher und verdrehen Sie den Motor bis zu Zünd-OT.
- Blockieren Sie den Motor (Gang einlegen, Handbremse anziehen). Sollten Sie den Motor mit einem passenden Schlüssel auf der Kurbelwelle festhalten wollen, achten Sie darauf, dass sich der Motor verdrehen kann, sobald der Prüfdruck des Testers auf dem Kolben lastet. Er erzeugt ein nicht unbedeutendes Drehmoment, das Sie eventuell nicht von Hand halten können.

⚠ Es besteht Verletzungsgefahr durch Abrutschen oder Klemmen!

**Messung/Prüfung**
- Führen Sie den Anschlussschlauch des Druckverlusttesters zuerst in das rechte Kerzenloch ein (Bild 67).
- Kuppeln Sie den Messschlauch an das Messgerät an.
- Werten Sie jeden Zylinder einzeln wie unten beschrieben aus.
- Wiederholen Sie diesen Vorgang nun für alle Zylinder des Motors, Auswertung (Bilder 71 und 72).
- Notieren Sie den angezeigten Druckverlust für jeden Zylinder einzeln.
- Ein Druckverlust bei 4-Takt-Hubkolbenmotor ist bis zu 15% zulässig.
- Drehen Sie den Öldeckel ab und achten Sie auf Zischgeräusche aus dem Motorblock.

| Beschreibung | Toleranz | Ursache |
|---|---|---|
| Druckverlust zu groß: Zischgeräusch am Ansaugtrakt feststellbar, keine Zischgeräusche am Auspuff feststellbar. | Bis 15% sind zulässig. | Einlassventil nicht sauber geschlossen, Einlassventil undicht, Einlassventil beschädigt; Steuer-zeiten stimmen nicht, Motor steht nicht im Zünd-OT (Arbeitstakt). |
| Druckverlust zu groß: Zischgeräusche am Auspuff feststellbar, keine Zischgeräusche am Ansaugtrakt feststellbar. | Bis 15% sind zulässig. | Auslassventil nicht sauber geschlossen, Auslassventil undicht, Auslassventil beschädigt, Steuerzeiten stimmen nicht, Motor steht nicht im Zünd-OT (Arbeitstakt). |
| Druckverlust zu groß: Zischgeräu-sche am Auspuff feststellbar, Zischgeräusche am Ansaugtrakt feststellbar. | Bis 15% sind zulässig. | Beide Ventile nicht sauber geschlossen, beide Ventile undicht, beide Ventile beschädigt; Steuerzeiten stimmen nicht, Motor steht nicht im Zünd-OT (Arbeitstakt). |
| Druckverlust zu groß: keine Zischgeräusche am Auspuff fest-stellbar, keine Zischgeräusche am Ansaugtrakt feststellbar. | Bis 15% sind zulässig. | Druckverlust über Kolben und Zylinder, Kolben und/oder Kolben-ringe verschlissen oder defekt, Zylinderkopfdichtung defekt (wäh-rend der Prüfung »blubbert« der Ausgleichsbehälter). |

- Legen Sie den Kopf auf den Luftfilter oder besser noch, entfernen Sie den Luftfilter und hören Sie, ob Zischgeräusche aus dem Ansaugtrakt wahrnehmbar sind.
- Kontrollieren Sie auch am Auspuff, ob hier ein Luftstrom oder ein Zischgeräusch hörbar ist.

## Verschleißmessung am Motor

Zugegeben, in der heutigen Zeit werden diese Arbeiten nur noch selten durchgeführt. Es ist aber nicht so, dass man die Verschleißmessung am Motor nicht mehr benötigen würde. Vielmehr wird sie oft aus Zeitgründen nicht mehr durchgeführt.
Im privaten Bereich legen wir nun aber eher Wert auf eine kostengünstige Reparatur und möchten gerne den Zustand unseres Gefährtes sicher dokumentieren. Sollten Sie den Motor einmal so weit zerlegt haben oder sind auf der Suche nach erhöhtem Ölverbrauch des Motors, können Sie, nachdem Zylinderkopf und Kolben demontiert wurden,

Bild 71
Druckverlust problematisch.

Bild 72
Druckverlust in Ordnung.

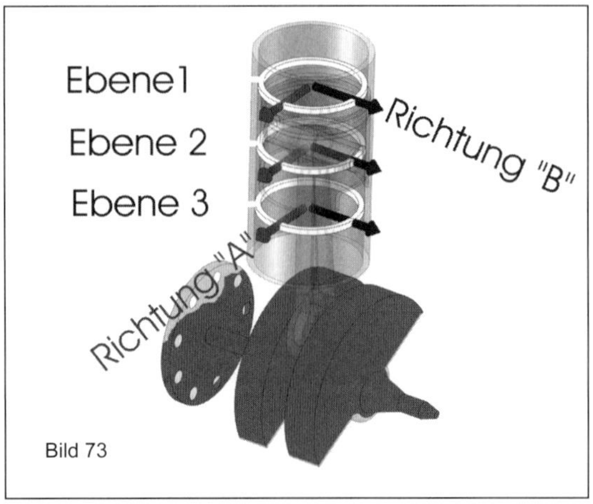


Bild 73
Messebenen und Messrichtungen am Zylinder.

Bild 74
Messung des Kolbendurchmessers.

den Motorblock ausmessen. Oftmals ist der Kolbenausbau auch am eingebauten Motor realisierbar. Schließlich müssen wir lediglich die Ölwanne abnehmen können, um die Pleuellager abschrauben zu können. Ob und wie weit die Laufleistung oder auch ungünstige Betriebszustände dem Motor zugesetzt haben, muss mit einigen einzelnen Messungen kontrolliert werden. Für die Messungen werden ein Innenmessgerät mit Innentaster, eine Messuhr, ein Messschieber, eine Fühlerlehre sowie eine Bügelmessschraube benötigt. Die Messung beschreibt den Zustand von Zylinder und Kolben. Das Zusammenspiel dieser Bauteile wird durch die Auswertung der Messergebnisse bewertet.

### Messungen am Zylinder

*Vorbereitung der Messungen*

- Demontieren Sie den Zylinderkopf.
- Reinigen Sie Zylinderlaufbahn und Kolben gründlich.
- Messen Sie mit Hilfe des Messschiebers den Zylinderdurchmesser. Legen Sie anhand dieses Maßes fest, welche Adaptionsstücke in das Innenmessgerät eingebaut werden müssen.
- Montieren Sie das ausgewählte Adaptionsstück am Innenmessgerät.
- Führen Sie die Messuhr in die Aufnahme ein. Festgezogen wird sie aber erst, nachdem die Voreinstellung durchgeführt wurde.
- Richten Sie die Messuhr gerade in der Zylinderlaufbahn aus und stellen Sie mit einer Vorspannung von 2 mm fest.
- Richten Sie das Grundmaß (entweder das mit dem Messschieber ermittelte und gerundete oder ein vom Hersteller angegebenes) mit der Bügelmessschraube aus.
- Führen Sie die Feinjustierung des Innenmessgerätes durch.

*Messungen*

- Als Nächstes wird nun das Innenmessgerät in den zu messenden Zylinder eingeführt. Die Messung der Zylinderbuchse soll den Verschleiß genau darstellen.

Da der Verschleiß im Zylinder in der Regel durch die unterschiedlichen Belastungszustände ungleichmäßig ausfällt, werden die Zylinder in zwei Richtungen und drei Ebenen beurteilt. Die Messrichtung wird in die Richtung »A« und »B« aufgeteilt, wobei »B« dann die Messung in Achsenrichtung der Kurbelwelle und »A« die Messung in Drehrichtung der Kurbelwelle darstellt. Die Messhöhe nennt sich recht einfach »1«, »2« oder »3«. So wird ein sehr genaues Bild des Zylinderverschleißes dargestellt.

- Zuerst einmal sollten alle Messungen in der Richtung »A« gemacht und in das Auswertungsblatt eingetragen werden.

Erst dann werden die Messungen in der Richtung »B« durchgeführt und eingetragen. Das erspart das mehrmalige Einsetzen des Innenmessgerätes in den Zylinder.

- Führen Sie die Messung in Richtung »A« durch und tragen Sie diese ins Auswerteblatt ein.
- Führen Sie die Messungen in der Richtung »B« durch und tragen Sie diese in das Auswerteblatt ein.
- Werte, die über das Grundmaß gehen, werden als »+«-Wert eingetragen.

Werte, die das Grundmaß unterschreiten, werden in der Tabelle als »-«-Wert geführt. Diese Praxis spart viel Rechnerei und somit auch mögliche Fehlerquellen ein.

### Messungen am Kolben

Nachdem die Messungen festgehalten wurden, werden nun die Kolben gemessen. Die Bügelmessschraube ist nun noch auf das Grundmaß des Zylinders eingestellt.

- Sie muss nun etwas geöffnet werden. Die Messungen werden grundsätzlich 90° versetzt zur Kolbenbolzenachse durchgeführt.
- Die Messung erfolgt nach Herstellerangaben am Kolbenhemd. Bei den meisten Herstellern liegt diese Messhöhe bei ca. 1,5 cm vom Hemdende, also vom unteren Ende des Kolbens.
- Auch hier werden die Messergebnisse im Messprotokoll unter dem Begriff Kolbendurchmesser notiert.

*Kolben und Ölabstreifringe*

Neben dem Verschleiß am Kolbenhemd können auch die Kolbenringe beziehungsweise die Ölabstreifringe sowie die Ringnuten im Kolben verschleißen. Durch die Bewertung der Kolbenringe mit Stoß- und Höhenspiel kann hier eine ausreichend genaue Aussage über den Zustand der Bauteile getroffen werden.

*Höhenspiel prüfen*

Der Kolbenring dichtet den Kolben zum Zylinder ab. Er schleift bei jeder Kolbenbewegung an der Zylinderwand entlang. Zwar wird er durch das Motoröl geschmiert, Verschleiß entsteht aber dennoch. Der Verschleiß der Kolbenringe muss also auch beachtet und vermessen werden.

- Nun wird der Kolbenring in die Ringnut eingelegt.
- Mit Hilfe der Fühlerlehre wird nun geprüft, wie groß das Spiel des Kolbenrings nach oben und unten ist.
- Die Messwerte werden natürlich auch im Auswertebogen festgehalten.

*Stoßspiel prüfen*

Mit dieser Prüfung wird der Verschleiß des Kolbenringes selbst geprüft.

- Zuerst einmal muss der Kolbenring genau gerade in den Zylinder eingesetzt werden.
- Liegt der Kolbenring wie gezeigt im Zylinder, wird nun wiederum mit der Fühlerlehre das Spaltmaß zwischen den beiden Kolbenringenden gemessen.
- Auch hier muss ein Maß aus den Herstellerunterlagen herausgesucht werden. Über den Daumen darf dieses Maß nicht größer als 1 mm ausfallen

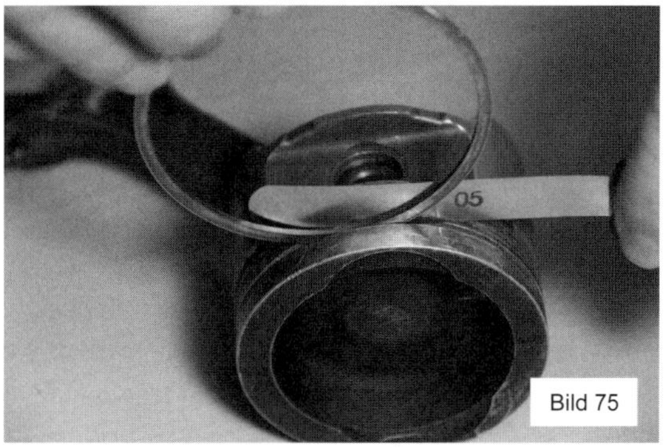
Bild 75

Bild 75
Höhenspielmessung am in die Ringnut eingelegten Kolbenring.

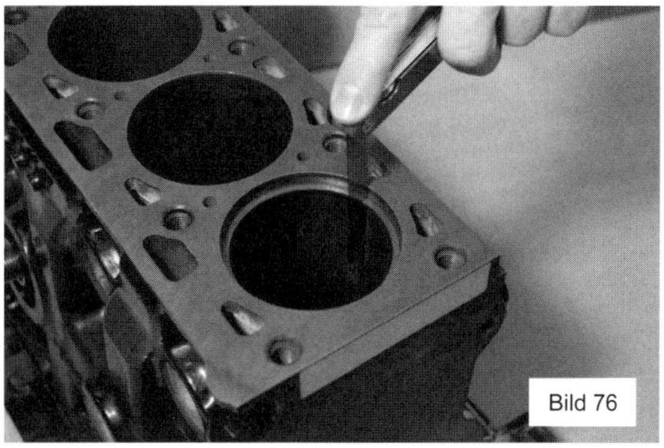
Bild 76

Bild 76
Stoßspielmessung am im Zylinder gerade eingelegten Kolbenring.

### Auswertung Zylinder und Kolben

Die Messung ist der eine Teil, die Auswertung der Ergebnisse ist aber mindestens genauso wichtig. Nachdem nun die Ergebnisse aus den Messungen des Zylinders und der Kolben vorliegen, können wir schon eine Aussage über die Verwendbarkeit von Zylinder und Kolben treffen.

*Die Ovalität*

Ovalität ist die Verformung des Zylinders. Sie kann zum einen durch die Einwirkung von Temperatur und zum anderen durch den Verschleiß entstehen. Sie wird als die größte Ovalität angegeben und vergleicht die Ovalität der einzelnen Messebene eines Zylinders.

*Das Laufspiel*

Es beschreibt, wie viel Platz zwischen Kolben und Zylinder ist. Auch hier müssen wieder die Herstellerangaben zu Rate gezogen werden. Als Daumenwert kann von einem Laufspiel von 0,04 mm bis zu 0,09 mm ausgegangen werden.

■ Das Laufspiel errechnet sich, wenn man den Kolbendurchmesser vom größten und dem kleinsten Zylinderdurchmesser abzieht.

**Lagerspiel an Kurbelwelle und Pleuel mit Plastigage messen**

Im Gegensatz zu den Messungen mit dem Innenmessgerät ist die Messung mit Plastigage ungenauer, aber dafür sehr schnell durchzuführen. Liegen keine besonderen Verschleißspuren oder eigenartig anmutende Lagertragbilder vor, ist diese Messmethode durchaus legitim. Für die Messung werden die Lager komplett montiert (oder bleiben es). Um gut an die Lagerdeckel heranzukommen, empfiehlt es sich, die Kolben in eine Stellung zu bringen, an der die Lagerdeckel bequem de- und montiert werden können.

■ Demontieren Sie die Lagerdeckel und reinigen Sie die Lagerstelle mit einem fusselfreien Lappen.

■ Legen Sie einen Messfaden ein und montieren Sie das Lager wieder.

■ Ziehen Sie das Lager auf das Solldrehmoment an. Der Messfaden wird nun »platt gedrückt«.

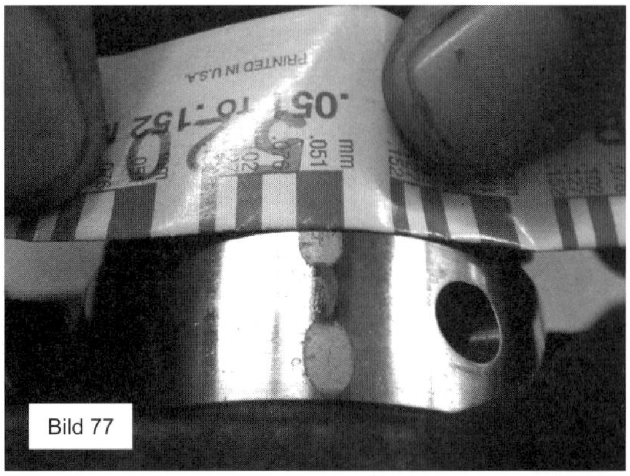

Bild 77
Lagerspielprüfung mit Plastigage.

Bild 78
Eingelaufene Nockenwelle.

■ Nach dem Entfernen des Lagerdeckels lässt sich anhand der Breite des Messfadens mit der mitgelieferten Tabelle das Lagerspiel ermitteln.

**Beurteilen von Planflächen**

Für diese Prüfung ist ein Präzisionslineal erforderlich. Das Haarlineal wird auf dem Zylinderkopf aufgelegt und gegen das Licht gehalten. Diese Prüfung über Kreuz und an mehreren Stellen am Zylinderkopf durchgeführt, lässt so die gesamte Fläche des Zylinderkopfes auf Ebenheit prüfen.

**Prüfungen an der Nockenwelle**

Auch die Nockenwelle unterliegt dem Verschleiß, oftmals finden sich bereits durch genaues Betrachten Mängel, die natürlich auch entsprechend bewertet werden müssen.

*Laufspuren an der Nockenwelle*

Kleine Laufspuren dürfen gerade in Anbetracht des Alters des Motors als normal bezeichnet werden. Tiefe Rillen und Ausbuchtungen müssen eine Ursache haben. Gratartige scharfkantige Ausformungen an den Lagerstellen sind ein deutliches Zeichen für Verschleiß. In diesen Fällen muss das Lagerspiel geprüft werden.

**Verschleiß an der Nockenwelle**

Wenn sich die Nocken abnutzen, bedeutet das immer eine geringere Ventilöffnung und somit Leistungsverlust des Motors. Da auch die Oberflächenqualität in diesen Fällen stark leidet, werden die Ventilbetätigungen, also die Kipp- oder Schlepphebel mit beeinträchtigt. Die Lagerstellen für diese Bauteile sollten dann sehr gründlich untersucht werden. Lässt man durch Laufspuren beschädigte Teile weiterhin in Betrieb, kann es sein, dass der Schaden sich auf der beispielsweise erneuerten Nockenwelle wieder einstellt. Auch die Ursache für den Schaden muss festgestellt werden. Ist die Ölpumpe noch in Ordnung? Betrachten wir einmal einige einfache Messungen, die an der Nockenwelle durchgeführt werden sollen:

### Schlagprüfung an der Nockenwelle

- Entweder die Nockenwelle wird zwischen die Spitzen der Drehbank eingespannt oder auf Auflager gelegt.
- Man richtet nun eine Messuhr mit Halter auf die einzelnen Lager aus und dreht die Nockenwelle.
- Der Höhenunterschied wird auf der Messuhr schnell deutlich. Die maximalen Toleranzen müssen den Herstellerunterlagen entnommen werden.

Als Daumenrichtwert kann ein Schlag bis zu 0,01 mm angenommen werden. Nockenwellen mit einer größeren Abweichung sollten ersetzt werden.

*Nockenhubmessung*

Mit dem gleichen Messaufbau wie bei der Schlagprüfung kann auch der Hub der Nocke festgestellt werden.

Gemessen wird der Unterschied zwischen der tiefsten Stelle und der höchsten Stelle eines Nockens. Auch diese Maße werden von jedem Motorenhersteller angegeben und sind nicht ohne Weiteres übertragbar.

Sollte ein relevanter Verschleiß vorliegen, ist er in der Regel auch schon am Verschleißbild gut zu erkennen. Sinnvoll ist es allerdings, die Nocken der einzelnen Zylinder untereinander auszumessen und zu vergleichen. Die Ursache für einen deutlichen Unterschied kann schon mangelhafte Schmierung für den Ventiltrieb dieses Zylinders sein.

### Lagerspielmessung der Nockenwelle

Will man das Lagerspiel lediglich kontrollieren und hat keinen besonderen Befund, reicht es aus, die Lager mit Plastigage auszumessen.

Die Vorgehensweise wurde bereits an den Kurbelwellen- und Pleuellagern vorgestellt (Bild 77).

Soll das Lagerspiel genau in Augenschein genommen werden, müssen das gute alte Innenmessgerät und eine entsprechende Bügelmessschraube zum Einsatz kommen. Auch diese Vorgehensweise wurde bereits vorgestellt und muss lediglich auf den kleineren Durchmesser der Nockenwelle abgestimmt werden.

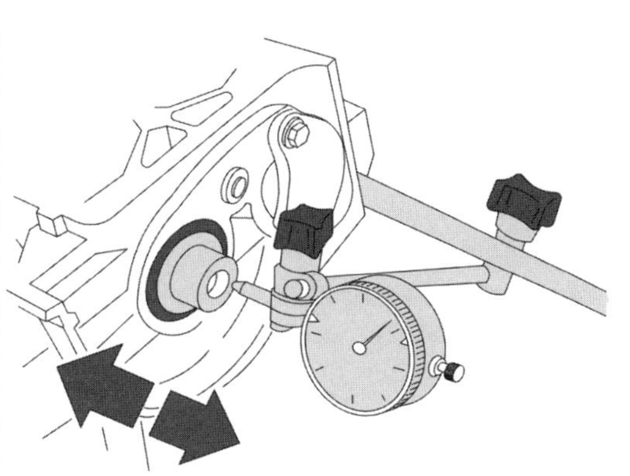

Bild 79

Bild 79
Messaufbau zur Axialspielmessung an der Nockenwelle.

### Axialspielmessung an der Nockenwelle

Das Axialspiel ist das seitliche Spiel der Nockenwelle. Auch diese Richtung ist Beschränkungen unterlegen. Selbstverständlich müssen auch hier die Werte der Motorenhersteller herangezogen werden.

Im Grundsatz kann aber davon ausgegangen werden, dass ein Axialspiel von 0,15 mm noch in Ordnung ist. Am einfachsten lässt sich das Axialspiel ausmessen, wenn Ventile und/oder Ventiltrieb nicht eingebaut sind. So entfällt die Reibung zwischen den betätigten Ventilhebeln und der Nockenwelle.
Als Messmittel kommt auch hier wieder die Messuhr mit Messuhrträger zum Einsatz. Sie sollte dann entweder mit dem Magnetfuß befestigt oder an einer geeigneten Stelle verschraubt werden. Eine gebrochene Nockenwelle ist immer ein Zeichen großer mechanischer Kräfte. Oftmals bedeutet das, dass Ventile und eventuell auch die Stößelstangen beschädigt wurden. Diese Teile müssen dann in jedem Fall genauer unter die Lupe genommen werden.

### Ventil und Führung beurteilen

*Ventil ausmessen*

Natürlich gibt es auch Abmessungen am Ventil. Die Tellerbreite und die Ventilsitzbreite gehören auch zu den Abmessungen, die bei der Beurteilung eines Ventils sehr wichtig sind. Daran entscheidet sich, inwieweit ein Ventil wieder eingesetzt, überarbeitet oder erneuert werden muss. In den meisten Fällen ist aber die Überarbeitung nicht zulässig und auf das Einläppen oder Einschleifen beschränkt.

Sichtprüfung Messen

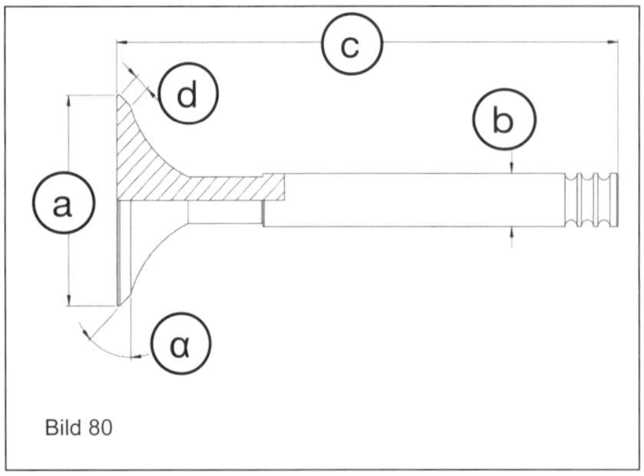


Bild 80
Abmessungen am Ventil.
a Tellerdurchmesser
b Schaftdurchmesser
c Ventillänge
d Sitzbreite
α Sitzwinkel

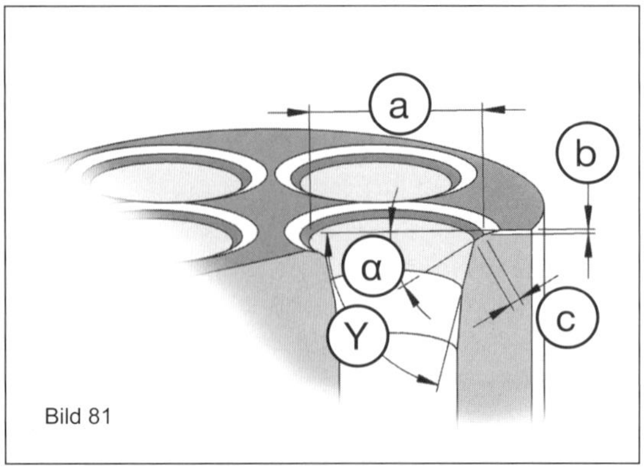


Bild 81
Abmessungen am Ventilsitz.
a Ventiltellerdurchmesser
b maximales Nachbearbeitungsmaß
c Sitzbreite
α Sitzwinkel
Y Korrekturwinkel innen

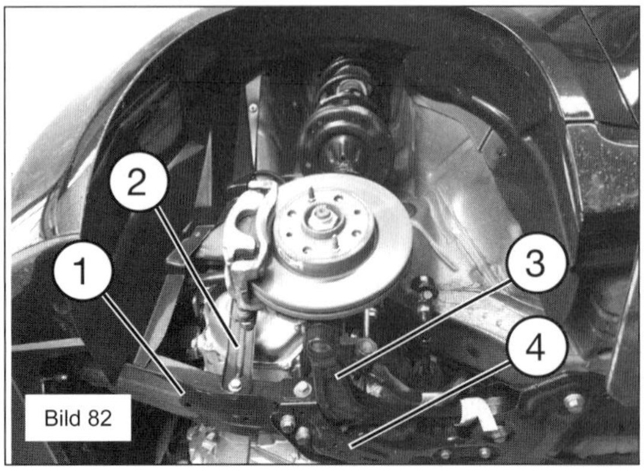


Bild 82
Strebe im Radhaus links und rechts.
1 Unterzug
2 Strebe
3 Querlenker
4 Achsträger

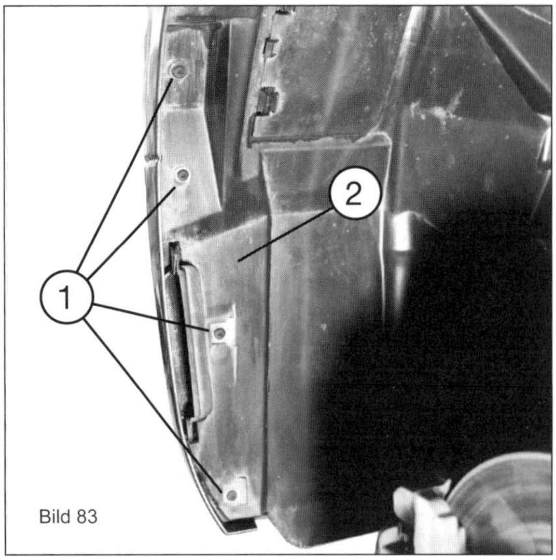


Bild 83
Schrauben Stoßfänger seitlich im Radkasten.
1 Schrauben
2 Innenkotflügel

*Ventilschlag ausmessen*
Um den Ventilschlag beurteilen zu können, muss das Ventil spielfrei gelagert werden. Das geht schon recht gut auf einem Messprisma. Besser jedoch ist die Aufnahme in einer Ventilprüfvorrichtung. Beurteilt werden der Ventilschlag am Ventilteller und in der Mitte des Schaftes.

*Ventilführung ausmessen*
Auch diese Messung ist mit Hilfe einer Messuhr recht einfach zu bewerkstelligen. Das Ventil wird ohne Ventilfedern, Klemmstücken und Ventilschaftdichtung eingeführt. Nun wird das Kippen des Ventils mit einer Messuhr erfasst. Auch hier gelten durchaus unterschiedliche Werte, die von den jeweiligen Motorenherstellern vorgegeben werden. Auch muss darauf geachtet werden, dass die Messlänge (also das Maß, um das das Ventil aus dem Kopf herausragt) eingehalten wird.

## Motoren aus- und einbauen

Die Montagearbeiten verlaufen für die unterschiedlichen Motorvarianten grundsätzlich sehr ähnlich. Wir stellen Ihnen an dieser Stelle eine allgemeingültige Beschreibung zu Verfügung. Bei allen Montagearbeiten, insbesondere im Motorraum aufgrund der engen Bauverhältnisse, beachten Sie bitte Folgendes:

- Leitungen aller Art und elektrische Leitungen so verlegen, dass die ursprüngliche Leitungsführung wiederhergestellt wird.
- Auf ausreichenden Freigang zu allen beweglichen oder heißen Bauteilen achten.

Fragen Sie vor dem Ausbau die Ereignisspeicher aller Steuergeräte ab.

**Vorbereitungen am Fahrzeug**

- Stellen Sie das Fahrzeug auf einer Hebebühne ab.
- Klemmen Sie das Masseband an der Batterie bei ausgeschalteter Zündung ab.

Prüfen Sie deshalb bitte, ob ein codiertes Radio eingebaut ist. Gegebenenfalls ist dann vorher die Anti-Diebstahl-Codierung zu erfragen.

- Bauen Sie die Motorabdeckung oben

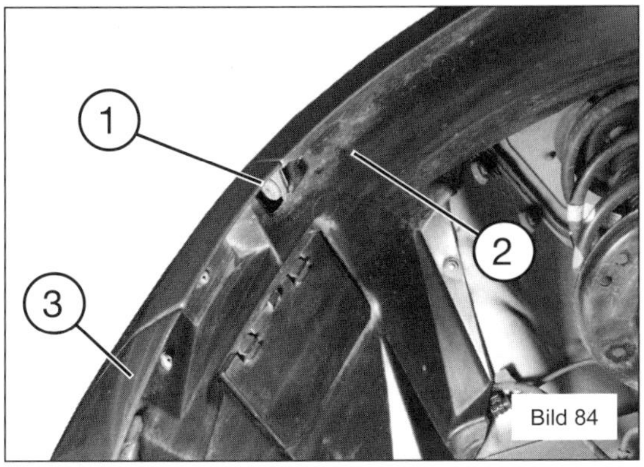


Bild 84

Bild 84
Seitliche Schraube im Radhaus.
1 Schraube
2 Innenkotflügel
3 Stoßfänger vorne

oder den Luftfilterkasten über dem Motor ab.

■ Bauen Sie auch die Verkleidungen unter dem Motor und dem Getriebe aus.

**De- und Montagearbeiten**

■ Lassen Sie das Kühlmittel über den Anschlussstutz am Kühler unten ablaufen und entsorgen Sie es fachgerecht.
■ Bauen Sie den Ausgleichsbehälter vorne ab.
■ Bauen Sie die Batterie und den Batteriekasten aus.
■ Demontieren Sie das Motorsteuergerät.
■ Bauen Sie beide Vorderräder ab.
■ Demontieren Sie die Radkästen und Verkleidungen links und rechts.
■ Bauen Sie die Streben links und rechts zwischen der Radaufhängung vorne und der Karosserie ab.
■ Drehen Sie die vier Befestigungsschrauben des Stoßfängers (1 im Bild 83) aus dem Radhaus heraus.
■ Drehen Sie die seitliche Schraube von unten für den Stoßfänger (1 im Bild 84) heraus.
■ Drehen Sie die Schrauben unten am Stoßfänger (1 und 2 im Bild 86) heraus.
■ Drehen Sie die Schrauben (1 im Bild 85) oben für den Stoßfänger vorne heraus.
■ Demontieren Sie den Stoßfänger vorne.
■ Ziehen Sie den elektrischen Anschluss (2 im Bild 88) zum unteren Scheinwerfer im Stoßfänger heraus.
■ Klemmen Sie, soweit vorhanden, die Nebelscheinwerfer (Kombistecker links) ab.
■ Ziehen Sie den Anschlussstecker der Hupe (soweit erforderlich) ab.
■ Ziehen Sie den Anschlussstecker zum Kühlerventilator ab.

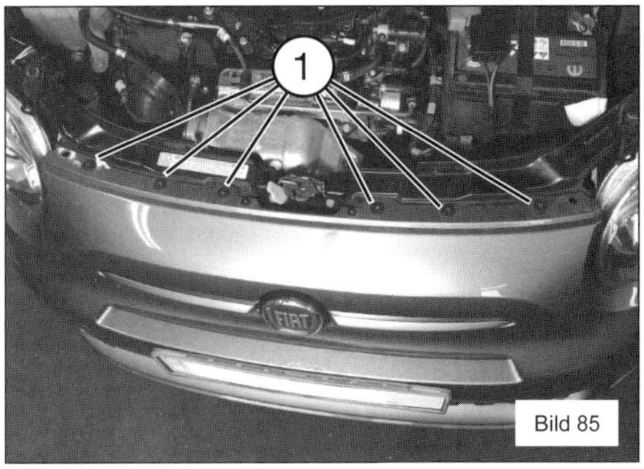


Bild 85

Bild 85
Schrauben (1) am Stoßfänger oben.

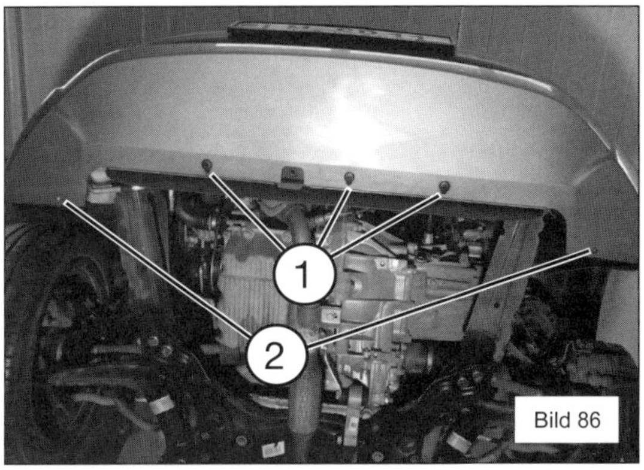


Bild 86

Bild 86
Schrauben am Stoßfänger unten.
1 Torxschrauben
2 Kreuzschlitzschrauben am Innenradlauf

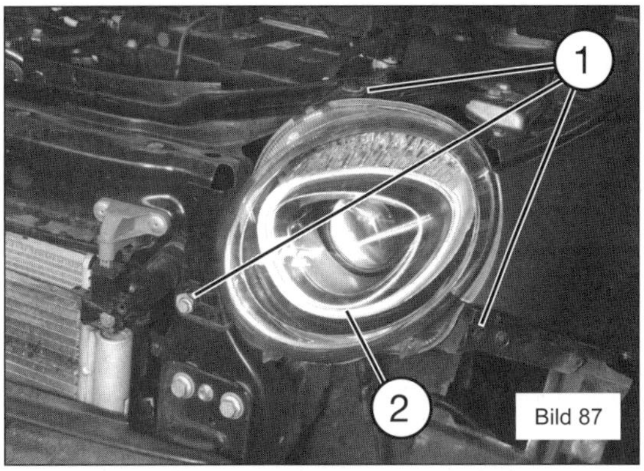


Bild 87

Bild 87
Schrauben am Scheinwerfer.
1 Schrauben
2 Scheinwerfer

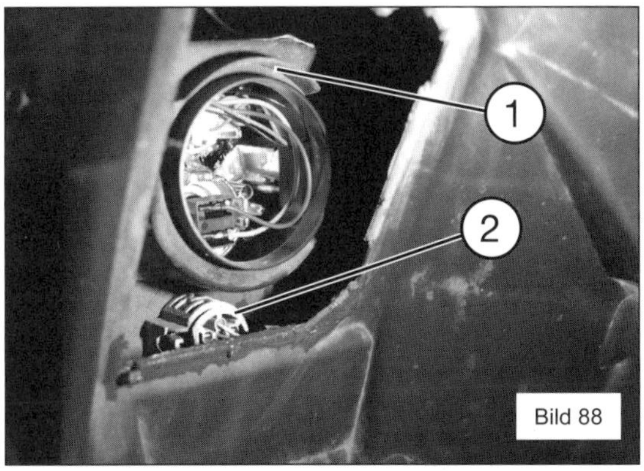


Bild 88

Bild 88
Steckkontakt am Scheinwerfer unten.
1 Scheinwerfer unten (Fernlicht/Tagfahrlicht)
2 Steckkontakt

■ Ziehen Sie den Anschlussstecker zu den Vorwiderständen des Kühlerlüfters ab.
■ Ziehen Sie den Anschluss für den Drucksensor der Klimaanlage ab.

Sichtprüfung Messen

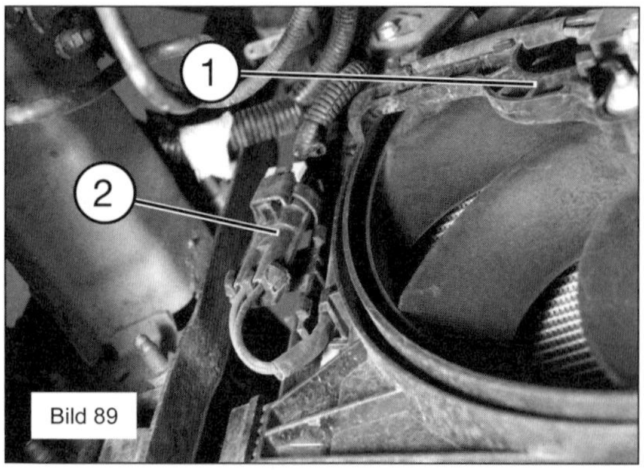


Bild 89
Stecker am Kühlerventilator.
1 Lüftermotor
2 Stecker und Kupplung

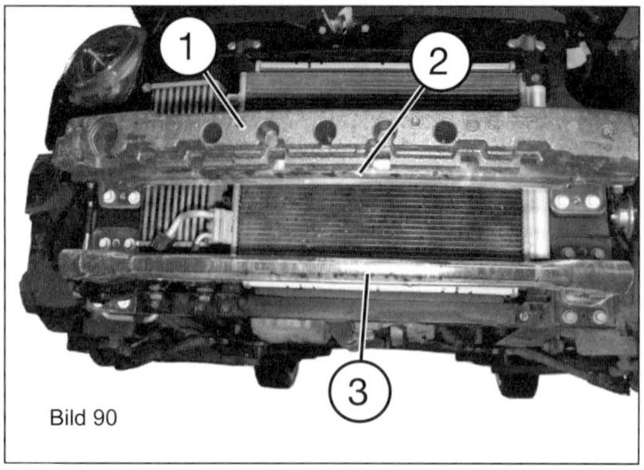


Bild 90
Quertraversen am Fronträger.
1 Pralldämpfer
2 Quertraverse oben
3 Quertraverse unten

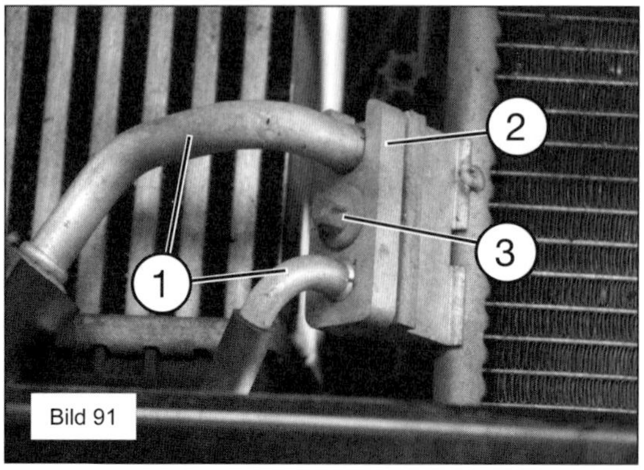


Bild 91
Anschlüsse am Klimakühler.
1 Anschlussleitungen
2 Halteschelle
3 Schraube

■ Ziehen Sie den Anschluss zum Beschleunigungssensor (Crashsensor) an der Fahrzeugfront ab.
■ Hängen Sie den Haubenzug (Bild 93) aus.
■ Lösen Sie den Kabelbaum im oberen Bereich der Frontverkleidung.
■ Evakuieren Sie die Klimaanlage oder lassen Sie diese Arbeit von einem Fachbetrieb durchführen.

*Fahrzeuge mit Klimaanlage*

⚠ Der Kältemittelkreislauf der Klimaanlage muss geöffnet werden! Ist es bei Reparaturen am Fahrzeug notwendig, den Kältemittelkreislauf zu entleeren, so ist das Fahrzeug einer Service-Stützpunktwerkstatt zu übergeben. Nur die Service-Stützpunktwerkstätten verfügen über geeignete Service-Stationen und geschultes Personal, um das Kältemittel fachgerecht abzusaugen.

■ Halteschelle des Anschlusses am Kondensator (Kühler der Klimaanlage) herausdrehen und die Vor- und Rücklaufleitung vom Kondensator (Bild 91) trennen.

*Weiter für alle Fahrzeuge*
■ Drehen Sie die vier Schrauben der oberen Quertraverse heraus und nehmen Sie sie ab.
■ Drehen Sie die vier Schrauben der unteren Quertraverse ab und nehmen Sie sie ab.
■ Drehen Sie die Schrauben des Schlossträgers heraus und nehmen Sie ihn mit Hilfe eines zweiten Mechanikers ab.
■ Legen Sie den Schlossträger vorne sicher ab.
■ Bauen Sie den Endschalldämpfer aus.
■ Demontieren Sie das mittlere Abgasrohr.
■ Bauen Sie die Pendelstütze (Bild 96) unten aus.
■ Demontieren Sie das Masseband am Getriebe.
■ Ziehen Sie den Steckkontakt zum Rückwärtsgangschalter (1 im Bild 92) ab.
■ Lösen Sie den Versteller des Kupplungsseils (soweit verbaut) und nehmen Sie das Kupplungsseil vom Kupplungshebel ab.
■ Lösen Sie die Anschlussschläuche des Kühlsystems zum Heizungskühler an der Spritzwand.
■ Hebeln Sie die Köpfe der Schaltzüge vom Hebelwerk am Getriebe ab.
■ Drehen Sie den Haltebügel der Schaltzüge am Getriebe los und legen Sie die Schaltzüge aus dem Arbeitsbereich heraus.
■ Kraftstoffdruck des Verteilerrohres ablassen und den austretenden Kraftstoff auffangen.
■ Betätigen Sie den Schnellverschluss und ziehen Sie die Kraftstoffleitung vom Kraftstoffverteilerrohr ab.
■ Ziehen Sie die Anschlussleitung zum Regenerierventil vom Ansaugkrümmer und den elektrischen Anschluss ab.
■ Ziehen Sie den elektrischen Anschluss zum Kombisensor für Saugrohrdruck und Ansauglufttemperatur ab.
■ Demontieren Sie die Anschlussleitung am Starter und am Batteriepol und legen Sie sie aus dem Arbeitsbereich heraus.

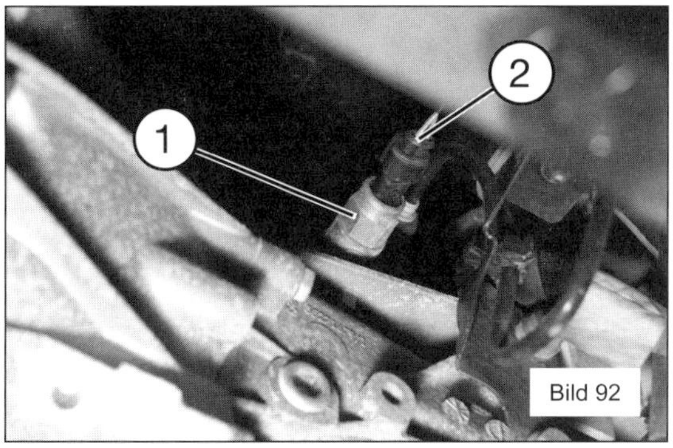


Bild 92
Rückwärtsgangschalter am Getriebe.
1 Rückwärtsgangschalter
2 Steckkontakt

■ Ziehen Sie den Zentralstecker zum Motor auseinander und legen Sie das Anschlusskabel aus dem Arbeitsbereich heraus.
■ Bauen sie die Antriebswelle rechts und links aus.

Fangen Sie das austretende Getriebeöl mit einem geeigneten Behälter aus und entsorgen Sie es fachgerecht.

■ Befestigen Sie eine Lasche oder Öse im Gewinde neben der Einfüllbohrung für das Getriebeöl. Hier wird gleich die Antriebseinheit getriebeseitig aufgehängt.
■ Befestigen Sie eine Lasche oder Öse im Gewinde am Klimakompressor. Hier wird gleich die Antriebseinheit motorseitig aufgehängt.
■ Befestigen Sie das Hubgeschirr an die nun vier Aufhängungspunkte des Motors und heben Sie die Antriebseinheit (Motor und Getriebe) ganz leicht an.
■ Drehen Sie die Zentralschraube des Gummilagers getriebeseitig heraus.
■ Bauen Sie den Lagerbock vom Getriebe ab.
■ Drehen Sie die Befestigungsschrauben des Motorlagers (Bild 95) am Motor und am Rahmen ab und nehmen Sie das Motorlager heraus.
■ Hängen Sie den Motor mit Hilfe eines zweiten Mechanikers frei und nehmen Sie ihn vorsichtig nach vorne aus der Karosserie heraus.

Achten Sie darauf, dass alle Anschlusskabel, Schläuche und Leitung gelöst worden sind und der Motor nirgendwo festhängt.

Beim Bewegen des Motors darauf achten, dass keine Schäden an Karosserieteilen oder an mechanische Teile entstehen.

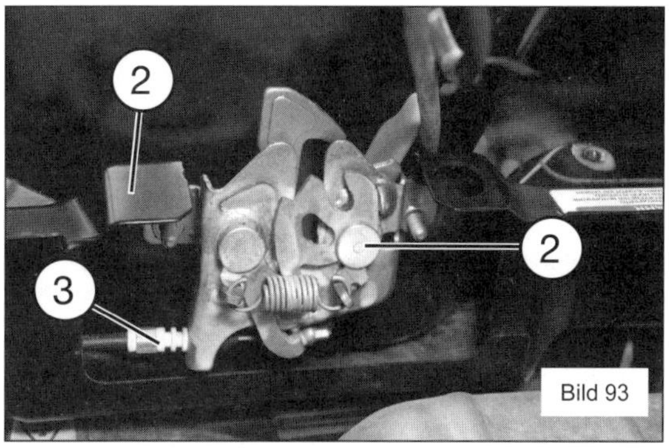


Bild 93
Haubenschloss am Fronträger.
1 Fronträger
2 Haubenschloss
3 Haubenzug

Bild 94
Bauteile am Vorderwagen.
1 Quertraverse unten
2 Verstrebung zum Querträger
3 Achsträger
4 Quertraverse vorne

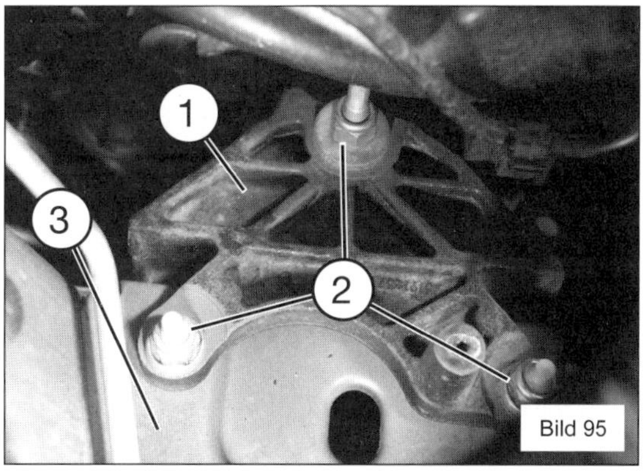


Bild 95
Motorlager links.
1 Motorlager am Rahmenträger links
2 Verschraubungen am Rahmenträger
3 Rahmenträger

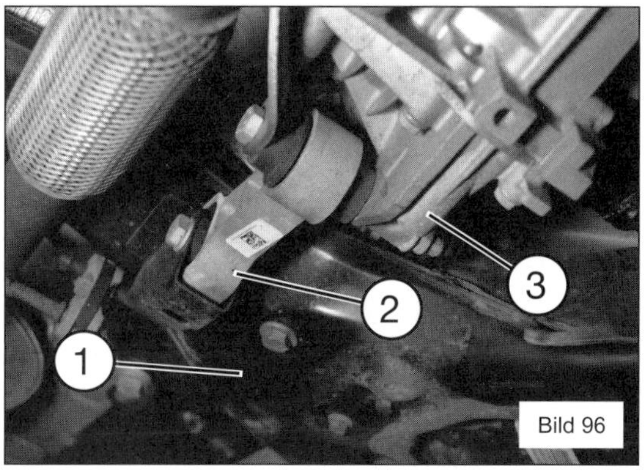


Bild 96
Pendelstütze unten.
1 Achsträger
2 Pendelstütze
3 Getriebe

Der Einbau erfolgt sinngemäß in entgegengesetzter Reihenfolge zum Ausbau.
■ Fehlerspeicher abfragen und ggf. vorhandene Fehler beheben, danach Fehlerspeicher löschen.

Sichtprüfung Messen

# 5 Motorschmierung

Alle Stellen im Motor, an denen Metalle aufeinander gleiten, müssen ständig mit Öl versorgt werden: Kolben, Zylinderlaufbahnen, die Lager von Kurbelwelle und Nockenwelle. Kein Triebwerk des Fiat 500 hielte mehr als einige wenige Minuten ohne passende Schmierung durch. Damit das Öl seine Aufgabe erfüllen kann, strömt es im Motorblock durch ein System von Leitungen und feinen Bohrungen an die richtige Adresse. Eine wichtige Rolle in diesem Kreislauf spielt die Ölpumpe. Sie holt über das Ölsaugrohr das Motoröl aus der Ölwanne und drückt es in die Leitungen. Zuvor muss die Flüssigkeit den im Hauptstrom des Schmiersystems sitzenden Ölfilter passieren. Dort werden Verunreinigungen wie Ruß, Metallabrieb und Staub herausgefiltert. Ein Überdruckventil an der Pumpe öffnet bei zu hohem Druck, sodass ein Teil des Öls in die Ölwanne zurückfließen kann. Der Motor verbraucht Öl, weil es teilweise in den Verbrennungsraum gelangt und dort verbrennt. Ein undichter Motor, defekte Ventilschaftabdichtungen, auch falsch eingebaute Kolbenringe oder zu viel Spiel zwischen Ventilführung und Ventilschaft treiben den Verbrauch in die Höhe. Wenn der Motor technisch in Ordnung ist, verbraucht er allerdings so wenig, dass zwischen den Ölwechselintervallen nichts oder nur eine geringe Menge nachgefüllt werden muss.

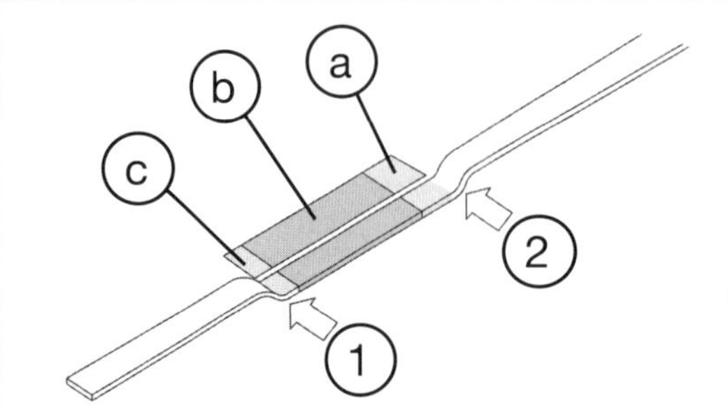


Bild 1

Bild 1
Markierungen an Ölmessstäben in Flachmetallform.
a kein Öl nachfüllen
b in diesem geriffelten Feld kann Öl nachgefüllt werden
c Öl muss unbedingt nachgefüllt werden.
Pfeile: Markierungen für maximalen (1) und minimalen (2) Füllstand

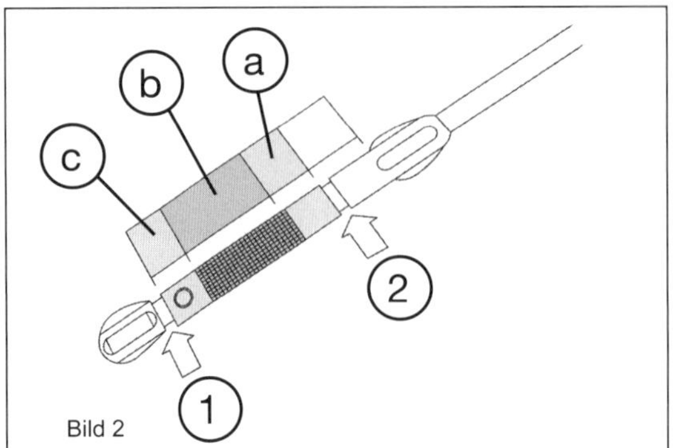


Bild 2

Bild 2
Markierungen an Ölmessstäben in Kunststoffausführung.
a Öl muss unbedingt nachgefüllt werden
b in diesem geriffelten Feld kann Öl nachgefüllt werden
c kein Öl nachfüllen
Pfeile: Markierungen für maximalen (1) und minimalen (2) Füllstand

## Motorölstand prüfen

■ Das Fahrzeug zum Messen des Ölstandes waagerecht abstellen. Motor abstellen und mindestens drei Minuten warten, damit das Öl in die Wanne zurückfließen kann.
■ Ölmessstab herausziehen, mit einem sauberen Putzlappen abwischen und den Messstab wieder bis zum Anschlag hineinschieben.

■ Messstab anschließend wieder herausziehen und Ölstand ablesen (Bilder 1 und 2).

☞ Die Bilder zeigen die hauptsächlich eingesetzten Varianten des Messstabs, es gibt aber noch andere Ausführungen.

Das in den Bildern gezeigte Prinzip gilt jedoch generell. Die Markierungen besagen:
■ Bei Ölstand oberhalb der Markierung »a« (Max-Marke Pfeil 1) besteht die Gefahr von Katalysatorschäden.
■ Bei Nachfüllen im Bereich »b« kann es vorkommen, dass der Ölstand danach im Bereich »a« steht.
■ Beim unbedingt nötigen Nachfüllen von Öl im Bereich »c« genügt es, dass danach der Ölstand im Messfeld »b« (geriffeltes Feld) steht. Bei Ölstand unterhalb der c-Markierung (Min-Marke Pfeil 2) etwa 0,5 Liter Öl (bis zur a-Markierung) auffüllen.

## Motoröl ablassen oder absaugen, Motoröl auffüllen

**Ölwechsel mit Altölauffang- und Absauggerät**
■ Öleinfüllverschlussdeckel abnehmen und Motoröl mit Altölauffang- und Absauggerät absaugen.

☞ Der Motorölwechsel mit einem Altölauffang- und Absauggerät sollte nach Möglichkeit bei betriebswarmem Motor durchgeführt werden.

### Öl über Schraube ablassen

■ Fahrzeug anheben, Ölablassschraube unten in der Ölwanne herausdrehen und das austretende Öl auffangen.

■ Neue Ölablassschraube mit Dichtring handfest einschrauben und mit 22 Nm anziehen. Das Drehmoment darf nicht überschritten werden. Ein zu hohes Drehmoment könnte zu Undichtigkeiten oder sogar zu Beschädigungen im Bereich der Ölablassschraube führen.

■ Ölfilter ersetzen (im Anschluss).

### Motoröl einfüllen

Werkseitig ist ein Qualitäts-Mehrbereichsöl eingefüllt, das außer in extrem kalten Klimazonen als Ganzjahresöl gefahren werden kann. Die Benzinmotoren benötigen die in nachfolgender Tabelle angegebenen Ölfüllmengen mit Ölfilterwechsel, der immer zum Ölwechsel gehört.

Wird der Filter nicht ausgebaut und gewechselt, werden rund 0,5 Liter weniger Öl benötigt. Beim Nachfüllen und beim Ölwechsel muss unbedingt die Spezifikation beachtet werden, wie sie der Hersteller vorschreibt.

■ Einfüllöffnung aufschrauben, Öl gemäß Spezifikation (Fiat-Freigabe) möglichst mit Trichter auffüllen.

■ Öleinfüllverschlussdeckel wieder aufschrauben.

■ Motor anlassen und auf Undichtigkeiten prüfen.

■ Motorölstand erneut prüfen und ggf. Öl nachfüllen.

■ Nachdem Öl erneut nachgefüllt worden ist, mindestens drei Minuten warten und dann erneut Ölstand prüfen.

■ Soweit verbaut, die Geräuschdämpfung einbauen und Fahrzeug ablassen.

| Motorbauart/ Füllmenge | Füllmenge mit Öl-filter | Wiederbefüllung |
|---|---|---|
| 0,9l Motoren | 3,2 l | 0W30 (Fiat 9.55535-GS1) |
| 1,0l Motoren | | |
| 1,2l Motoren | 2,8 l | 5W 40 (Fiat 9.55535-S2) |
| 1,4l Motoren | 2,9 l | |

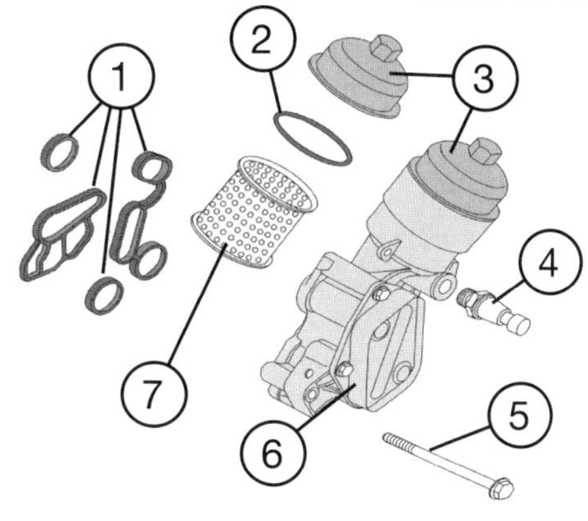

Bild 3

Bild 3
0,9-l-TwinAir-Motor.
1 Dichtungen
2 Dichtring
3 Deckel
4 Öldruckschalter
5 Schraube
6 Filtergehäuse
7 Ölfiltereinsatz

## Ölfilter oder Ölfiltereinsatz wechseln

Zum Einsatz kommen hier im Wesentlichen zwei Bauarten für die unterschiedlichen Motortypen. Der Übersicht halber werden wir die Motoren anhand des Filteraufbaus darstellen.

### 0,9-l- und 1,0-l-Motoren (Bild 3):

■ Lassen Sie das Motoröl ablaufen.

■ Drehen Sie den Deckel (3) los und lassen Sie das darin enthaltene Restöl ablaufen.

■ Nehmen Sie den Deckel zusammen mit dem Ölfiltereinsatz (7) heraus.

■ Nehmen Sie den Dichtring (2) aus dem Deckel (3) heraus.

■ Reinigen Sie Deckel und Ölfiltergehäuse.

■ Setzen Sie den neuen Ölfilter ein und ziehen Sie den Deckel handfest an.

■ Ziehen Sie den Deckel mit etwa 20 Nm nach.

Eine passende Nuss sowie ein Gelenkschlüssel können hier hilfreich sein.

### Filtereinheit MultiAir-System (Bild 6)

Die Filtereinheit für das MultiAir-System ist ein Siebfilter und sitzt unter dem Ventildeckel. Gerade bei Motoren mit langen oder unregelmäßigen Ölwechselintervallen kann der Ölfilter durch Ablagerungsrückstände zugesetzt werden und Leistungsverlust oder sogar Ventilklapper verursachen.

■ Demontieren Sie den Ventildeckel wie beschrieben.

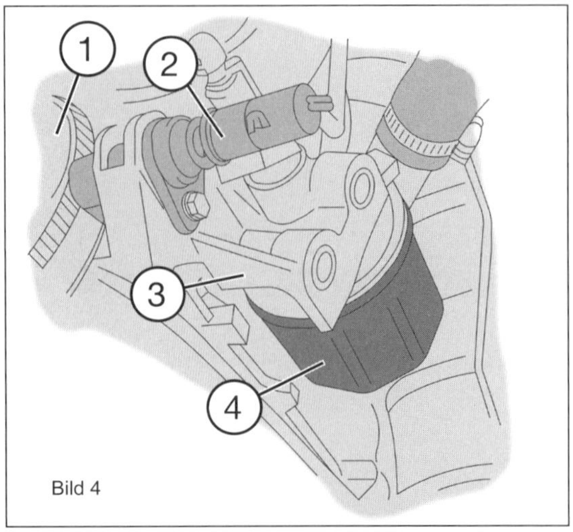


Bild 4
1,2-l- und 1,4-l-Motor.
1 Riemenscheibe
2 OT-Geber
3 Ölfilterflansch
4 Ölfilterpatrone

Bild 5
Adapter für Ölfilter und Deckeldemontage.

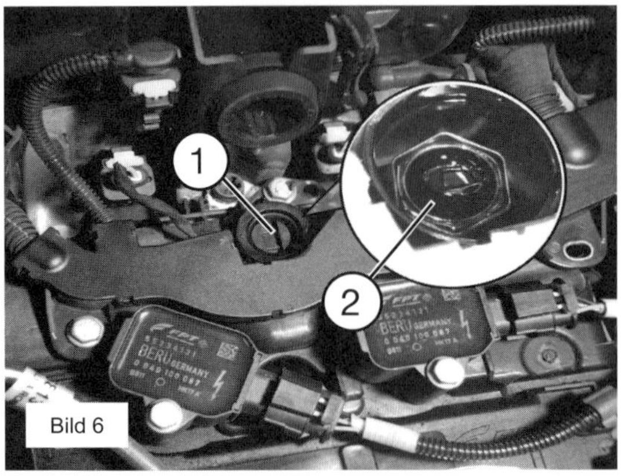


Bild 6
Filtereinheit MultiAir.
1 Abdeckung im Ventildeckel
2 Filtereinheit

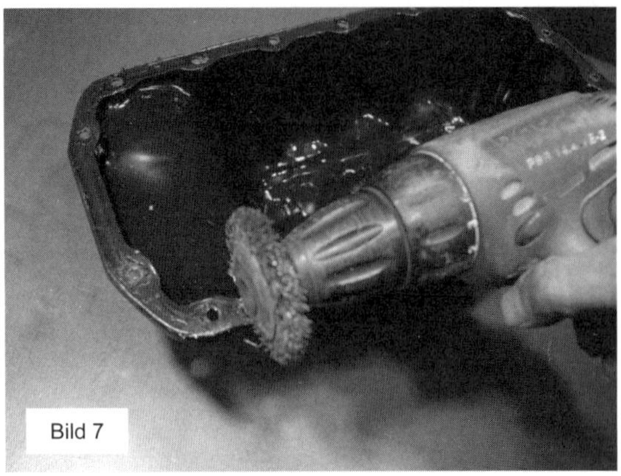

Bild 7
Reinigung mit einem Bürstenaufsatz auf einer Bohrmaschine.

■ Drehen Sie den Siebfilter heraus.

☞ Der alte Filter darf nicht wiederverwendet werden. Eine Reinigung ist nicht vorgesehen.

■ Drehen Sie den neuen Filter wieder ein und ziehen Sie ihn 20- 25 Nm fest.

**1,2-l- und 1,4-l-Motoren (Bild 4):**

■ Lassen Sie das Motoröl ablaufen.
■ Drehen Sie den Ölfilter (4) los und lassen Sie das darin enthaltene Restöl ablaufen.
■ Nehmen Sie den Ölfilter zusammen mit dem Dichtring (ist am Ölfilter fest) ab.
■ Reinigen Sie Dichtfläche des Ölfilterflansches.
■ Tragen Sie etwas Öl auf den Dichtring des neuen Ölfilters auf.
■ Setzen Sie den neuen Ölfilter an und ziehen Sie ihn handfest an.
■ Ziehen Sie den Ölfilter mit etwa 25 Nm nach.

☞ Ein Montageschlüssel wie im Bild 5 abgebildet kann hier sehr hilfreich sein.

## Ölwanne aus- und einbauen

Die Montagearbeiten an den einzelnen Motortypen unterscheiden sich nur geringfügig. Wir werden Ihnen im Folgenden eine allgemeingültige Beschreibung zur Verfügung stellen. Die Besonderheiten zu den einzelnen Motoren werden gesondert hervorgehoben.

**Vorbereitungsarbeiten**

■ Fahren Sie das Fahrzeug auf die Hebebühne.
■ Geräuschdämpfung unten (soweit verbaut) ausbauen.
■ Ziehen Sie (soweit verbaut) den Stecker vom Geber für Ölstand-/Temperatur ab.
■ Lassen Sie das Motoröl ab.
■ Bauen Sie die Abgasanlage aus. Diesen Arbeitsschritt werden wir die Motoren im Kapitel 9 genauer darstellen.

**0,9-l- und 1,0-l-Motoren**

Die Ölwanne ist aus Aluminium gegossen und wird mit Dichtmasse eingesetzt. Fiat schneidet mit einem Spezialwerkzeug (Fiat 1.870.718.000) die Dichtnaht auf.

■ Führen Sie die Vorbereitungsarbeiten durch.
■ Bauen Sie den Hitzeschutz des Turboladers aus.
■ Soweit vorhanden, bauen Sie den Unterfahrschutz (Geräuschdämmung unten) ab.
■ Bauen Sie die Verbindungsstrebe zwischen Motor und Getriebe von unten aus.
■ Drehen Sie die Befestigungsschraube der Ölwanne am Getriebe heraus.
■ Drehen Sie die Befestigungsschrauben der Ölwanne (Bild 9) in der Reihenfolge 11 bis 1 heraus.
■ Entfernen Sie die Ölwanne vorsichtig, indem Sie die Dichtmasse mit einem geeigneten Werkzeug einschneiden und die Ölwanne vorsichtig abhebeln.
■ Entfernen Sie die Dichtmittelreste am Zylinderblock mit einem Flachschaber.
■ Entfernen Sie die Dichtmittelreste an der Ölwanne mittels einer rotierender Bürste, z. B. einer Handbohrmaschine mit Kunststoffbürsten-Einsatz (Schutzbrille aufsetzen).
■ Reinigen Sie die Dichtflächen. Sie müssen öl- und fettfrei sein.

Tipp: Beachten Sie das Haltbarkeitsdatum des Dichtmittels. Die Ölwanne muss nach dem Auftragen des Silikon-Dichtmittels innerhalb 5 Minuten eingebaut werden. Die Ölwanne lässt sich leichter und sicherer ansetzen, wenn Sie zur Führung an zwei Stellen am Flansch des Zylinderblocks M6-Gewindestifte einsetzen.

■ Schneiden Sie die Tubendüse an der vorderen Markierung ab (oder Düse ca. 3 mm).
■ Tragen Sie das Silikon-Dichtmittel, wie im Bild 8 gezeigt, auf die saubere Dichtfläche der Ölwanne auf.

Tipp: Die Dichtmittelraupe muss 2 bis 3 mm dick sein. Die Dichtmittelraupe darf nicht dicker sein, da sonst überschüssiges Dichtmittel in die Ölwanne gelangen und das Sieb im Ölansaugrohr verstopfen kann. Sie muss im Bereich der Schraubenbohrungen an der Außenseite vorbeilaufen (Bild 9).

Tipp: Beim Einbau der Ölwanne am ausgebauten Motor darauf achten, dass die Ölwanne schwungradseitig bündig mit dem Zylinderblock abschließt.

■ Setzen Sie sofort die Ölwanne an und ziehen Sie alle Ölwannenschrauben leicht an.
■ Schrauben Sie die Ölwannenschrauben mit 10 Nm fest.

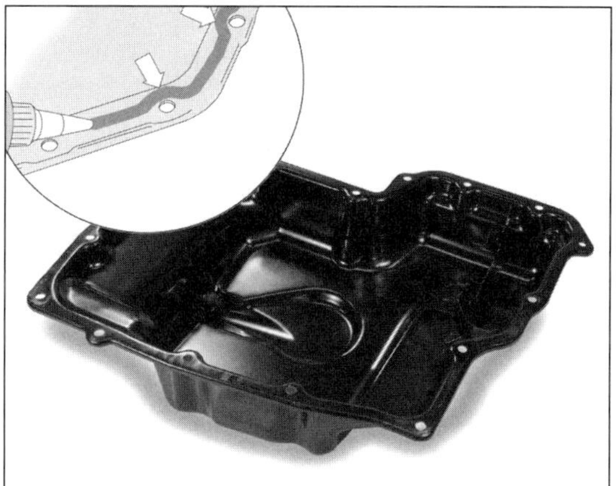
Bild 8

Bild 8
Lage der Dichtmasse auf der Ölwanne.

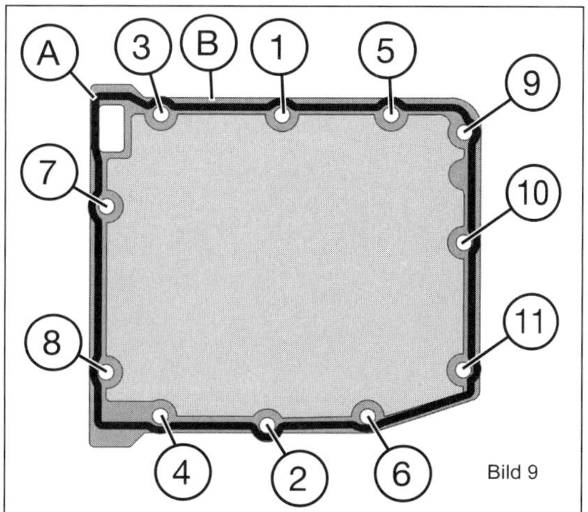

Bild 9

Bild 9
Lage der Dichtmasse auf der Ölwanne beim 0,9-l- und 1,0-l-Motor (Ansicht von oben).
1-11 Anziehen der Verschraubungen an der Ölwanne
11-1 Lösen der Verschraubung der Ölwanne
A Dichtmittel
B Ölwanne

Der weitere Zusammenbau erfolgt sinngemäß in entgegengesetzter Reihenfolge zum Ausbau.

Achtung: Nach der Montage der Ölwanne muss das Dichtmittel ca. 30 Minuten trocknen. Erst danach darf Motoröl eingefüllt werden.

### 1,2-l-Motoren

Die Ölwanne ist aus Stahlblech gepresst und wird mit Dichtmasse eingesetzt. Beim Lösen muss darauf geachtet werden, dass die Ölwanne beim Lösen der Dichtmasse nicht verbogen wird. In diesem Fall muss sie erneuert werden. Fiat schneidet mit einem Spezialwerkzeug (Fiat 1.870.718.000) die Dichtnaht auf.

■ Führen Sie die Vorbereitungsarbeiten durch.
■ Bauen Sie den Luftfilter komplett und das Ansaugrohr zur Fahrzeugfront aus.
■ Demontieren Sie den Hitzeschutz am Abgaskrümmer.

Sichtprüfung Messen

Bild 10
Lage der Dichtmasse auf der Ölwanne beim 1,2-l-Motor (Ansicht von oben).
1-14 Anziehen der Verschraubungen an der Ölwanne
14-1 Lösen der Verschraubung der Ölwanne
A Dichtmittel
B Ölwanne

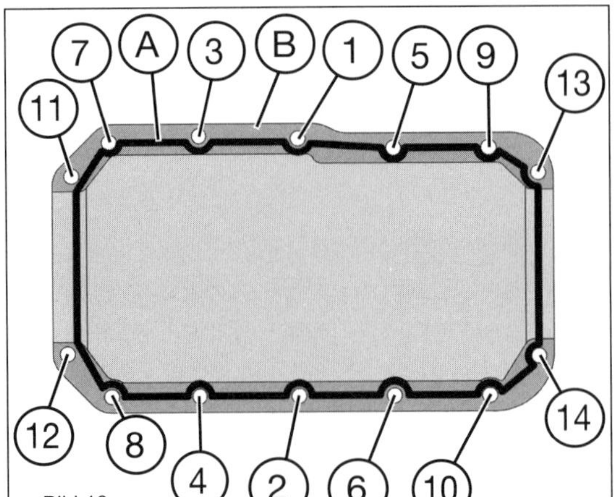

Bild 10

■ Demontieren Sie den Keilrippenriemen und den Zahnriemen wie bereits beschrieben.
Verbindungsstütze zwischen Motor und Getriebe (hinter dem Motor) ausbauen.
■ Schraube der Schwungradabdeckung herausdrehen und die Schwungradabdeckung abnehmen.
■ Drehen Sie die Befestigungsmuttern und Schrauben aus der Ölwanne heraus.
■ Entfernen Sie die Ölwanne vorsichtig, indem Sie die Dichtmasse mit einem geeigneten Werkzeug einschneiden und die Ölwanne vorsichtig abhebeln.
■ Entfernen Sie die Dichtmittelreste am Zylinderblock mit einem Flachschaber.
■ Entfernen Sie die Dichtmittelreste an der Ölwanne mittels einer rotierenden Bürste, z. B. einer Handbohrmaschine mit Kunststoffbürsten-Einsatz (Schutzbrille aufsetzen).
■ Reinigen Sie die Dichtflächen. Sie müssen öl- und fettfrei sein.

Beachten Sie das Haltbarkeitsdatum des Dichtmittels. Die Ölwanne muss nach dem Auftragen des Silikon-Dichtmittels innerhalb 5 Minuten eingebaut werden. Die Ölwanne lässt sich leichter und sicherer ansetzen, wenn Sie zur Führung an zwei Stellen am Flansch des Zylinderblocks M6-Gewindestifte einsetzen.

■ Schneiden Sie die Tubendüse an der vorderen Markierung ab (oder Düse ca. 3 mm).
■ Tragen Sie das Silikon-Dichtmittel wie im Bild 8 gezeigt, auf die saubere Dichtfläche der Ölwanne auf.

Die Dichtmittelraupe muss 2 bis 3 mm dick sein. Die Dichtmittelraupe darf nicht dicker sein, da sonst überschüssiges Dichtmittel in die Ölwanne gelangen und das Sieb im Ölansaugrohr verstopfen kann. Sie muss im Bereich der Schraubenbohrungen an der Innenseite vorbeilaufen (Pfeile im Bild 10).

Beim Einbau der Ölwanne am ausgebauten Motor darauf achten, dass die Ölwanne schwungradseitig bündig mit dem Zylinderblock abschließt.

■ Setzen Sie sofort die Ölwanne an und ziehen Sie alle Ölwannenschrauben leicht an.
■ Schrauben Sie die Ölwannenschrauben mit 10 Nm fest.

Der weitere Zusammenbau erfolgt sinngemäß in entgegengesetzter Reihenfolge zum Ausbau.

Nach der Montage der Ölwanne muss das Dichtmittel ca. 30 Minuten trocknen. Erst danach darf Motoröl eingefüllt werden.

**1,4-l-Motoren**

Die Ölwanne ist aus Aluminium gegossen und wird mit Dichtmasse eingesetzt. Fiat schneidet mit einem Spezialwerkzeug (Fiat 1.870.718.000) die Dichtnaht auf
■ Führen Sie die Vorbereitungsarbeiten durch.
■ Drehen Sie die Befestigungsschrauben der Ölwanne am Getriebe heraus.
■ Drehen Sie die Befestigungsmuttern und Schrauben aus der Ölwanne heraus.
■ Entfernen Sie die Ölwanne vorsichtig, indem Sie die Dichtmasse mit einem geeigneten Werkzeug einschneiden und die Ölwanne vorsichtig abhebeln.

Bild 11
Lage der Dichtmasse auf der Ölwanne beim 1,4-l-Motor (Ansicht von oben).
1-16 Anziehen der Verschraubungen an der Ölwanne
16-1 Lösen der Verschraubung der Ölwanne
A Dichtmittel
B Ölwanne

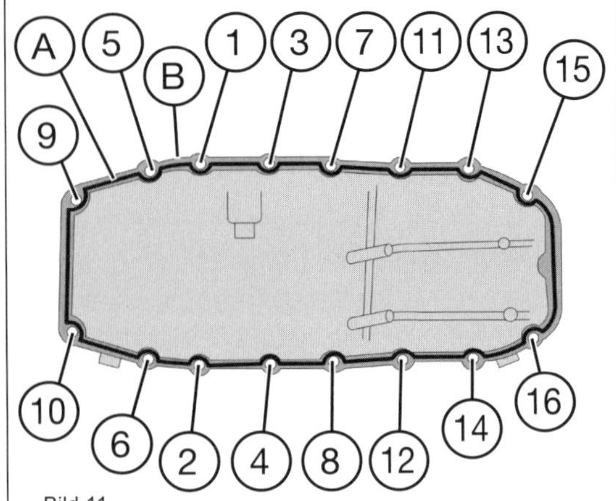

Bild 11

■ Entfernen Sie die Dichtmittelreste am Zylinderblock mit einem Flachschaber.
■ Entfernen Sie die Dichtmittelreste an der Ölwanne mittels einer rotierender Bürste, z. B. einer Handbohrmaschine mit Kunststoffbürsten-Einsatz (Schutzbrille aufsetzen).
■ Reinigen Sie die Dichtflächen. Sie müssen öl- und fettfrei sein.

Tipp: Beachten Sie das Haltbarkeitsdatum des Dichtmittels. Die Ölwanne muss nach dem Auftragen des Silikon-Dichtmittels innerhalb 5 Minuten eingebaut werden. Die Ölwanne lässt sich leichter und sicherer ansetzen, wenn Sie zur Führung an zwei Stellen am Flansch des Zylinderblocks M6-Gewindestifte einsetzen.

■ Schneiden Sie die Tubendüse an der vorderen Markierung ab (oder Düse ca. 3 mm).
■ Tragen Sie das Silikon-Dichtmittel wie im Bild 8 gezeigt, auf die saubere Dichtfläche der Ölwanne auf.

Tipp: Die Dichtmittelraupe muss 2 bis 3 mm dick sein. Die Dichtmittelraupe darf nicht dicker sein, da sonst überschüssiges Dichtmittel in die Ölwanne gelangen und das Sieb in dem Ölansaugrohr verstopfen kann. Sie muss im Bereich der Schraubenbohrungen an der Innenseite vorbeilaufen (Pfeile im Bild 11).

■ Setzen Sie sofort die Ölwanne an und ziehen Sie alle Ölwannenschrauben leicht an.
■ Schrauben Ölwanne/Getriebe mit 80 Nm festziehen.
■ Schrauben Sie die Ölwannenschrauben mit 10 Nm fest.

Der weitere Zusammenbau erfolgt sinngemäß in entgegengesetzter Reihenfolge zum Ausbau.

Achtung: Nach der Montage der Ölwanne muss das Dichtmittel ca. 30 Minuten trocknen. Erst danach darf Motoröl eingefüllt werden.

## Demontage der Ölpumpe

Achtung: Werden bei Motorreparaturen Metallspäne sowie Abrieb in größeren Mengen (verursacht durch Fressschäden wie z. B. Kurbelwellen- und Pleuellagerschäden) im Motoröl festgestellt, ist zur Vermeidung von Folgeschäden neben der sorgfältigen Reinigung der Ölkanäle der Ölkühler zu ersetzen. Der Ölstand darf die Max.-Markierung nicht überschreiten – Gefahr von Katalysatorschäden!

**0,9-l- und 1,0-l-Motoren**

Tipp: Die Ölpumpe ist hinter der Steuerkette auf dem Kurbelzapfen der Kurbelwelle verbaut. Es ist möglich, die Ölpumpe ohne den Ausbau des Motors zu demontieren.

■ Lassen Sie die Klimaanlage evakuieren. Für diese Arbeiten sind ein Absauggerät und ein Sachkundenachweis erforderlich. Das Kühlmittel muss fachgerecht entsorgt werden.
■ Stellen Sie das Fahrzeug auf eine Hebebühne und heben Sie es an.
■ Bauen Sie das rechte Vorderrad aus.
■ Bauen Sie den rechten Innenkotflügel im Radhaus aus.
■ Bauen Sie die Motorabdeckung unten (soweit verbaut) ab.
■ Lassen Sie das Kühlmittel ablaufen.
■ Lassen Sie das Motoröl ablaufen.
■ Demontieren Sie den Keilrippenriemen wie bereits beschrieben.
■ Bauen Sie den Luftfilter komplett ab.
■ Bauen Sie die Batterie aus.
■ Demontieren Sie die Riemenscheibe des Keilrippenriemens.
■ Demontieren Sie den Wassereinlaufanschluss der Wasserpumpe.

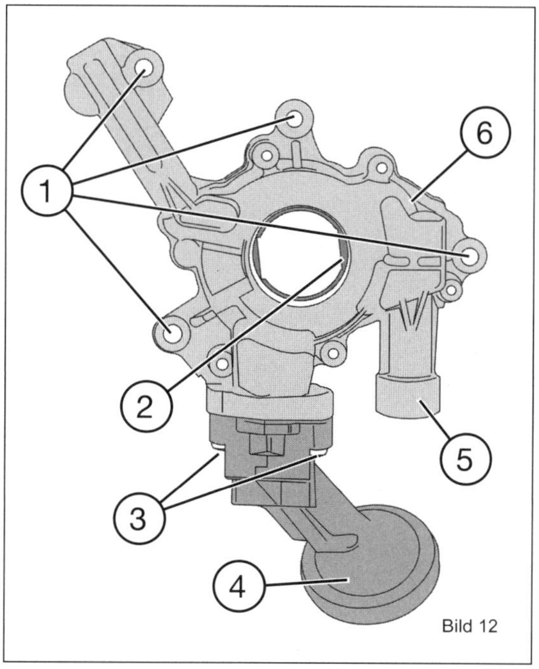


Bild 12
Ölpumpe beim 0,9-l- und 1,0-l-Motor.
1 Schrauben zum Motorblock
2 Rotorring (Kurbelwelle)
3 Schrauben
4 Ansaugtrichter
5 Öldruckregler
6 Ölpumpe

Sichtprüfung Messen

Bild 13
Ölpumpe beim 1,2-l- und 1,4-l-Motor.
1 Schrauben zum Motorblock
2 Wellendichtring (Kurbelwelle)
3 Schrauben
4 Ansaugtrichter
5 Öldruckregler
6 Ölpumpe

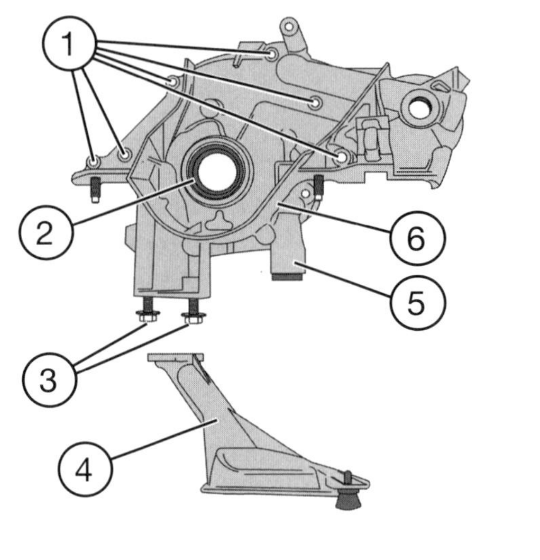


Bild 13

■ Bauen Sie die Wasserpumpe aus.
■ Demontieren Sie das Drosselklappengehäuse.
■ Bauen Sie die Ansaugkrümmer aus.
■ Demontieren Sie die Zündspulen.
■ Demontieren Sie den Hitzeschutz am Turbolader.
■ Demontieren Sie das Wastegateventil am Turbolader.
■ Ziehen Sie den Anschlussschlauch zwischen Wastegateventil und Turbolader ab.
■ Demontieren Sie die Entlüftungsleitung zwischen Thermostatgehäuse und Ausgleichsbehälter.
■ Bauen Sie das Umluftventil des Turboladers aus.
■ Demontieren Sie den Ventildeckel, wie bereits in diesem Kapitel auf Seite 43 beschrieben.
■ Bauen Sie die Luftführung zum und vom Turbolader ab.
■ Bauen Sie den Motordrehzahlsensor aus.
■ Fangen Sie den Motor mit einem Halter von oben ab.
■ Demontieren sie den Motorhalter rechts am Steuerkastendeckel.
■ Bauen Sie die Ölwanne wie beschrieben ab.
■ Demontieren Sie die Steuerkette wie bereits beschrieben.
■ Drehen Sie die Befestigungsschrauben (1 im Bild 12) heraus.
■ Nehmen Sie die Ölpumpe ab.
■ Demontieren Sie den Ansaugtrichter (4) auf der Werkbank.

Die Montage erfolgt sinngemäß in entgegengesetzter Reihenfolge.
■ Ersetzen Sie grundsätzlich alle Dichtungen.
■ Beachten Sie die Anzugfolge der Schrauben des Steuerkastendeckels.

### 1,2-l- und 1,4-l-Motoren

Die Ölpumpe ist hinter dem Zahnriemen auf dem Kurbelzapfen der Kurbelwelle verbaut. Es ist möglich, die Ölpumpe ohne den Ausbau des Motors zu demontieren.

Die Demontage der Ölpumpe für die beiden Motorvarianten ist annähernd gleich. Wir stellen Ihnen an dieser Stelle eine allgemeingültige Beschreibung zur Verfügung.

■ Demontieren Sie den Keilrippenriemen und die Riemenscheibe auf der Kurbelwelle.
■ Bauen Sie den Zahnriemen aus.
■ Lösen Sie die Zentralschraube des Zahnriemenrades auf der Kurbelwelle.
■ Demontieren Sie die Ölwanne.
■ Bauen Sie den Motordrehzahlsensor (Kurbelwellengeber) ab.
■ Ziehen Sie den Steckkontakt ab und bauen Sie den Öldruckschalter aus.
■ Bauen Sie den Ölansaugstutzen (4 im Bild 13) ab.
■ Demontieren Sie den Ölfilter.
■ Drehen Sie die Schrauben (1) heraus und nehmen Sie die Ölpumpe (6) ab.
■ Nehmen Sie die Dichtung ab.

Die Montage erfolgt sinngemäß in entgegengesetzter Reihenfolge.
■ Ziehen Sie die Schrauben mit dem im Kapitel 16 angegebenen Drehmoment an.

## Öldruckschalter und Öldruck prüfen

Es werden ein üblicher Öldruckprüfer sowie ein Spannungsprüfer mit Leuchtdiode und den Messhilfsmitteln (Anschlusskabel) benötigt. Der Öldruckschalter ist bei den einzelnen Motortypen an unterschiedlichen Stellen eingebaut. Zur Orientierung können Sie die Bilder 14 und 15 verwenden.

### Funktion der Öldruckwarnanzeige

Optisch unterscheidet sich der Öldruckschalter nicht von den konventionellen Schaltern. Allerdings handelt es sich um einen Schließer. Der Öldruckschalter ist drucklos geöffnet und wird beim Erreichen des Schaltdruckes geschlossen. Er liefert sein Masseschaltsignal auch nicht an die Ölkontrollleuchte, sondern an das Motorsteuergerät. Über das Motorsteuergerät erfolgt die Meldung an das Bordnetzsteuergerät, das dann über Datenbus den Tachometer ansteuert. Dieser schaltet dann die Leuchte bei Bedarf ein oder aus.

### Kontrolllampe prüfen

- Nach Einschalten der Zündung und stehendem Motor muss die Öldruckkontrolllampe im Schalttafeleinsatz leuchten.
- Sie geht aus, wenn der Motor läuft und Öldruck ansteht.

### Prüfablauf

- Prüfen Sie den Motorölstand.
- Stecker vom Öldruckschalter abziehen.
- Öldruckschalter ausbauen und in das Prüfgerät schrauben.
- Prüfgerät anstelle des Öldruckschalters in die Bohrung des Öldruckschalters einschrauben.
- Braune Leitung des Prüfgerätes an Masse (-) legen. Spannungsprüfer mit Hilfsleitungen (Kabelset) an Batterie plus (+) und Öldruckschalter anschließen (Prüfanordnung nach Bild 17).

Die Leuchtdiode darf nicht aufleuchten.

Wenn die Leuchtdiode aufleuchtet, ersetzen Sie den Öldruckschalter.

- Lassen Sie den Motor an und erhöhen Sie langsam die Drehzahl. Bei 0,3 bis 0,7 bar Überdruck muss die Leuchtdiode aufleuchten, andernfalls Öldruckschalter ersetzen.
- Drehzahl weiter erhöhen. Bei etwa 2000/min und 80 °C Öltemperatur soll der Öl-Überdruck mindestens 2,0 bar betragen. Bei höherer Drehzahl darf der Öl-Überdruck 7,0 bar nicht überschreiten.

*Werden die Sollwerte nicht erreicht*:

- Mechanische Schäden, z. B. Lagerschäden beseitigen.

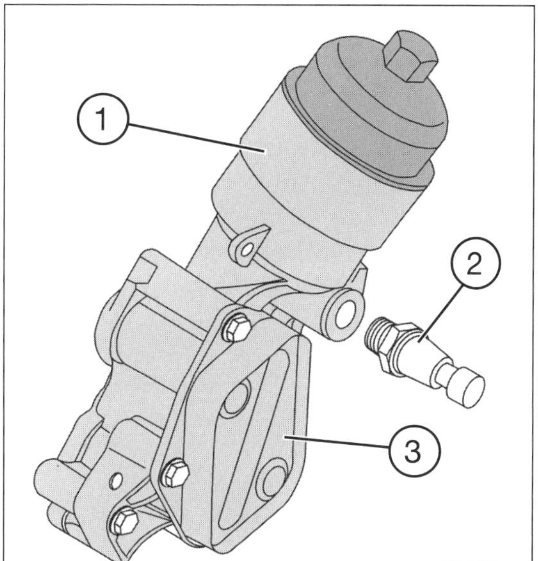


Bild 14
Öldruckschalter beim 0,9-l- und 1,0-l-Motor.
1 Ölfiltergehäuse
2 Öldruckschalter
3 Ölkühler

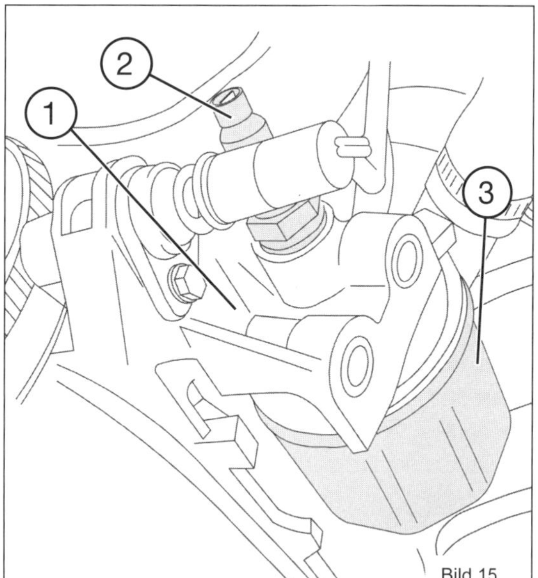


Bild 15
Öldruckschalter beim 1,2-l- und 1,4-l-Motor.
1 Ölfiltergehäuse
2 Öldruckschalter
3 Ölfilter

- Ölpumpe mit Überdruckventil ersetzen.
- Ölkühler prüfen und ggf. ersetzen.

*Wird der Sollwert überschritten:*

- Ölkanäle prüfen.
- Wenn erforderlich Ölpumpe mit Überdruckventil ersetzen.

### Abschlussarbeiten nach der Öldruckprüfung

- Montieren Sie die Steckkontakte wieder und achten Sie darauf, dass die Kabel wieder wie im originalen Zustand verlegt sind, nirgendwo anliegen oder scheuern.

Sichtprüfung Messen

Bild 16
Prüfadapter aus dem Eigenbau.
1 Handrad zur Druckeinstellung,
2 Druckminderer,
3 Adapterstück,
4 Druckmessuhr mit Anschlussschlauch,
5 Multimeter,
6 Messspitzen zur Widerstandsmessung

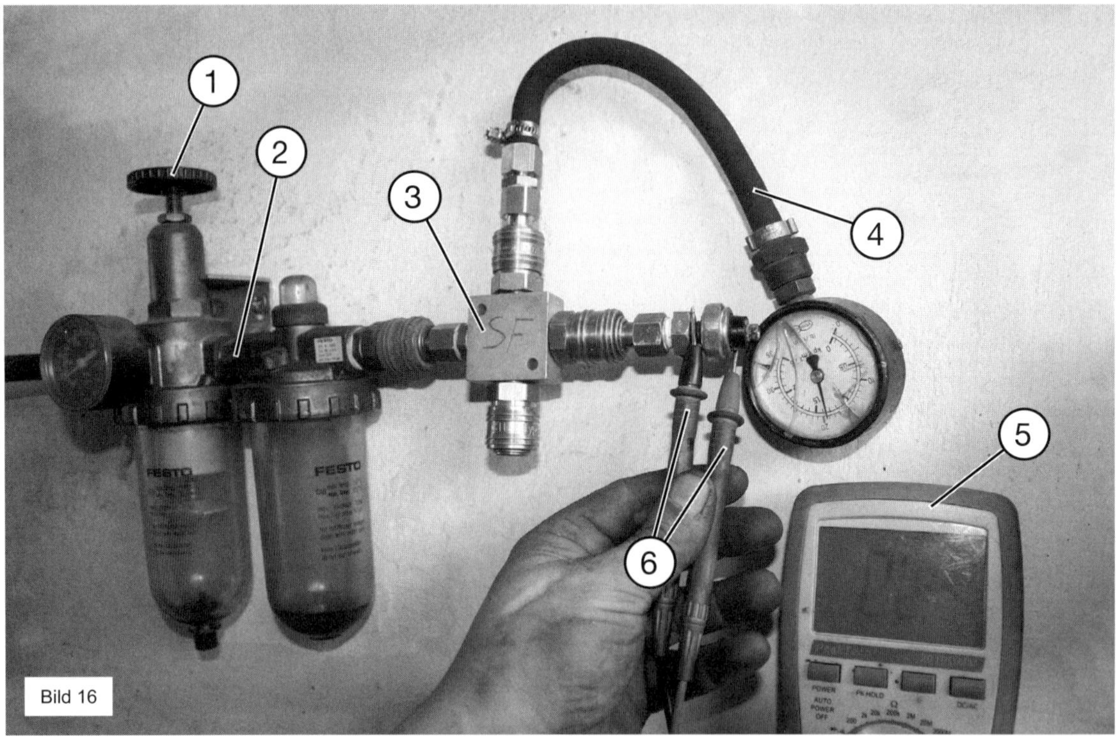

Bild 16

Bild 17
Messaufbau zur Öldruckprüfung.
1 Anschluss Batterieplus
2 Anschluss am Öldruckschalter
3 Druckmessuhr
4 LED (Kontrolllampe)
5 Ventilsteller,
6 Anschluss am T-Stück für den Öldruckschalter oder am Anschlussgewinde

■ Montieren Sie die demontierten Verkleidungen wieder.
■ Kontrollieren Sie die Dichtheit des Öldruckschalters.
■ Lesen Sie den Fehlerspeicher von Motorsteuergerät, Bordnetzsteuergerät und Tachometer aus und löschen Sie die Einträge, die mit dem Abklemmen des Öldruckschalters zusammenhängen.

## Öldruckschalter aus- und einbauen

Der Arbeitsablauf für die einzelnen Motortypen ist sehr ähnlich. Wir stellen den Ablauf allgemeingültig vor und heben die Besonderheiten für die einzelnen Modelle hervor. Auch hier können die Übersichtsbilder 14 und 15 helfen die Einbauposition zu finden.

■ Stellen Sie den Motor ab.
■ Lassen Sie den Motor abkühlen.
■ Ziehen Sie den Zündschlüssel ab.
■ Motorabdeckung ausbauen.
■ Legen Sie den Anschluss des Öldruckschalters frei. Hierzu müssen bei einigen Modellen Abdeckungen und Leitungsführungen gelöst oder auch demontiert werden.
■ Ziehen Sie den Steckkontakt vom Öldruckschalter ab.

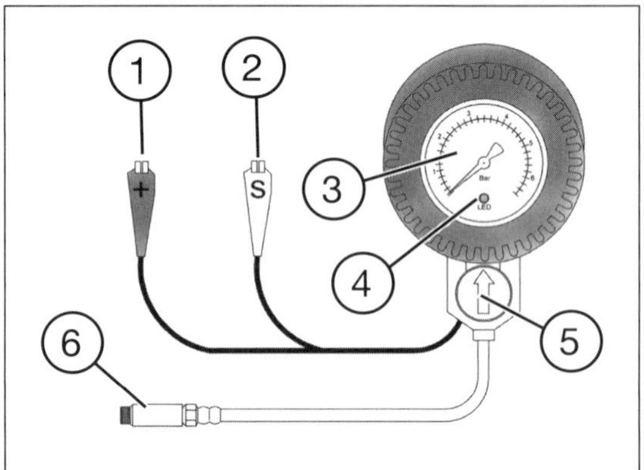

Bild 17

■ Drehen Sie den Öldruckschalter heraus.
■ Legen Sie einen Lappen unter, um abtropfendes Restöl aufzunehmen.

Die Montage erfolgt sinngemäß in umgekehrter Reihenfolge.
■ Führen Sie nach dem Einbau eine Funktionsprüfung durch.
■ Montieren Sie die demontierten Verkleidungen wieder.
■ Kontrollieren Sie die Dichtheit des Öldruckschalters.
■ Lesen Sie den Fehlerspeicher von Motorsteuergerät, Bordnetzsteuergerät und Tachometer aus und löschen Sie die Einträge, die mit dem Abklemmen des Öldruckschalters zusammenhängen.

# 6 Kühlsystem

**Funktion des Kühlkreislaufs**
Das Kühlsystem sorgt für die richtige Betriebstemperatur des Motors. Es besteht aufbauseitig aus Kühler, Ladeluftkühler, Luftführungshutze mit Kühlerlüftern und Ausgleichsbehälter für Kühlmittel. Motorseitig gehören Kühlmittelschläuche und Kühlmittelrohre sowie ein Netz aus kleinen, genau bemessenen Kanälen in Motorblock und Zylinder, in denen die in den Ausgleichsbehälter eingefüllte Kühlflüssigkeit zirkuliert, zum System. So entsteht ein Wassermantel, der die Verbrennungswärme über die Schläuche des Kühlsystems an den Kühler abführt. Welche Wege im jeweils konkreten Betriebszustand das Kühlmittel im Kühlsystem nimmt, hängt von der Temperatur des Motors ab.
Zu den motorseitigen Aggregaten des Kühlsystems gehören ferner der Motorölkühler und der Kühler für Abgasrückführung. Diese Niedertemperatur-Abgasrückführung sorgt für die Reduzierung der NOx-Emissionen. Bei geschlossenem Kühlmittelregler (Thermostat) wird der Abgasrückführungs-Kühler direkt vom Motorkühler mit kaltem Kühlmittel versorgt. Aufgrund des dadurch größeren Temperaturgefälles kann eine größere Abgasmenge zurückgeführt werden. Somit können die Verbrennungstemperaturen und in deren Folge die Stickoxid-Emissionen in der Warmlaufphase des Motors weiter gesenkt werden.
Eine mechanische Kühlmittelpumpe (»Wasserpumpe«) sorgt für den ständigen Kreislauf des Kühlmittels. Sie wird bei den 1,2-l- und 1,4-l-Motoren von der Kurbelwelle über den Zahnriemen angetrieben. Ein Kühlmittelregler (Dehnstoff-Thermostat) hält die Kühlmitteltemperatur konstant. Das Kühlsystem steht unter einem Überdruck von etwa 1,2 bis 1,5 bar bei Betriebstemperatur. Dadurch und durch den Einsatz von Kühlmittelzusätzen erhöht sich der Siedepunkt der Kühlflüssigkeit von 100 °C auf rund 120 °C. Die höhere Temperatur ermöglicht einen wirtschaftlicheren und damit Kraftstoff sparenden Motorbetrieb. Wenn bei einem heißen Motor der Kühlmitteldruck 1,5 bar übersteigt, tritt das Überdruckventil am Ausgleichsbehälter in

Bild 1
Bild 1
Kühlmittelstand am Kühlmittelausgleichsbehälter.

Aktion. Es öffnet dann und lässt zum Druckausgleich etwas Wasserdampf entweichen.

## Sicht- und Funktionsprüfungen

**Kühlmittelstand prüfen**
■ Der Kühlmittelstand wird bei kaltem Motor am Kühlmittel-Ausgleichsbehälter geprüft. Dieser Behälter befindet sich im Motorraum rechts hinten. Er ist meist mit den Markierungen »Max« und »Min« gekennzeichnet, auf jeden Fall mit der »Min«-Markierung und einer Markierungslinie für den maximalen Füllstand.
■ Ist der Motor kalt, muss das Kühlmittel zwischen »Max« und »Min« (Bild 1), bei warmem Motor etwas über der Markierungslinie für maximalen Füllstand stehen.
■ Bei nicht verbrauchsbedingtem Flüssigkeitsverlust muss die Ursache ermittelt und durch Reparatur beseitigt werden.

**Frostschutz des Kühlmittels prüfen**
Zur Frostschutzprüfung wird ein handelsüblicher Ansaugprüfer oder für genauere Prüfung ein so genanntes Refraktometer benötigt. Beim Ansaugprüfer wird der jeweilige Frostschutz in °C angezeigt. Fiat schreibt den Werkstätten aber vor, die Konzentration

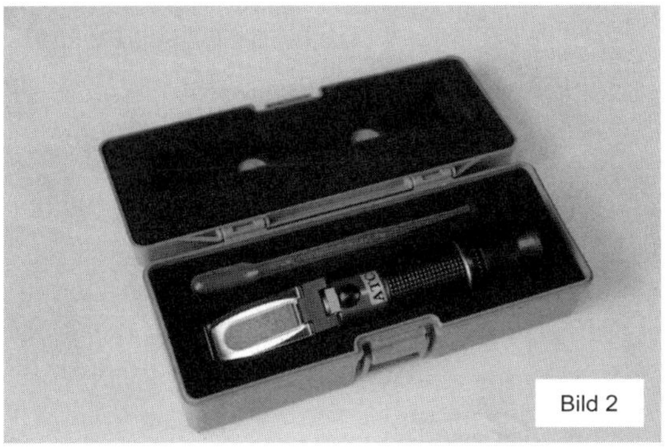

Bild 2
Bild 2
Refraktometer zur Frostschutzgehaltsprüfung.

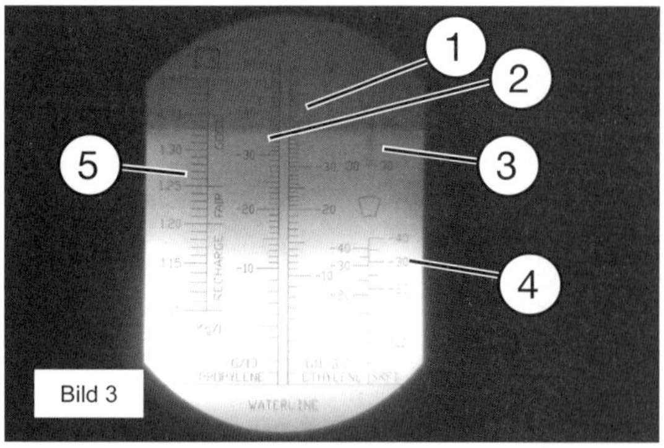


Bild 3

Bild 3
Sichtfeld des Refraktometers.
1 G12; G12 Plus, G12 Plusplus, G11 und auch G30
2 G13
3 Ad Blue
4 Scheibenfrostschutz
5 Säuredichte der Batterie

Bild 4

Bild 4
Kühlsystemprüfgerät mit diversen Adaptern für Kühlmittelbehälter und Kühlerdeckel.

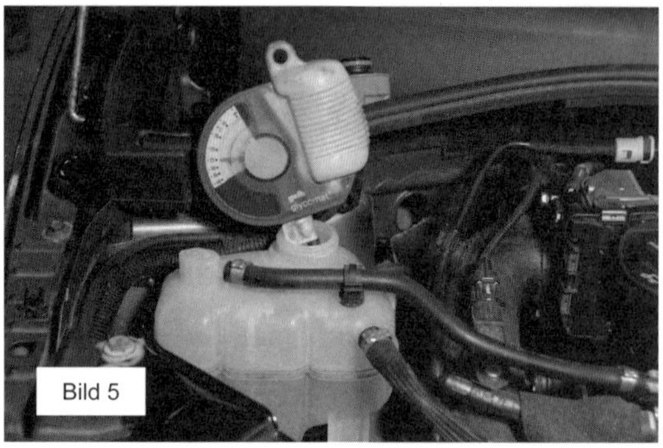

Bild 5

Bild 5
Frostschutzspindel zur Frostschutzgehaltsprüfung.

Bild 6

Bild 6
Druckpumpe mit Adapter auf dem Kühlmittelbehälter.
1 Prüfpumpe
2 Adapter

des Kühlmittelzusatzes bei der jüngsten Motorengeneration mit dem Refraktometer entsprechend Bedienungsanleitung zu prüfen (Bilder 2 und 3). Die Skala »1« des Refraktometers bezieht sich auf die Kühlmittelzusätze G12, G12 plus, G12 Plusplus und G30, die für die Fiat-Kühlsysteme empfohlen werden. Die Skala »2« bezieht sich nur auf zu verwendenden Kühlmittelzusatz G13.

■ Prüfen Sie den Kühlmittelstand im Ausgleichsbehälter bei kaltem Motor.

■ Den genauen Wert bei den Prüfungen liest man an der Hell/Dunkel-Grenze ab. Zur besseren Veranschaulichung der Hell/Dunkel-Grenze wird mit der Pipette ein Tropfen Wasser auf das Glas gebracht. Die Hell/Dunkel-Grenze ist dann deutlich an der »Waterline« zu erkennen (Bild 3). Der Frostschutz muss bis etwa -25 °C gewährleistet sein.

■ Bei zu geringem Frostschutz Kühlflüssigkeit ablassen und durch Kühlmittelzusatz G30 (violett) ergänzen.

■ Probefahrt durchführen und Frostschutz des Kühlmittels erneut prüfen.

**Kühlsystem auf Dichtigkeit prüfen.**

Zur Prüfung der Dichtheit des Kühlsystems und des Überdruckventils wird ein Kühlsystem-Prüfgerät mit Adapter (Bild 4) benötigt. Der Motor muss betriebswarm sein.

■ Verschlussdeckel vom Kühlmittel-Ausgleichsbehälter öffnen.

■ Adapter für Kühlsystemprüfgerät in den Kühlmittelausgleichsbehälter schrauben.

■ Anschlussstück in den Adapter für Kühlsystemprüfgerät klemmen und das Anschlussstück über den mitgelieferten Verbindungsschlauch mit dem Kühlsystem-Prüfgerät verbinden.

■ Mit der Handpumpe des Kühlsystem-Prüfgerätes ca. 1,5 bar Überdruck erzeugen.

*Fällt der Druck ab:*

■ Undichte Stelle suchen und Fehler beseitigen.

⚠ Bevor das Kühlsystemprüfgerät vom Verbindungsschlauch oder Anschlussstück getrennt wird, muss unbedingt der vorhandene Druck abgebaut werden.

■ Dazu das Druckentlastungsventil am Kühlsystem-Prüfgerät drücken, bis das Druckmanometer den Wert »0« anzeigt.

**Überdruckventil im Verschlussdeckel des Kühlmittelbehälters prüfen**

■ Verschlussdeckel des Kühlmittel-Ausgleichsbehälters in den Adapter für Kühlsystemprüfgerät schrauben, Anschlussstück in den Adapter für Kühlsystemprüfgerät klemmen und das Anschlussstück über den mitgelieferten Verbindungsschlauch mit dem Kühlsystem-Prüfgerät verbinden.

■ Mit der Handpumpe des Kühlsystem-Prüfgerätes einen Überdruck von max. 1,6 bar erzeugen. Das Überdruckventil darf noch nicht öffnen.

Öffnet das Überdruckventil vorzeitig: Verschlussdeckel ersetzen.

■ Druck auf über 1,6 bar erhöhen. Das Überdruckventil muss öffnen.

Öffnet das Überdruckventil nicht: Verschlussdeckel ersetzen.

## Kühlmittel ablassen, ergänzen, auffüllen

**Kühlmittel ablassen**

Die wesentlichen Arbeitsschritte unterscheiden sich nicht in den einzelnen Motormodellen. Wir stellen Ihnen eine allgemeingültige Anweisung vor und führen die Besonderheiten der einzelnen Modelle auf.

**Vorbereitungen**

■ Verschlussdeckel vom Kühlmittel-Ausgleichsbehälter öffnen.

Bei warmem Motor steht das Kühlsystem unter Druck, beim Öffnen des Ausgleichsbehälters kann deshalb heißer Dampf bzw. heißes Kühlmittel entweichen. Überdruck abbauen, dazu Verschlussdeckel mit einem Lappen abdecken und vorsichtig öffnen. Schutzbrille und Schutzbekleidung tragen, um Augenverletzungen und Verbrühungen zu vermeiden.

■ Das Fahrzeug auf die Hebebühne fahren.

■ Fahrzeug anheben und Motorspritzschutz (Geräuschdämpfung) abschrauben.

■ Auffangwanne für Werkstattkräne unter den Motor stellen.

**Kühlmittel ablassen**

Das abgelassene Kühlmittel darf nicht wiederverwendet werden.

*Fahrzeuge mit Ablasshahn:*

■ Drehen Sie die Ablassschraube unten links im Kühler los (Bild 9).

■ Öffnen Sie den Ausgleichsbehälterdeckel.

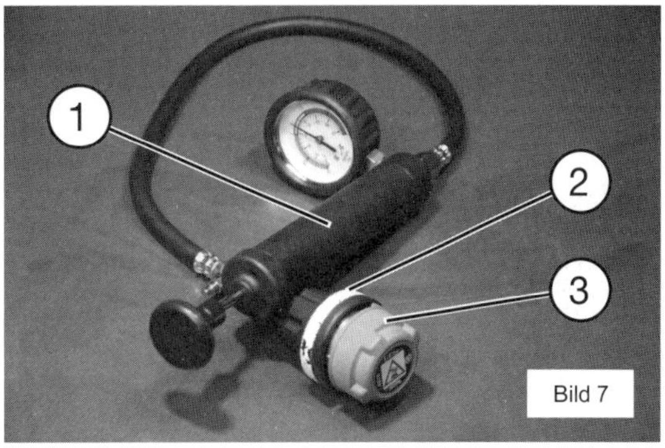


Bild 7

Bild 7
Druckprüfung am Kühlerdeckel.
1 Prüfpumpe
2 Adapter
3 Kühlerdeckel (Prüfdruck ist mit 1,4 bar vermerkt)

Bild 8

Bild 8
Deckel am Ausgleichsbehälter.
1 Angabe zum Öffnungsdruck (Sicherheitsventil)

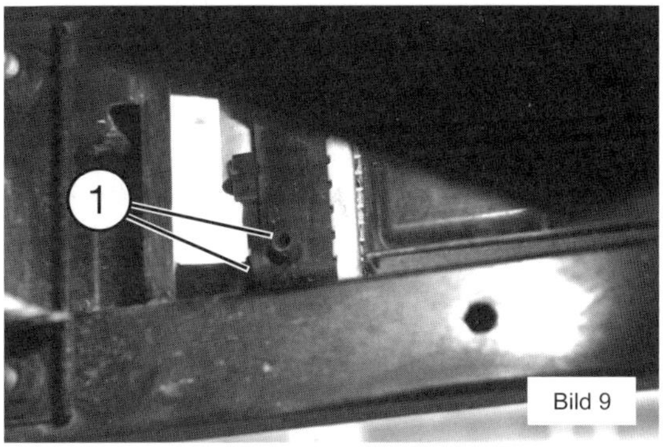


Bild 9

Bild 9
Nicht immer vorhanden oder Funktionsgerecht ausgeführt.
1 Ablassschraube am Kühler mit Ablaufstutzen

■ Lassen Sie das Kühlmittel ablaufen.

■ Entsorgen Sie das Kühlmittel fachgerecht.

*Fahrzeuge ohne Ablasshahn:*

■ Schlauchschellen lösen und den unteren Kühlerschlauch vom Kühler abziehen.

■ Lassen Sie das Kühlmittel ablaufen.

■ Entsorgen Sie das Kühlmittel fachgerecht.

*Fahrzeuge mit Standheizung:*

■ Kühlmittelschläuche abbauen und restliches Kühlmittel ablaufen lassen.

■ Entsorgen Sie das Kühlmittel fachgerecht.

**Kühlmittel zum Befüllen vorbereiten**

Als Kühlmittelzusatz darf nur »G 30« oder die originale Flüssigkeit PARAFLU UP verwendet werden. Erkennungsmerkmal ist

Bild 10
1 Entlüftungsschraube am Heizungsschlauch (nicht immer verbaut!).

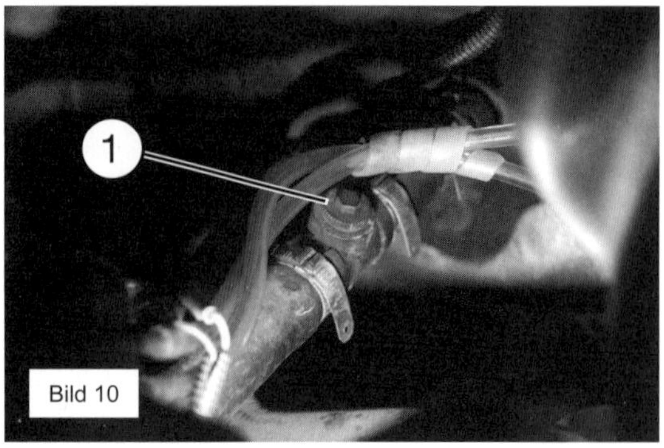

die lila Färbung. Auf keinen Fall darf G 30 mit anderen Kühlmittelzusätzen vermischt werden! Ist die Flüssigkeit im Ausgleichbehälter braun, wurde G 30 mit einem anderen Kühlmittel vermischt. In diesem Fall muss das Kühlmittel gewechselt werden. G 30 und Kühlmittelzusätze verhindern Frost- und Korrosionsschäden, Kalkansatz und heben außerdem die Siedetemperatur an. Aus diesen Gründen muss das Kühlsystem unbedingt ganzjährig mit Kühlerfrost- und Korrosionsschutzmittel befüllt sein.

*Frostschutz und Klimazonen:*
Besonders in Ländern mit tropischem Klima trägt das Kühlmittel durch den höheren Siedepunkt bei hoher Belastung des Motors zur Betriebssicherheit bei. Der Frostschutz muss bis etwa -25 °C (in Ländern mit arktischem Klima bis etwa -35 °C) gewährleistet sein.

Die Konzentration des Kühlmittels darf auch in der warmen Jahreszeit bzw. in warmen Ländern nicht durch Nachfüllen von Wasser verringert werden. Der Kühlmittelzusatz-Anteil muss mindestens 40% betragen. Ist aus klimatischen Gründen ein stärkerer Frostschutz erforderlich, kann der Anteil von G 30 erhöht werden, aber nur bis zu 60% (Frostschutz bis etwa -40 °C), da sich sonst der Frostschutz wieder verringert und außerdem die Kühlwirkung verschlechtert wird.

■ Zum Festlegen der aktuellen Frostschutzdichte wird das Refraktometer wie schon beschrieben empfohlen.

*Anmischen:*
Je nach Kühlmittelhersteller und Klimazone muss eine Mischung aus Frostschutzkonzentrat und Wasser hergestellt werden. Die erforderliche Menge können Sie einer Tabelle auf dem Behälter des Frostschutzkonzentrats ablesen.

■ Stellen Sie einen sauberen 5-l-Eimer bereit.

■ Mischen Sie die erforderliche Konzentratmenge mit der dazugehörigen Wassermenge an.

■ Kontrollieren Sie den Frostschutzgehalt mit dem Refraktometer oder der Frostschutzspindel.

**Motorkühlsystem befüllen**

Wurden Kühler, Wärmetauscher, Zylinderkopf oder Zylinderkopfdichtung ersetzt: Gebrauchtes Kühlmittel vorschriftsmäßig entsorgen und nicht wiederverwenden!

*Fahrzeuge mit Ablasshahn am Kühler:*
■ Drehen Sie den Ablaufhahn am Kühler unten links zu.

*Fahrzeuge ohne Ablasshahn am Kühler:*
■ Kühlmittelschlauch unten am Kühler einbauen und mit der Schlauchschelle befestigen.

*Weiter für alle Fahrzeuge:*
■ Geräuschdämpfung einbauen.

■ Die Heizung im Fahrgastraum auf maximale Wärme einstellen. Den Heizungslüfter am besten abstellen.

**Praxistip:**
**Destilliertes Wasser als Mischbasis**

Zum Befüllen wird laut Werkstattunterlagen einiger Fahrzeughersteller ausdrücklich destilliertes Wasser (plus Frostschutz) vorgeschrieben. »Leitungswasser mit dem vorgeschriebenen Frostschutzzusatz« ist nicht immer ausreichend. Auch dann, wenn der Hersteller das Anmischen mit Leitungswasser zulässt, kann das Verwenden von destilliertem Wasser Vorteile haben. Durch die unterschiedlichen Inhaltsstoffe, die länderspezifisch und sogar regionalspezifisch sein können, haben einige Hersteller entschieden, die Wasserqualität für Kühlsysteme zu definieren. Destilliertes Wasser erfüllt alle Anforderungen. Aus diesem Grund wird empfohlen, auch bei älteren Modellen das Kühlmittel bei Ergänzungen und Neubefüllungen mit destilliertem Wasser anzumischen

■ Das Kühlmittel langsam bis zur oberen Markierung des gerasterten Feldes am Ausgleichsbehälter auffüllen (Bild 1).

*Fahrzeuge mit Ausgleichsbehälter am Kühler:*
■ Drehen Sie die Entlüftungsschraube am Ausgleichsbehälter auf, bis das Kühlmittel aus der Schraube austritt.

*Fahrzeuge mit externen Ausgleichsbehältern im Motorraum:*
■ Drehen Sie die Entlüftungsschraube am Rücklaufkühlschlauch zum Heizungskühler auf, bis das Kühlmittel aus der Schraube austritt.

*Weiter für alle Fahrzeuge:*
■ Verschließen Sie die Entlüftungsschraube wieder.

⚠ Die Entlüftungsschrauben dürfen nur bei abgeschaltetem Motor und beim Auffüllen der Kühlanlage geöffnet werden. Es besteht die Gefahr, dass Luft in den Kühlkreislauf eintreten kann.

■ Ausgleichsbehälter verschließen.
■ Den Motor anlassen und ca. 3 Minuten im Leerlauf drehen lassen.
■ Die Motordrehzahl einige Male hintereinander von der Leerlaufdrehzahl auf ca. 3000/min erhöhen.
■ Kontrollieren Sie, dass das Kühlmittel im Kreislauf zirkuliert.
■ Motor danach im Leerlauf laufen lassen, bis der Lüfter anläuft.
■ Kühlmittelstand prüfen und ggf. ergänzen. Bei betriebswarmem Motor muss der Kühlmittelstand an der oberen Markierung, bei kaltem Motor in der Mitte des gerasterten Feldes liegen (Bild 1).

## Kühler aus- und einbauen

■ Unterbauen Sie das Fahrzeug auf einer Hebebühne und heben Sie es an.
■ Klemmen Sie die Batterie ab.
■ Stellen Sie einen geeigneten Behälter unter das Fahrzeug und lassen Sie das Kühlmittel wie bereits beschrieben ab.
■ Demontieren Sie die beiden Vorderräder.
■ Geräuschdämpfung unten ausbauen (soweit vorhanden).
■ Bauen Sie den Befestigungsbügel zwischen Querträger der Vorderachse und der Karosserie ab.

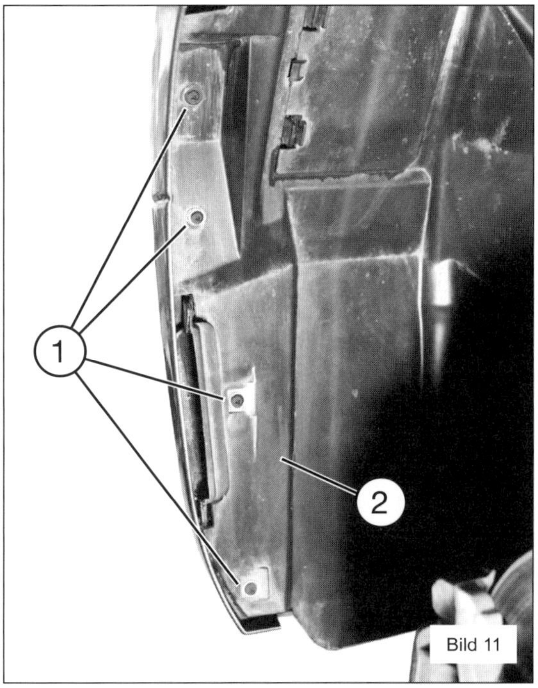


Bild 11
Schrauben Stoßfänger seitlich im Radkasten.
1 Schrauben
2 Innenradlauf

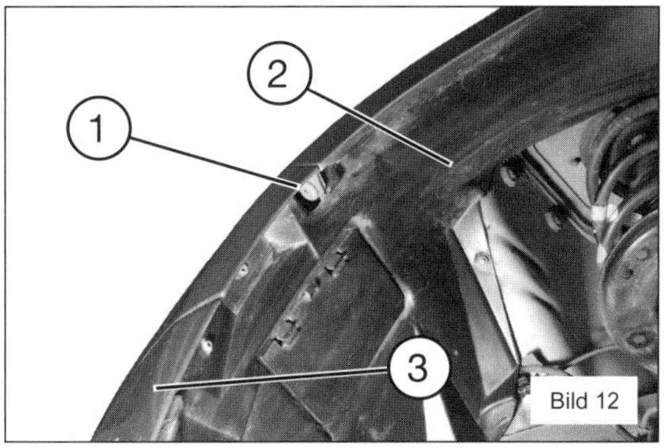


Bild 12
Seitliche Schraube im Radhaus.
1 Schraube
2 Innenkotflügel
3 Stoßfänger vorne

■ Demontieren Sie die Radkästen und Verkleidungen links und rechts.
■ Bauen Sie die Streben links und rechts zwischen der Radaufhängung vorne und der Karosserie ab.
■ Drehen Sie die beiden Befestigungsschrauben des Stoßfängers (1 im Bild 11) aus dem Radhaus heraus.
■ Drehen Sie die seitliche Schraube von unten für den Stoßfänger (2 im Bild 12) heraus.
■ Drehen Sie die Schrauben unten am Stoßfänger heraus.
■ Drehen Sie die Schrauben (1 im Bild 13) oben für den Stoßfänger vorne heraus.
■ Demontieren Sie den Stoßfänger vorne.
■ Ziehen Sie den elektrischen Anschluss (1 im Bild 15) zu dem unteren Scheinwerfer im Stoßfänger heraus.

Bild 13
Schrauben (1) am Stoßfänger oben.

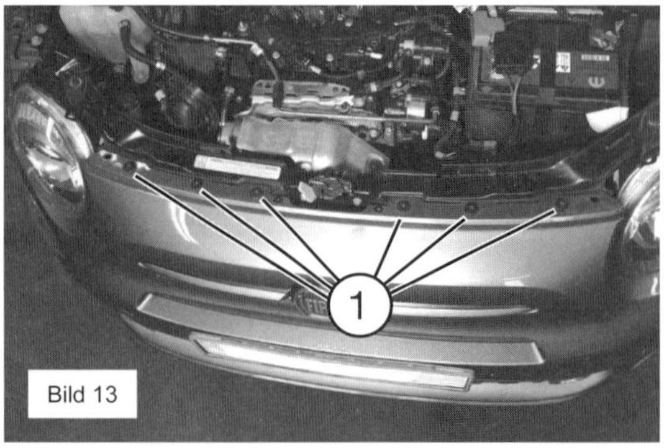

Bild 13

Bild 14
Schrauben am Stoßfänger unten.
1 Torxschrauben
2 Kreuzschlitzschrauben

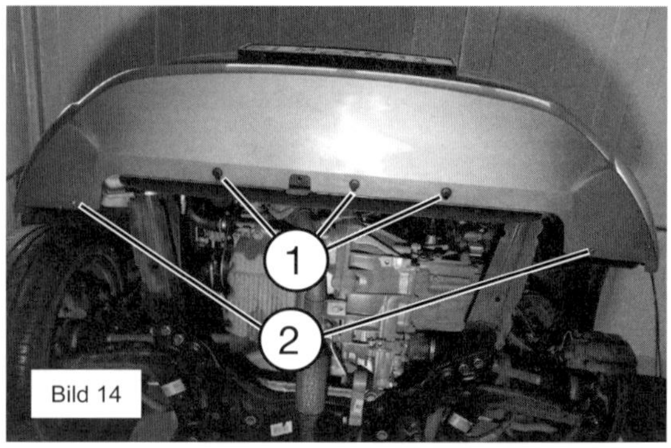

Bild 14

Bild 15
Schrauben am Scheinwerfer.
1 Schrauben
2 Scheinwerfer

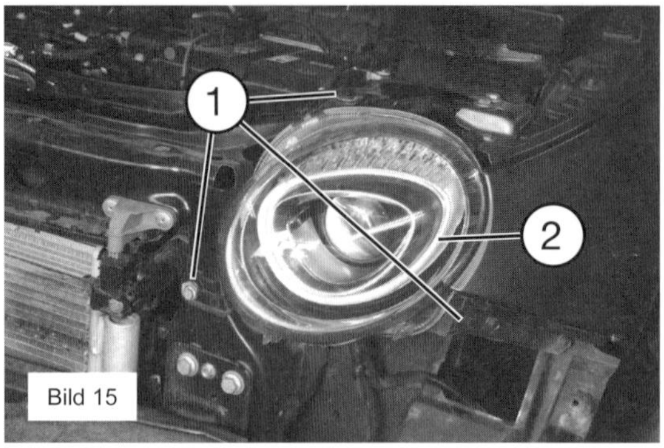

Bild 15

Bild 16
Steckkontakt am Scheinwerfer unten.
1 Steckkontakt
2 Öffnung im Innenkotflügel

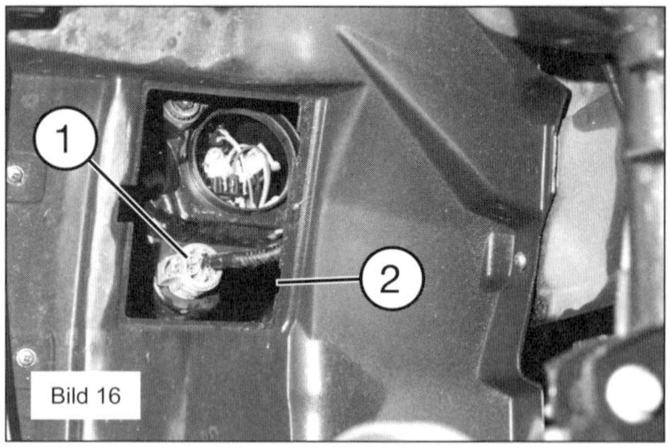

Bild 16

Bild 17
Stecker am Kühlerventilator.
1 Vorwiderstand Kühlerlüfter
2 Stecker Kühlerlüfter

Bild 17

Bild 18
Querträversen am Frontträger.
1 Pralldämpfer
2 Quertraverse oben
3 Quertraverse unten

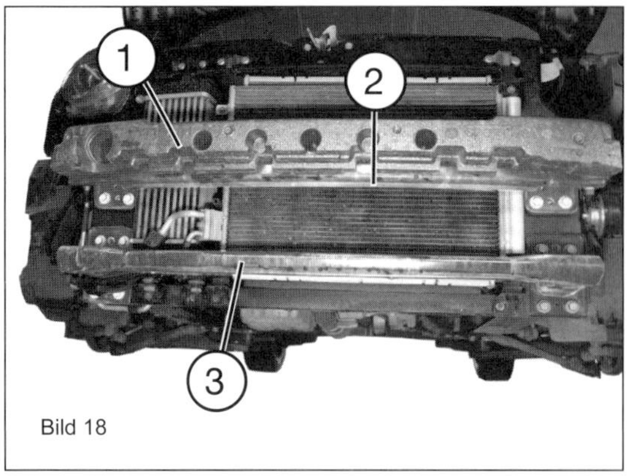

Bild 18

■ Klemmen Sie soweit vorhanden die Nebelscheinwerfer (1 im Bild 16) ab.
■ Ziehen Sie den Anschlussstecker zum Kühlerventilator ab.
■ Ziehen Sie den Anschlussstecker zu den Vorwiderständen des Kühlerlüfters (siehe Bild 17) ab.
■ Öffnen Sie den Verschlussdeckel von Kühlmittel-Ausgleichbehälter.
■ Drehen Sie die Befestigungsschrauben und Muttern der oberen Quertraverse heraus.
■ Nehmen Sie die obere Quertraverse ab.
■ Drehen Sie die Schrauben am Klimakondensator (Klimakühler vorne) heraus und sichern Sie den Klimakondensator (Klimakühler vorne).

⚠ Kondensator nicht an den Leitungen aufhängen. Die Kondensatorleitungen dürfen nicht geknickt werden.

■ Demontieren Sie die untere Kühlerschelle und nehmen Sie Sie ab.
■ Ziehen Sie den Kühlerschlauch vom Kühler ab.
■ Demontieren Sie die obere Kühlerschelle und nehmen Sie Sie ab.
■ Ziehen Sie den Kühlerschlauch vom Kühler ab.
■ Drehen Sie die Befestigungsschrauben der Haltebügel des Kühlers unten heraus.
■ Nehmen Sie den Kühler komplett mit Lüfterzarge und Lüftermotor heraus.

Der Einbau erfolgt sinngemäß in umgekehrter Reihenfolge.
■ Schlossträger an den Längsträgern ausmitteln.
■ Scheinwerfer neu einstellen.

## Lüfter und Zarge aus- und einbauen

Bei warmem Motor steht das Kühlsystem unter Druck. Vor Reparaturen ggf. Druck abbauen.

Schlauchverbindungen sind mit Bandschellen gesichert. Im Reparaturfall nur geeignete Bandschellen verwenden.

Kühlmittelschläuche beim Einbau spannungsfrei verlegen, ohne dass sie mit anderen Bauteilen in Berührung kommen.

Die Dichtheitsprüfung des Kühlsystems mit Kühlsystem-Prüfgerät und den passenden Adaptern wie bereits beschrieben durchführen.

Der Lüftermotor wird vom Motorsteuergerät über ein Relais im Sicherungs- und Verteilerkasten geschaltet. Die Temperaturerfassung erfolgt über den Motortemperaturfühler. Die Messwerte können über die Istwerte im Motorsteuergerät über einen Motortester abgefragt werden. Die Prüfung des Lüftermotors ist über den Stellgliedtest im Motorsteuergerät über einen Motortester möglich.

■ Motorabdeckung ausbauen.
■ Die Batterie abklemmen.
■ Geräuschdämmung unten ausbauen (soweit verbaut).
■ Luftfilter und oder Geräuschdämmung oben ausbauen.
■ Das Luftführungsrohr zum Luftfilter vom Schlossträger abbauen.
■ Den Anschlussstecker des Lüftermotors abziehen und die Anschlusskabel freilegen.
■ Den Anschlussstecker zu den Vorwiderständen in der Lüfterzarge (soweit verbaut) abziehen und die Kabel freilegen.
■ Die beiden Schrauben (6 im Bild 19) herausdrehen.
■ Die Lüfterzarge (2) zusammen mit dem Lüftermotor vom Kühler abnehmen und nach oben herausführen.
■ Die drei Schrauben (1 im Bild 20) herausdrehen und den Lüftermotor (2) aus der Lüfterzarge (3) herausnehmen.

Der Einbau erfolgt sinngemäß in umgekehrter Reihenfolge.
■ Achten Sie darauf, die Kabel wie im originalen Zustand zu verlegen und zu befestigen.
■ Prüfen Sie die Funktion des Lüftermotors.

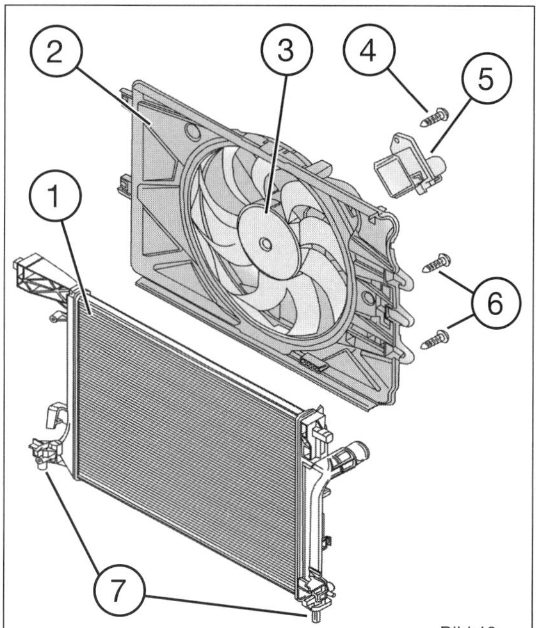

Bild 19

Bild 19
Kühler in Teilen.
1 Kühler
2 Lüfterzarge
3 Lüftermotor
4 Schraube
5 Vorwiderstände
6 Schrauben
7 Halterung Kühler unten

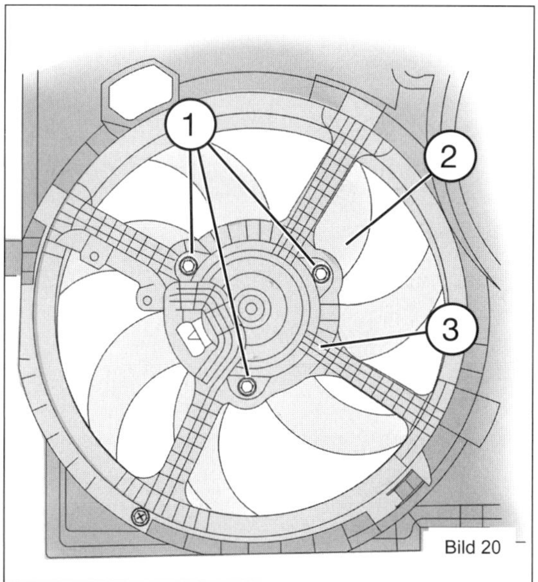

Bild 20

Bild 20
Lüftermotor.
1 Schrauben
2 Lüftermotor
3 Lüfterzarge

## Kühlmittelpumpe/Wasserpumpe aus- und einbauen

**0,9-l- und 1,0-l-Motoren**
Der kettengetriebene Twinmotor treibt die Wasserpumpe über die Ausgleichswelle an. Die Wasserpumpe ist im Kettenkasten verbaut.
■ Lassen Sie das Kühlmittel ab.

Bild 21
Kühlmittelpumpe beim 0,9-l- und 1,0-l-Motor.
1 Gehäusedeckel
2 Dichtung
3 Wasserpumpe
4 Schrauben
5 Schrauben

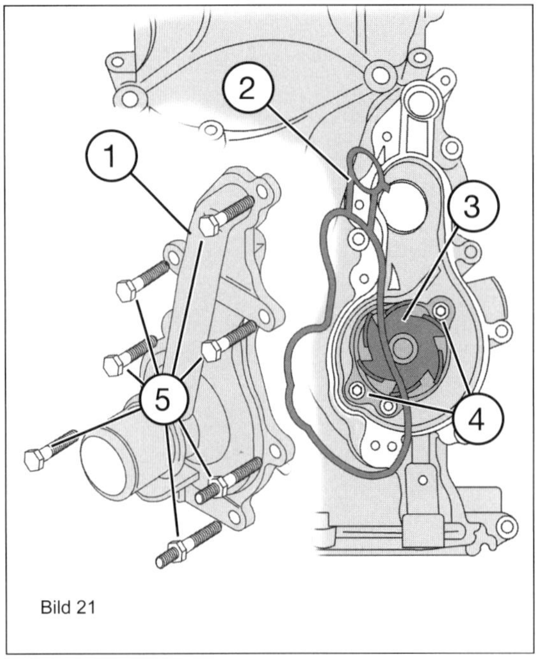


Bild 22
Kühlmittelpumpe beim 1,2-l- und 1,4-l-Motor.
1 Wasserpumpe
2 Schrauben
3 Öldruckschalter
4 OT-Geber Kurbelwelle

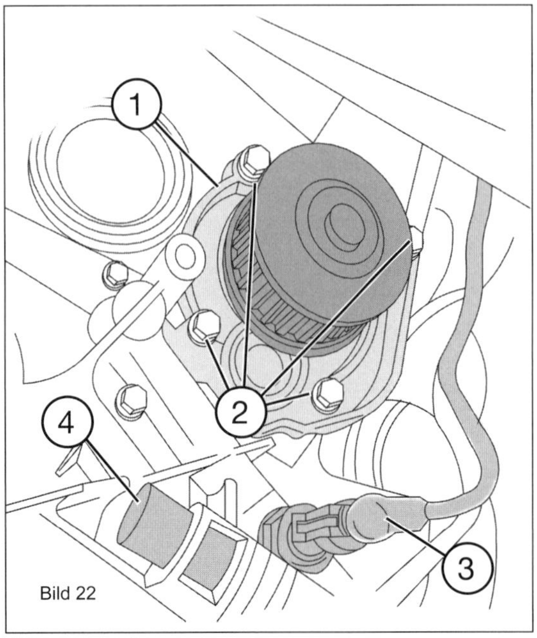


■ Demontieren Sie den Keilrippenriemen wie bereits beschrieben.
■ Bauen Sie den Kühlmittelschlauch an dem Gehäusedeckel (1 im Bild 21) der Wasserpumpe ab.
■ Drehen Sie die Schrauben (5) heraus.
■ Nehmen Sie den Gehäusedeckel (1) ab.
■ Drehen Sie die beiden Schrauben (4) heraus.
■ Demontieren Sie die Wasserpumpe (3).
Der Einbau erfolgt sinngemäß in umgekehrter Reihenfolge.
■ Reinigen Sie die Auflageflächen zwischen Kurbelgehäuse und Wasserpumpe von Dichtmittelrückständen.
■ Erneuern Sie die Gehäusedeckeldichtung und die Dichtung der Wasserpumpe im Steuerkasten.

☞ Neuen O-Ring (3) mit Kühlmittel benetzen.

■ Kühlmittel auffüllen.
■ Entlüften Sie das Kühlsystem wie bereits beschrieben.

**1,2-l-Motoren**

Die beiden zahnriemengetriebenen Motoren treiben die Wasserpumpe über den Nockenwellen-Zahnriemen an. Der Wechsel sollte praktischerweise zusammen mit dem Wechsel des Zahnriemens erfolgen.
■ Lassen Sie das Kühlmittel ab.
■ Demontieren Sie den Keilrippenriemen wie bereits beschrieben.
■ Führen Sie die beschriebenen Vorarbeiten durch.
■ Bauen Sie den Zahnriemen wie beschrieben aus.

**Montage**

Der Einbau erfolgt jeweils sinngemäß in umgekehrter Reihenfolge.
■ Reinigen Sie die Auflageflächen zwischen Kurbelgehäuse und Wasserpumpe von Dichtmittelrückständen.

☞ Dichtungen und Dichtringe werden grundsätzlich ersetzt. Das Zahnriemenschutz-Unterteil kann eingebaut bleiben. Der Zahnriemen bleibt auf dem Kurbelwellen-Zahnriemenrad aufgelegt. Zum Schutz vor dem Kühlmittel, Zahnriemen vor dem Ausbau der Kühlmittelpumpe mit einem Lappen abdecken.

■ Kühlmittel auffüllen.
■ Entlüften Sie das Kühlsystem wie bereits beschrieben.

## Thermostate

**0,9-l- und 1,0-l-Motoren**

Das Thermostatgehäuse ist unter der Unterdruckpumpe über dem Getriebe im Zylinderkopf verbaut. Der Thermostat ist im Thermostatgehäuse verbaut. Lieferbar ist in den meisten Fällen das Thermostatgehäuse komplett.

- Lassen Sie das Kühlmittel wie bereits beschrieben ab.
- Demontieren Sie den Luftfilterkasten.
- Bauen Sie das Luftführungsrohr zwischen Luftfilterkasten und Fahrzeugfront ab.
- Klemmen Sie die Batterie ab.
- Bauen Sie die Batterie aus.
- Bauen Sie den Batteriekasten aus.
- Ziehen Sie den Stecker am Temperaturfühler (3 im Bild 23) ab.
- Lösen Sie die Schellen der Kühlerschläuche am Thermostatgehäuse.
- Ziehen Sie den Kühlerschlauch am Thermostatgehäuse (4) ab.
- Drehen Sie die Befestigungsschrauben (2) heraus und nehmen Sie das Thermostatgehäuse (4) vom Zylinderkopf ab.

Tipp: Fangen Sie austretende Restkühlmittel mit einem Lappen auf.

Der Einbau erfolgt sinngemäß in umgekehrter Reihenfolge.

Tipp: Dichtungen und Dichtringe werden grundsätzlich ersetzt.

Tipp: Das Zahnriemenschutz-Unterteil kann eingebaut bleiben.

Tipp: Der Zahnriemen bleibt auf dem Kurbelwellen-Zahnriemenrad aufgelegt.

Achtung: Zum Schutz vor dem Kühlmittel, Zahnriemen vor dem Ausbau der Kühlmittelpumpe mit einem Lappen abdecken.

- Neuen O-Ring (6) mit Kühlmittel benetzen.
- Thermostatgehäuse (4) mit Thermostat (1) in den Motorblock einsetzen.
- Befestigungsschrauben (2) festziehen.
- Kühlmittel auffüllen.
- Entlüften Sie das Kühlsystem.

**1,2-l- und 1,4-l-Motoren**

Das Thermostatgehäuse ist unter der Unterdruckpumpe über dem Getriebe im Zylinderkopf verbaut. Der Thermostat ist im Thermostatgehäuse verbaut. Lieferbar ist in den meisten Fällen das Thermostatgehäuse komplett. Das Thermostatgehäuse ist auch am Zweizylindermotor verbaut. Lediglich die

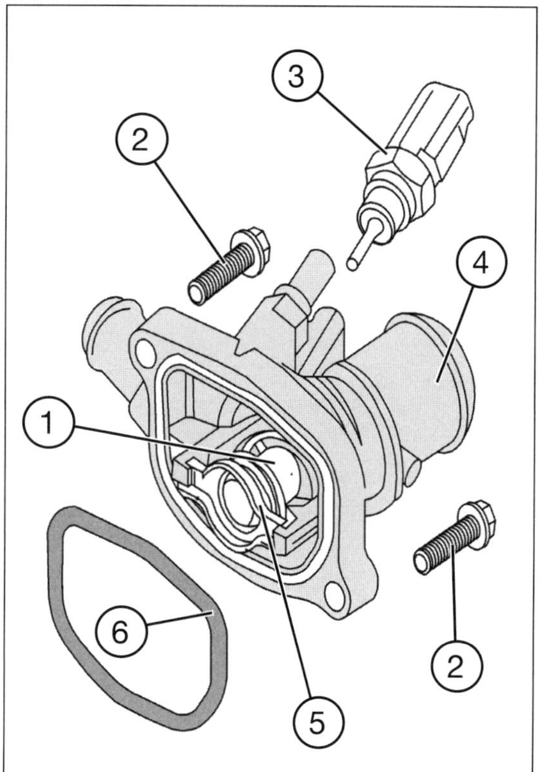


Bild 23

Bild 23
Thermostatgehäuse bei den Benzinmotoren im Fiat 500.
1 Thermostateinsatz
2 Schraube
3 Temperaturfühler
4 Thermostatgehäuse
5 Sicherungsbügel
6 Dichtung

Einbaulage wurde leicht verändert.

- Lassen Sie das Kühlmittel wie bereits beschrieben ab.
- Demontieren Sie die Motorabdeckung oben (soweit verbaut).
- Demontieren Sie den Luftfilterkasten.
- Bauen Sie das Luftführungsrohr zwischen Luftfilterkasten und Fahrzeugfront ab.
- Klemmen Sie die Batterie ab.
- Bauen Sie die Batterie aus.
- Bauen Sie den Batteriekasten aus.
- Ziehen Sie den Stecker am Temperaturfühler (3) ab.
- Lösen Sie die Schellen der Kühlerschläuche am Thermostatgehäuse (4).
- Ziehen Sie den Kühlerschlauch am Thermostatgehäuse (4) ab.
- Drehen Sie die Befestigungsschrauben (2) heraus und nehmen Sie das Thermostatgehäuse (4) vom Zylinderkopf ab.

Tipp: Fangen Sie austretende Restkühlmittel mit einem Lappen auf.

Der Einbau erfolgt sinngemäß in umgekehrter Reihenfolge.

Tipp: Dichtungen und Dichtringe werden grundsätzlich ersetzt. Das Zahnrie-

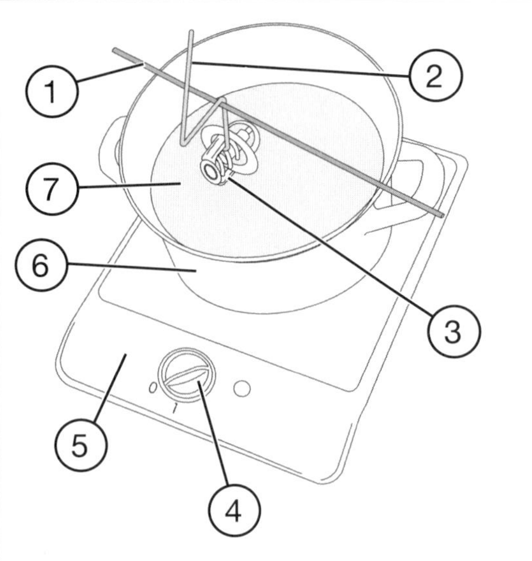


Bild 24

Bild 24
Thermostatprüfung.
1 Auflagestab
2 Haltestab
3 Thermostat
4 Schalter
5 Kochplatte
6 Topf
7 Wasser

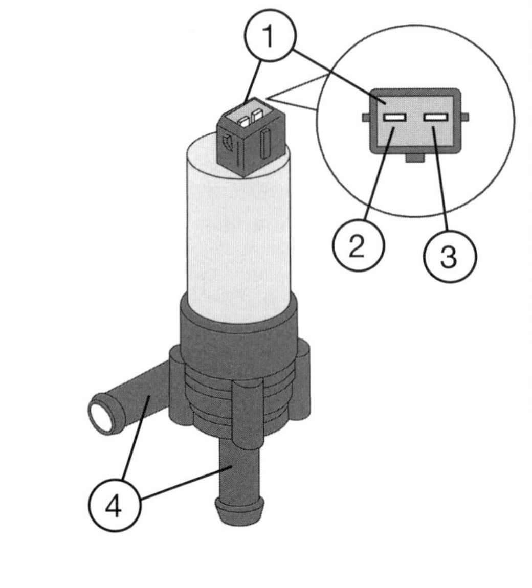


Bild 25

Bild 25
Prüfung der Zusatz-Kühlmittelpumpe.
1 Anschlussstecker
2 Masseanschluss (-)
3 Plusanschluss (+)
4 Wasseranschlüsse

menschutz-Unterteil kann eingebaut bleiben. Der Zahnriemen bleibt auf dem Kurbelwellen-Zahnriemenrad aufgelegt. Zum Schutz vor dem Kühlmittel, Zahnriemen vor dem Ausbau der Kühlmittelpumpe mit einem Lappen abdecken.

Neuen O-Ring (2) mit Kühlmittel benetzen.

- Anschlussstutzen (3) mit Kühlmittelregler (1) in den Motorblock einsetzen.
- Befestigungsschrauben (4) festziehen.
- Kühlmittel auffüllen.
- Entlüften Sie das Kühlsystem.

**Thermostat prüfen**

- Legen Sie den Thermostat in ein Wasserbad (Bild 25) ein und erwärmen Sie das sser auf einer Kochplatte langsam.

Der Stift des Thermoelementes muss sich herausbewegen.

- Der Öffnungsbeginn liegt etwa bei 84 °C. Die vollständige Öffnung bei ca. 98 °C, hierzu muss aber der Thermostat (oder beim Fiat 500 das komplette Thermostatgehäuse) im Wasserbad aufgehängt werden. Der Öffnungsweg ist nicht angegeben.
- Die Öffnung muss ruckfrei erfolgen.
- Der Thermostat darf nicht verklemmen.

## Zusatzwasserpumpe prüfen

Die elektrische Wasserpumpe kann bei Fahrzeugen mit Standheizung eingebaut sein. Gerade bei einem nachgerüsteten System kann ein eigener Fehlerspeicher verbaut sein, der nach Vorschriften des Heizungsherstellers abgefragt werden muss.

**Prüfaufbau**

- Soweit vorgesehen, fragen Sie den Fehlerspeicher des Klimasystems oder der Heizung ab.
- Prüfen Sie, ob die Sicherung im Sicherungsträger in Ordnung ist.
- Ziehen Sie den 2-poligen Stecker von der Pumpe für Kühlmittelnachlauf ab.
- Verbinden Sie die Kontakte der Pumpe für Kühlmittelnachlauf mit Hilfsleitungen mit der Batterie. Die Pumpe für Kühlmittelnachlauf muss nun anlaufen.

*Pumpe läuft nicht:*

- Pumpe für Kühlmittelnachlauf ersetzen.

*Pumpe läuft:*

- Schalten Sie die Zündung ein und wieder aus.
- Schließen Sie ein Multimeter mit Hilfsleitungen am abgezogenen Anschlussstecker der Pumpe für Kühlmittelnachlauf an. Es sollten 12 V anliegen. Diese Prüfung muss innerhalb von 10 Minuten nach dem Ausschalten der Zündung durchgeführt werden.
- Liegen keine 12 V an, muss die Leitungsunterbrechung nach Stromlaufplan ermitteln und beseitigt werden.

# 7 Kraftstoffversorgung

## Bauteile der Anlage und Arbeiten am Kraftstoffsystem

### Sicherheit geht vor

⚠ Kraftstoffvorlaufleitung steht unter Druck! Vor dem Lösen von Schlauchverbindungen Putzlappen um die Verbindungsstelle legen. Dann durch vorsichtiges Abziehen des Schlauches Druck abbauen. Tragen Sie Schutzbrille und Schutzbekleidung, um Verletzungen und Hautkontakt zu vermeiden.

⚠ Aus Sicherheitsgründen muss vor dem Öffnen des Kraftstoffsystems die Stromzufuhr zur Kraftstoffpumpe unterbrochen werden. Die Kraftstoffpumpe kann auch beim Öffnen der Fahrertür aktiviert werden. Nutzen Sie eine der folgenden Möglichkeiten, um die Stromzufuhr zu unterbrechen.

⚠ Wichtig zu wissen für die Arbeit an dieser Reparaturgruppe ist die Tatsache, dass es automatische Ein- und Ausschaltfunktionen für die Kraftstoffpumpe gibt.

### Die Crash-Kraftstoffabschaltung

Sie soll die Gefahr eines Fahrzeugbrandes nach einem Crash reduzieren, indem die Kraftstoffpumpe abgeschaltet wird.

### Komfortschaltung

Kurzzeitiges Einschalten der Pumpe beim Öffnen der Tür soll andererseits eine Komfortverbesserung des Startverhaltens beim Motor bewirken. Dabei wird die Kraftstoffpumpe 2 Sekunden lang angesteuert, damit sich im Kraftstoffsystem Druck aufbaut. Weil die Kraftstoffpumpe beim Einschalten der Zündung und durch den Türkontaktschalter der Fahrertür aktiviert wird, muss vor dem Öffnen des Kraftstoffsystems aus Sicherheitsgründen, wenn die Batterie nicht abgeklemmt wird, der Anschlussstecker von der Kraftstoff-Fördereinheit abgezogen oder die Sicherung für die Ansteuerung der Kraftstofffördereinheit aus dem Sicherungshalter entfernt werden.

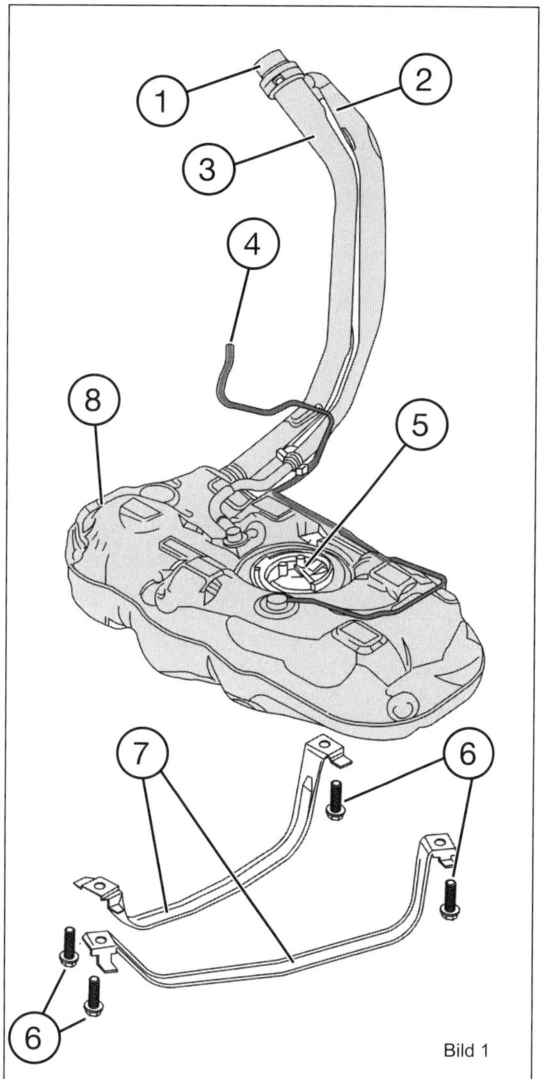


Bild 1
Tankanlage am Fiat 500.
1 Tankeinfüllstutzen
2 Entlüftungsrohr
3 Tankfüllrohr
4 Entgasungsleitung
5 Tankfördermodul
6 Schrauben
7 Tankfangbänder
8 Tank

### Die Anlage im Überblick

Wichtigste Bauteile des Systems der Kraftstoffversorgung sind der Kraftstoffbehälter (Tank), in den der Kraftstoff über Tankklappeneinheit und Einfüllstutzen eingebracht wird, die in den Tank eingebaute Kraftstofffördereinheit (Kraftstoffpumpe), der Kraftstofffilter und die Kraftstoffleitungen (Bild 1). Es gibt kaum Merkmale, durch die sich die durchaus unterschiedlichen Tankanlagen für die unterschiedlichen Modelle im Kraftstoffversorgungssystem voneinander unterscheiden lassen. Die Einbauposition der Komponenten unterscheidet sich nicht. Erfahrungsgemäß wird der Ersatz oder auch Arbeiten am Tanksystem sich auf die Intankpumpe oder den Kraftstoffgeber beschränken. Der Austausch der kompletten Tankanlage ist möglich, aber aufwendig und kommt sehr selten vor.

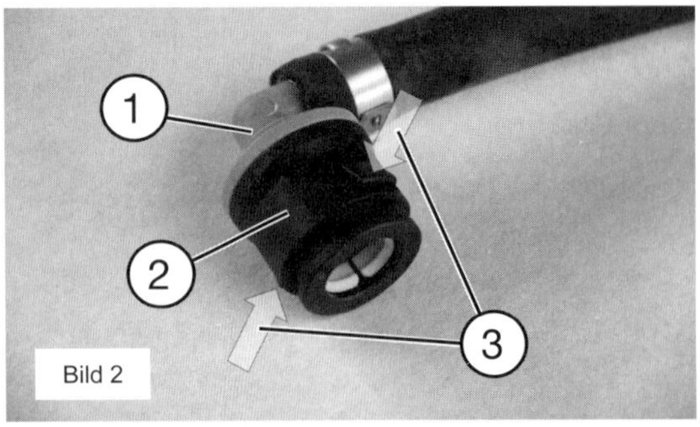


Bild 2
Variante 1.
1 Kupplungsgehäuse
2 Rastenring
3 Entriegelungstasten

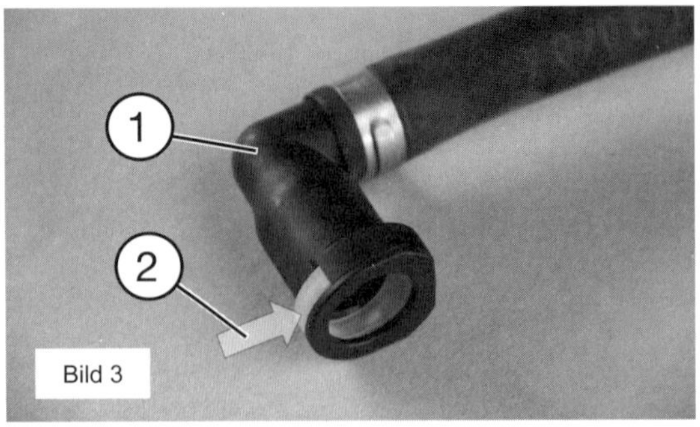


Bild 3
Variante 2.
1 Kupplungsgehäuse
2 Rastenring

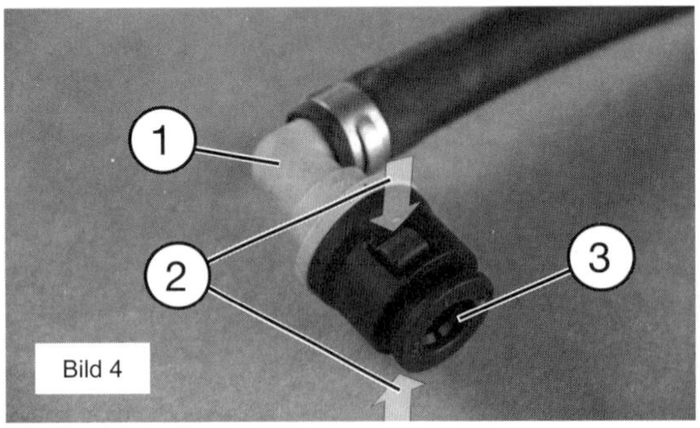


Bild 4
Variante 3.
1 Kraftstoffleitung
2 Zugentriegelung
3 Steckkupplung

**Elektrische Sicherungen für Kraftstoffpumpe**

Die zutreffende Sicherung befindet sich auf dem Steckplatz »F21« des Sicherungshalters im Motorraum links. Diese 15-A-Sicherung (F21 im Bild 8) sichert die Stromzufuhr zum Kraftstoffpumpenrelais (T17) und damit auch zur Kraftstoffpumpe ab. Der Sicherungshalter im Fahrerfußraum ist der wichtigste Einbauort für die zum schnellen Zugriff gedachten Sicherungen. Um die Kraftstoffpumpe nach Bedarf zuschalten zu können, wird das Kraftstoffpumpenrelais (T17) im Sicherungsträger herausgezogen und ein Schalter zwischen Batteriepluspol und Klemme 87 eingesteckt. Bei eingeschobener Sicherung (F21) kann dann die Kraftstoffpumpe über den Schalter auch ohne das Einschalten der Zündung zugeschaltet werden.

⚠ Beim Aus- und Einbau des Gebers für Kraftstoffvorratsanzeige oder der Kraftstoffpumpe (Kraftstoff-Fördereinheit) aus gefüllten oder teilweise gefüllten Kraftstoffbehältern, muss bereits vor Beginn der Arbeiten in der Nähe der Montageöffnung des Kraftstoffbehälters zum Absaugen der frei werdenden Kraftstoffgase der Abgasschlauch einer eingeschalteten Abgas-Absauganlage gelegt werden. Alternativ kann ein Radiallüfter mit Motor außerhalb des Luftstroms und Fördervolumen größer als 15 $m^3/h$ verwendet werden. Kraftstoffleitungen sind mit Schnellverschlüssen gesichert. Kraftstoffschläuche dürfen nur mit Federbandschellen gesichert werden. Die Verwendung von Klemm- oder Schraubschellen ist nicht zulässig.

## Steckkupplungen trennen

Bei Fahrzeugen finden sich sechs typische Stecksysteme für die Verbindungen der Kraftstoffversorgungsschläuche.

**Variante 1 (Bild 2)**

- Steckkupplung (1) auf die Leitung drücken drücken.
- Entriegelungstasten in Pfeilrichtung (3) drücken und gedrückt halten.
- Steckkupplung (1) von der Kraftstoffleitung (2) abziehen.
- Beim Einbau Farbzuordnung beachten.
- Steckkupplungen müssen beim Verriegeln »hörbar« einrasten.

☞ Den festen Sitz der Steckkupplung durch Gegenziehen prüfen!

**Variante 2 (Bild 3)**

- Steckkupplung (1) auf die Leitung drücken.
- Zugentriegelung in Pfeilrichtung (2) ziehen.
- Steckkupplung (1) von der Kraftstoffleitung (2) abziehen.
- Beim Einbau Farbzuordnung beachten.
- Die Steckkupplungen müssen beim Verriegeln »hörbar« einrasten.

☞ Den festen Sitz der Steckkupplung durch Gegenziehen prüfen!

**Variante 3 (Bild 4)**

- Steckkupplung (1) auf die Leitung drücken
- Entriegelungstaste (2) drücken und Steckkupplungen abziehen.

- Beim Einbau Farbzuordnung beachten.
- Steckkupplungen müssen beim Verriegeln »hörbar« einrasten.

Den festen Sitz der Steckkupplungen durch Gegenziehen prüfen!

**Variante 4 (Bild 5)**

- Steckkupplung (1) auf die Leitung drücken.
- Entriegelungstaste (2) drücken und Steckkupplung abziehen.
- Beim Einbau Farbzuordnung beachten.
- Steckkupplungen müssen beim Verriegeln »hörbar« einrasten.

Den festen Sitz der Steckkupplung durch Gegenziehen prüfen!

**Variante 5 (Bild 6)**

- Steckkupplung (1) auf die Leitung drücken.
- Außenring (2) in Pfeilrichtung (3) zurückziehen und die Steckkupplungen abziehen.
- Beim Einbau Farbzuordnung beachten.
- Steckkupplungen müssen beim Verriegeln »hörbar« einrasten.

Den festen Sitz der Steckkupplung durch Gegenziehen prüfen!

**Variante 6 (Bild 7)**

- Die Sicherungsklammer (2) rechts und links zusammendrücken (1).
- Die Entriegelungstasten (4) rechts und links zusammendrücken und gedrückt halten.
- Die Steckkupplung (3) abziehen.
- Beim Einbau Farbzuordnung beachten.
- Steckkupplungen müssen beim Verriegeln »hörbar« einrasten.

Den festen Sitz der Steckkupplung durch Gegenziehen prüfen!

## Kraftstoffbehälter entleeren, befüllen

Die Montagearbeiten für die einzelnen Motorvarianten und Fahrzeugaufbauten unterscheiden sich nur unwesentlich.

Grundsätzlich sollten Sie den Kraftstofftank niemals im gefüllten Zustand demontieren oder mit hohem Füllstand die Verschlussschraube öffnen. Der Kunststofftank kann sich verziehen und so auch der Verschluss zum Tankgeber undicht werden.

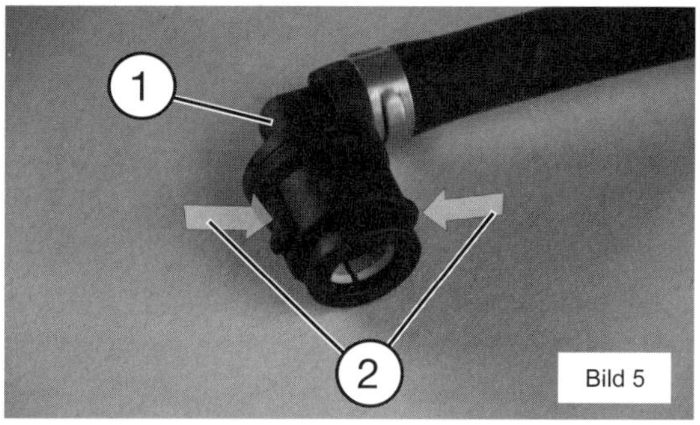


Bild 5
Variante 4.
1 Kupplungsgehäuse
2 Entriegelungstasten

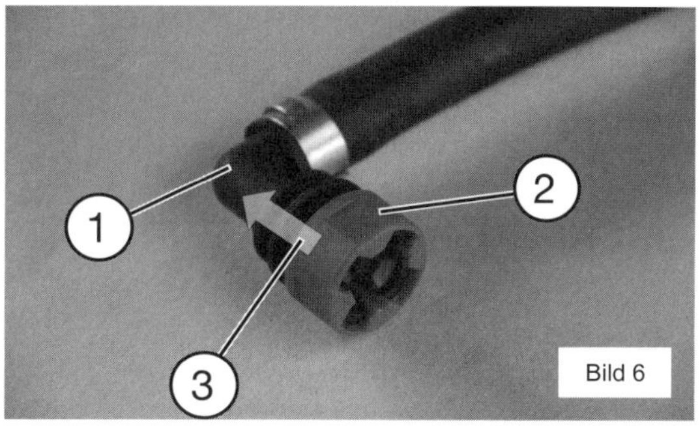


Bild 6
Variante 5.
1 Kupplungsgehäuse
2 Außenring
3 Bewegungsrichtung

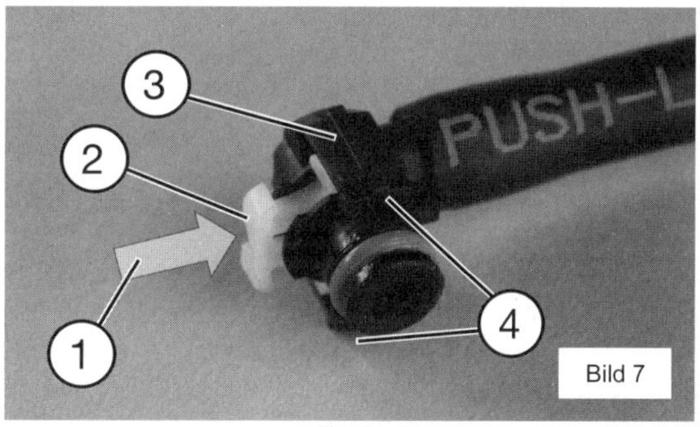


Bild 7
Variante 6.
1 Bewegungsrichtung (sichern)
2 Sicherungsklammer
3 Kupplungsgehäuse
4 Entriegelungstaste

**Tank absaugen (Teilentleerung)**

Der Kraftstofftank ist bei den meisten Fahrzeugen mit Tankfangbändern (7 im Bild 1) gehalten. Um den Umgang mit dem Kraftstofftank zu erleichtern, sollte er möglichst für eine Demontage entleert worden sein. Auch schon beim Ausbau des Fördermoduls ist bereits eine Teilentleerung erforderlich. Die Teilentleerung werden wir über die Kraftstoffpumpe umsetzen. Die vollständige Entleerung kann über die Öffnung des Tankfördermoduls erfolgen, allerdings muss die Oberseite des Tanks sowie der Fahrzeugboden im Bereich des Tanks gründlich gereinigt werden.

- Die Tankoberseite und gerade den Bereich um die Überwurfmutter des Tankpumpenelement gründlich reinigen.

Bild 8
Relais und Sicherungsträger im Motorraum.
F21 Sicherung Kraftstoffpumpe
T17 Kraftstoffpumpenrelais

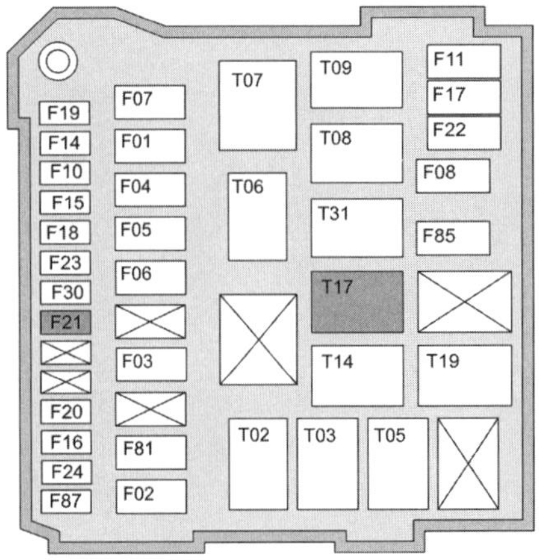


Bild 8

■ Mit einem Spiegel lassen sich die Tankoberseite und auch der Fahrzeugboden sehr gut betrachten.
■ Einen Lappen im Bereich der Kraftstoffleitung legen und die Leitung abziehen.
■ Stecken Sie eine Adapterleitung oder einen passenden Schlauch auf.
■ Das andere Ende des Ablassschlauches in einen geeigneten Sicherheitsbehälter einführen.
■ Die Tankklappe öffnen und den Verschlussdeckel des Kraftstoffbehälters abschrauben.

*Ansteuerung über den Motortester:*
■ Die Kraftstoffpumpe mit einem Diagnosetester über die geführten Funktionen des jeweiligen Motorsteuergerätes ansteuern.
■ Den Kraftstoff in geeigneten Sicherheitsbehälter abpumpen.

*Manuelle Ansteuerung der Kraftstoffpumpe:*
■ Legen Sie die Relais (T17 im Bild 8) im Sicherungskasten im Motorraum frei.
■ Überbrücken Sie Klemme 30 auf die Klemme 87 des Relaisplatzes (T17), am besten mit einem Schalter als Fernbedienung.
■ Die Kraftstoffpumpe mit dem angeschlossenen Schalter ansteuern.
■ Den Kraftstoff in geeigneten Sicherheitsbehälter abpumpen.

Die Montage erfolgt sinngemäß in umgekehrter Reihenfolge

☞ Die Steckverbindungen der Entlüftungs- und Kraftstoffleitungen müssen beim Zusammenstecken hörbar einrasten.
■ Kraftstoffleitungen am Kraftstoffbehälter einclipsen.
■ Stecker am Flansch der Kraftstoffpumpe aufstecken und Leitung am Kraftstoffbehälter einclipsen.
☞ Auf festen Sitz der Kraftstoffschläuche achten.

**Kraftstoffbehälter entleeren über den Zugang der Intankpumpe**
■ Sitzkissen der Rückbank ausbauen.
■ Schrauben herausdrehen und die Abdeckung über dem Tankfördermodul ausbauen.
■ Das Tankfördermodul ausbauen.
■ Kraftstofffördereinheit entleeren und auf einen sauberen Untergrund stellen.
■ Kraftstoffbehälter mit einem Kraftstoffabsauggerät über die Öffnung der Kraftstofffördereinheit vollständig entleeren.

Der Einbau erfolgt sinngemäß in umgekehrter Reihenfolge.

⚠ Es besteht Explosionsgefahr des Kraftstoffbehälters! Nach dem Einbau eines neuen oder vollkommen entleerten Kraftstoffbehälters muss umgehend eine Mindestmenge von 5 Litern Kraftstoff eingefüllt werden. Die Kraftstoffpumpe darf in einem vollkommen leeren Kraftstoffbehälter nicht anlaufen.

☞ Die Steckverbindungen der Entlüftungs- und Kraftstoffleitungen müssen beim Zusammenstecken hörbar einrasten.
■ Kraftstoffleitungen am Kraftstoffbehälter einclipsen.
■ Stecker am Flansch der Kraftstoffpumpe aufstecken und Leitung am Kraftstoffbehälter einclipsen.
☞ Auf festen Sitz der Kraftstoffschläuche achten.

## Kraftstoff-Fördereinheit aus- und einbauen

Die Montagearbeiten für die einzelnen Modelle unterscheidet sich nur unwesentlich. Die hier beschriebenen Arbeitsschritte können als Arbeitsschema für alle Modelle übernommen werden.

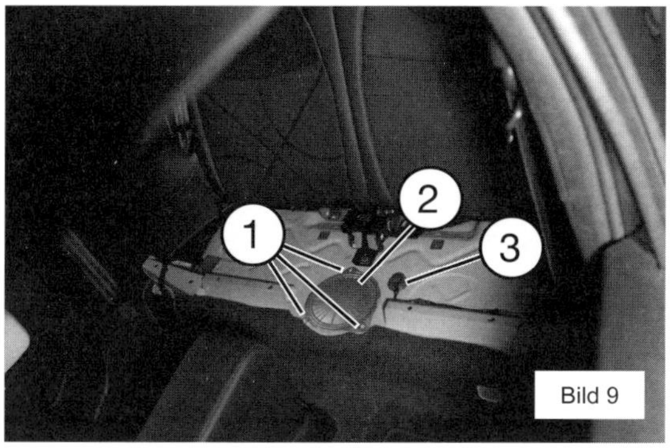

Bild 9

Bild 9
Abdeckung unter der Sitzbank: (nicht immer verbaut).
1 Schrauben
2 Deckel
3 Anschlusskabel

Der Kraftstoffbehälter darf maximal 1/2 gefüllt sein.

Im weiteren Arbeitsablauf muss das Masseband der Batterie abgeklemmt werden. Prüfen Sie deshalb bitte, ob ein codiertes Radiogerät eingebaut ist. Gegebenenfalls ist dann vorher die Antidiebstahlcodierung zu erfragen.

- Klemmen Sie bei ausgeschalteter Zündung das Masseband der Batterie ab.
- Abdeckung unter der Sitzbank ausbauen.
- Den Anschlussstecker sowie Vorlaufleitung vom Flansch abziehen.
- Verschließen Sie die Leitungen, damit kein Schmutz in das Kraftstoffsystem gelangen kann.
- Drehen Sie die Überwurfmutter, mit einem geeigneten Schlüssel »3217« abschrauben.
- Kraftstoff-Fördereinheit und Dichtring aus der Öffnung des Kraftstoffbehälters ziehen.

Wenn Sie die Fördereinheit ersetzen wollen, müssen Sie die alte Fördereinheit vor dem Entsorgen entleeren.

Der Einbau der Kraftstoff-Fördereinheit erfolgt sinngemäß in umgekehrter Reihenfolge.

- Beim Einsetzen der Kraftstoff-Fördereinheit bitte darauf achten, dass der Geber für die Kraftstoffvorratsanzeige nicht verbogen wird.
- Den Dichtring der Kraftstoff-Fördereinheit trocken in die Öffnung des Kraftstoffbehälters einsetzen. Den Dichtring nur zur Montage der Kraftstoff-Fördereinheit mit Kraftstoff benetzen.
- Auf festen Sitz der Kraftstoffschläuche achten. Kraftstoffschläuche mit Federbandschellen sichern.
- Die Einbaulage des Flansches der Kraftstoff-Fördereinheit beachten: Die Markierung auf dem Flansch muss mit der Markierung auf dem Kraftstoffbehälter übereinstimmen.

Bild 10

Bild 10
Tankfördermodul von oben.

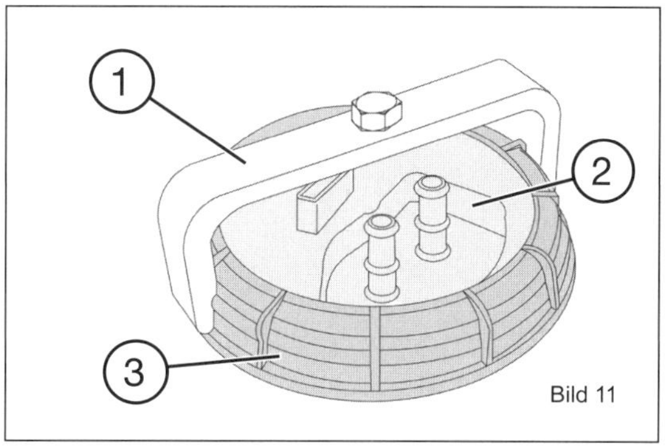

Bild 11

Bild 11
1 Schlüssel für Überwurfmutter
2 Tankfördereinheit
3 Überwurfmutter

- Nach dem Einbau der Kraftstoff-Fördereinheit prüfen, ob die Vorlauf-, Rücklauf- und Entlüftungsleitungen noch am Kraftstoffbehälter eingeclipst sind.

## Geber für Kraftstoffvorratsanzeige prüfen

Zum Prüfen der Widerstandswerte »voll« bzw. »leer« müssen Sie den Geber für Kraftstoffvorratsanzeige ausbauen und den Schwimmer des Gebers vorsichtig zum oberen bzw. unteren Anschlag schwenken. Die Messwerte unterscheiden sich zwischen den einzelnen Modellen nicht.

- Bauen Sie die Abdeckung von der Kraftstoff-Fördereinheit aus.

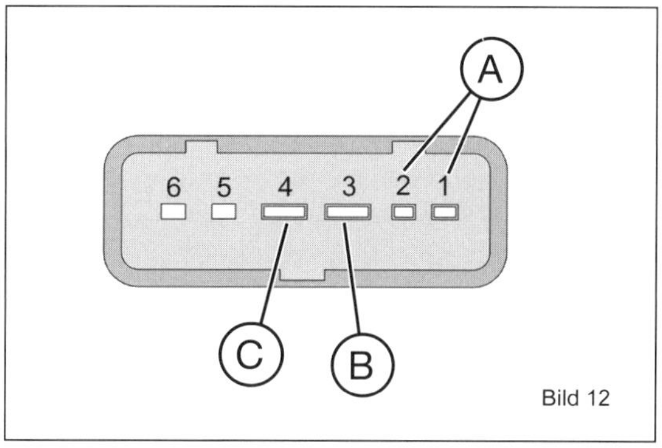

Bild 12

Bild 12
Anschluss an der Kraftstofffördereinheit.
A Anschlüsse zur Widerstandsmessung
B Anschluss (-) der Kraftstoffpumpe
C Anschluss (+) der Kraftstoffpumpe
1 Anschluss (1) Sensor Minus
2 Anschluss (2) Sensor Plus
3 Masse Kraftstoffpumpe
4 Plus Kraftstoffpumpe
5 nicht belegt
6 nicht belegt

Sichtprüfung Messen

Bild 13
Spannungsmessung an Pin 1 und Pin 4 des Kombisteckers.

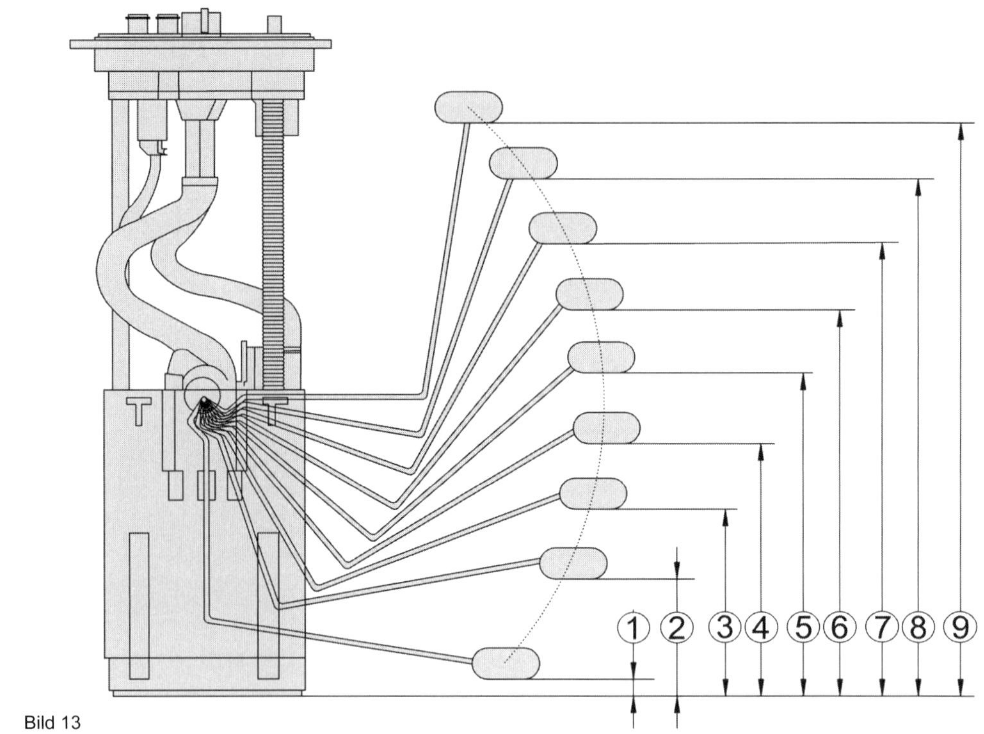


Bild 13

■ 4-poligen Anschlussstecker vom Flansch an der Kraftstoff-Fördereinheit abziehen.
■ Messen Sie den Widerstand an den beiden Kontakten (1) und (2) am Verschlussflansch:

Bei einem Füllstand zwischen »voll« und »leer« muss ein Widerstandswert nach den Sollwerten der folgenden Tabelle angezeigt werden.

| Nr. | Tank | Messwert |
|---|---|---|
| 1 | Leer (bis 10,5 mm) | ca. 300 Ω |
| 2 | (Reserve) 55 mm | ca. 235 Ω |
| 3 | (1/4) 75 mm | ca. 205 Ω |
| 4 | 100 mm | ca. 170 Ω |
| 5 | (1/2) 125 mm | ca. 135 Ω |
| 6 | 205 mm | ca. 105 Ω |
| 7 | (3/4) 165 mm | ca. 75 Ω |
| 8 | 180 mm | ca. 40 Ω |
| 9 | Voll 195 mm | ca. 3 Ω |

Messen Sie 0 Ω oder ∞ Ω, dann liegt eine Leitungsunterbrechung oder ein Kurzschluss vor.

## Kraftstoffpumpe prüfen

**Prüfungsvoraussetzungen**

■ Die Batteriespannung muss mindestens 11,5 V betragen.
■ Die Sicherung Nr. 21 ist intakt.
■ Alle elektrischen Verbraucher wie z. B. Licht und Heckscheibenheizung müssen ausgeschaltet sein.
■ Ist das Fahrzeug mit einer Klimaanlage ausgerüstet, muss diese ausgeschaltet sein.

Im weiteren Arbeitsablauf ist es eventuell erforderlich, das Masseband der Batterie abzuklemmen. Prüfen Sie deshalb bitte, ob ein codiertes Radiogerät eingebaut ist. Gegebenenfalls ist dann vorher die Antidiebstahlcodierung zu erfragen.

**Spannungsversorgung prüfen**

■ Rücksitzbank nach vorn klappen.
■ Bauen Sie die Abdeckung von der Kraftstoff-Fördereinheit aus.
■ Den Anlasser kurz betätigen. Die Kraftstoffpumpe muss hörbar anlaufen.
■ Zündung ausschalten.

*Läuft die Kraftstoffpumpe nicht an:*

■ Die Abdeckung vor dem Sicherungshalter ausbauen.

■ Ziehen Sie das Kraftstoffpumpenrelais (T 17 im Bild 8) aus seinem Steckplatz im Sicherungskasten im Motorraum heraus.
■ Fernbedienung (es ist ein Schalter) zur Kraftstoffpumpe (Klemme 87) und Batterie plus (+) (Klemme 30) anschließen.
■ Die Fernbedienung betätigen.

*Kraftstoffpumpe läuft:*
■ Ansteuerung des Kraftstoffpumpenrelais nach Stromlaufplan prüfen.

*Kraftstoffpumpe läuft nicht:*
■ 4-poligen Anschlussstecker vom Flansch an der Kraftstoff-Fördereinheit abziehen.

Multimeter an die äußeren Kontakte des Steckers anschließen.
■ Fernbedienung betätigen. Es sollten nun etwa 12 V anliegen.

*Es liegt keine Spannung an:*
■ Leitungsunterbrechung nach Stromlaufplan ermitteln und beseitigen.

*Die Spannungsversorgung ist in Ordnung:*
■ Überwurfmutter mit Schlüssel (Bild 11) abschrauben.
■ Prüfen, ob die elektrischen Leitungen zwischen Flansch und Kraftstoffpumpe angeschlossen sind. Ist keine Leitungsunterbrechung festzustellen, ist die Kraftstoffpumpe defekt. Ersetzen Sie die Kraftstoff-Fördereinheit.

### Fördermenge prüfen (Bild 15)

Die Spannungsversorgung der Kraftstoffpumpe ist in Ordnung. Der Fernschalter ist noch angeschlossen.
■ Nehmen Sie den Verschlussdeckel vom Kraftstoff-Einfüllstutzen ab.
■ Ziehen Sie den Vorlaufschlauch am Sammelrohr ab und fangen den ausfließenden Kraftstoff mit einem Putzlappen auf.
■ Schließen Sie eine Messuhr (3 im Bild 14) mit einem Messbereich von etwa 10 bar mit dem passenden Adapter mit T-Stück (4) an die Kraftstoffvorlaufleitung an.
■ Stecken Sie den Schlauch (1) auf den Adapter (4) und eine Messuhr der Druckmessvorrichtung und halten Sie ihn in ein Messgefäß.
■ Betätigen Sie die Fernbedienung.

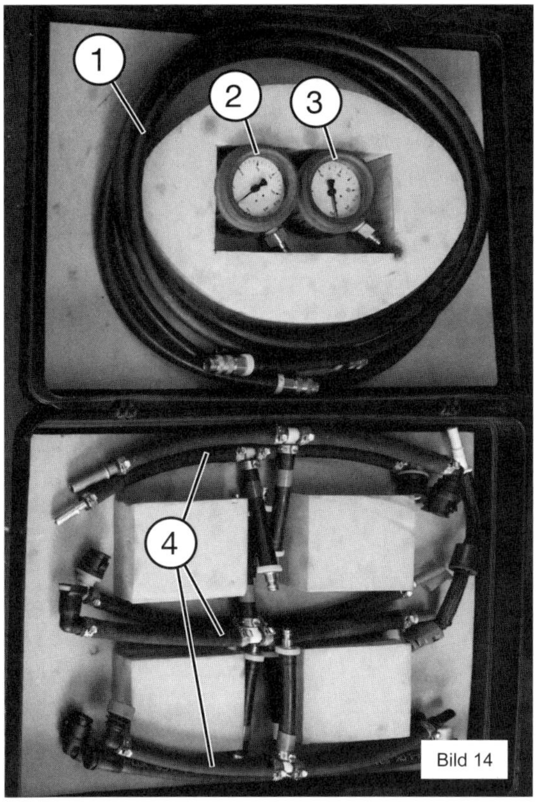


Bild 14
Druckprüfgeräteset.
1 Verlängerungsschlauch
2 Messuhr bis 5 bar
3 Messuhr bis 10 bar
4 Anschlussadapter mit T-Stücken

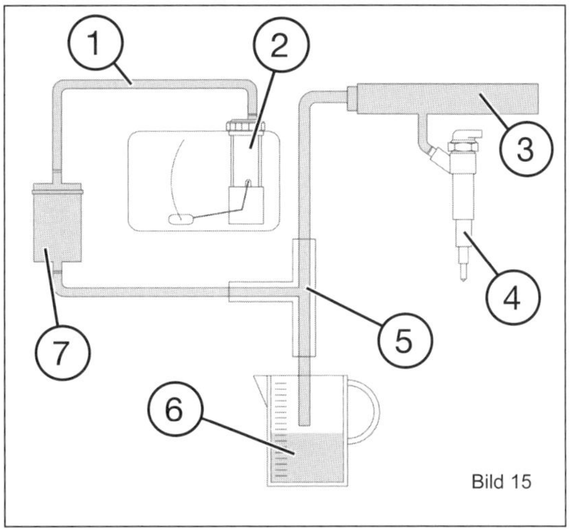


Bild 15
Fördermenge prüfen.
1 Vorlaufleitung
2 Kraftstofftank mit Pumpe
3 Kraftstoffsammelrohr
4 Einspritzdüse
5 Anschlussadapter
6 Messbecher (1 l)
7 Kraftstofffilter

■ Lassen Sie etwa 250 ml in den Messbecher laufen, schalten Sie die Kraftstoffpumpe ab.
■ Messgefäß entleeren.

Die Fördermenge der Kraftstoffpumpe hängt von der Batteriespannung ab. Prüfen Sie die Batteriespannung und schließen Sie, wenn erforderlich, ein Dauerladegerät an.

Betätigen Sie die Fernbedienung 30 Sekunden lang und messen dabei die geförderte Kraftstoffmenge. Sie sollte etwa 0,5 l betragen.

Sichtprüfung   Messen

*Wird die Mindestfördermenge nicht erreicht:*
■ Kraftstoffleitungen auf mögliche Verengungen (Knicke) oder Verstopfungen prüfen.
■ Ziehen Sie die Vorlaufleitung (1) vom Kraftstofffilter-Eingang ab.
■ Prüfung der Fördermenge vor dem Kraftstofffilter wiederholen.

*Wird die Mindestfördermenge jetzt erreicht:*
■ Ersetzen Sie den Kraftstofffilter.

*Wird die Mindestfördermenge wieder nicht erreicht:*
■ Bauen Sie die Kraftstoff-Fördereinheit aus und prüfen Sie das Filtersieb auf Verschmutzung.

*Bisher liegt kein Fehler vor:*
■ Kraftstoffpumpe defekt, ersetzen Sie die Kraftstoff-Fördereinheit.

**Kraftstoffdruck messen (Bild 16)**
Sie haben die Fördermenge erreicht, vermuten trotzdem einen Fehler in der Kraftstoffversorgung (Undichtigkeiten in der Pumpe unter Druck):
■ Belassen Sie das T-Stück in der Kraftstoffleitung, stecken aber den Adapter auf das Kraftstoffverteilerrohr auf.
■ Verlegen Sie einen Verlängerungsschlauch (1 im Bild 14), sodass Sie den Kraftstoffdruck während der Fahrt beobachten können.
■ Fahren Sie das Fahrzeug mit einem zweiten Mechaniker Probe, um den Kraftstoffdruck beobachten zu können.

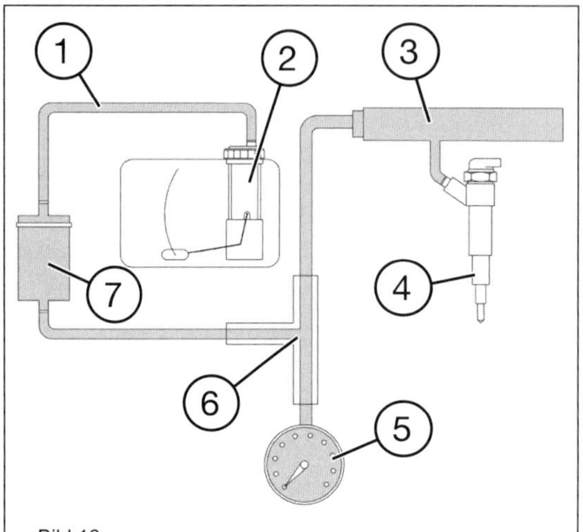

Bild 16

Bild 16
1 Vorlaufleitung
2 Kraftstofftank mit Pumpe
3 Kraftstoffsammelrohr
4 Einspritzdüse
5 Druckmessuhr
6 Anschlussadapter
7 Kraftstofffilter

■ Fahren Sie das Fahrzeug auch unter hoher Last. Der Kraftstoffdruck muss bei etwa 4,0 bar bleiben.
■ Fällt der Kraftstoffdruck ab, müssen der Kraftstofffilter und die Kraftstoffleitungen überprüft werden.
■ Liegt kein Fehler vor, ist die Kraftstoffpumpe defekt, ersetzen Sie die Kraftstoff-Fördereinheit.

**Stromaufnahme messen**
Sie haben die Fördermenge erreicht, vermuten trotzdem einen Fehler in der Kraftstoffversorgung (z. B. zeitweiser Ausfall der Kraftstoffversorgung):
■ Alle gelösten Kraftstoffleitungen wieder anschließen.
■ Multimeter oder Stromzange an die Plus-Leitung vom Leitungsstrang (Pin 4 im Bild 12) anschließen.
■ Lassen Sie den Motor an und im Leerlauf laufen.

Stromaufnahme der Kraftstoffpumpe messen. Sollwert: max. 8 Ampere.
■ Ist die Störung in der Kraftstoffanlage nur zeitweise vorhanden, können Sie die Prüfung auch während einer Probefahrt durchführen, es ist dazu jedoch eine zweite Person erforderlich.

*Wird die Stromaufnahme überschritten:*
■ Kraftstoffpumpe defekt.

**Rückschlagventil der Kraftstoffpumpe prüfen**
■ Der Fernschalter ist noch angeschlossen.
■ Die Druckmessuhr ist wie für die Druckmessung im Bild 16 noch angeschlossen.

Mit dieser Prüfung werden gleichzeitig die Anschlüsse der Kraftstoffvorlaufleitung von der Kraftstoff-Fördereinheit bis zur Anschlussstelle der Druckmessvorrichtung und der weitere Verlauf über das Kraftstoffverteilerrohr bis zur Einspritzdüse auf Dichtheit geprüft.
■ Schalten Sie die Kraftstoffpumpe ein, bis der Kraftstoffdruck auf der Messuhr ablesbar ist.
■ Beachten Sie den Druckabfall am Manometer. Der Druck darf nach 10 Minuten nicht unter 2,5 bar abfallen.

*Fällt der Druck weiter ab:*
■ Prüfen Sie die Leitungsanschlüsse auf Dichtheit.

*Wird kein Fehler in den Leitungen festgestellt:*
■ Kraftstoffpumpe defekt, ersetzen Sie die Kraftstoff-Fördereinheit.

## Kraftstofftank aus- und einbauen

Es kann beim Ausbau des Kraftstofftanks immer Restkraftstoff austreten. Legen Sie sich Bindemittel und einige Lappen bereit, um den austretenden Kraftstoff aufzufangen. Um zu vermeiden, dass Dreck in die Anschlüsse oder in den Tank selber eintritt, kann man die Anschlussstücke mit Klebeband abkleben oder durch Lappen verschließen.

■ Prüfen Sie zuerst, ob ein codiertes Radio eingebaut ist. In diesem Fall erfragen Sie bitte die Anti-Diebstahl-Codierung.
■ Klemmen Sie bei ausgeschalteter Zündung das Masseband der Batterie ab.
■ Entleeren Sie den Kraftstofftank wie bereits beschrieben.
■ Bauen Sie das Sitzkissen der Rücksitzbank aus.
■ Demontieren Sie das rechte Hinterrad.
■ Demontieren Sie die linke hintere Radhausschale.
■ Demontieren Sie den hinteren Schalldämpfer und das mittlere Abgasrohr.
■ Drehen Sie die Befestigungsschrauben (1 im Bild 17) heraus.
■ Bauen Sie die Schutzleiste am Unterboden (2) für die Kraftstoffleitungen ab.
■ Drehen Sie die Befestigungsmuttern heraus und nehmen Sie die Schutzabdeckungen für den Tankstutzen (2 in Bild 18) ab.
■ Das Umfeld am Kraftstoffeinfüllstutzen gründlich reinigen.
■ Demontieren Sie die Abdeckung unter der Sitzbank.
■ Tank und Bodenblech um das Tankfördermodul gründlich reinigen.
■ Klemmen Sie die elektrische Kraftstoffpumpe ab.
■ Klipsen Sie die Kraftstoffvorlaufleitung am Tankfördermodul aus.

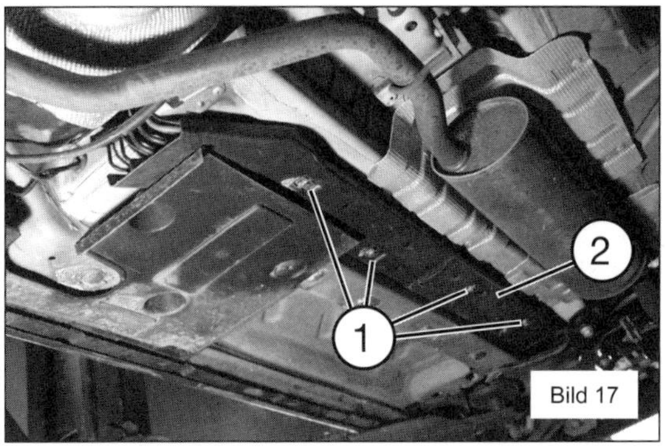


Bild 17
Abdeckung der Kraftstoffleitungen am Fahrzeugboden.
1 Befestigungsschraube
2 Schutzleiste

Bild 18
Abdeckung hinten rechts im Radlauf.

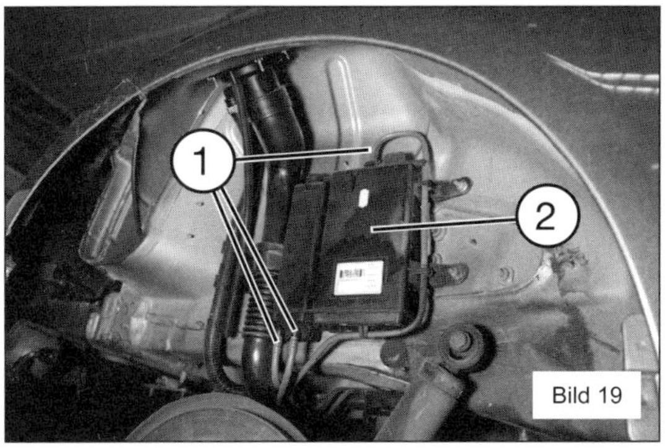


Bild 19
Aktivkohlefilter im Radlauf.
1 Anschlussleitungen
2 Aktivkohlefilter

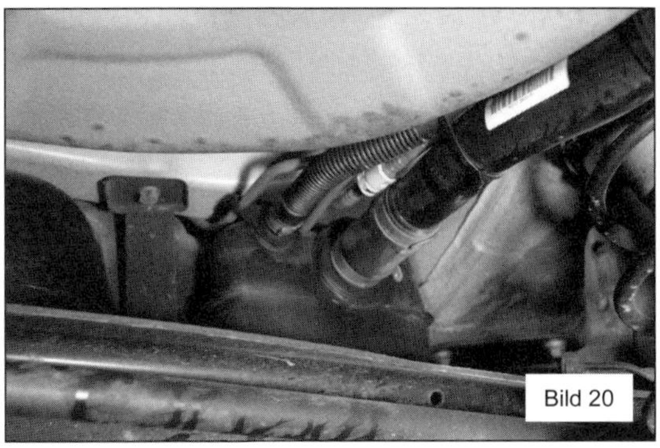

Bild 20
Anschlüsse am Kraftstofftank.

■ Klemmen Sie die Anschlussleitungen (1 im Bild 19) am Aktivkohlefilter (2) ab.
■ Die Schelle öffnen und die Überlaufleitung zum Tankstutzen auf der Kraftstofftankseite abziehen.
■ Die Schnellkupplung öffnen und die mittlere Leitung der Kraftstoffdämpfer vom Aktivkohlefilter zum Regenerierventil trennen.

Sichtprüfung Messen

Bild 21
Tankfangbänder.
1 Schrauben mit Scheiben
2 Fangband (teilweise mit Gummieinlagen)

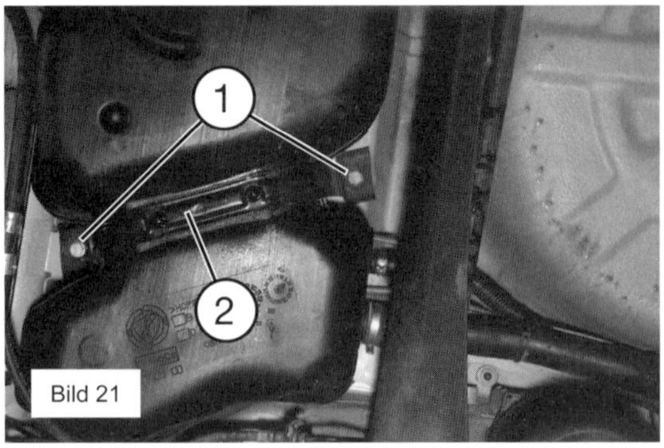


- Die Schelle öffnen und die Muffe zwischen Einfüllstutzen und Kraftstofftank auf der Tankseite abziehen.
- Verschließen Sie den Einfüllstutzen mit sauberen und fusselfreien Lappen.
- Die Halteschellen am Unterboden öffnen und die Kraftstoffleitungen freilegen.
- Die Kraftstoffleitung nach vorne am Unterboden trennen.

⚠ Bei Fahrzeugen mit Zusatzheizung zusätzliche Kraftstoffleitung trennen.

- Unterbauen Sie den Tank mit einem geeigneten Hebewerkzeug (Getriebeheber oder Hubtisch).
- Drehen Sie die Halterungsschrauben des Tankfangbandes heraus.
- Senken Sie den Tank mit dem Einfüllstutzen vorsichtig ab.

☞ Eventuell auslaufenden Kraftstoff mit einem Putzlappen auffangen.

Der Einbau erfolgt in umgekehrter Reihenfolge.

- Verwenden Sie ausschließlich Schellen, die dem Serienstand entsprechen.
- Ersetzen Sie beschädigte Bauteile sofort.
- Prüfen Sie die Dichtheit zu der Kraftstoffanlage zum Aktivkohlefilter und zum Tankstutzen.

## Verhalten bei Falschbetankung

**Falschbetankung beim Ottomotor**
Eigentlich gibt es nur beim Dieselmotor ein massives Problem bei Falschbetankung. Das stimmt aber für die Ottomotoren aufgrund der Abgasaufbereitungssysteme nicht mehr ganz:

- Ottokraftstoff mit geringerer Oktanzahl wird über die Klopfsensoren erfasst und über Veränderungen im Zündzeitpunkt angepasst. Bei Falschbetankung mit Dieselkraftstoff würde je nach Menge der Falschbetankung der Motor nicht mehr oder schlecht anspringen.
- Abgassonden könnten bei einer Vermischung mit Dieselkraftstoff verrußen. Das Kraftstoffsystem kann aber durch Ablassen, Reinigung und Neubefüllung wieder in Betrieb genommen werden.

Bild 22
Tank von unten
1 Kraftstofftank
2 Schrauben mit Scheiben
3 Fangbänder
4 Schrauben
5 Hitzeschutz

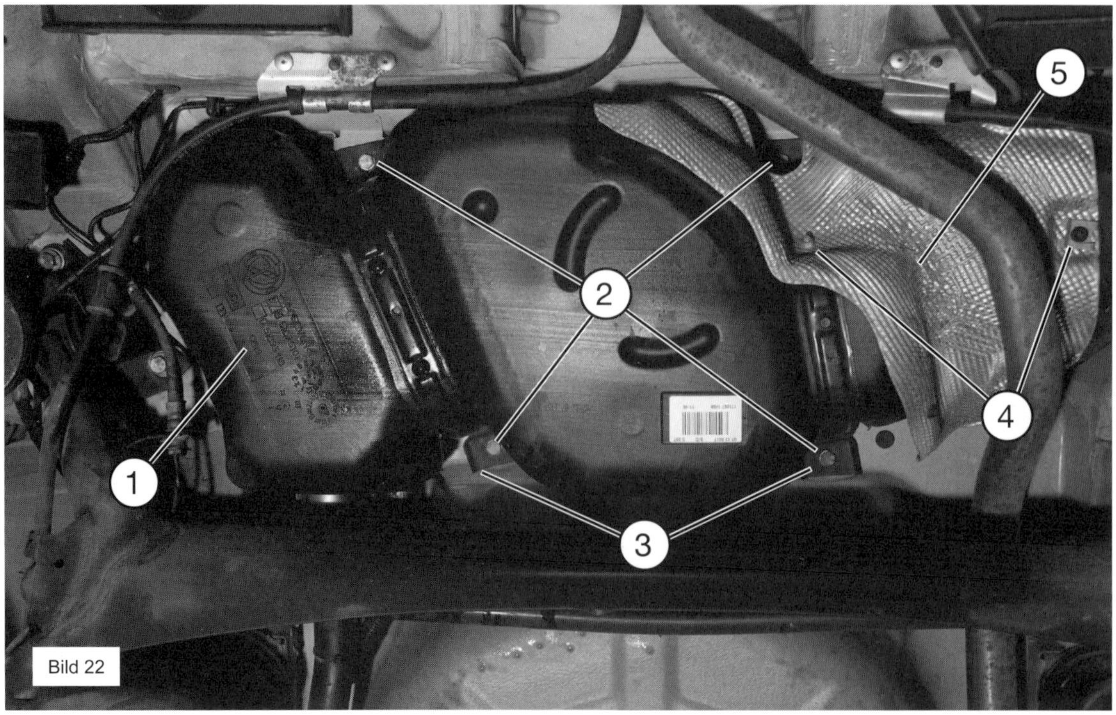

# 8 Kraftstoffaufbereitung und Einspritzung

Gemischaufbereitung, Einspritzung und (Selbst-)Zündung werden durch elektronisch gesteuerte Einspritzsysteme realisiert. Die Aufladung über Abgasturbolader gehört bei einigen Modellen zur Ausrüstung der Motoren, egal ob diese der Gattung »Diesel« oder «Benzin« angehören. Die Benzin-Motoren haben eine Saugrohr-Benzineinspritzung (SRE) und in der stärksten Variante eine Aufladung über Abgasturbolader.

## Benzin-Motoren

Im Fiat 500 kommen nur SRE (Saugrohr-Einspritzer) zum Einsatz. Überwiegend unterscheiden sich die Arbeiten an den einzelnen Motormodellen kaum. Die folgenden Arbeitsbeschreibungen werden wir allgemeingültig verfassen. Die Unterscheidung der Saugmotoren und der Turbomotoren ist zumindest in Sachen Ansteuerung unwesentlich anders.

Im Bild unten stellen wir Ihnen die wichtigsten Komponenten der Benzinmotoren

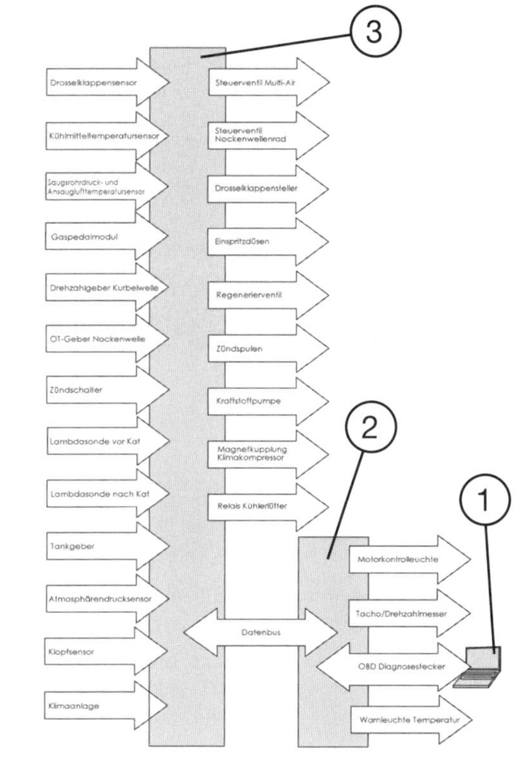


Bild 1

(Ottomotoren) in ihrer ungefähren Einbaulage vor. Für die Diagnose und das Verständnis für den Zugang der Bauteile haben wir Ihnen die Sensoren und Aktoren mit ihren Funktionszusammenhängen gesondert im Bild dargestellt

Bild 1
Informationsfluss für die Gemischaufbereitung. Pfeile »ins« Steuergerät stellen Eingangsgröße dar, Pfeile aus dem Steuergerät stellen Ansteuerbefehle dar, Pfeile in beide Richtungen stellen einen Informationsfluss oder einen Signalfluss in beide Richtungen dar.
1 Bordnetzsteuergerät
2 Diagnosetester
3 Motorsteuergerät

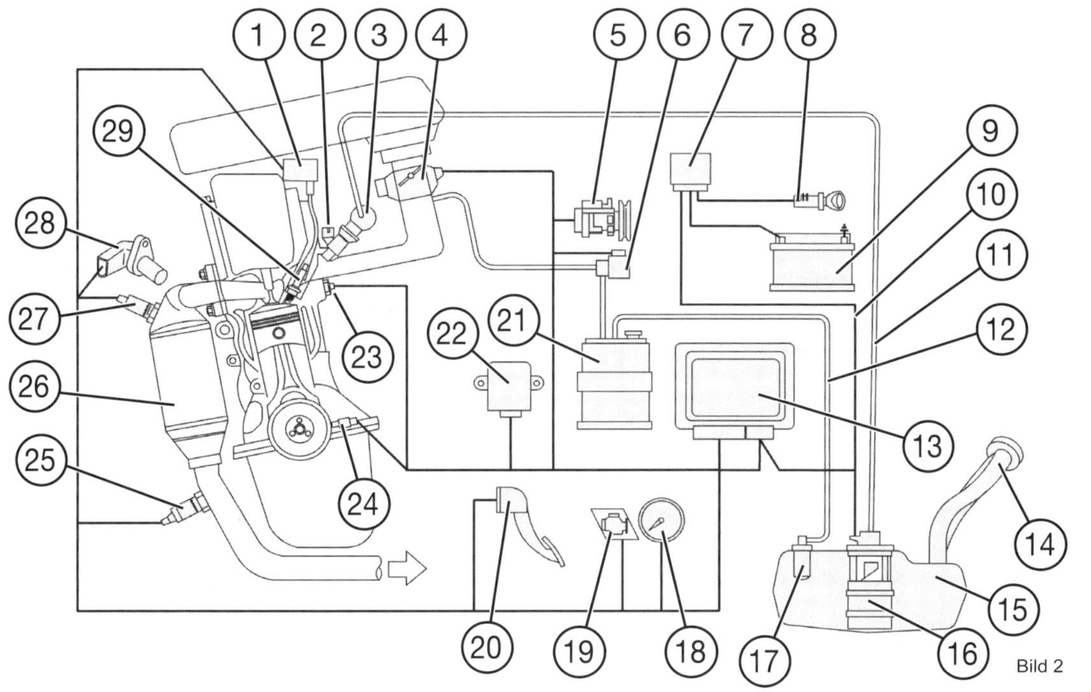

Bild 2

Bild 2
Gemischaufbereitungssystem exemplarisch.
1 Zündmodul
2 Einspritzventil
3 Sammelrohr
4 Drosselklappenmodul
5 Klimakompressor
6 AKF-Ventil
7 Sicherungs- und Verteilerkasten Motorraum
8 Zündschlossmodul
9 Batterie
10 elektrische Leitungen
11 Vorlaufleitung Kraftstoff
12 Tankentlüftung
13 Motorsteuergerät
14 Tankstutzen
15 Tank
16 Tankfördermodul
17 Tankventil
18 Drehzahlmesser/Tacho
19 Motorkontrollleuchte
20 E-Gasmodul
21 Aktivkohlefilter
22 Bordnetzsteuergerät
23 Motortemperaturfühler
24 Kurbelwellengeber
25 Nachkatsonde
26 Katalysator
27 Vorkatsonde
28 Nockenwellengeber
29 Zündkerze

Sichtprüfung Messen

Bild 3
Verteilerrohr und Einspritzdüse.
1 Sicherungsklammer
2 Einspritzdüse
3 Verteilerrohr

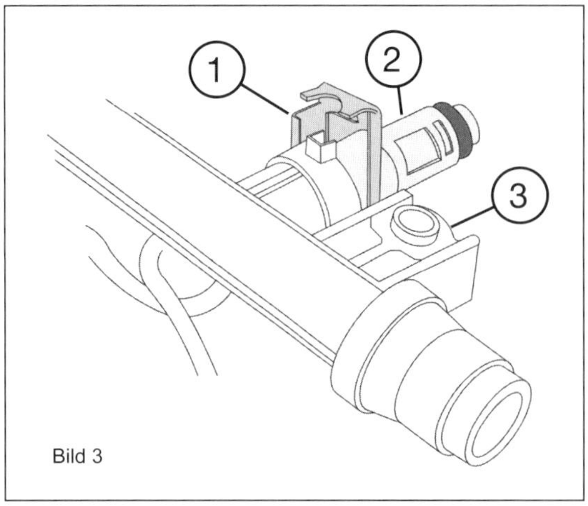


Bild 3

Bild 4
Montageübersicht Einspritzdüse.
1 Verteilerrohr
2 Sicherungsklammer
3 Dichtring
4 Einspritzdüse
5 Dichtring

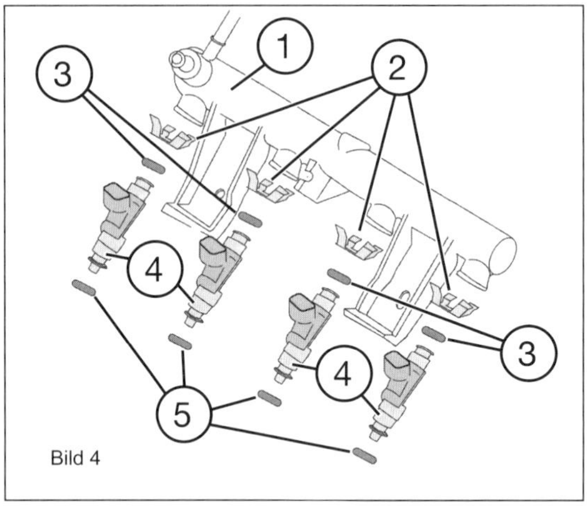


Bild 4

## Einspritzdüsen demontieren

⚠ Kraftstoffsystem steht unter Druck! Tragen Sie Schutzbrille und Schutzhandschuhe, um Verletzungen und Hautkontakt zu vermeiden. Vor dem Lösen von Schlauchverbindungen Putzlappen um die Verbindungsstelle legen. Dann durch vorsichtiges Abziehen des Schlauchs Druck abbauen. Fiat verwendet hier ein Spezialwerkzeug, das mit einem Anschluss das Druckablassen in einen Behälter erlaubt.

**Einspritzdüsen beim 0,9-l- und 1,0-l-Motor demontieren**

- Schalten Sie die Zündung aus und ziehen Sie den Zündschlüssel ab.
- Bauen Sie die Motorabdeckung oben ab.
- Demontieren Sie den Luftfilter.
- Ziehen Sie die Anschlussstecker der Einspritzventile am Kraftstoffverteilerrohr ab.
- Lösen Sie die hinteren Befestigungsschrauben des Kraftstoffverteilerrohrs am Ansaugkrümmer.
- Nehmen Sie das Kraftstoffverteilerrohr heraus.
- Ziehen Sie die Anschlussstecker der Einspritzventile ab.
- Ziehen Sie die Halteklammer (1 im Bild 3) ab und ziehen Sie die Einspritzdüse aus dem Kraftstoffverteilerrohr (3) heraus.

Die Montage erfolgt sinngemäß in umgekehrter Reihenfolge.

- Achten Sie darauf, dass die Gummiringe der Einspritzdüsen unbeschädigt sind.
- Die Halteklammern der Einspritzdüsen dürfen weder verformt noch beschädigt sein.

**Einspritzdüsen beim 1,2-l-Motor demontieren**

- Schalten Sie die Zündung aus und ziehen Sie den Zündschlüssel ab.
- Bauen Sie die Motorabdeckung oben ab.
- Demontieren Sie den Luftfilter.
- Lassen Sie den Kraftstoffdruck am Sammelrohr ab.
- Drehen Sie die Schrauben am Kraftstoffverteilerrohr heraus und nehmen Sie es aus seinem Sitz heraus.
- Ziehen Sie die Anschlussstecker der Einspritzventile ab.
- Öffnen Sie die Schnellkupplung zum Verteilerrohr und ziehen Sie die Kraftstoffleitung ab.
- Nehmen Sie das Kraftstoffverteilerrohr heraus.
- Ziehen Sie die Halteklammer (1 im Bild 3) ab und ziehen Sie die Einspritzdüse aus dem Kraftstoffverteilerrohr (3) heraus.

Die Montage erfolgt sinngemäß in umgekehrter Reihenfolge.

- Achten Sie darauf, dass die Gummiringe der Einspritzdüsen unbeschädigt sind.
- Die Halteklammern der Einspritzdüsen dürfen weder verformt noch beschädigt sein.

**Einspritzdüsen beim 1,4-l-Motor demontieren**

- Schalten Sie die Zündung aus und ziehen Sie den Zündschlüssel ab.
- Klemmen Sie den Minuspol der Batterie ab.
- Bauen Sie die Motorabdeckung oben ab.

■ Demontieren Sie den Luftfilter komplett.
■ Bauen Sie das Luftführungsrohr zwischen Luftfilter und Drosselklappengehäuse aus.
■ Ziehen Sie die Motorentlüftungsleitung vom Luftführungsrohr ab.
■ Lassen Sie den Kraftstoffdruck am Sammelrohr ab.
■ Drehen Sie die Schraube des Nockenwellensensors heraus.
■ Ziehen Sie den Nockenwellensensor heraus.
■ Legen Sie den Nockenwellensensor mit dem Anschlusskabel aus dem Arbeitsbereich heraus.
■ Ziehen Sie den Zentralstecker am Drosselklappenstück für die Verkabelung der Einspritzventile ab und nehmen Sie das Kabel aus dem Haltebügel heraus.
■ Ziehen Sie die Anschlussstecker der Einspritzventile ab.
■ Drehen Sie die Schrauben am Kraftstoffverteilerrohr heraus und nehmen Sie es aus seinem Sitz heraus.
■ Ziehen Sie die Halteklammer (1 im Bild 3) ab und ziehen Sie die Einspritzdüse aus dem Verteilerrohr (3) heraus.

Die Montage erfolgt sinngemäß in umgekehrter Reihenfolge.
■ Achten Sie darauf, dass die Gummiringe der Einspritzdüsen unbeschädigt sind.
■ Die Halteklammern der Einspritzdüsen dürfen weder verformt noch beschädigt sein.

## Einspritzdüsen prüfen

Alle Sicherungen müssen in Ordnung sein. Der Masseanschlüsse zwischen Motor (an der Getriebeglocke) und Karosserie (unter der Batterie) sowie im Wasserkasten müssen in Ordnung sein. Die Batteriespannung muss mindestens 12,5 V betragen. Der Geber für Motordrehzahl, das Kraftstoffpumpenrelais sowie der Hallgeber müssen fehlerfrei arbeiten.

**Widerstandsmessung Spule des Einspritzventils**

Hier kann lediglich der statische Zustand der Spule bewertet werden. Ist die Wicklung gebrochen, kann trotz erfolgreicher Ohm'scher Prüfung ein dauerhafter oder gelegentlicher (sporadischer) Ausfall der Einspritzdüse vorliegen.
■ Schalten Sie die Zündung aus.
■ Ziehen Sie die Anschlussstecker der Einspritzventile ab.
■ Stellen Sie das Multimeter auf einen Messbereich von 200 Ω ein.
■ Schließen Sie den Anschluss 1 der Einspritzdüse an die rote Messspitze des Multimeters an.
■ Schließen Sie die schwarze Messspitze des Multimeters an die Batteriemasse oder an den Anschluss 2 an. Sie sollten nun einen Messwert von etwa 13 Ω bis 15 Ω ablesen können.

**Versorgungsspannung prüfen**

Die Einspritzventile werden über das Kraftstoffpumpenrelais mit Spannung versorgt (+). Das Motorsteuergerät taktet die Einspritzventile über Masse (-) nach Bedarf an. Über die Ansteuerungszeit wird die Einspritzmenge definiert.
■ Ziehen Sie die Anschlussstecker der Einspritzventile ab.
■ Stellen Sie das Multimeter auf einen Messbereich von 20 V ein.
■ Schalten Sie die Zündung ein.
■ Schließen Sie an den Anschluss 1 des Steckers für die Einspritzdüse die rote Messspitze des Multimeters an.
■ Schließen Sie die schwarze Messspitze des Multimeters an die Batteriemasse oder an die Fahrzeugmasse an. Es sollte nun eine Spannung von 12 V anliegen.

*Wenn an keinem Zylinder Spannung anliegt:*
■ Schalten Sie die Zündung aus.
■ Prüfen Sie den Zustand der Sicherung F22 im Sicherungsträger im Motorraum.
■ Prüfen Sie den Zustand des Kraftstoffpumpenrelais.

**Ansteuerung über das Motorsteuergerät prüfen**

■ Schließen Sie eine Diodenprüflampe an den Kontakt (2) des Steckers vom Einspritzventil des Zylinders 1 an.
■ Schließen Sie den zweiten Anschluss der Prüflampe an den Batterieminuspol an.

Sichtprüfung | Messen

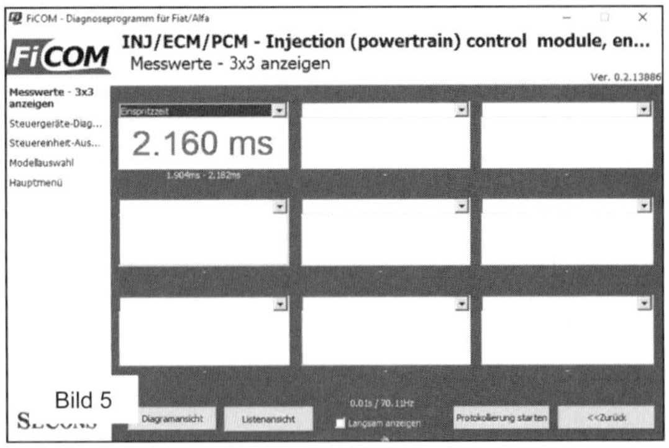


Bild 5

Bild 5
Istwertabfrage über den OBD-Tester. Ein schönes Beispiel für einen Messwert, den nicht jeder OBD-Tester für unseren Fiat anzeigen kann.

Bild 6

Bild 6
Anschluss der Messadapter am Einspritzventil.

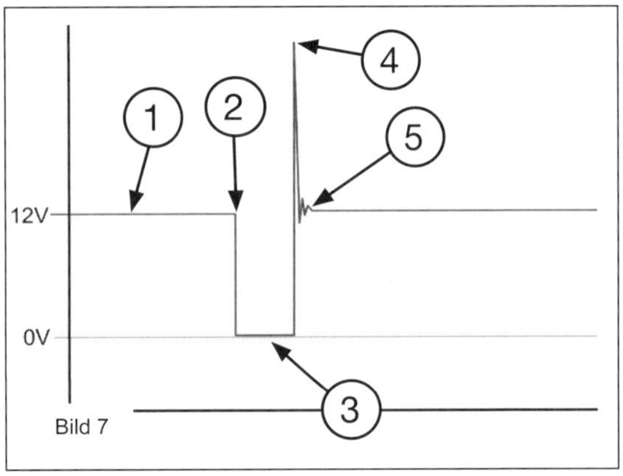


Bild 7

Bild 7
Signalbild Einspritzventil.
1 12 V »Ruhespannung«
2 Aufschaltung der Masse
3 Öffnungszeit
4 Abschaltpeek
5 Ausschwingung des Magnetfeldes

- Schalten Sie die Zündung ein. Die Diodenprüflampe sollte nun leuchten.
- Betätigen Sie den Anlasser und achten Sie auf die Leuchtdiode. Die Leuchtdiode sollte flackern.
- Wiederholen Sie die Prüfung an den Steckern von den Einspritzventilen der anderen Zylinder.
- Schalten Sie die Zündung aus.

### Einspritzzeit über das Motorsteuergerät auslesen.

Hier wird geprüft, ob die Software des Steuergerätes die Ansteuerung der Einspritzdüsen vorsieht. Die genaue Vorgehensweise werden wir am Ende dieses Kapitels unter der Überschrift »Fahrzeugdiagnosetester einsetzen« beschreiben.

- Schalten Sie die Zündung ein.
- Schließen Sie den OBD-Tester an die OBD-Anschlussdose an.
- Prüfen Sie, ob im Fehlerspeicher des Motorsteuergerätes ein Fehler vorliegt.
- Lesen Sie über die »Istwerte« die Einspritzzeit aus. Die Einspritzzeit sollte bei etwa 5 bis 8 ms liegen.

### Einspritzzeit mit dem Oszilloskop messen.

Hier wird geprüft, ob das Steuergerät die Ansteuerung der Einspritzdüsen tatsächlich durchführt. Die Ansteuerung erfolgt über das Steuergerät über Masse. Der Messpunkt wird auf die Ansteuerseite des Steuergerätes gelegt (Pin 2 der Einspritzdüse). Deswegen ist bei nicht angesteuerter Einspritzdüse eine Spannung von 12 V (1 im Bild 7) ablesbar. Bei Ansteuerung wird die Masse aufgeschaltet und der Spannungswert am Messpunkt fällt auf 0 V (2) ab. Für die Öffnungszeit (3) verbleibt der Spannungswert am Messpunkt bei 0 V. Beim Abschalten der Ansteuerung erfolgt durch den Magnetfeldabbau in der Spule des Einspritzventils eine Spannungsspitze (4), die durchaus bei 30 V bis 40 V liegen kann. Die Ausschwingungen am Ende (5) entstehen durch die Wechselwirkung von Spannungsaufbau und Selbstinduktion in der Spule des Einspritzventils.

Die Ansteuerung der Einspritzdüsen erfolgt nur dann, wenn die Zündung eingeschaltet ist, die Motordrehzahl größer als 40 1/min ist und nach der Vordrucklaufzeit von 3 Sekunden ein Motordrehzahlsignal erfolgt (Kurbelwellengeber).

- Ziehen Sie die Anschlussstecker der Einspritzventile ab.
- Stellen Sie das Oszilloskop auf einen Messbereich von 5 V/Teiler und 10 ms/Teiler ein.
- Schließen Sie an den Anschluss 1 des Steckers für die Einspritzdüse die rote Messspitze des Multimeters über einen Messadapter (Bild 6) an.
- Verbinden Sie den Anschlussstecker und den Anschlusspin 1 der Einspritzdüse über einen Messadapter (Bild 6).
- Schließen Sie die schwarze Messspitze

des Multimeters an die Batteriemasse oder an die Fahrzeugmasse an.

- Schalten Sie die Zündung ein. Es sollte nun eine Spannung von 12 V anliegen (1 im Bild 7).
- Starten Sie den Motor. Sie sollten nun das Signalbild ähnlich dem Bild 7 erkennen können.

**Spritzbild und Dichtigkeit der Einspritzdüse bewerten.**

Die Einspritzdüse ist ein Verschleißteil. Sie kann im Laufe der Zeit undicht werden oder auch ein unsauberes Spritzbild aufweisen. Das wiederum kann zu einer ungleichmäßigen Gemischbildung in diesem Zylinder führen.

*Bewertung des Spritzbildes:*

Die Ansteuerung der Einspritzdüsen erfolgt nur dann, wenn die Zündung eingeschaltet ist, die Motordrehzahl größer als 40 1/min ist und nach der Vordrucklaufzeit von 3 Sekunden ein Motordrehzahlsignal erfolgt (Kurbelwellengeber).

- Bauen Sie die Einspritzdüse zusammen mit dem Kraftstoffverteilerrohr wie bereits beschrieben aus.
- Belassen Sie die Einspritzdüse im Verteilerrohr eingesteckt und mit der Sicherungsklammer gesichert.
- Schließen Sie eine Messuhr (5 im Bild 16 im Kapitel 7) mit einem Messbereich von etwa 10 bar mit dem passenden Adapter mit T-Stück (6) an die Kraftstoffvorlaufleitung an.
- Stecken den Adapter auf das Kraftstoffverteilerrohr auf.
- Ziehen Sie die Anschlussstecker zu den Zündspulen ab.
- Schalten Sie die Zündung ein oder steuern Sie die Kraftstoffpumpe wie bei der Fördermengenprüfung mit einem Fernschalter an.
- Kontrollieren Sie, dass der Kraftstoffdruck etwa 3,5 bar erreicht.
- Starten Sie den Motor (zweiter Mechaniker) und beobachten Sie das Spritzbild der Einspritzdüse.

Es sollte kegelförmig ausgeprägt sein und der Kraftstoff fein vernebelt werden.

Bild 8

Bild 8
Gutes Spritzbild einer Einspritzdüse.

*Dichtheitsprüfung der Einspritzdüse:*

- Schalten Sie die Zündung aus.
- Bauen Sie die Einspritzdüse zusammen mit dem Kraftstoffverteilerrohr wie bereits beschrieben aus.
- Belassen Sie die Einspritzdüse im Verteilerrohr eingesteckt und mit der Sicherungsklammer gesichert.
- Schließen Sie eine Messuhr (5 im Bild 16 im Kapitel 7) mit einem Messbereich von etwa 10 bar mit dem passenden Adapter mit T-Stück (6) an die Kraftstoffvorlaufleitung an.
- Stecken den Adapter auf das Kraftstoffverteilerrohr auf.
- Schalten Sie die Zündung ein oder steuern Sie die Kraftstoffpumpe wie bei der Fördermengenprüfung mit einem Fernschalter an.
- Kontrollieren Sie, dass der Kraftstoffdruck etwa 3,5 bar erreicht.

Beobachten Sie, ob kein Kraftstoff aus der Düse heraustropft. Ohne den elektrischen Anschluss muss die Einspritzdüse geschlossen bleiben.

## Zündanlagen Benzinmotoren

Ein weiterer Teil des Systems ist die Zündanlage. Für alle Motoren wird eine Zündspule mit Leistungsendstufe für jeden Zylinder eingesetzt.
Dieser Zündtravo ist beim 0,9-l-, 1,0-l- und beim 1,4-l-Motor gleichzeitig der Zündkerzenstecker. Beim 1,2-l-Motor erfolgt der Hochspannungsanschluss der Zündkerzen noch über Zündkabel. Bei allen Systemen spricht man hier von einer »ruhenden Verteilung«. In diesem Unterkapitel werden speziell die Bauteile behandelt, die die Zündanlage betreffen. Das Motorsteuergerät ist mit Eigendiagnose ausgestattet.

Sichtprüfung Messen

Bild 9

Bild 9
Zündspulen beim 0,9-l- und 1,0-l-Motor.
1 Zündspulen
2 Schrauben
3 Steckerrasten
4 Steckkontakte

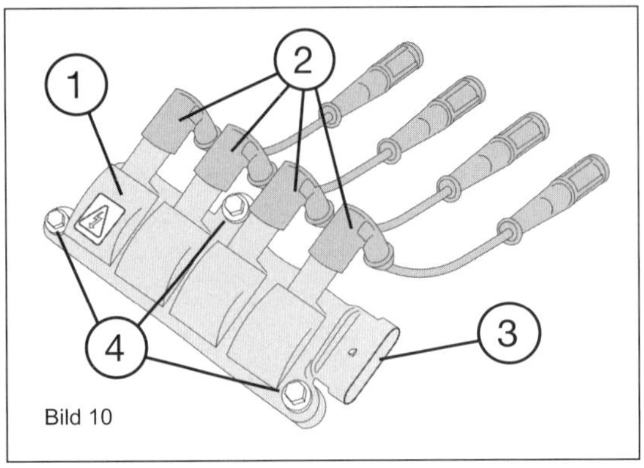

Bild 10

Bild 10
Zündspulen beim 1,2-l-Motor.
1 Zündmodul
2 Zündkabel zu den Zündkerzen
3 Anschlussstecker
4 Schrauben

Zur einwandfreien Funktion der elektrischen Bauteile ist eine Spannung von mindestens 11,5 V erforderlich. Bei einigen Prüfungen kann es vorkommen, dass vom Steuergerät ein Fehler erkannt und gespeichert wird. Deshalb ist nach Beendigung aller Prüfungen und Reparaturen der Fehlerspeicher abzufragen und ggf. zu löschen. Springt der Motor nach der Fehlersuche, Reparatur oder Prüfungen von Bauteilen nur kurz an und geht dann aus, kann das daran liegen, dass die Wegfahrsicherung das Motorsteuergerät sperrt. Dann muss der Fehlerspeicher abgefragt werden und ggf. das Steuergerät angepasst werden.

⚠ Um Verletzungen von Personen und/oder eine Zerstörung der Einspritz- und Zündanlage zu vermeiden, dürfen die Zündleitungen bei laufendem Motor bzw. bei Anlassdrehzahl nicht berührt bzw. abgezogen werden. Die Leitungen der Einspritz- und Zündanlage (auch Messgeräteleitungen) nur bei ausgeschalteter Zündung ab- und anklemmen.

⚠ Ist bei Probefahrten der Einsatz von Prüf- und Messgeräten erforderlich, müssen die Geräte immer auf dem Rücksitz befestigt und durch eine zweite Person auch von dort bedient werden. Wenn die Prüf- und Messgeräte vom Beifahrersitz aus bedient werden, könnte es bei einem Unfall durch das Auslösen des Beifahrer-Airbags zu Verletzungen der dort sitzenden Person kommen.

☞ Wenn der Motor mit Anlassdrehzahl betrieben werden soll, ohne dass er anspringt:

- Ziehen Sie alle 4-fach-Stecker von den Zündspulen ab.
- Ziehen Sie die entsprechende Sicherung aus dem Sicherungshalter. Durch das Entfernen der Sicherung wird die Spannungsversorgung der Einspritzventile unterbrochen.

**Zündspulen beim 0,9-l- und 1,0-l-Motor aus und einbauen (Bild 9)**

- Zündung abschalten und Zündschlüssel abziehen.
- Luftfilterkasten komplett ausbauen.
- Klemmen Sie den Masseanschluss von der Batterie ab.
- Elektrische Steckverbindung (4) an der jeweiligen Zündspule (1) entriegeln und trennen.
- Schraube (2) an der jeweiligen Zündspule herausschrauben.
- Zündspulen (1) gerade nach oben herausziehen und in der Einbaureihenfolge ablegen.

Die Montage erfolgt sinngemäß in umgekehrter Reihenfolge.

- Ziehen Sie die Zündspulen fest und stecken Sie die Anschlusskabel wieder auf. Achten Sie auf die Verrastung der Stecker und den richtigen Sitz auf der Zündspule.
- Fehlerspeicher auslesen, ggf. löschen.

**Zündspulen beim 1,2-l-Motor aus- und einbauen (Bild 10)**

- Zündung abschalten und Zündschlüssel abziehen.
- Klemmen Sie den Masseanschluss von der Batterie ab.
- Abdeckung über dem Motor ausbauen (soweit verbaut).
- Luftfilterkasten komplett ausbauen.
- Elektrische Steckverbindung (3) am Zündmodul (1) entriegeln und trennen.
- Die Zündkabel (2) zu den Zündkerzen ab-

ziehen und freilegen.

- Die Schrauben (4) am Zündmodul herausschrauben und abnehmen.
- Das Zündmodul (1) herausnehmen.

Die Montage erfolgt sinngemäß in umgekehrter Reihenfolge.

- Ziehen Sie die Schrauben des Zündmoduls fest und stecken Sie die Anschlusskabel wieder auf. Achten Sie auf die Verrastung der Stecker und den richtigen Sitz der Zündkabel auf den Zündkerzen.
- Fehlerspeicher auslesen, ggf. löschen.

**Zündspulen beim 1,4-l-Motor aus- und einbauen (Bild 11)**

- Zündung abschalten und Zündschlüssel abziehen.
- Klemmen Sie den Masseanschluss von der Batterie ab.
- Abdeckung über dem Motor ausbauen (soweit verbaut).
- Luftfilterkasten komplett ausbauen.
- Die elektrische Steckverbindung zu den Zündspulen am Zylinderkopf abziehen und die Kabel freilegen.
- Die Schraube zum Masseanschluss herausdrehen und den Anschluss abnehmen.
- Die Zündspulen mit den angeschlossenen Kabeln lösen und gerade nach oben zusammen mit dem Anschlusskabel herausnehmen.
- Die elektrische Steckverbindung (4) an der jeweiligen Zündspule (1) auf der Werkbank entriegeln und trennen.
- Die Zündspulen in Montagereihenfolge ablegen.

Die Montage erfolgt sinngemäß in umgekehrter Reihenfolge.

- Montieren Sie den Kabelsatz zu den einzelnen Zündspulen auf der Werkbank vor.
- Ziehen Sie die Zündspulen fest und stecken Sie die Anschlusskabel wieder auf. Achten Sie auf die Verrastung der Stecker und den richtigen Sitz auf der Zündspule.
- Fehlerspeicher auslesen, ggf. löschen.

**Versorgungsspannung der Zündspulen prüfen**

Für die folgenden Prüfungen sollte Sie auch einen Schaltplan für Ihr Fahrzeug bereit-

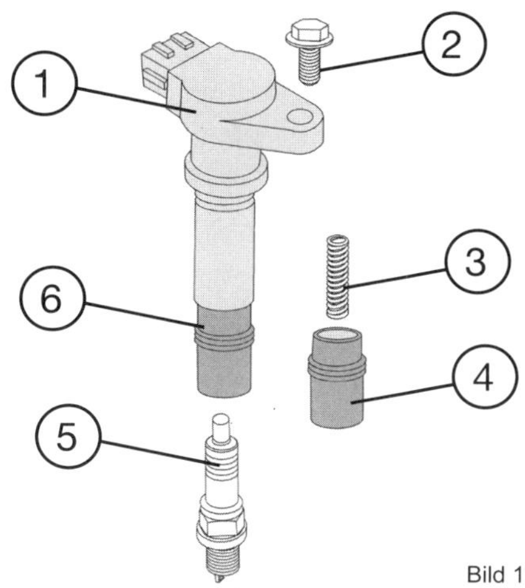

Bild 11

halten. Nur so können Sie den Verschaltungsverlauf im Bordnetz des Fahrzeugs nachvollziehen. Die Batteriespannung muss mindestens 11,5 V betragen. Der Geber für Motordrehzahl, der Hallgeber und die Sicherung für die Spannungsversorgung müssen in Ordnung sein. Zündspulen und Leistungsendstufe sind ein Bauteil und können nicht einzeln ersetzt werden.

- Abdeckung über dem Motor ausbauen (soweit verbaut).
- Luftfilterkasten komplett ausbauen.
- Zündung abschalten und Zündschlüssel abziehen.

*0,9-l- und 1,0-l-Motor:*

- Luftfilterkasten komplett ausbauen.
- Ziehen Sie den Stecker (4 im Bild 9) von der zu prüfenden Zündspule ab.
- Messen Sie die Versorgungsspannung mit dem Multimeter und Hilfsleitungen zwischen den Kontakten (2 + 1) des abgezogenen Steckers.

Der Anschlusspin 2 ist die Spannungsversorgung über die Sicherung 17 im Sicherungskasten im Motorraum. Der Anschlusspin 1 ist der Masseanschluss.

*1,2-l-Motor:*

- Abdeckung über dem Motor ausbauen (soweit verbaut).
- Luftfilterkasten komplett ausbauen.
- Ziehen Sie den Stecker des Zündmodules (3 im Bild 10) ab.
- Messen Sie die Versorgungsspannung

Bild 11
Zündspulen beim 1,4-l-Motor.
1 Zündspule
2 Schraube
3 Feder (Reparatursatz)
4 Dichtungstülle (Reparatursatz)
5 Zündkerze
6 Dichtungstülle auf der Zündspule

mit dem Multimeter und Hilfsleitungen zwischen den Kontakten (1 + 6) des abgezogenen Steckers.

Der Anschlusspin 3 ist die Spannungsversorgung über die Sicherung 22 im Sicherungskasten im Motorraum. Der Anschlusspin 6 ist der Masseanschluss.

*1,4-l-Motor:*

- Abdeckung über dem Motor ausbauen (soweit verbaut).
- Luftfilterkasten komplett ausbauen.
- Ziehen Sie den Stecker von der zu prüfenden Zündspule ab.
- Messen Sie die Versorgungsspannung mit dem Multimeter und Hilfsleitungen zwischen den Kontakten (2 + 3) des abgezogenen Steckers.

Der Anschlusspin 3 ist die Spannungsversorgung über die Sicherung 22 im Sicherungskasten im Motorraum. Der Anschlusspin 3 ist der Masseanschluss.

*Weiter für alle Varianten:*

- Schalten Sie die Zündung ein.

Sie sollten mindestens 11,5 V messen können.

- Schalten Sie die Zündung aus.

**Fehlersuche an Einzelfunkenspulen**

Sowohl bei den 0,9-l- und 1,0-l-Motoren als auch bei den 1,4-l-Motoren ist die folgende Prüfung möglich. Die 1,2-l-Motoren sind mit einem Zündmodul ausgestattet. Hier ist ein Austausch zwischen den einzelnen Zylindern zum Testen nicht möglich.

Bei einem ausgefallenen Zylinder kann die Zündspule des Zylinders, die Ansteuerung der Spule oder aber auch die Motormechanik die Ursache sein. Um die Zündspule ausschließen zu können, bauen Sie die Zündspule des ausgefallenen Zylinders und eine weitere eines laufenden Zylinders aus und tauschen diese untereinander aus.

- Läuft nun der andere Zylinder nicht mehr mit, können Sie davon ausgehen, dass die Zündspule defekt ist.
- Verändert sich nichts, müssen Sie den Fehler in der Zündkerze, der Ansteuerung der Spule oder Motormechanik suchen.
- Lesen Sie grundsätzlich immer den Fehlerspeicher aus.

**Zündkerzen aus- und einbauen**

- Bauen Sie die Zündspulen aus.
- Blasen Sie den Kerzenschacht mit Druckluft aus.
- Drehen Sie die Zündkerzen heraus. Ein aufgesteckter Schlauch auf die Zündkerzenkeramik kann hier sehr hilfreich sein, um die Zündkerze aus dem Schacht zu ziehen.

Die Montage erfolgt sinngemäß in umgekehrter Reihenfolge.

- Ziehen Sie die Zündkerzen fest und stecken Sie die Zündspulen wieder auf.
- Verschrauben Sie die Zündspulen wieder.

## Kraftstofffilter wechseln

**Kraftstofffilter beim Benzinmotor**

Der Kraftstofffilter ist nur beim Dieselmotor extern verbaut. Bei den Benziner-Modellen ist er in der Tankfördereinheit integriert. Der Wechsel ist nicht vorgesehen. Der Filter ist wie auch bei anderen Herstellern für einen lebenslangen Einsatz ausgelegt. Unter diesem Aspekt ist der Einbau in der Kraftstofffördereinheit nicht abwegig.

## Luftfilter wechseln

⚠ Beim Ausblasen des Luftfiltergehäuses mit Pressluft ist Folgendes zu beachten: Zur Vermeidung von Funktionsstörungen bitte die kritischen luftführenden Motorbauteile wie Luftmassenmesser, Lufteinlassrohre usw. mit einem sauberen Putzlappen abdecken. Schlauchstutzen und Schläuche für Ladeluftsystem müssen vor dem Montieren öl- und fettfrei sein. Verwenden Sie keine silikonhaltigen Gleitmittel bei der Montage.

**Vorarbeiten**

- Grundsätzlich sollten Sie das Gehäuse reinigen und wenn erforderlich auch mit einem Staubsauger aussaugen, um Rückstände gründlich zu entfernen.

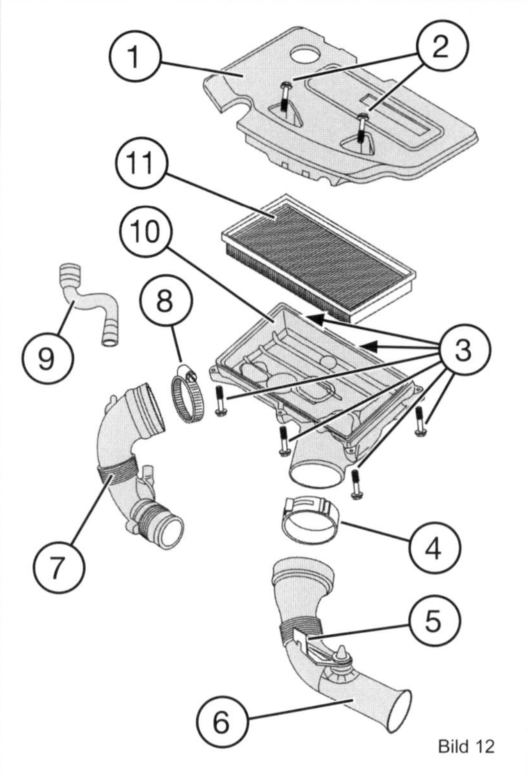

Bild 12

■ Motorraumabdeckung und Innenraumklappe über Motor ausbauen.

**Demontage des Luftfiltereinsatzes beim 0,9-l- und 1,0-l-Motor (Bild 12)**

■ Stellen Sie den Motor ab und öffnen Sie die Motorhaube.
■ Lösen Sie die Schelle (8 im Bild 12).
■ Ziehen Sie das Luftführungsrohr (7) vom Luftfilterkasten ab.
■ Lösen Sie die Verschraubung des Luftführungsrohrs (6) am Halter (5).
■ Drehen Sie die beiden Schrauben (2) heraus.
■ Ziehen Sie den Luftfilterkasten aus der Halterung im Ansaugrohr nach vorne heraus.
■ Soweit erforderlich ziehen Sie den Entlüftungsschlauch (9) ab.
■ Nehmen Sie den Luftfilterkasten komplett nach oben heraus.
■ Legen Sie den Luftfilterkasten auf der Oberseite auf einer Unterlage auf der Werkbank ab.
■ Drehen Sie die Schrauben (3) von unten heraus.
■ Nehmen Sie den Luftfilterkasten (10) ab.
■ Nehmen Sie den Luftfiltereinsatz heraus und erneuern Sie ihn.

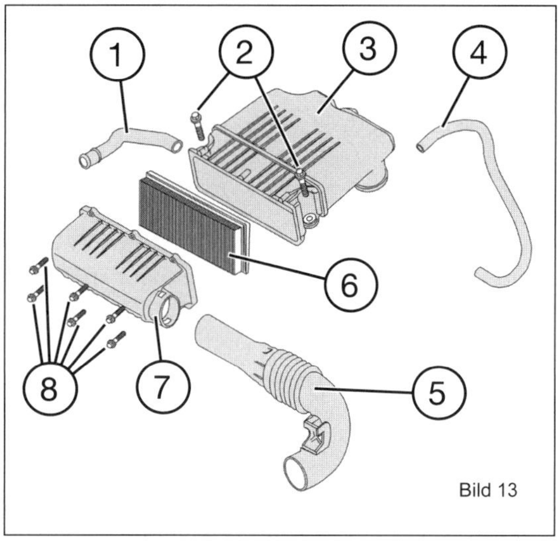

Bild 13

Die Montage erfolgt sinngemäß in umgekehrter Reihenfolge.

**Demontage des Luftfiltereinsatzes beim 1,2-l-Motor (Bild 13)**

■ Stellen Sie den Motor ab und öffnen Sie die Motorhaube.
■ Drücken Sie die Rastnasen am Luftfilterkasten vorne (7 im Bild 13) und ziehen Sie das Ansaugrohr zur Fahrzeugfront heraus.
■ Drehen Sie die Befestigungsschrauben (2) heraus.
■ Lösen Sie den kompletten Luftfilter vom Drosselklappengehäuse und dem hinteren Haltezapfen auf dem Ansaugrohr.
■ Drehen Sie die Befestigungsschrauben (8) heraus und nehmen Sie den Luftfilterkasten vorne ab.
■ Nehmen Sie dem Luftfiltereinsatz (6) heraus.

Die Montage erfolgt sinngemäß in umgekehrter Reihenfolge.
■ Achten Sie auf den Sitz deLuftführung (7)

**Demontage des Luftfiltereinsatzes beim 1,4-l-Motor (Bild 14)**

■ Stellen Sie den Motor ab und öffnen Sie die Motorhaube.
■ Lösen Sie die Schraube für die Luftführung zur Fahrzeugfront (7 im Bild 14).
■ Ziehen Sie das Luftführungsrohr (7) vom Luftfilterkasten vorne (9) ab.
■ Drehen Sie die Befestigungsschrauben (8) heraus und nehmen Sie den Luftfilterkasten vorne (9) ab.

Bild 12
Luftfilter beim 0,9-l- und 1,0-l-Motor.
1 Luftfilterkastendeckel
2 Schrauben
3 Schrauben
4 Schelle
5 Halter
6 Luftführung
7 Luftführung Turboanschluss
8 Schelle
9 Motorentlüftung
10 Luftfilterkasten
11 Luftfiltereinsatz

Bild 13
Luftfilter beim 1,2-l-Motor.
1 Schlauch
2 Schraube
3 Luftfilterkasten hinten
4 Schlauch
5 Ansaugrohr
6 Luftfiltereinsatz
7 Luftfilterkasten vorne
8 Schrauben

Bild 14
Luftfilter beim 1,4-l-Motor.
1 Luftfilterkasten hinten
2 Schrauben
3 Schlauch
4 Schelle
5 Schelle
6 Luftführung
7 Luftführung zur Fahrzeugfront
8 Schrauben
9 Luftfilterkasten vorne
10 Luftfiltereinsatz

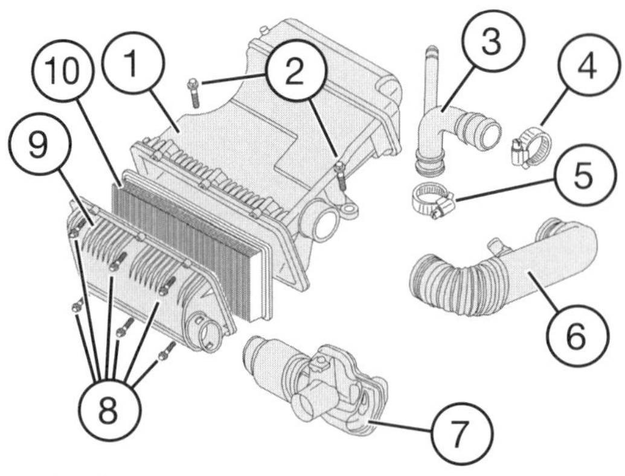


Bild 14

Bild 15
Anschluss Handtester an der OBD-Anschlussdose.

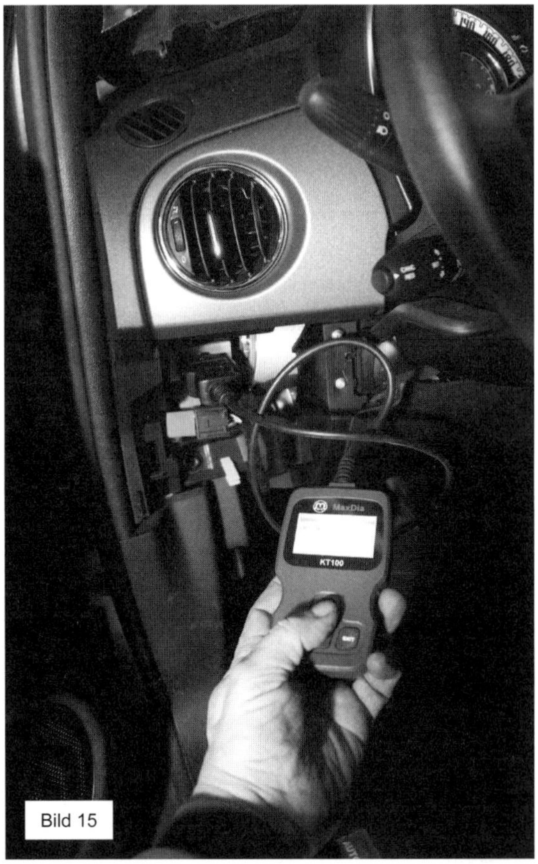

Bild 15

Bild 16
Anschluss Dauerladegerät an der Fahrzeugbatterie.

Bild 16

■ Nehmen Sie dem Luftfiltereinsatz (10) heraus.

Die Montage erfolgt sinngemäß in umgekehrter Reihenfolge.

## Fahrzeugdiagnosetester einsetzen

Es gibt eine Reihe von Arbeiten im Bereich der Einspritz- und Zündanlage, die man ohne Tester mit Übung und Erfahrung, unter Einsatz bestimmter Spezialwerkzeuge und am besten auch mit fachkundiger Beratung in einer Mietwerkstatt ausführen kann. Darauf gehen wir mit den folgenden Arbeitsbeschreibungen ein. Vielfach aber kann man an den elektronisch gesteuerten Einspritzsystemen nur selbst Hand anlegen, wenn man über einen Diagnosetester verfügt.
Das Steuergerät kann zwar viele Fehler an elektrischen Teilen der Einspritz- und Zündanlage per Selbstdiagnose erkennen und sie in einem Fehlerspeicher ablegen. Dabei wird auch eine Entscheidung getroffen, ob es sich um permanente Fehler oder um sporadische Mängel handelt.

**Diagnosegeräte**
Die Marken-Werkstätten verwenden ein eigenes Diagnosesystem, das für die einzelne Marke abgestimmt ist. Mit geeigneter Software und gewisser Kenntnis der Funktions- und Vorgehensweise sind auch andere Werkstattsysteme zu verwenden, wie sie in vielen Mietwerkstätten vorhanden sind. Wir haben schon auf das System vom »VCDS«-Vertreiber (freier Tester mit Zuschnitt auf die Fahrzeuge der VAG-Gruppe) FiCom hingewiesen. Es ist absehbar, dass sich dieser hochwertige Tester in freien Werkstätten verbreitet. Die Firma PCI Tuning bietet auf Internetseiten Informationen und Unterstützung auch für diesen Ableger ihrer Tester-Reihe an. Auch zu diesem Thema stellen wir Ihnen den Einsatz des Diagnosetesters vor. Hier möchten wir die Istwerte für die Gemischaufbereitung erfassen und darstellen. Die Fehlerspeicherauslese unterscheidet sich kaum von den Arbeitsschritten, die wir Ihnen zum Anfang dieses Kapitels vorgestellt haben.

### »Read und Erase«-Geräte

Die günstigste Variante sind so genannte »Read und Erase«-Geräte, die durchaus schon für 25 Euro aufwärts erstanden werden können. Neben dem Lesen des Fehlerspeichers (Read) und dem Löschen des Fehlerspeichers (Erase) lassen sich auch Live-Daten (Messwerte aus den Bauteilen, die über das Steuergerät überwacht werden) auslesen. So lassen sich schnell die erfassten Werte auf Plausibilität überprüfen. Wenn Sie bei einer angezeigten Ansaugtemperatur von -40° in kurzer Hose danebenstehen, dürfte der Messwert wahrscheinlich nicht korrekt sein. Sensor und Kabel müssen geprüft werden.

In den meisten Fällen ist es aber nicht möglich mit den OBD-Scannern andere Steuergeräte als das Motorsteuergerät abzufragen. Natürlich gibt es auch hier Geräte, die markenspezifisch eine größere Diagnosetiefe aufweisen.

### Anschluss am Fahrzeug

Je nachdem, ob Sie einen Tester verwenden, der speziell für die Diagnose über OBD ausgelegt ist, erfolgt die Spannungsversorgung für den Tester über die OBD-Anschlussdose.

Bei den meisten Laptops oder Tablet-Lösungen muss darauf geachtet werden, dass die Akkuladung ausreichend groß ist oder eine Spannungsversorgung über das Ladegerät hergestellt werden an.

Auch das Fahrzeug sollte mit einem Dauerladegerät mit Spannung versorgt werden (siehe auch Bild 16). Bei eingeschalteter Zündung wird die Batterie entladen.

- Schließen Sie ein Erhaltungsladegerät an die Batterie an.
- Soweit erforderlich schließen Sie ein Ladegerät an das Laptop oderden Tester an.
- Schließen Sie den Tester an die OBD-Anschlussdose im Fahrerfußraum an.
- Legen Sie das Anschlusskabel zum Tester so, dass es nicht im Fußraum stören kann.
- Starten Sie die Diagnosesoftware und schalten Sie die Zündung ein.
- Folgen Sie den Anzeigen auf dem Bildschirm, um die gewünschten Funktionen zu starten.

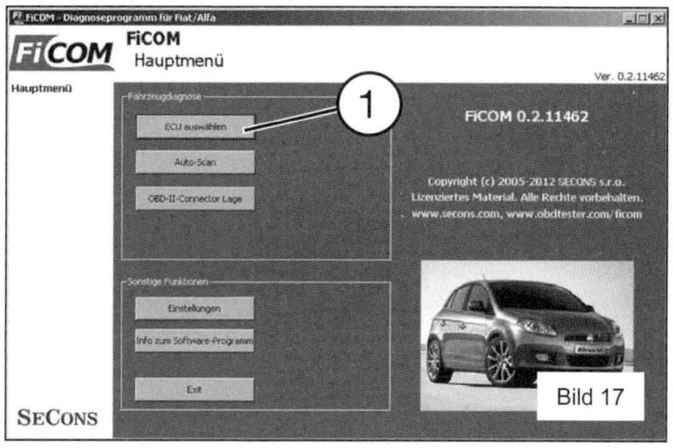

Bild 17

Bild 17
Startmaske beim FiCom.
1 Direkte Anwahl des Steuergerätes (Electronic Control Unit)

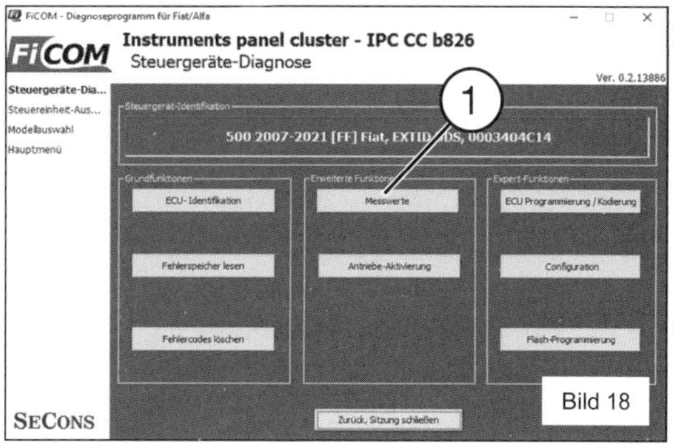

Bild 18

Bild 18
Auswahlmaske für das Motorsteuergerät.
1 Direkte Anwahl der Messwertebene

### Istwerte-Erfassung für den Luftmassenmesser

Exemplarisch werden wir im Folgenden die »Istwerte« des Luftmassenmessers überprüfen. Im Einspritzsystem ist er auch für die Kontrolle der Abgasrückführungsrate zuständig. Fehlerhafte Messwerte führen schnell zu einer geringeren Motorleistungsabgabe. Die Sollwerte werden zumindest in der 3 x 3-Ansicht als Zahlenwert unter dem Messfeld angegeben. Die Istwerte werden vom Luftmassenmesser übernommen. Je nach Software kann der Messwert auch als »Target« oder als »Soll-Luftmasse« als dynamischer Vergleichswert aus dem Steuergerät übernommen werden. Diese beiden Werte werden dann als grafischer Verlauf dargestellt und geprüft. Nach einigen Gasstößen kann die Auswertung über die Abweichung der beiden Kurven erfolgen.

- Lassen Sie den Motor im Leerlauf laufen.
- Klicken Sie mit der Maus die Taste »ECU-Auswahl« (1 im Bild 17) an. Nach der Fahrzeuganwahl kontaktiert der Tester das Motorsteuergerät und öffnet die Maske des Motorsteuergerätes.
- Wählen Sie durch einen Mausklick die Taste »Messwerte« (1 im Bild 18) an. Das Programm öffnet nun eine Maske für die Messwertanwahl.

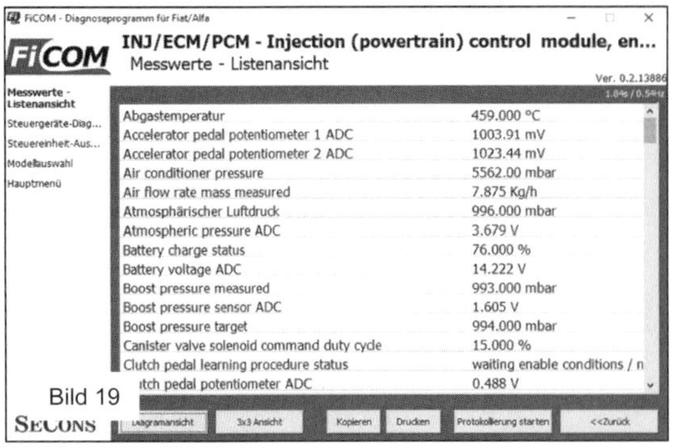


Bild 19

Listenansicht der erfassten Messwerte.

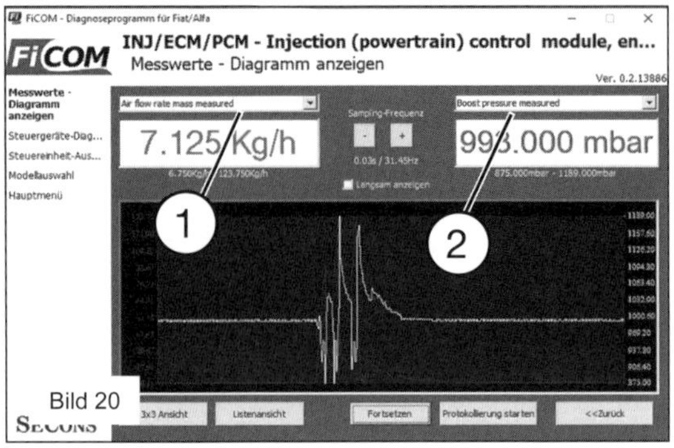


Bild 20

Auswahl der Messwerte (grafische Darstellung).

1 Messwertzeile mit der Anwahl für die gemessene Luftmasse

2 Messwertzeile mit der Anwahl für den gemessene Ladedruck

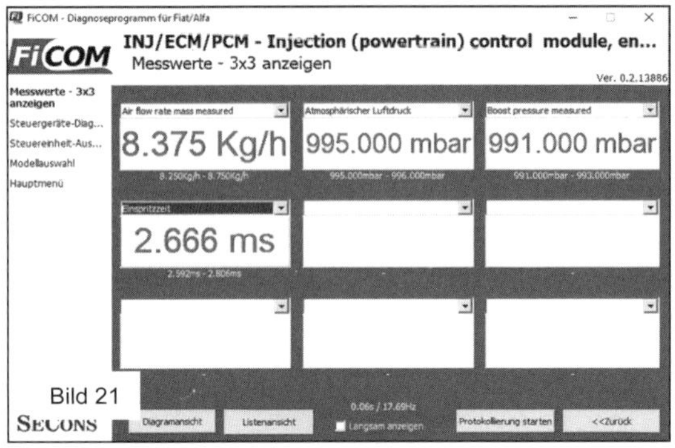


Bild 21

Zusammenstellung als Messwertblock (3 x 3). Wir haben die Luftmasse und den Luftdruck, den Ladedruck und die Einspritzzeit als Messwertblock zusammengestellt.

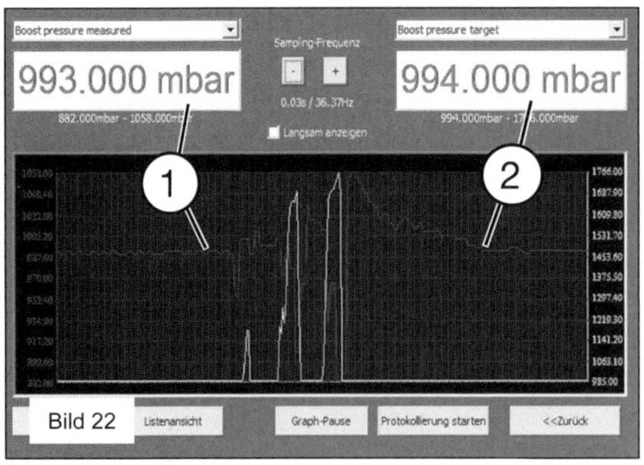


Bild 22

Signalbild Ist- und Sollwerte mit der grafischen Darstellung der Messwertauswertung für den Ladedruck.

1 Zahlenwert und Messwertlinie für die Istwerte

2 Zahlenwert und Messwertlinie für die Sollwerte

*Listen-Ansicht (Bild 19):*

Die Listenansicht stellt alle Messwerte untereinander dar. Hier lässt sich zumindest eine Übersicht der möglichen Messwerte gewinnen.

Über das Herunterscrollen mit dem Seitenschieber in der Liste lassen sich die Messwerte einsehen.

*Grafische Darstellung (Bild 20):*

■ Wählen Sie in der rechten Spalte den Sollwert für die Luftmasse »Air-flow-mass-measured« (die ermittelte Luftmasse) an.

■ Wählen Sie in der linken Spalte den Istwert für den Saugrohrdruck »Boost-pressure-measured« an. Die Messwerte werden nun zusammen grafisch dargestellt.

■ Treten Sie nun das Gaspedal kurz voll durch und lassen Sie das Gaspedal wieder los.

■ Wiederholen Sie die Gasstöße zwei- bis dreimal.

■ Klicken Sie mit der Maus die Taste »Graph-Pause« an. Die Messung wird nun angehalten.

Vergleichen Sie die beiden Verlaufskurven miteinander:

■ Im Bild 20 ist der Verlauf des Sollwertes für die Luftmasse (1) ähnlich dem Verlauf des Ladedrucks (3). Die Spannungspegel für den Gasstoß und im Leerlauf verlaufen hinsichtlich der Messwerte und des Kurvenverlaufs fast parallel. In diesem Fall entspricht die erfasste Luftmasse annähernd dem Druckverlauf im Saugrohr. Der Luftmassenmesser ist in Ordnung.

Wenn die Messwertkurve oder die Messwerte für den Istwert in allen Punkten deutlich anders ausfällt, muss der Luftmassenmesser überprüft oder meist dann auch erneuert werden.

■ Zeigt die Messwertkurve oder die Messwerte keine Reaktion muss die Spannungsversorgung, aber auch der Luftmassenmesser überprüft werden.

*3 x 3-Ansicht (Bild 21):*

Diese Ansicht ermöglicht die Zusammenstellung aus den erfassten Messwerten zum sehr übersichtlichen Messwerteblock. Gerade zur Übersicht in der Fehlersuche lassen sich hier bis zu neun Messwerte auf dem Bildschirm darstellen. So lassen sich auch zusammenhängende Veränderungen, wie sie beispielsweise durch die Ansteuerung des AGR-Ventils verursacht werden, gut lesbar darstellen.

*3 x 3-Ansicht (Bild 21):*

*Soll- und Istwertvergleich (Bild 22):*

Hier lassen sich abgelegte Sollwerte mit den Messwerten optisch vergleichen.

# 9 Abgasanlage

Die Abgas- oder Auspuffanlage am Unterboden des Fiat reinigt mit Partikelfilter beim Diesel plus Oxidationskatalysator die Verbrennungsabgase und leitet sie mit geringem Gegendruck in den Schalldämpfer mit Endrohr am Fahrzeugheck. Der Schalldämpfer reduziert die Verbrennungsgeräusche auf ein Minimum. Der Auspuff moderner Pkw ist für mehr als 60.000 Kilometer gut, wobei die Lebensdauer natürlich auch von den Einsatzbedingungen des Fahrzeugs abhängt. Ist man überwiegend auf kurzen Strecken unterwegs, fallen mehr Kondensat, Ruß und aggressive Säuren im Innern der Anlage an als beim Langstreckenbetrieb mit voll durchgewärmtem Motor. Das Abgasvorrohr ist seltener als die anderen Teile vom Rost bedroht, weil dort die Verbrennungsgase noch mit Temperaturen zwischen 800 und 1000 °C einströmen. Danach verlieren die Abgase an Temperatur und sind am Endrohr nur noch 150 bis 300 °C heiß. Dort tritt das meiste Kondenswasser aus. Es mischt sich mit Verbrennungsrückständen zu aggressiven Säuren und lässt das Auspuffblech von innen nach außen durchrosten. Falls das Endrohr nicht aus besonders korrosionsbeständigem Material hergestellt wurde, ist Arbeit angesagt: Ausbau des alten und Einbau eines neuen Abgasrohrs mit Schalldämpfer.

## Hinweise und Regeln für Arbeiten an der Auspuffanlage

Reparaturen an durchgerosteten Auspuffanlagen, z. B. mit Auspuffkitt und Bandagen, haben nur kurzzeitig Erfolg. Das Blech bricht bald neben der Reparaturstelle. Werkstätten wechseln Auspuffanlagen meist komplett aus. Vor weiteren Arbeiten daher den Zustand der Anlage genau prüfen und dann entscheiden, ob einzelne Teile oder das ganze System erneuert werden sollen. Wird nach gründlicher Prüfung an der Abgasanlage gearbeitet, sollten folgende Grundregeln beachtet werden:

- Bei einer Demontage darf die Abgasanlage keinesfalls herunterfallen. Dabei könnten wichtige Teile beschädigt werden.

Bild 1

Bild 1
Abgasanlage von unten.

- Dichtungen und selbstsichernde Muttern immer ersetzen.
- Verschraubungen der Auspuffanlage lassen sich beim nächsten Mal leichter lösen, wenn die Gewinde beim Einbau mit hochhitzefestem Kupferfett bestrichen werden.

Werden Partikelfilter oder Katalysator ausgebaut und ersetzt, müssen die Altteile vorschriftsmäßig entsorgt werden. Sie dürfen nicht wie Schrott behandelt werden, weil sie wertvolles Edelmetall enthalten, das wieder in den Produktionsprozess eingebracht werden kann.

Für Arbeiten an Lambdasonden gilt: Nur das Gewinde mit Heißschraubenpaste wie VW »G 052 112 A3« fetten. An die Schlitze des Sondenkörpers darf kein Fett kommen. Aus- und Einbau am besten mit Ringschlüsselsatz für Lambdasonde. Dichtring bei Undichtigkeit aufkneifen und ersetzen. Festziehen mit 45 Nm.

- Alle Schlauchverbindungen mit Schlauchschellen sichern, die dem Serienstand entsprechen.
- Alle Kabelbinder, die beim Ausbau gelöst werden, sind beim Einbau an der gleichen Stelle wieder anzubringen.
- Nach Montagearbeiten an der Abgasanlage darauf achten, dass die Anlage nicht

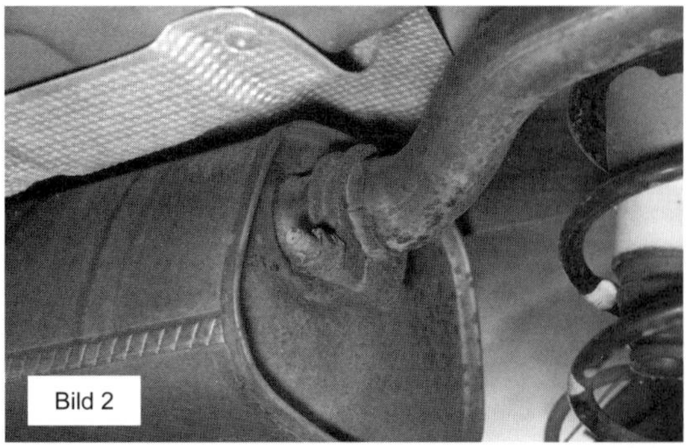

Bild 2

Bild 2
Der Zustand von Schalldämpfern, Schellen und Übergängen muss regelmäßig überprüft werden.

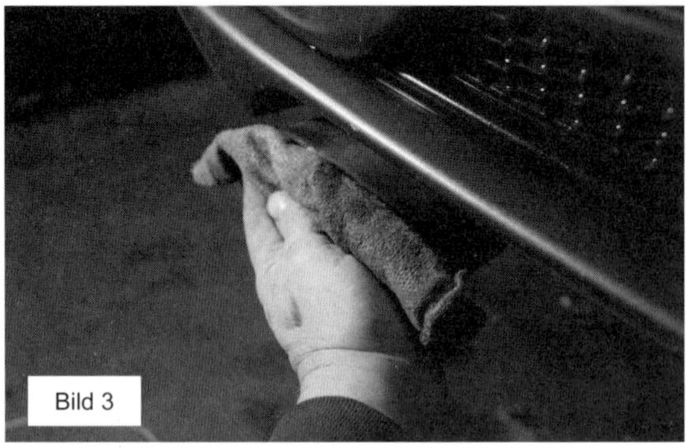

Bild 3

Bild 3
Zuhalten des Abgasrohres zur Dichtheitsprüfung.

verspannt wird und ausreichend Abstand zum Aufbau hat. Gegebenenfalls Schellen lösen und Schalldämpfer und Abgasrohr so ausrichten, dass überall ausreichend Abstand zum Aufbau vorhanden ist und die Aufhängungen gleichmäßig belastet werden.

■ Nach getaner Arbeit immer Motorprobelauf durchführen und »Auspuffanlage auf Dichtheit prüfen« (Bild 3). Ansonsten gelten für Arbeiten an Abgasanlage und Abgasrückführung hinsichtlich Sauberkeit und Sicherheit die Vorschriften, die auch für Arbeiten an Motor, Kraftstoff- oder Einspritzsystem üblich sind.

## Zustand der Auspuffanlage kontrollieren

■ Fahrzeug auf einer Hebebühne anheben oder absolut rüttelsicher aufbocken. Es darf nicht kippeln, wenn heftig an den Rohren der Auspuffanlage gedreht oder gezerrt wird. Die Aufhängungen und Gummiösen dürfen keine Schäden aufweisen.

■ Zur Kontrolle die Abgasanlage an den Schraubbefestigungen rütteln. Komponenten auf Brüchigkeit, Einrisse oder sonstige Schäden überprüfen, bei Bedarf ersetzen.

■ Wenn sich beim Demontieren eine Verschraubung nicht lösen lässt, mit Rost lösendem Mittel behandeln oder durch Überdrehen abreißen. Beim Festziehen von Verschraubungen z. B. am Abgaskrümmer die Reihenfolge von innen nach außen und über Kreuz einhalten.

■ Wenn Teile der Anlage schon einmal ersetzt wurden, trennt man die Steckverbindung der Rohrenden am besten in erwärmtem Zustand. Schweißbrenner oder Propangasbrenner verwenden und Feuerlöscher bereithalten.

■ Schalldämpfer mit einem Hammer rundum gründlich abklopfen, auch an den Stirnseiten (Übergang von den Töpfen zu den Rohren). Nicht zu zaghaft hämmern. Klingt es bei jedem Schlag hell, ist das Blech noch gesund. Wird das Klopfgeräusch an manchen Stellen dumpfer, ist die Außenhaut bereits geschwächt und wird bald durchbrechen.

☞ Ein sehr dumpfer Auspuffton und Knallen im Schiebebetrieb können auf einen durchgerosteten Auspuff hinweisen.

■ Dichtheit der Auspuffanlage prüfen (nachfolgende Anleitung).

## Abgasanlage auf Dichtheit prüfen

■ Motor anlassen und im Leerlauf drehen lassen.

■ Auspuffendrohr für die Dauer der Dichtheitsprüfung verschließen (Lappen, Stöpsel). Der Motor kann ausgehen. Grundsätzlich sollten Sie keine lauten Zischgeräusche wahrnehmen können.

■ Verbindungsstellen Zylinderkopf/Abgaskrümmer, Abgasturbolader/ Abgasvorrohr usw. durch Abhören auf Dichtheit prüfen. Gibt es zischelnde Geräusche an Verbindungsstellen, ist die Anlage an der Geräuschstelle undicht.

■ Festgestellte Undichtigkeiten beseitigen.

## Endschalldämpfer alle Modelle

☞ Die Montagearbeiten für den Endschalldämpfer unterscheiden sich für die einzelnen Modelle nur unwesentlich. Wir stellen Ihnen an dieser Stelle eine allgemein-

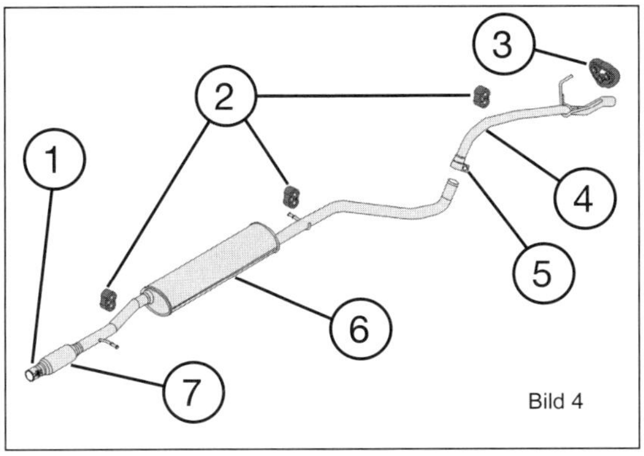


Bild 4
Auspuffanlage hinten am 0,9-l-Motor.
1 Schelle
2 Haltegummi
3 Haltegummi
4 Auspuffendrohr
5 Schelle
6 Schalldämpfer
7 Flexstück

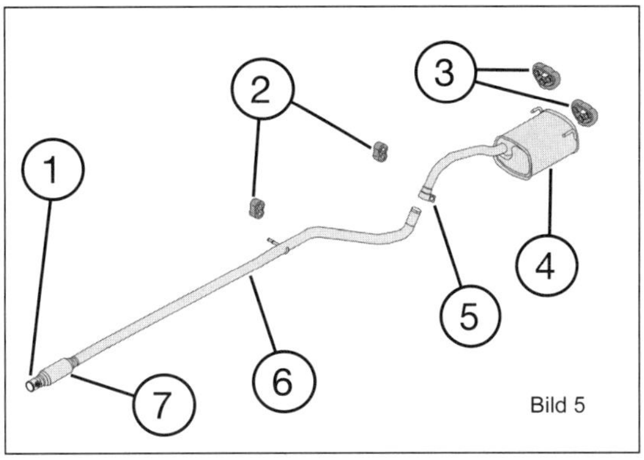


Bild 5
Auspuffanlage hinten am 1,2-l-Motor.
1 Schelle
2 Haltegummi
3 Haltegummi
4 Auspuffendtopf
5 Schelle
6 Auspuffrohr
7 Flexstück

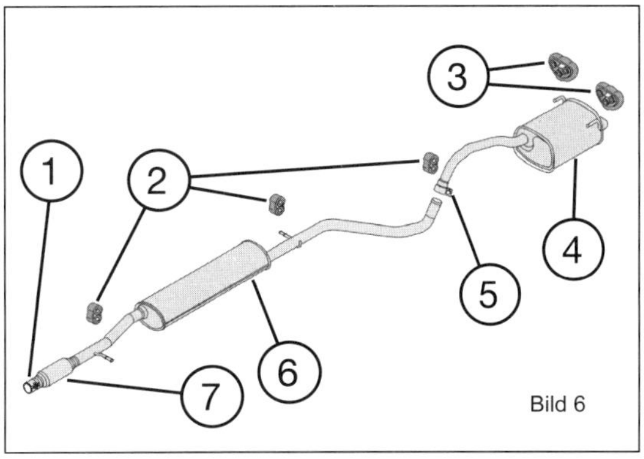


Bild 6
Auspuffanlage hinten am 1,4-l-Motor.
1 Schelle
2 Haltegummi
3 Haltegummi
4 Auspuffendtopf
5 Schelle
6 Endschalldämpfer
7 Flexstück

gültige Beschreibung für die Vorarbeiten zur Verfügung.

**Vorarbeiten für alle Fahrzeuge**

■ Fahrzeug mit der Hebebühne anheben, Fahrzeug zwischen den Hebebühnensäulen ausrichten und die vier Aufnahmeteller an den vom Fahrzeughersteller vorgeschriebenen Hebebühnenaufnahmepunkten platzieren.

■ Die Abgasanlage für die Montagearbeiten abkühlen lassen.

■ Schelle (5 in den Bildern 3 - 5) zum mittleren Abgasrohr lösen und vom Rohr des Endschalldämpfers herunterschieben.

**0,9-l- und 1,0-l-Motor (Bild 4)**

Tipp: Bei diesen Fahrzeugen ist nicht immer ein Endschalldämpfer verbaut. Stattdessen finden Sie hier ein Endrohr.

■ Die Schelle (5) auf das Endrohr schieben, um die Verbindungsstelle zu entspannen.

■ Das Endrohr (4) vorsichtig etwas bewegen.

■ Endrohr (4) aus den Haltegummis (3 und 2) aushängen und das Endrohr (4) zusammen mit der Schelle (5) abnehmen.

Die Montage erfolgt sinngemäß in umgekehrter Reihenfolge.

■ Achten Sie darauf, dass weder Schalldämpfer noch Abgasrohr irgendwo an der Karosserie anliegen oder anschlagen.

■ Verwenden Sie etwas Auspuffmontagepaste für die Verbindung zwischen Endschalldämpfer und Abgasrohr.

■ Prüfen Sie die Dichtigkeit der Abgasanlage wie bereits beschrieben.

Achtung: Nach Montagearbeiten an der Abgasanlage darauf achten, dass die Abgasanlage nicht verspannt wird und ausreichend Abstand zum Aufbau hat. Gegebenenfalls Klemmschelle lösen und Schalldämpfer und Abgasrohr so ausrichten, dass überall ausreichend Abstand zum Aufbau vorhanden ist und die Aufhängungen gleichmäßig belastet werden. Selbstsichernde Muttern sind grundsätzlich zu ersetzen.

**1,2-l- und 1,4-l-Motor (Bilder 5 und 6)**

■ Die Schelle (5) auf das Endrohr schieben, um die Verbindungsstelle zu entspannen.

■ Den Endschalldämpfer (4) vorsichtig etwas bewegen.

■ Den Endschalldämpfer (4) aus den Haltegummis (3 und 2) aushängen und den Endschalldämpfer zusammen (4) mit der Schelle (5) abnehmen.

Die Montage erfolgt sinngemäß in umgekehrter Reihenfolge.

■ Achten Sie darauf, dass weder Schalldämpfer noch Abgasrohr irgendwo an der Karosserie anliegen oder anschlagen.

■ Verwenden Sie etwas Auspuffmontagepaste für die Verbindung zwischen Endschalldämpfer und Abgasrohr.

■ Prüfen Sie die Dichtigkeit der Abgasanlage wie bereits beschrieben.

Nach Montagearbeiten an der Abgasanlage darauf achten, dass die Abgasanlage nicht verspannt wird und ausreichend Abstand zum Aufbau hat.

■ Gegebenenfalls Klemmschelle lösen und Schalldämpfer und Abgasrohr so ausrichten, dass überall ausreichend Abstand zum Aufbau vorhanden ist und die Aufhängungen gleichmäßig belastet werden. Selbstsichernde Muttern sind grundsätzlich zu ersetzen.

## Vorschalldämpfer alle Modelle

Die Montagearbeiten für den Vorschalldämpfer unterscheiden sich für die einzelnen Modelle nur unwesentlich. Wir stellen Ihnen an dieser Stelle eine allgemeingültige Beschreibung für die Vorarbeiten zur Verfügung.

■ Fahrzeug mit der Hebebühne anheben Fahrzeug zwischen den Hebebühnensäulen ausrichten und die vier Aufnahmeteller an den vom Fahrzeughersteller vorgeschriebenen Hebebühnenaufnahmepunkten platzieren.

■ Die Abgasanlage für die Montagearbeiten abkühlen lassen.

■ Demontieren Sie den Endschalldämpfer wie bereits beschrieben.

■ Lösen Sie die Schelle (7 in den Bildern 3 -5) und schieben Sie sie vom Rohr des Mitteldämpfers herunter, um die Verbindungsstelle zu entspannen.

**0,9-l- und 1,0-l- Motor (Bild 4)**

■ Den Mittelschalldämpfer (4) vorsichtig etwas bewegen. Wenn erforderlich, die Verbindungsstelle mit vorsichtigen Hammerschlägen lösen.

⚠ Das Flexrohr nicht mit Zug oder Druck belasten. Es kann beschädigt werden.

■ Den Mittelschalldämpfer (6) aus den Haltegummis (2) aushängen und zusammen mit der Schelle (1) abnehmen.

Die Montage erfolgt sinngemäß in umgekehrter Reihenfolge.

■ Achten Sie darauf, dass weder Schalldämpfer noch Abgasrohr irgendwo an der Karosserie anliegen oder anschlagen.

■ Verwenden Sie etwas Auspuffmontagepaste für die Verbindung zwischen Mittelschalldämpfer (6) und Abgasendrohr (4).

■ Prüfen Sie die Dichtigkeit der Abgasanlage wie bereits beschrieben.

⚠ Nach Montagearbeiten an der Abgasanlage darauf achten, dass die Abgasanlage nicht verspannt wird und ausreichend Abstand zum Aufbau hat.

■ Gegebenenfalls Klemmschelle lösen und Schalldämpfer und Abgasrohr so ausrichten, dass überall ausreichend Abstand zum Aufbau vorhanden ist und die Aufhängungen gleichmäßig belastet werden. Selbstsichernde Muttern sind grundsätzlich zu ersetzen.

**1,2-l-Motor (Bild 5)**

In dieser Motorvariante ist kein Mittelschalldämpfer verbaut worden. Stattdessen ist hier ein Auspuffrohr (6) verbaut.

■ Das Auspuffrohr (6) vorsichtig etwas bewegen. Wenn erforderlich, die Verbindungsstelle mit vorsichtigen Hammerschlägen lösen.

⚠ Das Flexrohr nicht mit Zug oder Druck belasten. Es kann leicht beschädigt werden.

■ Das Auspuffrohr (6) aus den Haltegummis (2) aushängen und zusammen mit der Schelle (1) abnehmen.

Die Montage erfolgt sinngemäß in umgekehrter Reihenfolge.

■ Achten Sie darauf, dass weder Schalldämpfer noch Abgasrohr irgendwo an der Karosserie anliegen oder anschlagen.

■ Verwenden Sie etwas Auspuffmontagepaste für die Verbindung zwischen Mittelschalldämpfer (6) und Abgasendrohr (4).

■ Prüfen Sie die Dichtigkeit der Abgasanlage wie bereits beschrieben.

⚠ Nach Montagearbeiten an der Abgasanlage darauf achten, dass die Abgasanlage nicht verspannt wird und ausreichend Abstand zum Aufbau hat.

■ Gegebenenfalls Klemmschelle lösen und Schalldämpfer und Abgasrohr so ausrichten, dass überall ausreichend Abstand zum Aufbau vorhanden ist und die Aufhängungen gleichmäßig belastet werden. Selbstsichernde Muttern sind grundsätzlich zu ersetzen.

**1,4-l-Motor (Bild 6)**

■ Den Mittelschalldämpfer (4) vorsichtig etwas bewegen. Wenn erforderlich, die Verbindungsstelle mit vorsichtigen Hammerschlägen lösen.

⚠ Das Flexrohr nicht mit Zug oder Druck belasten. Es kann leicht beschädigt werden.

■ Den Mittelschalldämpfer (6) aus den Haltegummis (2) aushängen und zusammen mit der Schelle (1) abnehmen.

Die Montage erfolgt sinngemäß in umgekehrter Reihenfolge.

■ Achten Sie darauf, dass weder Schalldämpfer noch Abgasrohr irgendwo an der Karosserie anliegen oder anschlagen.

■ Verwenden Sie etwas Auspuffmontagepaste für die Verbindung zwischen Mittelschalldämpfer (6) und Abgasendrohr (4).

■ Prüfen Sie die Dichtigkeit der Abgasanlage wie bereits beschrieben.

⚠ Nach Montagearbeiten an der Abgasanlage darauf achten, dass die Abgasanlage nicht verspannt wird und ausreichend Abstand zum Aufbau hat.

■ Gegebenenfalls Klemmschelle lösen, Schalldämpfer und Abgasrohr so ausrichten, dass überall ausreichend Abstand zum Aufbau vorhanden ist und die Aufhängungen gleichmäßig belastet werden. Selbstsichernde Muttern sind grundsätzlich zu ersetzen.

## Katalysator aus- und einbauen

**Vorarbeiten für alle Fahrzeuge**

■ Fahrzeug mit der Hebebühne anheben, Fahrzeug zwischen den Hebebühnensäulen ausrichten und die vier Aufnahmeteller an den vom Fahrzeughersteller vorgeschriebenen Hebebühnenaufnahmepunkten platzieren.

■ Die Abgasanlage für die Montagearbeiten abkühlen lassen.

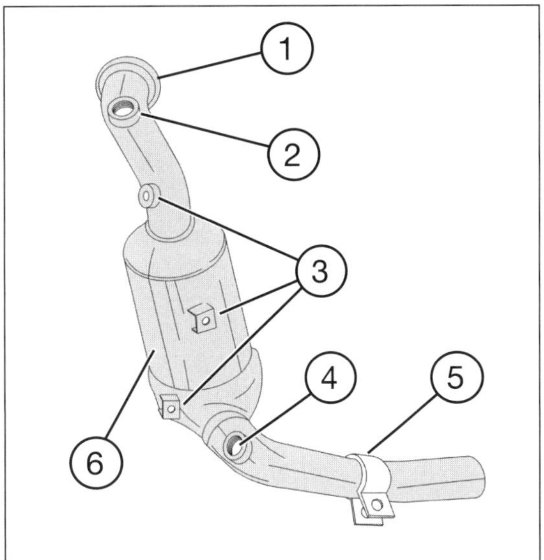


Bild 7

Bild 7
Katalysatoreinheit am 0,9-l-Motor.
1 Anschlussflansch am Turbo
2 Montageposition Vorkatsonde
3 Halterungen Hitzeschutz
4 Montageposition Nachkatsonde
5 Schelle
6 Katalysatoreinheit

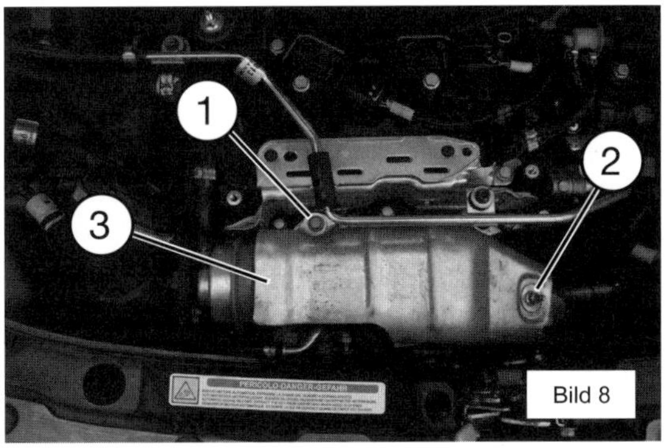


Bild 8

Bild 8
Hitzeschutz am 0,9-l- und 1,0-l-Motor.
1 Schraube
2 Mutter
3 Hitzeschutz

■ Den Luftfilterkasten komplett ausbauen.

■ Die Schalldämpferanlage hinten und Mitte wie bereits beschrieben demontieren.

■ Die Batterie abklemmen.

**0,9-l- und 1,0-l-Motoren (Bild 7)**

■ Drehen Sie die Schrauben (1 im Bild 7) und die Mutter (2) ab.

■ Demontieren Sie das Abschirmblech (3).

■ Entriegeln Sie die Steckverbindung und klemmen Sie die Vorkatsonde ab.

■ Demontieren Sie die Schelle zwischen Katalysator und Turbolader.

■ Entriegeln Sie die Steckverbindung und klemmen Sie die Nachkatsonde ab.

■ Lösen Sie die Halteschelle am Getriebe.

■ Nehmen Sie den Katalysator zusammen mit den Lambdasonden heraus.

Die Montage erfolgt sinngemäß in umgekehrter Reihenfolge.

■ Achten Sie darauf, dass weder Katalysa-

Bild 9
Katalysatoreinheit am 1,2-l- und 1,4-l-Motor.
1 Abgaskrümmer
2 Dichtung
3 Halterungen Hitzeschutz
4 Montageposition Nachkatsonde
5 Schelle
6 Hitzeschutz
7 Katalysatoreinheit
8 Montageposition Vorkatsonde

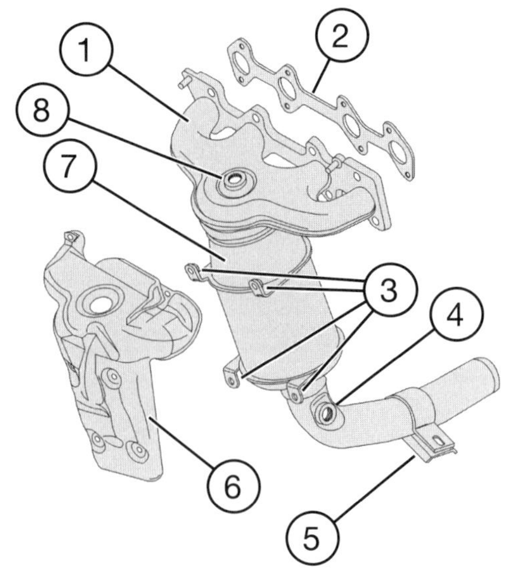

Bild 9

tor noch Abgasrohr irgendwo an der Karosserie anliegen oder anschlagen.
- Verwenden Sie etwas Auspuffmontagepaste für die Verbindung zwischen Mittelschalldämpfer und Katalysator.
- Prüfen Sie die Dichtigkeit der Abgasanlage wie bereits beschrieben.
- Die Gewinde der Lambdasonden nach KAT und vor KAT mit Paste bestreichen, wenn Sie demontiert wurden.
- Alle selbstsichernde Muttern erneuern.

⚠ Nach Montagearbeiten an der Abgasanlage darauf achten, dass die Abgasanlage nicht verspannt wird und ausreichend Abstand zum Aufbau hat.
- Gegebenenfalls Klemmschelle lösen, Schalldämpfer und Abgasrohr so ausrichten, dass überall ausreichend Abstand zum Aufbau vorhanden ist und die Aufhängungen gleichmäßig belastet werden. Selbstsichernde Muttern sind grundsätzlich zu ersetzen.

**1,2-l- und 1,4-l-Motoren (Bild 9)**
- Klemmen Sie die Vorkatsonde ab.
- Demontieren Sie das Abschirmblech (6 im Bild 9)
- Entriegeln Sie die Steckverbindung und klemmen Sie die Vorkatsonde ab.
- Demontieren Sie die Vorkatsonde.
- Entriegeln Sie die Steckverbindung und klemmen Sie die Nachkatsonde ab.
- Demontieren Sie die Nachkatsonde.
- Lösen Sie die Halteschelle am Getriebe.
- Drehen Sie die Befestigungsmuttern am Krümmen auf den Zylinderkopfbolzen ab.
- Nehmen Sie den Krümmer (1) Katalysator von den Krümmerbolzen ab.
- Nehmen Sie den Krümmer mit Katalysator (7) heraus.
- Nehmen Sie die Dichtung (2) von den Bolzen im Zylinderkopf ab.

Die Montage erfolgt sinngemäß in umgekehrter Reihenfolge.
- Achten Sie darauf, dass weder Katalysator noch Abgasrohr irgendwo an der Karosserie anliegen oder anschlagen.

- Verwenden Sie etwas Auspuffmontagepaste für die Verbindung zwischen Mittelschalldämpfer und Katalysator.
- Prüfen Sie die Dichtigkeit der Abgasanlage wie bereits beschrieben.
- Die Gewinde der Lambdasonden nach KAT und vor KAT mit Paste bestreichen, wenn Sie demontiert wurden.
- Alle selbstsichernde Muttern erneuern.

⚠ Nach Montagearbeiten an der Abgasanlage darauf achten, dass die Abgasanlage nicht verspannt wird und ausreichend Abstand zum Aufbau hat.
- Gegebenenfalls Klemmschelle lösen, Schalldämpfer und Abgasrohr so ausrichten, dass überall ausreichend Abstand zum Aufbau vorhanden ist und die Aufhängungen gleichmäßig belastet werden. Selbstsichernde Muttern sind grundsätzlich zu ersetzen.

## Abgasanlage spannungsfrei einrichten

- Der Motor muss kalt sein.
- Verschraubungen der vorderen Klemmschellen lösen.
- Die vordere Schraube handfest anziehen.
- Die Abgasanlage so ausmitteln, dass diese nirgends gegenstößt und spannungsfrei sitzt.

☞ Die Haltegummis der Abgasanlage sollten möglichst nicht in Ihre Aufsteckrichtung gezogen werden.
- Die Verschraubungen der Schellen und Klemmhülsen sollten so ausgerichtet wer-

Bild 10
Einbaulage der Auspuffgummis.
1 Auspuffrohr
2 Auspuffgummi
3 Halter an der Karosserie

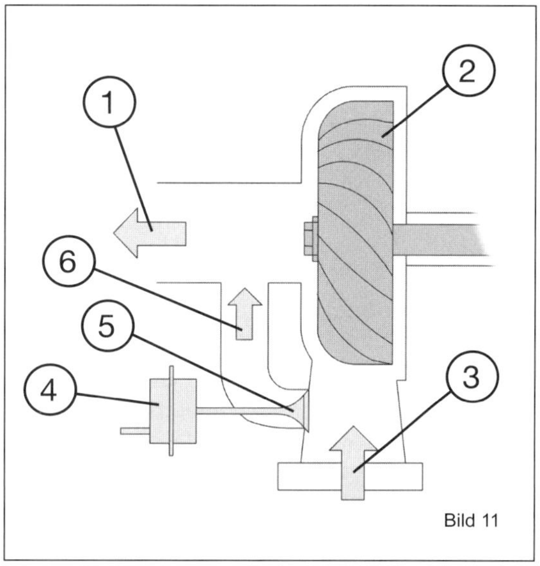


Bild 11
Ladedruckregelung über das Wastegate-Ventil.
1 zur Abgasanlage
2 Verdichterrad
3 Abgasstrom (vom Motor)
4 Steller für Ladedruck
5 Wastegate-Ventil
6 Teilabgasstrom wenn das Wastegate geöffnet ist

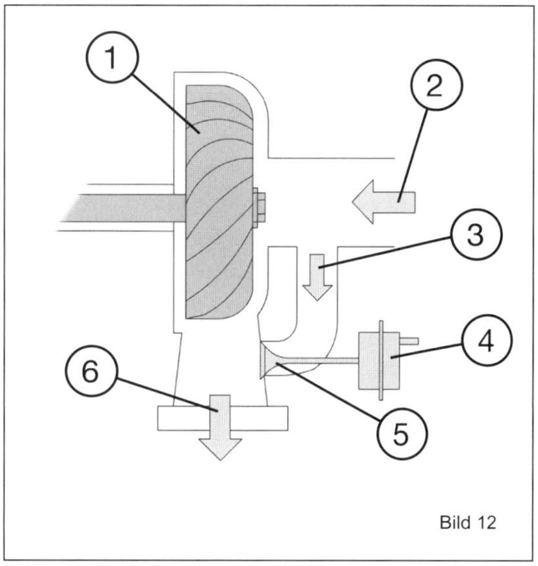


Bild 12
Staudruckabbau bei geschlossener Drosselklappe oder reduzierten Einlassventilen.
1 Turbinenrad
2 vom Luftfilter
3 Teilfrischgasstrom, wenn das Druckumluftventil (Blow off) geöffnet ist
4 Steller für das Druckumluftventil
5 Druckumluftventil
6 zum Ladeluftkühler

den, dass sie möglichst nicht nach unten herausstehen.

- Nach dem Anziehen der Klemmschellen die Freigängigkeit der Auspuffanlage prüfen und gegebenenfalls korrigieren.
- Achten Sie darauf, dass das Flexstück im Übergang zwischen Abgasanlage und Katalysator nicht verdreht montiert wurde oder unter Spannung steht.
- Prüfen Sie abschließend die Dichtheit der Auspuffanlage.

## Wastegateventil

Das Wastegate-Ventil (5 im Bild 11) ist das Ladedruckregelventil. Über den Druck- und Temperatursensor im Ansaugtrakt wird der Ladedruck erfasst. Ist der Ladedruck erreicht, wird über das Motorsteuergerät ein Magnetventil angesteuert, das dann über aufgeschalteten Druck das Wastegateventil öffnet. Ein Teil des Abgasstromes wird über das Wastegate abgeleitet und dadurch die Laderdrehzahl abgesenkt. Im Rahmen der Wartung sollte regelmäßig der Zustand der Regelstange, der Gelenke und die Dichtigkeit von Zuleitungen und der Druckdose selbst geprüft werden.
In vielen Fällen mit der Fehlermeldung im Fehlerspeicher »Ladedruck/Saugrohrdruck Regelgrenze überschritten« ist eine schwergängige Ansteuerung oder eine defekte Druckdose als Ursache festzustellen. Die Prüfung des Ventils werden wir in diesem Kapitel unter der Überschrift »Arbeiten am Aufladesystem« beschreiben.

## Druckumluftventil (Blow-Off-Ventil)

Im 0,9-l-Fiat 500 ist ein kleiner und moderner Turbomotor verbaut. Modern nicht nur aufgrund des innovativen Steuersystems der Einlassnockenwelle, sondern auch hinsichtlich der Ladedruckregelung. Erkennbar schon am Druckumluftventil (Blow-Off-Ventil) (5 im Bild 12), das in der Serie zur Entlastung des Laders verwendet wird. Wenn beim Beschleunigen durch den Lader Druck aufgebaut wird und dann im Gangwechsel die Drosselklappe oder die Einlassventile geschlossen werden, entsteht ein Staudruck, der den Turbolader einbremst und so nicht nur den anstehenden Ladedruck vernichtet, indem die Laderdrehzahl stark abfällt. Das Abbremsen belastet die Leitschaufeln des Turbinenrades, Wellen und Lager deutlich mehr, was die Lebensdauer

Sichtprüfung Messen

des Laders verkürzt. Ursprünglich kommt das Druckumluftventil aus dem Motorsport. Hier sollte der Lader auf Drehzahl gehalten werden, um nach der Kurve den Ladedruck wieder voll nutzen zu können. Für die Serienfahrzeuge spielt die Lebensdauer des Laders und auch das Abgasverhalten eine gewichtige Rolle. Ein defektes Druckumluftventil kann für zu geringen Ladedruck und Leistungsverlust verantwortlich sein. Die Prüfung des Ladedrucks werden wir in diesem Kapitel unter der Überschrift »Arbeiten am Aufladesystem« beschreiben.

## Turbolader beim 0,9-l- und 1,0-l-Motor aus- und einbauen

Je nach ausgewiesener Abgasnorm sind unterschiedliche Turbolader verbaut worden. Ein wesentlicher Unterschied liegt in der Ansteuerung des Schubumluftventils (Blow-Off-Ventil).

In den Fahrzeugen, die der Abgasnorm bis zur Euro 5 folgen, wird das Druckumluftventil pneumatisch angesteuert. In den neueren Fahrzeugen ab der Abgasnorm 6 elektromagnetisch. Die Reaktionszeit der Relais ist deutlich schneller geworden und lässt so eine präzisere Ansteuerung zu.

**Vorarbeiten für alle Fahrzeuge**

- Fahrzeug mit der Hebebühne anheben Fahrzeug zwischen den Hebebühnensäulen ausrichten und die vier Aufnahmeteller an den vom Fahrzeughersteller vorgeschriebenen Hebebühnenaufnahmepunkten platzieren.
- Die Abgasanlage für die Montagearbeiten abkühlen lassen.
- Den Luftfilterkasten komplett ausbauen.
- Die Schalldämpferanlage hinten und Mitte wie bereits beschrieben demontieren.
- Die Batterie abklemmen.

**Fahrzeuge bis Euro 5 (Bild 13)**

- Bauen Sie den Katalysator wie bereits beschrieben aus.
- Demontieren Sie den Hitzeschutz oben (1 im Bild 13), den Hitzeschutz vorne (5) und den Hitzeschutz unten (8).
- Ziehen Sie die Anschlussstecker zum Ladedrucksensor und Temperatursensor ab.
- Ziehen Sie den Anschluss zur Leitung zum Aktivkohlefilter (Tankentlüftung) ab.
- Demontieren Sie die Luftführungsrohre zwischen Luftfilter und Turbolader sowie zum Ladeluftkühler.
- Verschließen Sie die Zugänge mit geeigneten Stopfen oder mit fusselfreien sauberen Lappen.

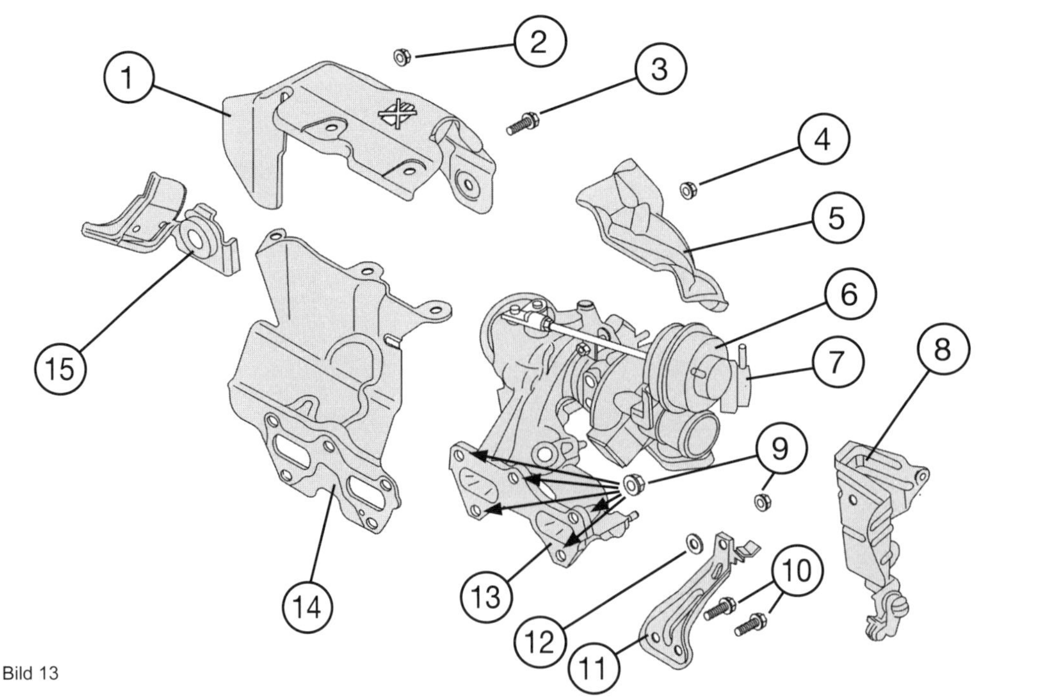


Bild 13

Bild 13
Turbolader beim 0,9-l-Motor bis Euro 5 mit pneumatischen Stellern.
1 Hitzeschutz oben
2 Mutter
3 Schraube
4 Mutter
5 Hitzeschutz vorne
6 Druckdose Wastegate
7 Druckdose Schubumluftventil
8 Hitzeschutz unten
9 Mutter
10 Schraube
11 Halter
12 Scheibe
13 Turbolader
14 Dichtung und Hitzeschutz
15 Halter

■ Die Hohlschraube der Ölvorlaufleitung am Abgasturbolader herausschrauben.
■ Die Ölvorlaufleitung ausbauen.
■ Die Rücklaufleitung des Turboladers abklemmen und ausbauen.

Fangen Sie austretendes Restöl mit einem Lappen auf.

■ Den Unterdruckschlauch an der Unterdruckdose zum Wastegateventil (6) und den Unterdruckschlauch an der Unterdruckdose zum Druckumluftventil (7) abziehen und aus dem Arbeitsbereich legen.

Die Montagepositionen der Unterdruckschläuche eventuell durch Farbmarkierungen kennzeichnen.

■ Die Verschraubungen (9 und 10) des Halters (11) am Abgasturbolader (13) herausschrauben.
■ Nehmen Sie den Halter (11) ab.
■ Die Muttern (9) am Zylinderkopf abschrauben und Abgasturbolader vorsichtig abnehmen.

Die Montage erfolgt sinngemäß in umgekehrter Reihenfolge.

■ Prüfen Sie den Motorölstand mittels Ölmessstab und füllen Sie ihn falls erforderlich auf.
■ Füllen Sie etwas Öl in die Bohrung für die Hohlschraube für die Ölversorgung mit einem Ölkännchen ein.
■ Die Dichtfläche am Abgasturbolader und am Zylinderkopf reinigen.
■ Alle selbstsichernden Muttern (9) erneuern.
■ Die Dichtung zwischen Abgasturbolader (13) und Zylinderkopf grundsätzlich erneuern.
■ Lassen Sie den Motor zuerst einige Minuten im Leerlauf laufen um sicherzustellen, dass die Ölversorgung zum Turbolader wieder gewährleistet ist.
■ Den Fehlerspeicher auslesen und soweit erforderlich abarbeiten und löschen.

**Fahrzeuge mit Euro 6 (Bild 14)**

■ Bauen Sie den Katalysator wie bereits beschrieben aus.
■ Demontieren Sie den Hitzeschutz oben (3 im Bild 14).
■ Ziehen Sie die Anschlussstecker zum Ladrucksensor und Temperatursensor ab.
■ Ziehen Sie den Anschluss zur Leitung zum Aktivkohlefilter (Tankentlüftung) ab.
■ Demontieren Sie die Luftführungsrohre zwischen Luftfilter und Turbolader sowie zum Ladeluftkühler.
■ Verschließen Sie die Zugänge mit geeigneten Stopfen oder mit fusselfreien sauberen Lappen.
■ Die Hohlschraube der Ölvorlaufleitung am

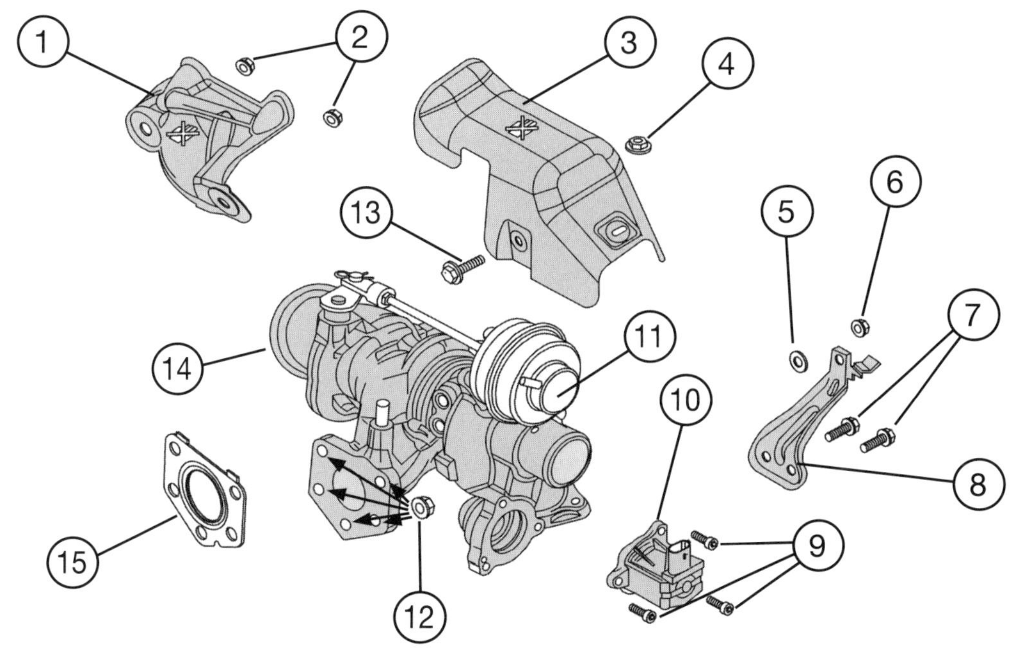


Bild 14

Bild 14
Turbolader beim 0,9-l-Motor Euro 6 mit pneumatischem Wastegate und elektrischem Schubumluftventil.

1 Hitzeschutz hinten
2 Muttern
3 Hitzeschutz oben
4 Mutter
5 Scheibe
6 Mutter
7 Schraube
8 Halter
9 Schraube
10 Schubumluftventil
11 Druckdose Wastegate
12 Mutter
13 Schraube
14 Turbolader
15 Dichtung

Bild 15
Anschlüsse am Saugrohr.
1 Temperatur und Drucksensor
2 Anschluss zum Tankentlüftungsventil

Bild 16
Handpumpe zum Erzeugen von Unterdruck und Überdruck zur Prüfung der Druckdosen für Turbolader und AGR-Ventile.

Abgasturbolader herausschrauben.

- Die Ölvorlaufleitung ausbauen.
- Die Rücklaufleitung des Turboladers abklemmen und ausbauen.

☞ Fangen Sie austretendes Restöl mit einem Lappen auf.

- Den Unterdruckschlauch an der Unterdruckdose zum Wastegateventil (11) abziehen und aus dem Arbeitsbereich legen.
- Entriegeln sie den Steckkontakt (1 im Bild 15) und ziehen Sie den Stecker vom Schubumluftventil ab.
- Die Verschraubungen (5 bis 7 im Bild 14) des Halters (8) am Abgasturbolader (13) herausschrauben.
- Nehmen Sie den Halter (8) ab.
- Die Muttern (12) am Zylinderkopf abschrauben und Abgasturbolader vorsichtig abnehmen.

Die Montage erfolgt sinngemäß in umgekehrter Reihenfolge.

- Prüfen Sie den Motorölstand mittels Ölmessstab und füllen Sie ihn falls erforderlich auf.
- Füllen Sie etwas Öl in die Bohrung für die Hohlschraube für die Ölversorgung mit einem Ölkännchen ein.
- Die Dichtfläche am Abgasturbolader und am Zylinderkopf reinigen.
- Alle selbstsichernden Muttern (9) erneuern.

⚠ Die Dichtung (15) zwischen Abgasturbolader und Zylinderkopf grundsätzlich erneuern.

- Lassen Sie den Motor zuerst einige Minuten im Leerlauf laufen um sicherzustellen, dass die Ölversorgung zum Turbolader wieder gewährleistet ist.
- Den Fehlerspeicher auslesen und soweit erforderlich abarbeiten und löschen.

Bild 17
Anschluss der Unterdruckpumpe am Turbolader zur Prüfung der Ladedruckabregelung mit dem Wastegate-Ventil.

## Arbeiten am Ladeluftsystem

Die Ladeluftsysteme unterscheiden sich nicht wesentlich voneinander. Auch das System für den Benzinmotor ist lediglich durch wenige Bauteile und dem Aufbau des Turboladers vom Dieselaufladesystem zu unterscheiden. Wir werden Ihnen eine allgemeingültige Beschreibung zur Verfügung stellen, die für alle Ladesysteme am Fiat angewendet werden kann.

**Kontrollen am Aufladungssystem**

■ Verwenden Sie für die Sicherung der Schlauchverbindungen mit Schlauchschellen nur solche, die dem Serienstand entsprechen.

Schlauchstutzen und Schläuche für Ladeluftsystem müssen unbeschädigt und dicht sein. Geringe Ölspuren können im Laufe der Betriebszeit schon auftreten. Erheblichem Ölverlust muss aber nachgegangen werden.

■ Achten Sie auf die korrekte Lage der Anschlusskabel und Schläuche.

Die Laderegelung mit der Druckdose muss sich leicht und ruckfrei von Hand bewegen lassen.

■ Die Ölversorgung und der Ablauf müssen dicht sein.

■ Kühlmittelpumpe und Anschlüsse für den Kompressor müssen dicht sein.

■ Achten Sie auf die korrekte Befestigung der Abschirmbleche und der Geräuschdämmmatten.

**Prüfung der Ladedruckdose (Bild 17)**

In der Werkstatt steht hierfür eine kleine Handpumpe zur Verfügung, mit der ein Unterdruck erzeugt werden kann.

Diese Prüfung können Sie aber durchaus mit einer handelsüblichen Medizinspritze durchführen.

Mit dieser Prüfung können Sie die Dichtheit der Leitung sowie die Funktion der Druckdose, die Betätigung der Abregelmechanik für beide Systeme überprüfen.

In Ruhestellung ist beim Bypass-Lader das Bypass-Ventil geschlossen. Beaufschlagt mit Unterdruck wird beim Bypass-Lader das Bypass-Ventil geöffnet.

■ Ziehen Sie den Unterdruckschlauch an der Druckdose ab.

■ Schließen Sie mit einem Schlauch (2) eine Medizinspritze (1) an die Druckdose (3) an.

■ Ziehen Sie die Spritze langsam auf und erzeugen Sie so einen Unterdruck an der Druckdose.

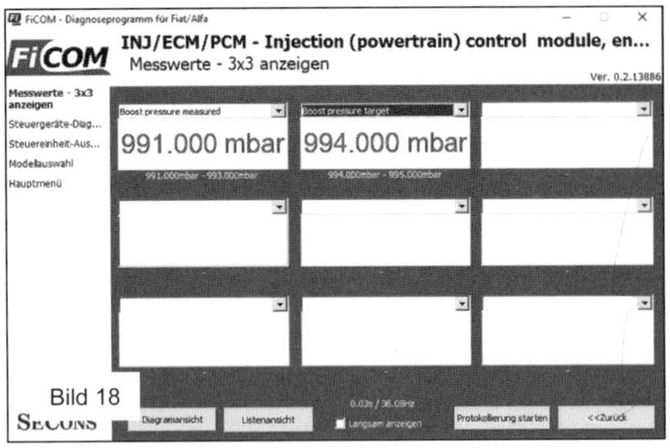


Bild 18
Analoge Darstellung mit dem Motortester als Vergleich zwischen Soll- und Istwert: Der Druckverlauf muss beobachtet werden.

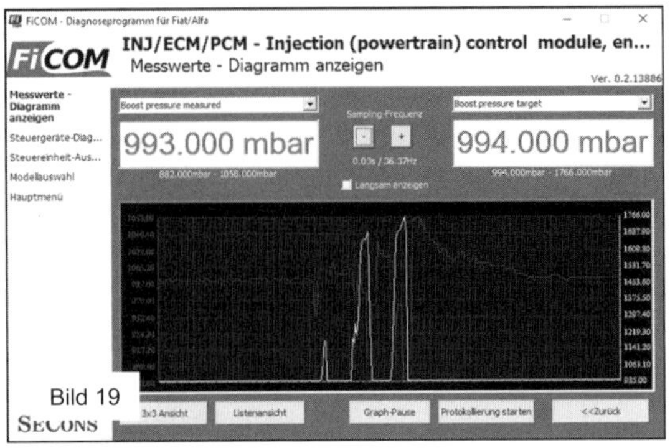


Bild 19
Grafische Darstellung mit dem Motortester als Vergleich zwischen Soll- und Istwert: Der Druckverlauf kann nachvollzogen werden.

■ Beobachten Sie das Regelgestänge des Turboladers. Das Ladedruckregelgestänge der Druckdose muss sich leicht und ruckfrei synchron zu der Bewegung des Kolbens Ihrer Medizinspritze bewegen lassen.
■ Achten Sie auf die Dichtheit der Ladedose.

**Ladedruckkontrolle Druckmessuhr**

Gerade dann, wenn der Ladedrucksensor (Kombisensor für Saugrohrdruck und Ansauglufttemperatur) im Verdacht steht den Fehler zu verursachen, ist es erforderlich den Ladedruck über eine Druckmessuhr zur erfassen.
■ Demontieren Sie das Luftführungsrohr am Ansaugkrümmer.
■ Montieren Sie einen passenden Messadapter in die Ladeluftleitung und montieren Sie die Ladeluftleitung mit dem verbauten Messadapter.
■ Schließen Sie eine Druckmessuhr mit einem Messbereich von 5 bar über eine Schlauchverlängerung an.
■ Legen Sie die Messuhr in den Sichtbereich und führen Sie eine Probefahrt durch.

**Ladedruckkontrolle Diagnosetester**

Die Kontrolle des Ladedrucks kann am einfachsten über einen Diagnosetester erfolgen.

Die Arbeitsschritte unterscheiden sich für die einzelnen Tester kaum.

■ Stecken Sie den OBD-Tester in die OBD-Anschlussdose ein.
■ Wählen Sie den Fahrzeughersteller an.
■ Wählen Sie »Ist-Werte« (oder »Live Daten«) an.
■ Wählen Sie die Anzeige »Saugrohrdruck« (MAP) an.

**Dichtigkeitsprüfung Ladedrucksystem**

Ist der Ladedruck zu niedrig, muss nicht zwingend der Turbolader defekt sein. Undichte oder gerissene Ladeluftleitung oder Schläuche, ein gerissener Ladeluftkühler oder ein undichtes Druckumluftventil kommen hier auch in Frage. Auch die Dichtungen rund um den Ansaugkrümmer müssen in Augenschein genommen werden.

*Akustische Kontrolle:*
■ Lassen Sie den Motor einige Minuten im Leerlauf laufen und beschleunigen Sie ihn mehrfach aus dem Stand heraus auf etwa 4000 1/min.
■ Hören Sie die Ladeluftleitungen zwischen Turbolader und Ladeluftkühler sowie zum Ansaugkrümmer ab.

Achten Sie auf Zischgeräusche oder/und auf einen Luftstrom.

*Dichtigkeitsprüfung über Luftdruck:*
■ Demontieren Sie den Luftfilterkasten komplett.
■ Demontieren Sie das Luftführungsrohr am Ansaugkrümmer.
■ Verschließen Sie das Luftführungsrohr zum Ansaugkrümmer mit einem passenden Verschlussstopfen.
■ Schließen Sie einen passenden Verschlussstopfen mit Luftanschluss am Luftfilteranschluss zum Turbolader an.
■ Beaufschlagen Sie das Ladeluftsystem mit etwa 2,0 bar Druckluft über einen Druckminderer.
■ Hören Sie die Ladeluftleitungen zwischen Turbolader und Ladeluftkühler sowie zum Ansaugkrümmer ab.

Achten Sie auf Zischgeräusche oder/und auf einen Luftstrom.

# 10 Kraftübertragung

## Getriebetypen beim Fiat 500

Zum System der Kraftübertragung bei Fahrzeugen mit Schaltgetriebe gehören Getriebe, Kupplung und Achsantrieb. Damit alle Akteure perfekt zusammenarbeiten und die vom Motor produzierte Leistung an die Antriebsräder übertragen, sind sie durch Gelenke, Wellen und Zahnräder miteinander verbunden. Welche Kraft tatsächlich an den Rädern benötigt wird, hängt davon ab, was dem Fahrzeug während der Fahrt abverlangt wird. Der Motor bietet jedoch nur in einem begrenzten Drehzahlbereich eine verwertbare Leistung an. Damit der Wagen beim Beschleunigen und bei Bergfahrten trotzdem genügend Zugkraft entwickelt, ist das Getriebe nötig. Mit seinen verschiedenen Gängen gewährleistet es eine jeweils passende Übersetzung. Je nach Motor werden vier verschiedene Getriebe verbaut. Gerade beim Ersetzen des Getriebes aus dem Gebrauchtmarkt ist es wichtig, die Getriebe unterscheiden zu können.

**Besonderheiten beim Fiat 500**
Neben den klassischen 5- und 6-Gang-Schaltgetrieben wurden auch (aber sehr selten) automatisierte Schaltgetriebe verbaut. Die Ansteuerung erfolgt elektrohydraulisch. Die Schaltvorgänge und auch das Ein- und Auskuppeln erfolgt automatisch und angepasst an die jeweilige Fahrsituation. Die Betätigungen der Schaltung und der Kupplung werden über das Steuergerät angesteuert und überwacht

## Ölwechsel am Getriebe

Das Getriebeöl grundsätzlich nur bei betriebswarmem Getriebe (2) ablassen. Austretendes Getriebeöl in einem geeigneten Behälter auffangen. Das Getriebeöl immer vollständig ablaufen lassen.

■ Das Fahrzeug mit der Hebebühne anheben.

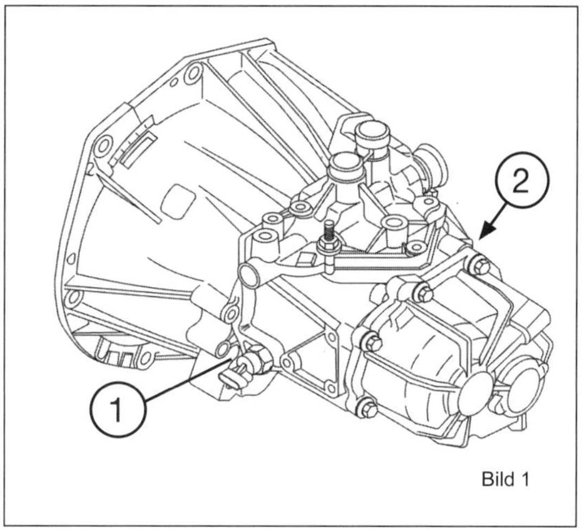


Bild 1
Sechsganggetriebe im Fiat 500-
1 Öleinfüll- und Kontrollschraube
2 Ölablassschraube

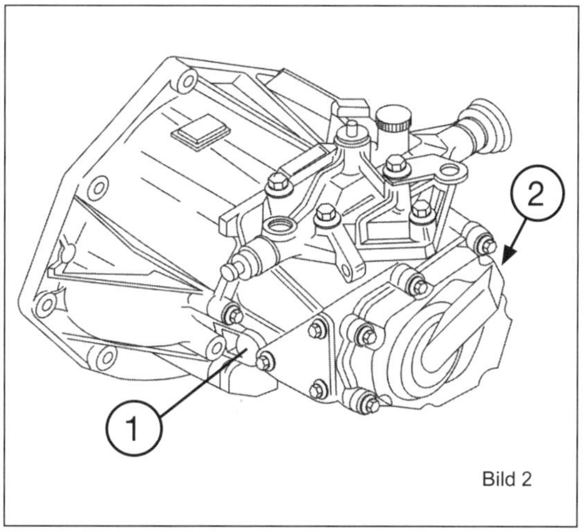


Bild 2
5-Ganggetriebe im Fiat 500.
1 Öleinfüll- und Kontrollschraube
2 Ölablassschraube

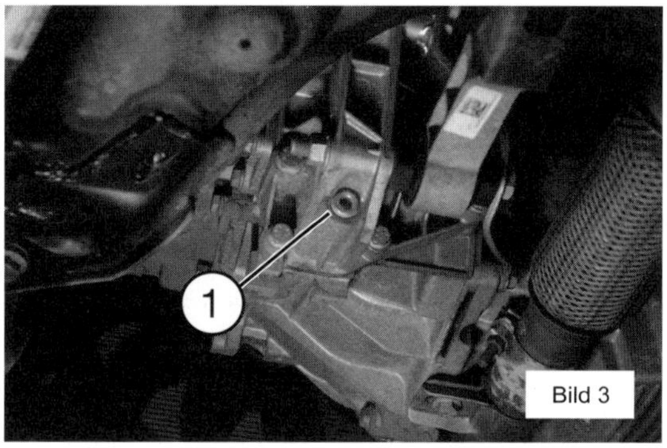


Bild 3
Die Ölablassschraube beim Fiat 500 von ist unten zugänglich. Sie ist auf der Rückseite zu finden.
1 Ölablasschraube

Das Fahrzeug zwischen den Hebebühnensäulen ausrichten und die vier Aufnahmeteller an den vom Fahrzeughersteller vorgeschriebenen Hebebühnenaufnahmepunkten platzieren.

■ Soweit erforderlich den Unterfahrschutz ausbauen.

■ Die Umgebung der Öleinfüllschraube (1 im Bild 4) am Getriebe reinigen und die Öleinfüllschraube herausschrauben.

■ Ölablassschraube (1 im Bild 3) herausschrauben und Getriebeöl ablassen.

Bild 4
Die Öleinfüllschraube beim Fiat 500 von ist unten zugänglich. Sie ist auf der Vorderseite zu finden.
1 Öleinfüllschraube

Bild 4

Bild 5
Ausrückeinrichtung beim Fiat 500.
1 Ausrückhebel Getriebe (hydraulische Kupplung)
2 Nehmerzylinder
3 Kupplungszug
4 Gleitstück
5 Sicherungsmutter
6 Ausrückhebel Getriebe (Seilzugvariante)
7 Buchse oben
8 Buchse unten
9 Ausrücker
10 Ausrücklager
11 Sicherungsring

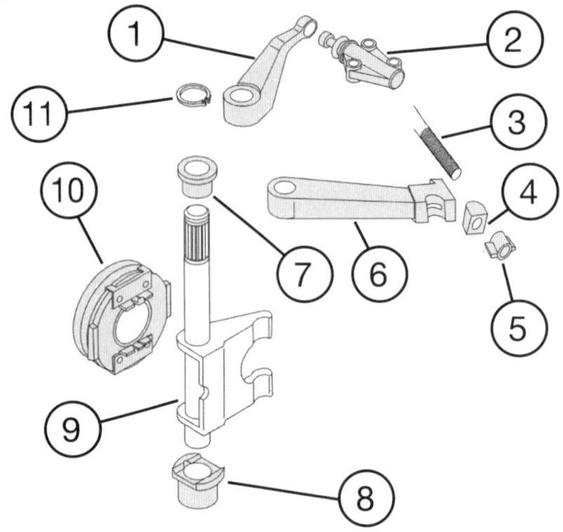

Bild 5

- Die Ölablassschraube (3) am Getriebe (2) festschrauben.
- Das Getriebeöl bis zur Unterkante der Einfüllöffnung einfüllen.
- Überschüssiges Motoröl abtropfen lassen.
- Die Öleinfüllschraube (1) am Getriebe (2) festschrauben.
- Den Unterfahrschutz, soweit demontiert, wieder anbauen.
- Das Fahrzeug mit der Hebebühne absenken.

**Manuelles Schaltgetriebe**

| Viskosität | 75W85 synthetisch |
|---|---|
| Fiat-Freigabe | 9.55550-MX3 |
| Füllmenge | 1,65 l |

**Sequenzielles Schaltgetriebe**

| Viskosität | 75W85 synthetisch |
|---|---|
| Fiat-Freigabe | 9.55550-MX3 |
| Füllmenge | 1,65 l |

**Öl für Steuereinheit am sequenziellen Schaltgetriebe**

| Bezeichnung | Tuela Car CS Speed |
|---|---|
| Fiat-Freigabe | 9.55550-SA1 |
| Füllmenge | 0,5 l - 0,7 l |

## Montagearbeiten am Getriebe

Die Demontage des Getriebes erfordert einige spezielle Werkzeuge und auch Erfahrung in der Montage. Im Rahmen dieses Buches gehen wir nur auf Arbeiten ein, die üblicherweise in privater Hand von Schraubern angegangen werden. Hinzu kommt, dass der Umfang der Arbeitsbeschreibungen für die Demontage den Rahmen dieses Buches sprengen würde.

### Zentralausrücker aus- und einbauen

- Bauen Sie das Getriebe aus.

*Fahrzeuge mit Kupplungszug:*

- Lösen Sie die Sicherungsmutter und drehen Sie sie vom Kupplungszug (3 im Bild 5) ab.
- Nehmen Sie das Gleitstück (4) ab.
- Nehmen Sie den Kupplungszug aus dem Ausrückhebel (6) heraus.

⚠ Achten Sie darauf, dass Sie den Kupplungszug nicht knicken.

- Hängen Sie, soweit verbaut, die Rückzugsfeder aus dem Ausrückhebel (6) aus.

*Fahrzeuge mit hydraulischer Kupplung:*

- Demontieren Sie den Kupplungsnehmerzylinder und legen Sie ihn vorsichtig aus dem Arbeitsbereich heraus.

☞ Die Leitung muss nicht abgeklemmt werden.

⚠ Das Kupplungspedal darf jetzt nicht mehr betätigt werden.

*Weiter für alle Fahrzeuge:*

- Demontieren Sie den Sicherungsring (11). Nehmen Sie den Ausrückhebel (1) ab.
- Ziehen Sie den Ausrücker (9) aus den Hülsen (7 und 8) heraus und nehmen Sie in heraus.
- Demontieren Sie die Hülse unten (8) und die Hülse oben (7).

Die Montage erfolgt sinngemäß in umgekehrter Reihenfolge.

- Prüfen Sie den Zustand der Hülsen und des Ausrücklagers.
- Fetten Sie die Lagerstellen nach gründlicher Reinigung neu ein.

**Ausrücklager aus- und einbauen**

- Das Getriebe ausbauen.
- Ziehen Sie das Ausrücklager (1 im Bild 5) von der Führungshülse in der Getriebeglocke ab.
- Reinigen Sie die Gleitfläche auf der Ausrückgabel (4) gründlich und fetten die Lagerfläche dünn ein.
- Reinigen Sie die Gleitfläche auf der Führungshülse gründlich und fetten die Lagerfläche dünn ein.
- Drücken Sie das neue Ausrücklager auf und achten Sie darauf, dass die Rastnasen (5) einrasten.

Kontrollieren Sie den Zustand der Lagerbuchsen (7 und 8), der Führungshülse und der Lagerstellen des Ausrücklagers.

## Die Kupplung

Der Kraftfluss vom Motor zum Achsantrieb muss nach Wunsch hergestellt und unterbrochen werden können. Das ist erforderlich, wenn Sie das Fahrzeug starten, mit laufendem Motor fahrbereit stehen oder die Gänge wechseln wollen. Dieses Ankoppeln und Trennen übernimmt bei Fahrzeugen mit Schaltgetriebe die Kupplung. Sie ermöglicht auch ruckfreies Anfahren, indem sie die unterschiedlichen Drehzahlen von Kurbelwelle und Antriebswelle des Getriebes ausgleicht. Kernstück des Systems Kupplung ist die Mitnehmerscheibe. Der Fiat 500 hat eine per Seilzug oder hydraulisch betätigte Einscheiben-Trockenkupplung mit asbestfreien Belägen und Einmassen-Schwungrad. Fahrzeuge mit Automatik-Getriebe arbeiten mit der gleichen Kupplung, die aber automatisch und ausschließlich hydraulisch betätigt wird. Kupplungen sind komplizierte Konstruktionen. Ihr Verschleißteil Mitnehmerscheibe ist nicht ohne Weiteres zugänglich. Dazu muss das Getriebe vom Motor getrennt und nach

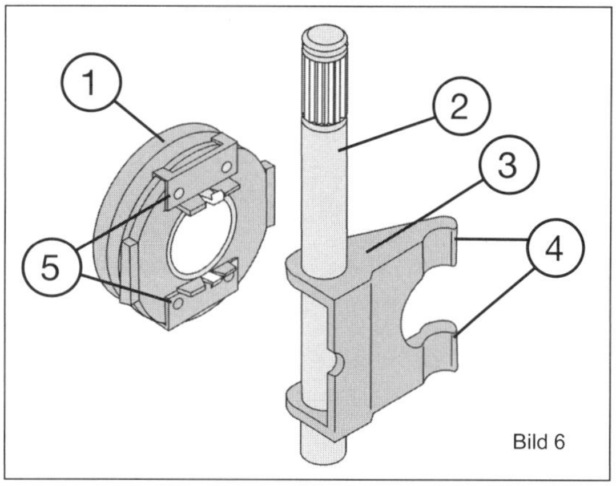


Bild 6
Ausrückeinrichtung beim Fiat 500:
1 Ausrücklager
2 Ausrückwelle
3 Ausrückgabel
4 Lagerstellen für das Ausrücklager
5 Rastnasen Ausrücklager

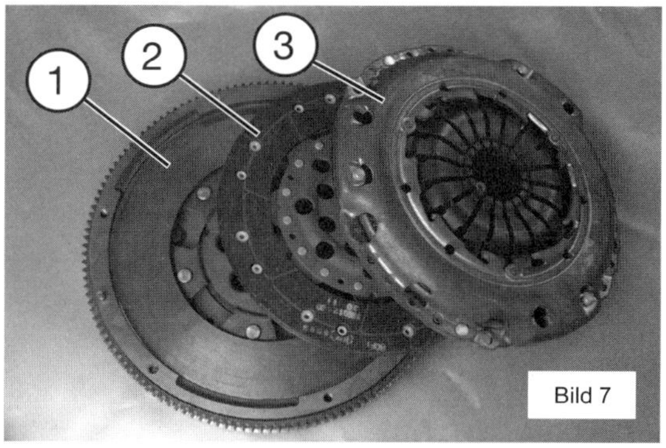


Bild 7
Kupplungsset:
1 Schwungscheibe
2 Mitnehmerscheibe
3 Druckplatte

unten ausgebaut werden. Diese Arbeit erfordert Know-how und Spezialwerkzeuge. Nun ist aber auch jede Kupplung so gut wie wartungsfrei, weil das System den Verschleiß selbsttätig ausgleicht. Die Mitnehmerscheibe ist gewöhnlich erst nach mehr als 200 - 300.000 Kilometern zu erneuern. Allerdings hängt ihr Verschleiß von Belastung (zum Beispiel Anhängerbetrieb) und sehr wesentlich von der Fahrweise ab.

**Die wichtigsten Teile der Kupplung**

Je nach Getriebebauweise und Motorisierung weichen die Kupplungen in konstruktiven Details voneinander ab. Im Wesentlichen aber arbeitet jede Kupplung mit den gleichen Komponenten:

- Das Schwungrad (Motorschwungscheibe) (1 im Bild 7) ist fest mit der Kurbelwelle verbunden. Es hilft eine gleichmäßige Drehschwingung an das Getriebe weiterzugeben.
- Die Kupplungsscheibe (Mitnehmerscheibe) (2) sitzt axial beweglich auf der Getriebe-Eingangswelle. Auf beiden Seiten sind Beläge aufgenietet.
- Die Druckplatte (3) ist mit dem Schwungrad fest verschraubt. Beim Tritt aufs Kupplungspedal löst sich über Kupplungshydrau-

lik (oder Mechanik) und Ausrückplatte die Kupplungsscheibe gegen die Kraft der Tellerfeder (Membranfeder) von der Schwungscheibe. Druckplatten sind korrosionsgeschützt und gefettet. Sie dürfen nur an der Anlauffläche gereinigt werden, sonst wird die Lebensdauer der Kupplung verringert.

**Betätigung über einen Kupplungszug**

Das Kupplungspedal ist über einen Seilzug mit dem Getriebe und dem Ausrückhebel verbunden. Dieser betätigt das Ausrücklager welches wiederum beim Auskuppeln auf die Tellerfeder der Druckplatte drückt. Beim Einkuppeln drückt die Tellerfeder der Druckplatte die Mitnehmerscheibe langsam gegen das Motorschwungrad, bis sie sich mit der gleichen Drehzahl dreht. So werden die Kräfte sanft übertragen. Dabei schleifen die Anlageflächen kurze Zeit aufeinander, ehe die Reibung wieder so groß ist, dass die Motorleistung vollständig auf das Getriebe übertragen wird. Wenn Sie das Kupplungspedal treten, überwindet das Ausrücklager die Kraft der Tellerfeder. Die Druckplatte wird entlastet und bei völlig durchgetretenem Pedal zurückgezogen. Die Mitnehmerscheibe kann nun im Raum dazwischen frei umlaufen. Das Kupplungsspiel sorgt dafür, dass das Ausrücklager nicht ständig unter Druck steht. Es verringert sich mit der Abnutzung der Beläge. Die Druckplatte nähert sich dem Ausrücklager. Liegt das Lager ohne Spiel am Ausrückhebel an, stützt sich die Tellerfeder der Druckplatte gegen das Ausrücklager ab. Die Feder wird entlastet und die Kupplung rutscht durch.

**Das hydraulische System**

Geberzylinder am Kupplungspedal und Nehmerzylinder am Getriebe sind über eine hydraulische Leitung verbunden. In ihr befindet sich Bremsflüssigkeit, die bei Betätigung der Kupplung die Kraft zwischen Geberzylinder und Nehmerzylinder überträgt. Ein Defekt in der Kupplungsbetätigung kann daher einen sinkenden Pegel im Bremsflüssigkeitsbehälter verursachen. Ein ausreichender Flüssigkeitsrest für die Bremse ist allerdings immer garantiert. Auch hier drückt beim Einkuppeln die Tellerfeder der Druckplatte die Mitnehmerscheibe langsam gegen das Motorschwungrad, bis sie sich mit der gleichen Drehzahl dreht. So werden die Kräfte sanft übertragen. Dabei schleifen die Anlageflächen kurze Zeit aufeinander, ehe die Reibung wieder so groß ist, dass die Motorleistung vollständig auf das Getriebe übertragen wird. Wenn Sie das Kupplungspedal treten, überwindet das Ausrücklager die Kraft der Tellerfeder. Die Druckplatte wird entlastet und bei völlig durchgetretenem Pedal zurückgezogen. Die Mitnehmerscheibe kann nun im Raum dazwischen frei umlaufen. Das Kupplungsspiel sorgt dafür, dass das Ausrücklager nicht ständig unter Druck steht. Es verringert sich mit der Abnutzung der Beläge. Die Druckplatte nähert sich dem Ausrücklager. Liegt das Lager ohne Spiel am Ausrückhebel an, stützt sich die Tellerfeder der Druckplatte gegen das Ausrücklager ab. Die Feder wird entlastet und die Kupplung rutscht durch.

**Kupplung prüfen**

Schleift nach Ihrem Eindruck die Kupplung, wenn Sie Ihr Fahrzeug im höchsten Gang beschleunigen, dreht der Motor also hoch, ohne dass die Fahrgeschwindigkeit zunimmt, sollten Sie einmal kurz die Funktion der Kupplung prüfen. Unternehmen Sie diese Probe allerdings wirklich nur gelegentlich!

- Ziehen Sie die Handbremse an, die natürlich in Ordnung sein muss.
- Starten Sie den Motor.
- Legen Sie den 3. Gang ein; dann langsam einkuppeln und Gas geben.
- Bei einwandfreier Kupplung wird der Motor dadurch abgewürgt.

**Trennen der Kupplung prüfen**

Treten kratzende oder krachende Geräusche beim Schalten auf, trennt meistens die Kupplung nicht mehr richtig. Machen Sie deshalb eine Probe, und zwar mit dem nicht synchronisierten Rückwärtsgang, damit Sie die mögliche Ursache der Geräusche durch ein defektes Getriebe ausschließen.

- Lassen Sie den Motor im Leerlauf drehen.
- Kupplungspedal voll durchtreten, etwa drei Sekunden warten, dann Rückwärtsgang einlegen. Wenn Sie jetzt das kratzende Geräusch hören, läuft die Mitnehmerscheibe

nicht ganz frei. Dann trennt die Kupplung nicht sauber.

■ Kontrollieren Sie die Funktion der hydraulischen Übertragungselemente. Eventuell muss die Kupplungsbetätigung entlüftet werden.

■ Teile der Kupplungsbetätigung auf Undichtigkeiten untersuchen.

■ Prüfen Sie die Einstellung des Kupplungsseils. Zu viel Spiel verursacht schnell ein zu hohes Arbeitsspiel und damit reicht der Betätigungsweg der Kupplungsmechanik nicht mehr aus.

## Montagearbeiten am Kupplungspedal

**De- und Montage des Kupplungspedalschalters (Bild 8)**

Der Kupplungsschalter ist von hinten im Pedalmodul befestigt. Es sind unterschiedliche Varianten verbaut. Der Zugang erfolgt über den Fahrer-Fußraum.

■ Entsichern Sie den Steckkontakt und ziehen Sie ihn ab.

*Stiftschalter:*

■ Drehen Sie den Kupplungsschalter etwa eine Viertel-Umdrehung gegen den Uhrzeigersinn und nehmen Sie ihn heraus.

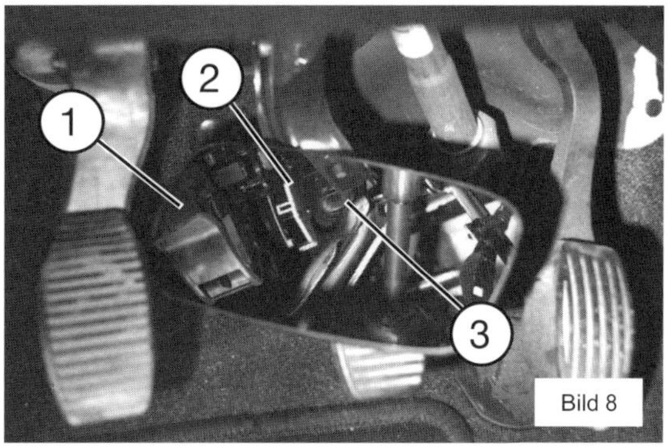


Bild 8
Kupplungspedalschalter im Blick über einen Spiegel.
1 Kupplungspedal
2 Kupplungspedalschalter
3 Bremspedalschalter

*Schalterblock:*

■ Entsichern Sie den Haltestift und nehmen Sie den Bremslichtschalter heraus.

Die Montage erfolgt sinngemäß in umgekehrter Reihenfolge.

■ Lesen Sie den Fehlerspeicher aus und löschen Sie ihn gegebenenfalls.

**De- und Montage des Kupplungspedals**

Das Kupplungspedal ist Bestandteil des Pedalmoduls und kann eigentlich nicht einzeln ersetzt werden.

⚠ Bei Fahrzeugen mit Knieairbag muss die Airbageinheit ausgebaut werden. Für diese Arbeiten ist unbedingt eine nachgewiesene Sachkunde erforderlich. Es besteht Lebensgefahr bei unsachgemäßem Umgang mit Airbageinheiten. Sollten Sie die

Bild 9
Kupplungspedal Lagerachse.
1 Lagerachse
2 Bremspedalschalter
3 Bremspedal
4 Kupplungspedal

Bild 10
Einstellung Kupplungspedal bei Seilzugbetätigung.
1 Ausrückhebel am Getriebe
2 Einstellschraube am Kupplungszug
3 Bewegungsrichtung zum Lösen (Spiel vergrößern)
4 Bewegungsrichtung zum Anziehen (Spiel verkleinern)
5 Pedalhebelweg
6 Kupplungspedal in höchster Stellung
7 Kupplungshebel in tiefster Stellung

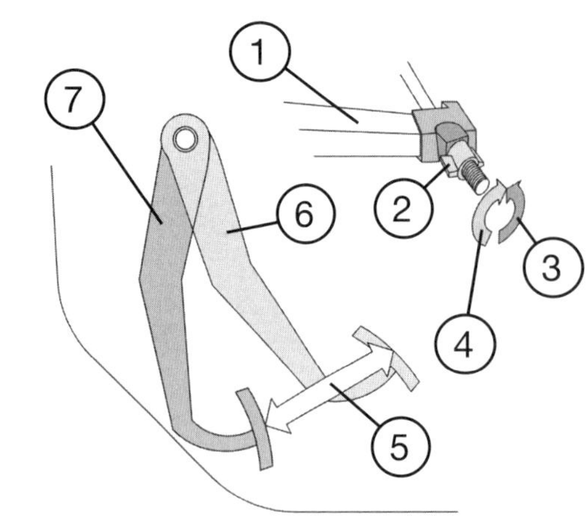

Bild 10

Sachkunde nicht haben, lassen Sie die Airbageinheit von einem Sachkundigen ausbauen und lagern.

■ Kontrollieren Sie, ob ein Radiocode erforderlich ist.
■ Stellen Sie das Fahrzeug in Lenkradstellung gerade ab.
■ Ziehen Sie den Zündschlüssel ab.

⚠ Klemmen Sie die Batterie ab und warten Sie 10 Minuten, bis die Kondensatoren im Airbagsteuergerät entladen sind.

⚠ Entladen Sie eine mögliche statische Aufladung, indem Sie an den Riegel des Fahrertürschlosses fassen.

■ Drehen Sie die Befestigungsschrauben der Knieairbageinheit heraus.
■ Entsichern Sie den Airbagstecker und ziehen Sie den Stecker ab.

*Fahrzeuge mit Kupplungszug:*
■ Hängen Sie das Kupplungsseil am Kupplungspedal aus.

*Fahrzeuge mit hydraulischer Kupplung:*
■ Hängen Sie die Kupplungsgeberzylinder am Kupplungspedal aus.

*Weiter für alle Fahrzeuge:*
■ Entsichern Sie die Pedalwelle und ziehen Sie sie nach links so weit heraus, dass Sie das Kupplungspedal abnehmen können.
■ Nehmen Sie das Kupplungspedal heraus.

Die Montage erfolgt sinngemäß in umgekehrter Reihenfolge.

■ Achten Sie darauf, dass die Airbageinheit nur bei abgeklemmter Batterie angeschlossen werden darf.
■ Lesen Sie den Fehlerspeicher aus, arbeiten Sie ihn soweit erforderlich ab und löschen Sie ihn gegebenenfalls.

**Einstellung des Kupplungspedalwegs**
Die Einstellung des Kupplungspedalwegs beschreiben wir Ihnen nachfolgend unter der Überschrift »Einstellung des Kupplungszuges«.

## Montage und Einstellung am Kupplungszug

**Einstellung des Kupplungszuges**
Der Kupplungspedalweg entspricht dem Abstand zwischen durchgedrücktem und losgelassenem Pedal. Den Pedalweg in der Mitte des Pedals messen. Die Voraussetzung für die Einstellung sind ein intakter Kupplungszug und intakte Lagerungen am Kupplungspedal und am Ausrückhebel am Getriebe.
■ Treten Sie das Kupplungspedal 4- bis 5-Mal vollständig durch und lassen Sie es wieder los.
■ Messen Sie den Höhenunterschied (5 im Bild 10) zwischen durchgetretenem Pedal (7) und dem unbelasteten Pedal (6).
■ Der Hubweg sollte 14,2 cm bis 15,3 cm betragen.

*Der Messwert wird nicht erreicht:*
■ Stellen Sie mit der Einstellschraube (2) den Messwert auf 11,5 cm ein.
■ Treten Sie das Kupplungspedal 4- bis 5-Mal vollständig durch und lassen Sie es wieder los.
■ Kontrollieren Sie den Einstellwert erneut.

**De- und Montage des Kupplungszuges**

⚠ Bei Fahrzeugen mit Knieairbag muss die Airbageinheit ausgebaut werden. Für diese Arbeiten ist unbedingt eine nachgewiesene Sachkunde erforderlich. Es besteht Lebensgefahr bei unsachgemäßem Umgang mit Airbageinheiten. Sollten Sie die Sachkunde nicht haben, lassen Sie die Airbageinheit von einem Sachkundigen ausbauen und lagern.

■ Kontrollieren Sie, ob ein Radiocode erforderlich ist.
■ Stellen Sie das Fahrzeug in Lenkradstellung gerade ab.
■ Ziehen Sie den Zündschlüssel ab.

⚠ Klemmen Sie die Batterie ab und warten Sie 10 Minuten, bis die Kondensatoren im Airbagsteuergerät entladen sind.

⚠ Entladen Sie eine mögliche statische Aufladung, indem Sie an den Riegel des Fahrertürschlosses fassen.

■ Drehen Sie die Befestigungsschrauben der Knieairbageinheit heraus.
■ Entsichern Sie den Airbagstecker und ziehen Sie den Stecker ab.
■ Hängen Sie das Kupplungsseil am Kupplungspedal aus.
■ Lösen Sie die Einstellschraube am Ausrückhebel am Getriebe und hängen Sie das Kupplungsseil aus.
■ Drehen Sie die Befestigungsschrauben am Flansch an der Spritzwand heraus und lösen Sie den Flansch (er ist Bestandteil des neuen Kupplungszuges) vom Motorraum aus.
■ Nehmen Sie das Kupplungsseil heraus.

Die Montage erfolgt sinngemäß in umgekehrter Reihenfolge.
■ Achten Sie darauf, dass die Airbageinheit nur bei abgeklemmter Batterie angeschlossen werden darf.
■ Lesen Sie den Fehlerspeicher aus, arbeiten Sie ihn soweit erforderlich ab und löschen Sie ihn gegebenenfalls.
■ Stellen Sie den Kupplungszug wie bereits beschrieben ein.

## Hydraulische Kupplungsbetätigung

⚠ Vermeiden Sie Augen- und Hautkontakt. Tragen Sie Schutzhandschuhe und geeigneten Augenschutz.

**Demontage des Geberzylinders (Bild 11)**

⚠ Bei Fahrzeugen mit Knieairbag muss die Airbageinheit ausgebaut werden. Für diese Arbeiten ist unbedingt eine nachgewiesene Sachkunde erforderlich. Es besteht Lebensgefahr bei unsachgemäßem Umgang mit Airbageinheiten. Sollten Sie die Sachkunde nicht haben, lassen Sie die Airbageinheit von einem Sachkundigen ausbauen und lagern.

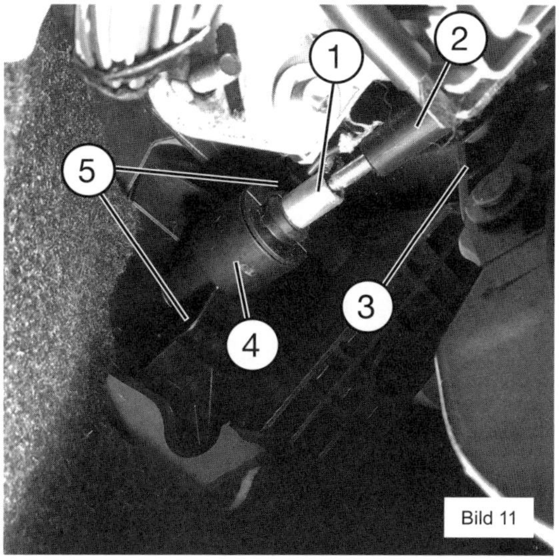


Bild 11
Kupplungsgeberzylinder beim Fiat 500.
1 Stößel
2 Aufnahme am Kupplungspedal
3 Kupplungspedal
4 Kupplungsgeberzylinder
5 Befestigungsschrauben

■ Kontrollieren Sie, ob ein Radiocode erforderlich ist.
■ Ziehen Sie den Zündschlüssel ab.
■ Demontieren Sie den Luftfilterkasten komplett.
■ Markieren Sie den Stand der Bremsflüssigkeit mit einem wasserfesten Stift an der Außenseite des Vorratsbehälters, um später eine Überfüllung zu vermeiden.
■ Saugen Sie so viel Bremsflüssigkeit aus dem Vorratsbehälter ab, dass der Nachlauf zum Kupplungsgeberzylinder nicht mehr erfolgen kann.
■ Hängen Sie vom Fahrerfußraum aus den Kupplungsgeberzylinder am Kupplungspedal aus.
■ Klemmen Sie den Zulaufschlauch vom Vorratsbehälter ab und dichten Sie den Schlauch mit einem Stopfen oder einer passenden Schraube ab, die Sie in den Schlauch stecken.
■ Ziehen Sie die Sicherungsklammer ab und ziehen Sie die Druckleitung zum Nehmerzylinder ab.
■ Drehen Sie die Befestigungsschrauben (5 im Bild 11) heraus. Nehmen Sie den Geberzylinder (4) ab.

☞ Ausgetretene Bremsflüssigkeit sofort aufnehmen und mit Bremsenreiniger abspülen.

Die Montage erfolgt sinngemäß in umgekehrter Reihenfolge.

Bild 12
Kupplungsnehmerzylinder beim Fiat 500.
1 Manschette
2 Schrauben
3 Entlüftungsnippel
4 Druckleitung vom Geberzylinder
5 Nehmerzylinder
6 Ausrückhebel am Getriebe

Bild 13
Entlüftungsnippel am Nehmerzylinder.
1 Staubschutzkappe
2 Entlütungsnippel (90° drehbar)
3 Sicherungsbügel
4 Nehmerzylinder am Getriebe

■ Füllen Sie den Vorratsbehälter für Bremsflüssigkeit auf den alten Stand (Markierung) auf.
■ Entlüften Sie das Kupplungssystem wie nachfolgend beschrieben.

**Demontage des Nehmerzylinders (Bild 12)**

■ Kontrollieren Sie, ob ein Radiocode erforderlich ist.
■ Ziehen Sie den Zündschlüssel ab.
■ Demontieren Sie den Luftfilterkasten komplett.
■ Markieren Sie den Stand der Bremsflüssigkeit mit einem wasserfesten Stift an der Außenseite des Vorratsbehälters, um später eine Überfüllung zu vermeiden.
■ Saugen Sie so viel Bremsflüssigkeit aus dem Vorratsbehälter ab, dass der Nachlauf zum Kupplungsgeberzylinder nicht mehr erfolgen kann.
■ Legen Sie saugfähige Lappen unter den Anschluss.
■ Ziehen Sie die Sicherungsklammer ab und ziehen Sie die Druckleitung vom Geberzylinder zum Nehmerzylinder ab.
■ Drehen Sie die Befestigungsschrauben (2 im Bild 12) heraus und nehmen Sie den Nehmerzylinder (5) vom Getriebe ab.

Die Montage erfolgt sinngemäß in umgekehrter Reihenfolge.
■ Fetten Sie die Anlagestelle des Schubstabes des Nehmerzylinder am Ausrückhebel des Getriebes leicht ein.
■ Füllen Sie den Vorratsbehälter für Bremsflüssigkeit auf den alten Stand (Markierung) auf.
■ Entlüften Sie das Kupplungssystem wie nachfolgend beschrieben.

☞ Ausgetretene Bremsflüssigkeit sofort aufnehmen und mit Bremsenreiniger abspülen. Bremsflüssigkeit kann lackierte und beschichtete Flächen schädigen.

**Entlüften der Kupplungshydraulik (Bild 13)**

☞ Das Entlüften der Anlage ohne ein Entlüftungsgerät ist nicht zu empfehlen. Die Leitungsführung und das geringe Fördervolumen der Zylinder machen eine Druckentlüftung oder ein Absaugen über den Entlüftungsnippel erforderlich. Beim Absaugen muss dringend darauf geachtet werden, dass der Vorratsbehälter nicht leergesaugt wird und der Geberzylinder keine Luft zieht.

■ Geeignetes Bremsenfüll- und Entlüftungsgerät anschließen. Zum Entlüften ist ein Entlüfterschlauch zu verwenden.
■ Entlüfterschlauch dann mit der Auffangflasche des Bremsenentlüftungsgeräts verbinden.
■ Abdeckung (1) des Entlüftungsnippels entfernen.
■ Entlüfterschlauch auf den Entlüfter (2) des Nehmerzylinders stecken.
■ System mit dem Entlüftungsgerät am Vorratsbehälter mit einem Druck von 1 - 2 bar beaufschlagen.
■ Entlüftungsventil (2) ca. 1/4 Umdrehung (90°) öffnen.
■ Ca. 100 cm³ Bremsflüssigkeit ausströmen lassen.
■ Entlüftungsventil (2) schließen.
■ Kupplungspedal 15- bis 20-Mal sehr schnell von Anschlag zu Anschlag bewegen.
■ Entlüftungsventil (2) ca. 1/4 Umdrehung öffnen.
■ Ca. 50 cm³ Bremsflüssigkeit ausströmen lassen.
■ Entlüftungsventil (2) schließen.

Nach Beendigung des Entlüftungsvorgangs, wenn der Druck von 2 bar abgebaut ist, das Kupplungspedal bitte noch 10-Mal mit dem Fuß treten.

- Prüfen Sie die Funktion der Kupplung.
- Machen Sie eine Probefahrt.

Ausgetretene Bremsflüssigkeit sofort aufnehmen und mit Bremsenreiniger abspülen. Bremsflüssigkeit kann lackierte und beschichtete Flächen schädigen.

## Kupplung demontieren

**Demontage der Kupplung**

- Getriebe ausbauen.
- Haltesperre zum Blockieren des Motors anbauen.
- Stecken Sie ein geeignetes Zentrierwerkzeug (3 im Bild 13) in Schwungscheibe und Kupplungsmitnehmerscheibe ein.
- Die Schrauben (1) der Druckplatte (2) herausschrauben. Die Schrauben (1) jeweils in Schritten von 1,5 Umdrehungen diagonal lösen.
- Die Druckplatte (2) und die Kupplungsscheibe (1) abnehmen.
- Die Reibfläche der Druckplatte (2) entfetten und mit grober Schmirgelleinwand anrauen.
- Die Druckplatte (2) und die Kupplungsscheibe (Mitnehmerscheibe) prüfen.
- Das Schwungrad (5) auf Verschleiß und Beschädigung prüfen.
- Den Zentralausrücker auf Geräusche, rauen Lauf, Undichtigkeit, Verschleiß und Beschädigung prüfen.

Die Montage erfolgt sinngemäß in umgekehrter Reihenfolge.

- Setzen Sie zur Montage das Zentrierwerkzeug (3) ein.
- Ziehen Sie die Schrauben gleichmäßig und über Kreuz an.

**Druckplatte prüfen**

- Die Druckplatte beziehungsweise die Reibfläche (1 im Bild 14) auf Risse und Riefen sowie Membranfeder auf Brüche prüfen.
- Die Zungen der Membranfeder (4 im Bild 13) auf Verschleiß und gleichmäßige Höhe prüfen.

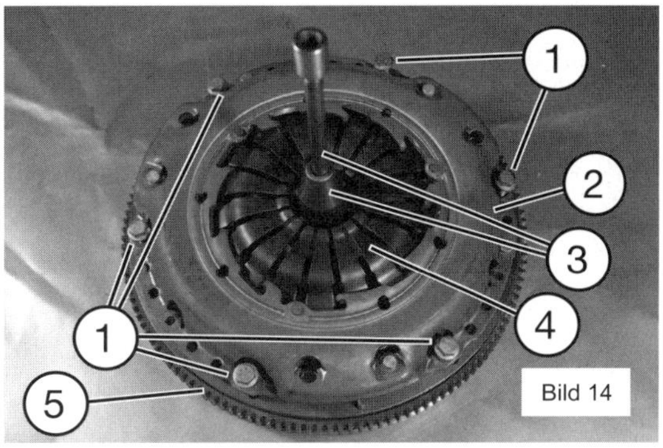


Bild 14
Kupplung und Schwungscheibe.
1 Schrauben
2 Druckplatte
3 Zentrierwerkzeug
4 Membranfeder
5 Schwungrad

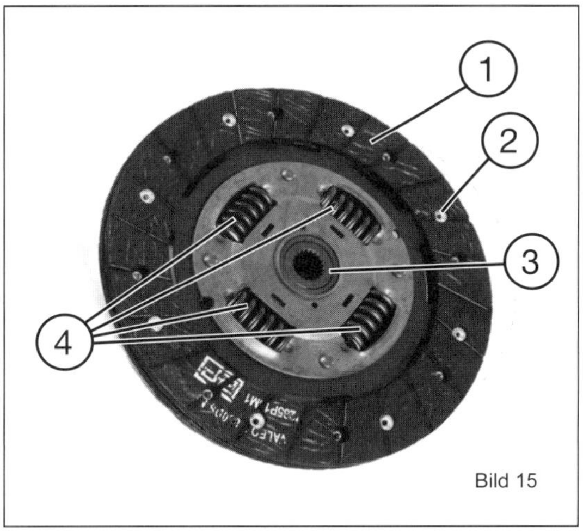


Bild 15
Mitnehmerscheibe.
1 Reibbelag
2 Belagnieten
3 Mittenverzahnung
4 Torsionsfedern

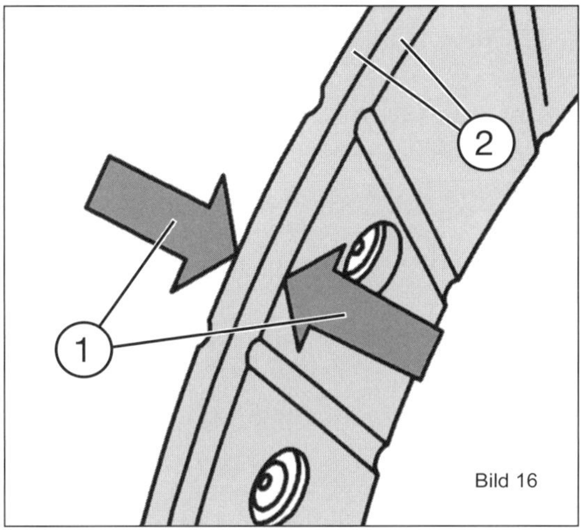


Bild 16
Kupplung und Schwungscheibe.
1 Messpunkt Belagstärke
2 Reibbeläge

**Kupplungsscheibe prüfen**

- Reibbeläge (1 im Bild 15) der Kupplungsscheibe auf Verölung, Risse, Ausbrüche und Verschleiß prüfen.
- Die Dämpferfedern (4) auf Brüche und festen Sitz prüfen.
- Das Keilwellenprofil in der Mitte (3) auf Verschleiß und Ausbrüche prüfen. Die Kupplungsscheibe muss sich mit geringem Kraftaufwand auf der Antriebswelle des Getriebes verschieben lassen.
- Prüfen Sie den Zustand der Vernietungen

Bild 17
Schwungscheibe auf der Kurbelwelle.
1 Schwungrad (Scheibe)
2 Schrauben

Bild 17

Bild 18
Schaltzüge beim Fiat 500.
1 Schaltzüge (wird immer im Set geliefert)
2 Gelenkköpfe am Schalthebelmodul
3 Schalthebelmodul
4 Halteclips
5 Karosseriedurchführung
6 Halteclip
7 Halter am Getriebe
8 Gelenkköpfe am Getriebe
9 Halteclips

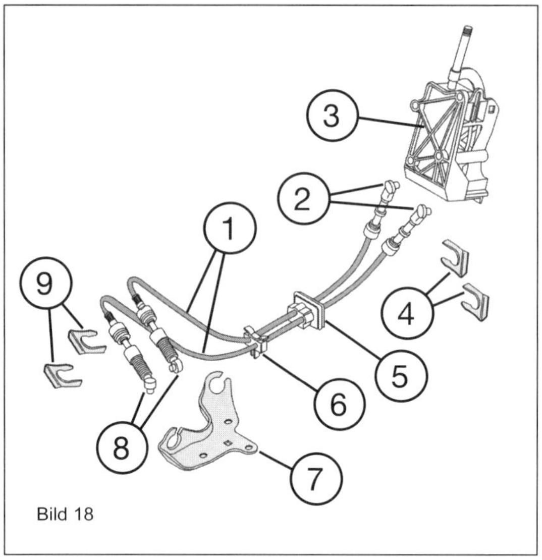

Bild 18

(2) und den festen Sitz der Beläge auf dem Belagträger.
■ Prüfen Sie die Belagstärke (Bild 15).
■ Prüfen Sie den Seitenschlag.

**Verschleißmaße für die Kupplung**
Beachten Sie die Herstellerangaben für die einzelnen Kupplungshersteller (soweit vorhanden).

| Belagstärke | 3,1 mm |
|---|---|
| Max. Gesamtverschleiß | 2,0 mm |
| Max. Seitenschlag | 0,75 mm |

## Schwungrad demontieren

■ Die Kupplung wie bereits beschrieben ausbauen.
■ Die Schrauben (2 im Bild 17) am Schwungrad (1) herausdrehen.
■ Eine Haltesperre in der Verzahnung des Schwungrades zum Blockieren des Motors anbauen.
■ Das Schwungrad (1) von der Kurbelwelle abnehmen. Dabei auf die Einbaulage des Schwungrades (1) achten.

Die Montage erfolgt sinngemäß in umgekehrter Reihenfolge.
■ Ziehen Sie die Schrauben über Kreuz mit dem vorgegeben Anzugsdrehmoment an.

## Schaltzüge und Betätigung

Die Arbeitsschritte unterscheiden sich für die einzelnen Modelle nur unwesentlich. Wir stellen Ihnen an dieser Stelle eine allgemeingültige Beschreibung zur Verfügung.

**Schaltzüge aus- und einbauen**
■ Stellen Sie das Fahrzeug auf eine Hebebühne.
■ Kontrollieren Sie, ob Ihnen der Radiocode vorliegt.
■ Klemmen Sie den Minuspol der Batterie ab.
■ Demontieren Sie den Luftfilter komplett mit dem Luftfilterkasten.
■ Bauen Sie die Batterie und den Batteriekasten aus.
■ Lösen Sie die Schaltzüge (1 im Bild 18) aus dem Halteclip (6) am Unterboden.
■ Ziehen Sie die Gelenkköpfe am Getriebe ab.
■ Demontieren Sie die beiden Halteclips (9) am Halter am Getriebe (7).
■ Nehmen Sie die Schaltzüge (1) aus dem Halter (7) heraus.
■ Legen Sie die Schaltzüge frei, sodass sie später nach innen gezogen werden können.
■ Drehen Sie die Schraube seitlich in der unteren Verkleidung rechts und links der Mittelkonsole heraus.
■ Ziehen Sie die Verkleidungen ab und nehmen Sie sie heraus.
■ Demontieren Sie die Blende im Schalthebel und drehen Sie die Schraube darunter heraus.
■ Nehmen Sie den Schaltknauf ab.
■ Rasten Sie die Manschette vorsichtig aus der Verkleidung am Schalthebel aus.
■ Ziehen Sie die Manschette hoch und öffnen Sie die Halteschelle.

■ Nehmen Sie die Manschette vom Schalthebel ab.
■ rehen Sie die Befestigungsschrauben heraus und nehmen Sie die obere Verkleidung um den Schalthebel ab.
■ Drehen Sie die oberen Schrauben aus der unteren Verkleidung des Schalthebelmoduls heraus.
■ Drehen Sie die seitlichen Schrauben aus der Verkleidung heraus und nehmen Sie sie ab.
■ Ziehen Sie die Kugelköpfe (2) von dem Schalthebelmodul (3) ab.
■ Ziehen Sie die Clips (4) ab.
■ Demontieren Sie den Verstärkungsbügel zwischen Karosserie und Armaturenbrett.
■ Drehen Sie die beiden Befestigungsschrauben heraus und nehmen Sie den rechten Lüftungskanal für den Fußraum ab.
■ Ziehen Sie die Karosseriedurchführung nach innen.
■ Nehmen Sie die Schaltzüge nach innen heraus. Achten Sie darauf, dass sie nirgendwo im Motorraum hängen bleiben.

Die Montage erfolgt sinngemäß in umgekehrter Reihenfolge.
■ Achten Sie darauf, dass die Kugelköpfe und die Clips für die Schaltzüge sicher eingerastet sind.
■ Kontrollieren Sie die Einstellung und die Funktion der Schaltung, bevor sie die Verkleidungen wieder montieren.

**Schaltbetätigung aus- und einbauen**
■ Stellen Sie das Fahrzeug auf eine Hebebühne.
■ Kontrollieren Sie, ob Ihnen der Radiocode vorliegt.
■ Klemmen Sie den Minuspol der Batterie ab.
■ Demontieren Sie den Luftfilter komplett mit dem Luftfilterkasten.
■ Bauen Sie die Batterie und den Batteriekasten aus.
■ Drehen Sie die Schraube seitlich in der unteren Verkleidung rechts und links der Mittelkonsole heraus.
■ Ziehen Sie die Verkleidungen ab und nehmen Sie sie heraus.
■ Demontieren Sie die Blende im Schalthebel und drehen Sie die Schraube darunter heraus.

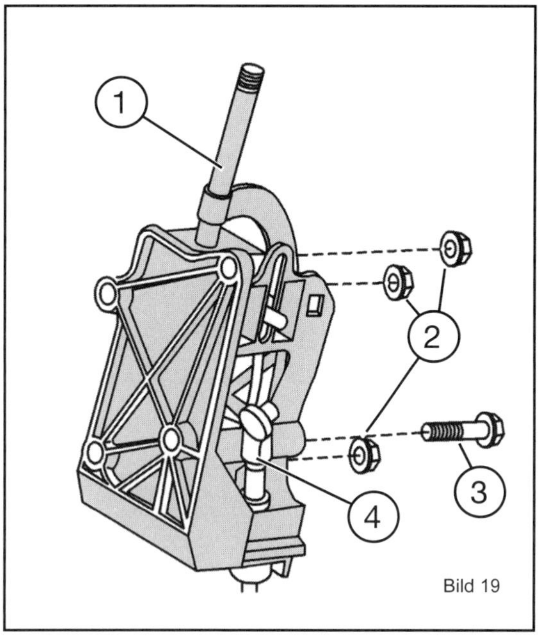


Bild 19
Schaltmodul beim Fiat 500.
1 Schaltmodul
2 Muttern
3 Schraube
4 Schaltzug

■ Nehmen Sie den Schaltknauf ab.
■ Rasten Sie die Manschette vorsichtig aus der Verkleidung am Schalthebel aus.
■ Ziehen Sie die Manschette hoch und öffnen Sie die Halteschelle.
■ Nehmen Sie die Manschette vom Schalthebel ab.
■ Drehen Sie die Befestigungsschrauben heraus und nehmen Sie die obere Verkleidung um den Schalthebel ab.
■ Drehen Sie die oberen Schrauben aus der unteren Verkleidung des Schalthebelmoduls heraus.
■ Drehen Sie die seitlichen Schrauben aus der Verkleidung heraus und nehmen Sie sie ab.
■ Ziehen Sie die Kugelköpfe (2 im Bild 18) vom Schalthebelmodul (3) ab.
■ Nehmen Sie die Schaltzüge aus dem Schaltmodul heraus.
■ Ziehen Sie (soweit vorhanden) den Steckkontakt vom Schaltmodul ab.
■ Drehen Sie die Muttern (2 im Bild 19) und die Schraube (3) heraus.
■ Nehmen Sie das Schaltmodul (1) ab.

Die Montage erfolgt sinngemäß in umgekehrter Reihenfolge.
■ Achten Sie darauf, dass die Kugelköpfe und die Clips für die Schaltzüge sicher eingerastet sind.
■ Kontrollieren Sie die Einstellung und die Funktion der Schaltung, bevor sie die Verkleidungen wieder montieren.

Bild 20
Radnabe und die Zentralmutter der Achswelle.
1 Zentralmutter
2 Achswelle

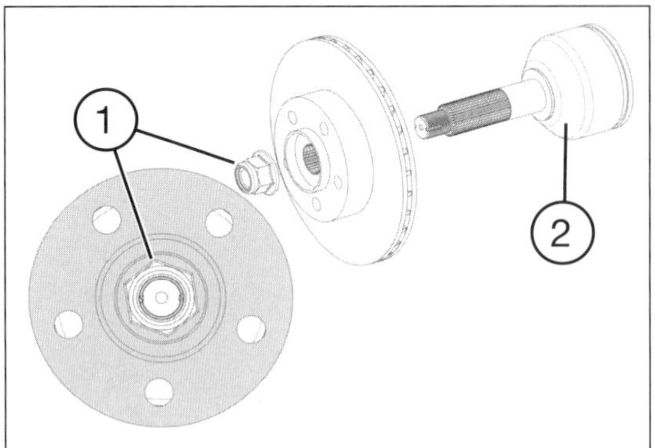


Bild 20

Bild 21
Schrauben Sturz und Spurstange.
1 Sturzschrauben
2 Mutter Spurstange
3 Mutter Achswelle

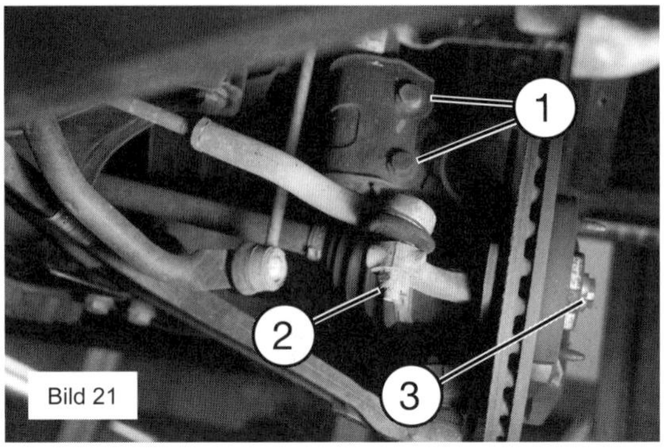


Bild 21

Bild 22
Aushebeln der Gelenkwellen am Getriebe.

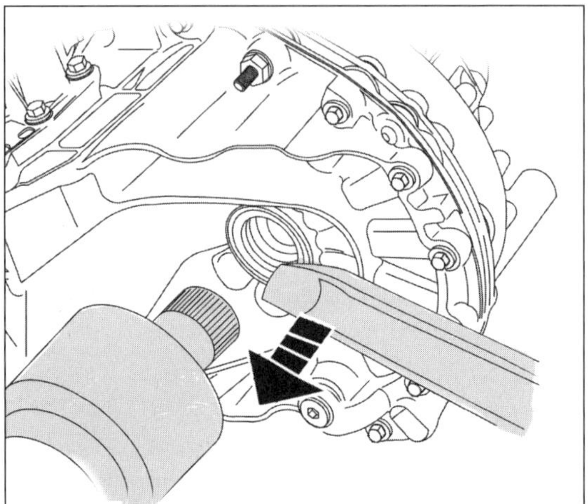

Bild 22

## Gelenkwellen ausbauen/prüfen

**Gelenkwellen aus- und einbauen**

■ Stellen Sie das Fahrzeug auf eine Hebebühne.
■ Lassen Sie das Getriebeöl ablaufen, wie bereits zu Anfang dieses Kapitels beschrieben.
■ Reinigen Sie den Bereich um die Achswelle am Getriebe gründlich.
■ Schlagen Sie mit einem Durchschlag die Sicherung der Achsmutter zurück.

*Achsmutter lösen mit montiertem Rad:*
■ Lassen Sie das Fahrzeug auf dem Boden stehen.
■ Lassen Sie einen Helfer die Bremse sehr fest treten.
■ Lösen Sie die Achsmutter (Zentralmutter) auf der entsprechenden Seite.

*Achsmutter lösen ohne Felge:*
■ Zum Lösen und Festschrauben der Schraube (2) zwei Radschrauben (9) in die Radnabe hineinschrauben und Radnabe mit geeignetem Werkzeug gegenhalten.

*weiter für alle Fahrzeuge:*
■ Das entsprechende Rad demontieren.
■ Demontieren Sie den ABS-Sensor auf der entsprechenden Seite.
■ Drehen Sie die Befestigungsschrauben Achsschenkel/Stoßdämpfer los und nehmen Sie die Sicherungsmuttern ab. Belassen Sie die Schrauben aber noch eingesteckt.
■ Drehen Sie die Mutter des Spurstangenkopfes ab.
■ Drücken Sie den Spurstangenkopf mit einem geeigneten Abdrücker vom Achsschenkel ab.
■ Unterbauen Sie den Traggelenkbolzen oder den Querlenker, sodass er beim Lösen der Sturzschrauben am Achsschenkel nicht unkontrolliert nach unten klappen kann.
■ Hebeln Sie mit einem Montierhebel die Achswelle vorsichtig aus dem Getriebe heraus.
■ Ziehen Sie die beiden Sturzschrauben heraus und klappen Sie den Achsschenkel nach außen.
■ Ziehen Sie die Achswelle aus dem Radlager heraus.
■ Nehmen Sie die Achswelle heraus.

Die Montage erfolgt sinngemäß in umgekehrter Reihenfolge.
■ Kontrollieren Sie den Zustand des Wellendichtrings für die Antriebswelle.
■ Füllen Sie das Getriebeöl wie bereits beschrieben auf.

**Gelenkwellen prüfen**

Es gibt eigentlich nur drei Gründe eine Achsgelenkwelle zu zerlegen. Zuerst einmal möchten wir den Hintergrund für diese Arbeiten genauer beleuchten:

*Spiel an den Gelenken:*
Spiel an den Achswellen prüfen (Bild 22).

Halten Sie den Lageraußenring mit der Hand fest und verdrehen Sie die Achswelle. Sie sollte möglichst kurze schnelle Bewegungen machen (einfach schnell hin und herdrehen). So bemerken Sie ein mögliches Lagerspiel in den Achswellen sehr schnell. Spiel an den Gelenken sollte immer nachgegangen werden.

Denken Sie daran, dass Ihr Fahrzeug beim Anheben einen anderen Winkel der Achswelle bewirkt. Die Prüfungen sollten immer am Boden stattfinden. Eine Grube in der Garage oder eine Mutterbühne ist hier sehr hilfreich. Stellen Sie übermäßiges Spiel fest, sollte die Gelenkwelle erneuert oder zerlegt und repariert werden. Zumeist zeigen sich bei der Demontage erhebliche Schäden an Lagerflächen oder Kugeln. Wird das Spiel zu groß (mehr als 2 mm Spiel in der Verdrehung) kann die Antriebswelle »auseinanderfliegen« und sorgt dann im günstigsten Fall für eine Panne. Im schlimmsten Fall kann die Achswelle weitere Schäden verursachen, wenn sie aus den Führungen herausrutscht.

*Geräusche:*
Die Prüfung der Achsgelenkwellen auf diese Schäden erfolgt in der Regel bei einer Probefahrt. Es sollten hier enge Radien gefahren werden können (Supermarktparkplatz) und auch der Lastwechsel vom Beschleunigen zum Schiebebetrieb (Gefahren vermeiden!

Auf den Verkehr achten!) simuliert werden. Geräusche an den Achswellen lassen sich leider nur für das radseitige Gelenk sicher orten. Die Getriebeseite wird oftmals als »Getriebeschaden« wahrgenommen. Sollten also Geräusche beim Lastwechsel entstehen, nehmen Sie auch die Antriebswellen einmal genauer unter die Lupe. Ein deutliches »Klackern« oder durchaus schon »Schläge« gerade beim Kurvenfahren in engen Radien weisen auf einen Achswellenschaden hin. Je lauter diese Geräusche werden, umso dringender besteht Handlungsbedarf. Auch hier sind oft an den zerlegten Wellen sehr gut sichtbare Schäden vorhanden.

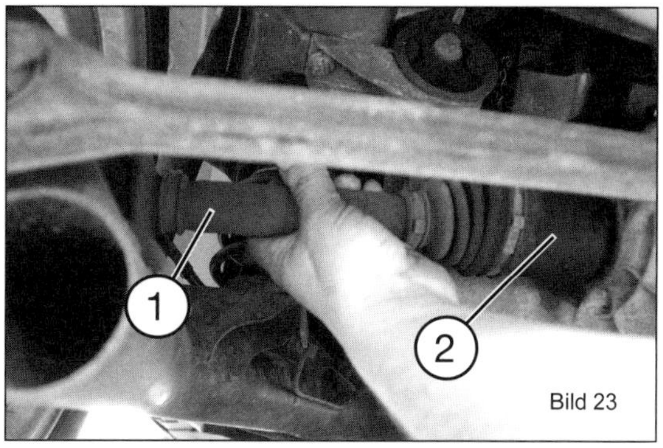


Bild 23
Spiel an den Gelenken der Achswellen prüfen.
1 Gelenkwelle
2 Gelenkwellentopf (Lageraußenring)

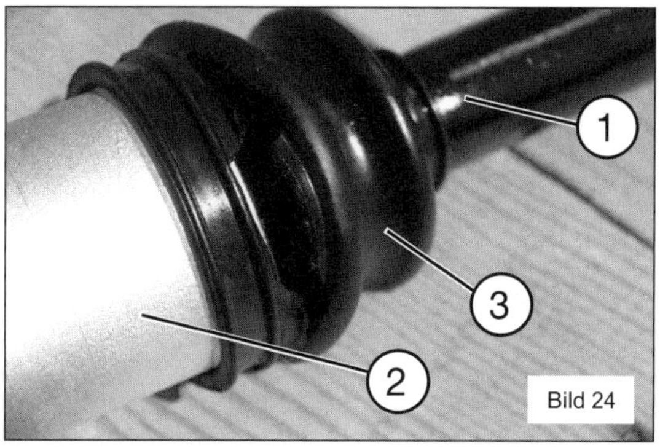


Bild 24
Beschädigte Achswellenmanschette.
1 Gelenkwelle
2 Gelenkwellentopf
3 Achswellenmanschette

*Manschette beschädigt (Bild 23):*
Das Ende der Lagerungen einer Achswelle wird natürlich schneller erreicht, wenn Schmutz, Wasser und Straßendreck durch eine defekte Manschette eindringen können.

Kontrollieren Sie die Lenkmanschetten und die Gelenkmanschette regelmäßig. Bei Schäden führt an einer Reinigung des Gelenkes und dem Ersatz der Manschette kein Weg vorbei. Achten Sie auch auf kleine Fettspritzer im Radlaufbereich oder an den Bremsteilen. Oftmals zeichnen schon kleinste Schäden an der Manschette deutliche Spuren. Durch die hohe Drehzahl wird das Fett im Gelenk sehr schnell in der Landschaft verteilt. Daraufhin läuft das Gelenk trocken und wird mit der Unterstützung des eindringenden Schmutzes ein erhebliches Verschleißverhalten entwickeln

## Gelenkwellen zerlegen

Achsmanschette außen (radseitig) wechseln

- Die entsprechende Antriebswelle ausbauen.
- Die Gelenkwelle mit Schutzbacken in Schraubstock einspannen.
- Die Antriebswellenmanschette (1 im Bild 24) aufschneiden und abziehen.
- Fett über dem Gelenktopf abwischen.

Bild 25
Gelenkmanschette anheben.
1 Manschette
2 Innenring des Gelenks
3 Gelenktopf

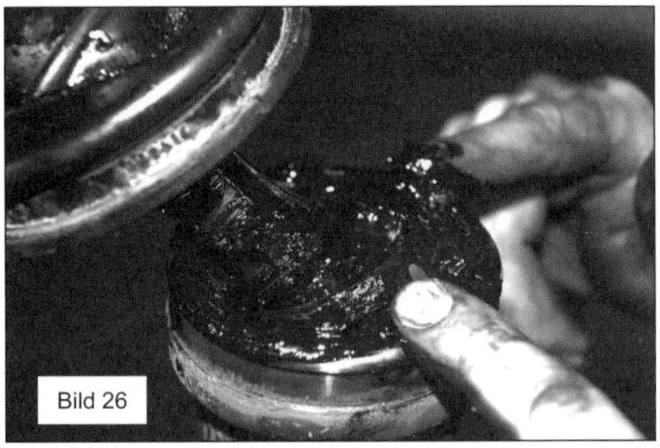


Bild 26
Gelenk abwischen, um es besser erkennen zu können.

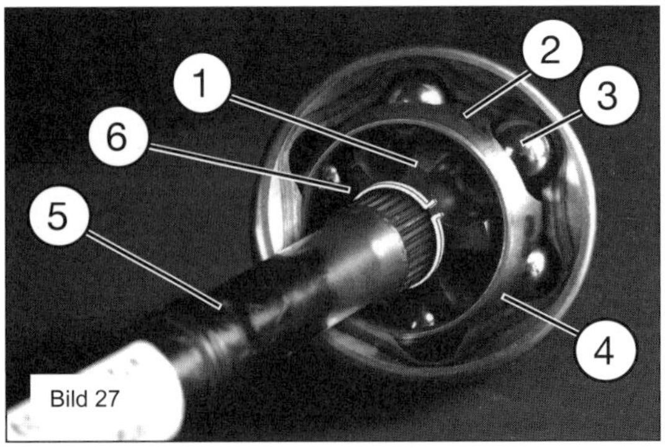


Bild 27
Bauweise mit Sicherungsring.
1 Innenring
2 Kugelkäfig
3 Kugeln
4 Gelenktopf
5 Welle
6 Sicherungsring

■ Es gibt zwei unterschiedliche Bauweisen für die Sicherung des Gelenktopfes auf der Welle.

☞ Unterscheiden kann man die Bauweisen über dem Topfgelenk. Die Öffnungen des Sicherungsrings (6 im Bild 27) sind nach dem Entfernen des Gelenkwellenfetts erkennbar.

*Bauweise mit Sicherungsring (Bild 27):*
■ Den Sicherungsring (6) mit einer Seegeringzange öffnen und das Gleichlaufgelenk von der Antriebswelle ziehen.

*Bauweise mit Sprengring (Bild 28):*
■ Das Gleichlaufgelenk (1 im Bild 28) mit einem Kunststoffhammer (3) von der Antriebswelle (2) treiben.
■ Den Sicherungsring ausbauen.

*Weiter für beide Bauweisen:*
■ Das Gleichlaufgelenk reinigen.
■ Die kleine Klemmschelle auf die Antriebswelle aufschieben.
■ Die neue Antriebswellenmanschette auf die Antriebswelle aufschieben.
■ Den neuen Sicherungsring (beiden Bauweisen) einbauen.
■ Das Gleichlaufgelenk bis zur Oberkante des Innensterns mit im Lieferumfang enthaltenem Fett befüllen.
■ Das Gleichlaufgelenk mit einem Plastikhammer auf die Antriebswelle auftreiben, bis der Sicherungsring einrastet.
■ Die Manschette und Gleichlaufgelenk mit der Restmenge Fett befüllen.
■ Die Antriebswellenmanschette auf das Gleichlaufgelenk aufschieben.

☞ Der Wulst der Manschette muss in der Nut am Gleichlaufgelenk liegen.

■ Die Klemmschellen (2 im Bild 30) auf der Antriebswellenmanschette (3) positionieren und befestigen.
■ Antriebswelle aus dem Schraubstock lösen und abnehmen.
■ Antriebswelle wieder einbauen.

**Topfgelenk (radseitig) zerlegen**

Die Antriebswellen beim Fiat 500 unterliegen natürlich auch dem Verschleiß und auch die Manschetten können beschädigt werden.

⚠ Grundsätzlich sollten Sie beim Zerlegen von Achsgelenken die Übertragungsteile wie die Kugeln oder Lager wieder in die gleiche Position einbauen, in der sie vor der Demontage gewesen sind. Sie können die Bauteile mit einem Lackstift oder wasserfesten Filzstift markieren.

☞ Hilfreich ist es aber auch eine Ablage aus Pappe zur Ablage der Einzelteile vorzubereiten.

*Wechsel der radseitigen Manschette:*
Die beiden radseitigen Gelenke sind Kugelgelenkwellen. Die Montagearbeit ist identisch.
■ Bauen Sie die entsprechende Antriebswelle wie bereits beschrieben aus.
■ Entfernen Sie die beiden Klemmbänder auf der entsprechenden Manschette.
■ Schneiden Sie die Achsmanschette mit einem Cuttermesser auf und nehmen Sie sie ab.
■ Wischen Sie das Fett am Rand des Ge-

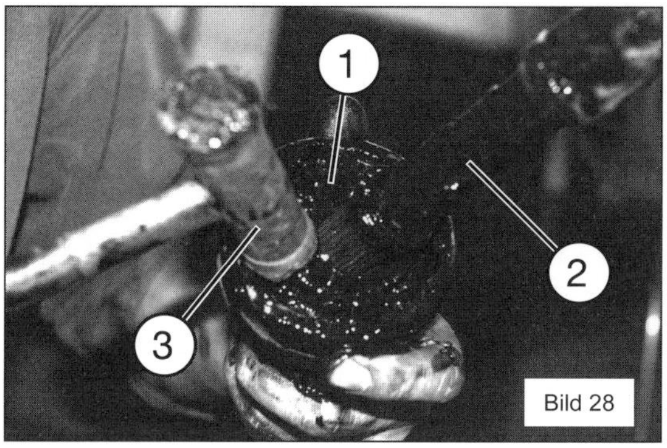


Bild 28
Bauweise mit Rastring auf der vorderen Wellenspitze.
1 Gelenktopf
2 Welle
3 Kunststoffhammer

lenktopfes (3) ab, damit Sie den Innenring (2 im Bild 25) des Gelenks erkennen können.

■ Bauen Sie das Gelenk von der Achswelle wie beschrieben ab.

■ Kippen Sie den Innenring zur Seite und nehmen Sie eine Kugel nach der anderen, wie im Bild 33 gezeigt heraus.

■ Verdrehen Sie den Gelenkinnenring so weit, dass Sie ihn wie im Bild 32 gezeigt herausnehmen können.

■ Verdrehen Sie den Kugelkäfig so weit, dass Sie ihn über die Aussparungen (Bild 31) vom Gelenkwellenkopf abnehmen können.

■ Achten Sie darauf, dass die Kugeln nicht auf den Boden fallen.

■ Reinigen Sie alle Bauteile gründlich und untersuchen Sie sie nach Schäden oder Verschleißspuren.

■ Sind Schäden oder Verschleiß erkennbar, muss das Gelenk erneuert werden. Es sind beide Gelenke als Ersatzteil lieferbar.

Die Montage erfolgt sinngemäß in umgekehrter Reihenfolge.

■ Stecken Sie die kleine Schelle auf die Manschette auf.

■ Stecken Sie die neue Manschette auf die Achswelle auf.

■ Tragen Sie etwas Fett auf die Laufbahnen der Kugeln und auf die Kugeln auf.

■ Montieren Sie das Kugelgelenk.

■ Geben Sie den Rest des Fettes in das Kugelgelenk hinein.

■ Stecken Sie die Achswelle in das Innengelenk ein.

■ Schlagen Sie das Gelenk mit einem Kunststoffhammer auf die Welle auf.

■ Positionieren Sie die Achswellenmanschette so, dass sie beim Bewegen des Gelenkes nicht zu straff gespannt wird. Sie könnte sonst vom Gelenktopf rutschen.

Bild 29
Radseitiges Gelenk der Achswelle.
1 Gelenktopf
2 Kugelkäfig
3 Kugeln
4 Innenring

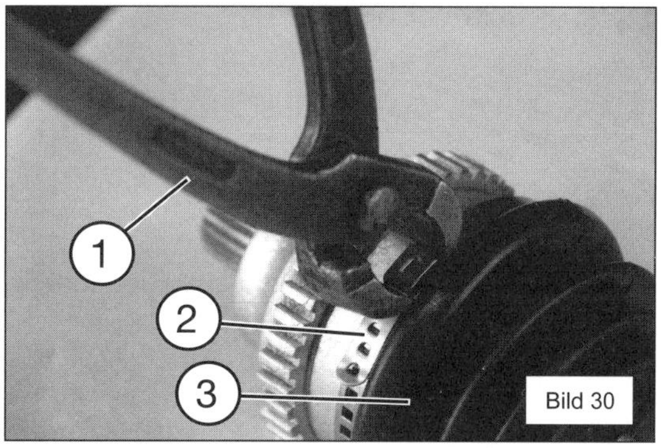


Bild 30
1 Zange
2 Federbandschelle
3 Achswellenmanschette

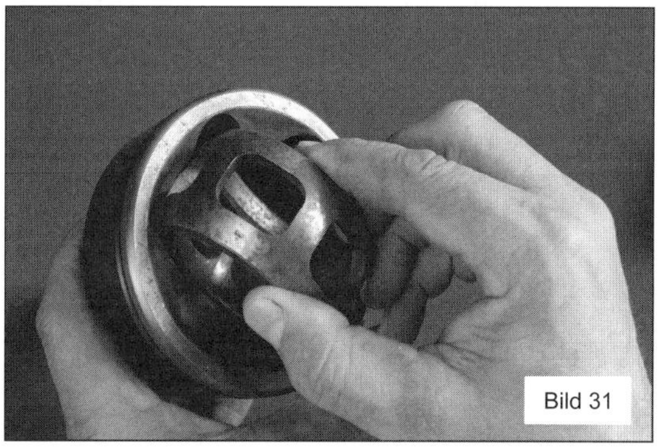


Bild 31
Kugelkäfig hochkant in den Gelenktopf einsetzen.

Bild 32
Im Detail: Gelenkinnenring in den Kugelkäfig einfädeln.

■ Montieren Sie die beiden neuen Klemmbänder (Schellen) auf der entsprechenden Manschette.

■ Die Klemmbänder werden mit einer speziellen Zange zu gebogen. Mit etwas Geschick gelingt das auch mit einer Beißzange (1 im Bild 30).

Sichtprüfung Messen

Bild 33
Oftmals gibt's es für das Einsetzen in den Kugelkäfig eine Position mit Flachstellen seitlich.

Bild 34
Einsetzen der Kugeln in den Kugelkäfig.

Bild 35
Einbaulage der Achswellenbauteile im Gelenktopf.

Bild 36
Klemmband vorbiegen.
1 Spraydose
2 Klemmband

Bild 33

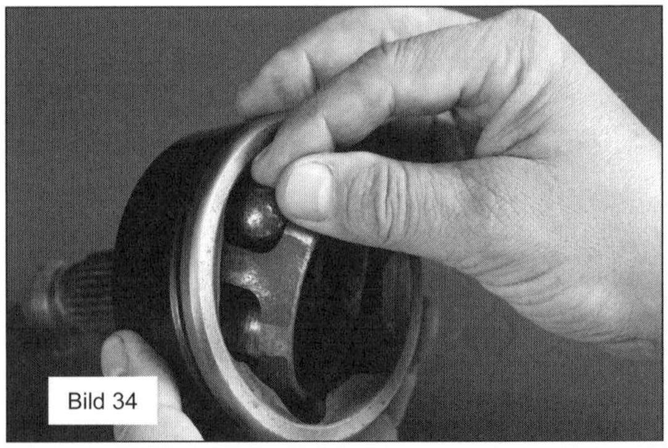
Bild 34

Bild 35

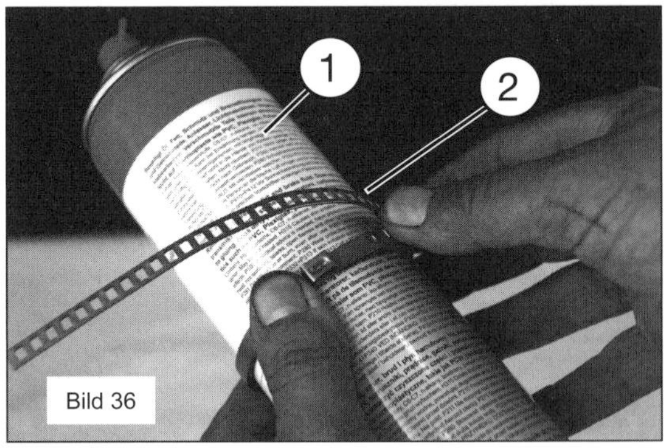

Bild 36

■ Biegen Sie die Klemmbänder (1 im Bild 34) über einer Spraydose (2) vor. So lassen sie sich leichter montieren.
■ Reinigen Sie die Achsgelenkwelle und bauen Sie sie wieder ein.

**Achsmanschette innen (getriebeseitig) wechseln**
■ Die entsprechende Antriebswelle ausbauen.
■ Die beiden Federbandschellen (6 und 7 im Bild 37) öffnen.
■ Die Antriebswellenmanschette (4) getriebeseitig aufschneiden und abnehmen.
■ Den Sicherungsring (3) öffnen und den Tripoidlagerträger (8) abnehmen.
■ Lagertopf (2) und den Tripoidlagerträger (8) reinigen.
■ Die Antriebswelle (5) aus dem Schraubstock lösen und abnehmen.
■ Die neue Antriebswellenmanschette (4) auf die Antriebswelle (5) aufschieben.
■ Die Klemmschelle (6) auf die Antriebswelle (5) aufschieben.
■ Die Antriebswelle (5) mit Schutzbacken in den Schraubstock einspannen.
■ Die Gelenknabe (2) mit dem im Lieferumfang enthaltenem Fett befüllen.
■ Den Tripoidlagerträger (8) auf die Antriebswelle (5) aufschieben.
■ Antriebswellenmanschette (4) und die

Bild 37
Tripoidgelenk (getriebeseitig).
1 Sprengringe
2 Lagertopf
3 Sicherungsring
4 Manschette
5 Antriebswelle
6 Klemmschelle
7 Klemmschelle
8 Tripoidlagerträger
9 Ausgleichsring

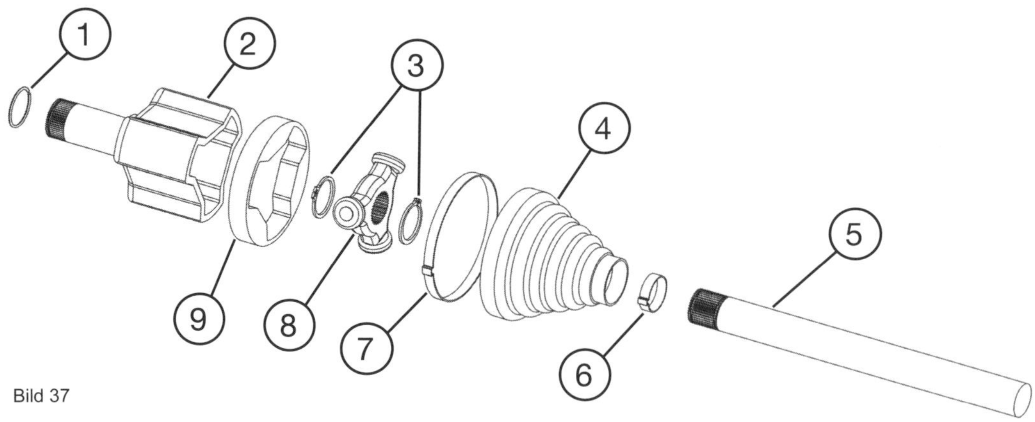

Bild 37

Gelenknabe (2) mit der Restmenge Fett befüllen.

■ Die Antriebswellenmanschette (4) auf die Gelenknabe (2) aufschieben. Der Wulst der Antriebswellenmanschette (2) muss in der Nut am Gleichlaufgelenk liegen.

■ Die Klemmschellen (6, 7) auf der Antriebswellenmanschette (4) positionieren und befestigen.

■ Antriebswelle (5) aus dem Schraubstock lösen und abnehmen.

■ Antriebswellenmanschette (4) radseitig wieder einbauen.

■ Die Antriebswelle wieder einbauen.

## Radialwellendichtringe der Achswellen aus- und einbauen

■ Die entsprechende Antriebswelle ausbauen.

■ Den Radialwellendichtring mit geeignetem Werkzeug aus dem Getriebe heraushebeln.

⚠ Dichtfläche am Getriebe nicht beschädigen, da es sonst zu Undichtigkeiten im Bereich des Radialwellendichtrings kommen kann.

■ Den Radialwellendichtring vorsichtig mit einem Dorn in das Getriebe einschlagen. Der Radialwellendichtring muss bündig mit dem Getriebe abschließen.

Der weitere Einbau erfolgt sinngemäß in umgekehrter Reihenfolge.

■ Getriebeölstand prüfen ggf. richtigstellen.

## Getriebe aus- und einbauen

Die Vorgehensweise ist für die einzelnen Motorvarianten sehr ähnlich. Wir stellen Ihnen hier eine allgemeingültige Beschreibung zur Verfügung.

■ Stellen Sie das Fahrzeug auf einer Hebebühne ab.

■ Klemmen Sie das Masseband an der Batterie bei ausgeschalteter Zündung ab. Prüfen Sie deshalb bitte, ob ein codiertes Radio eingebaut ist. Gegebenenfalls ist dann vorher die Anti-Diebstahl-Codierung zu erfragen.

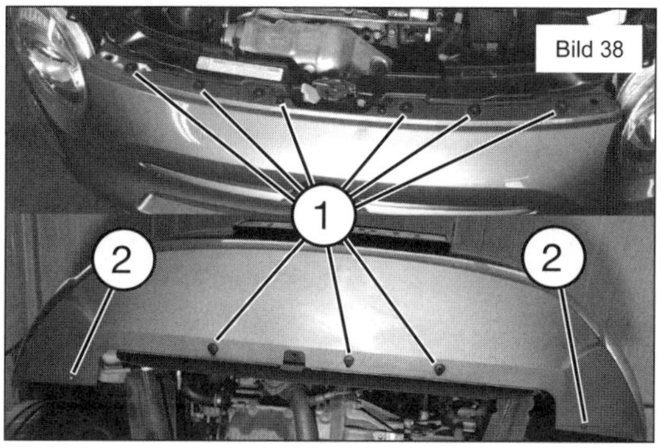


Bild 38
Befestigungsschrauben des Stoßfängers oben und unten.
1 Torxschrauben
2 Kreuzschlitzschrauben

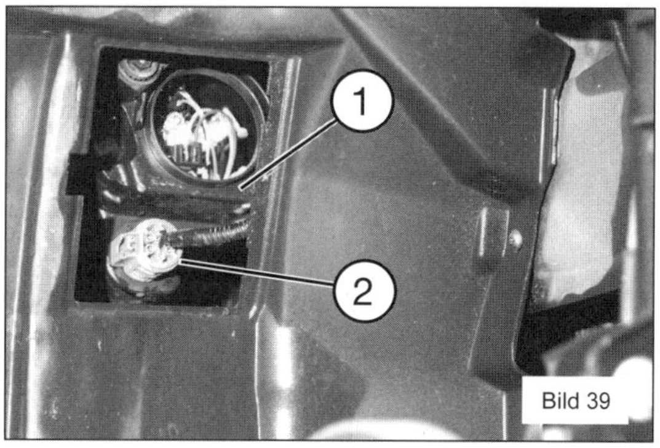


Bild 39
Zugang zum Scheinwerfer im Stoßfänger über den Radlauf.
1 Scheinwerfer
2 Zentralstecker

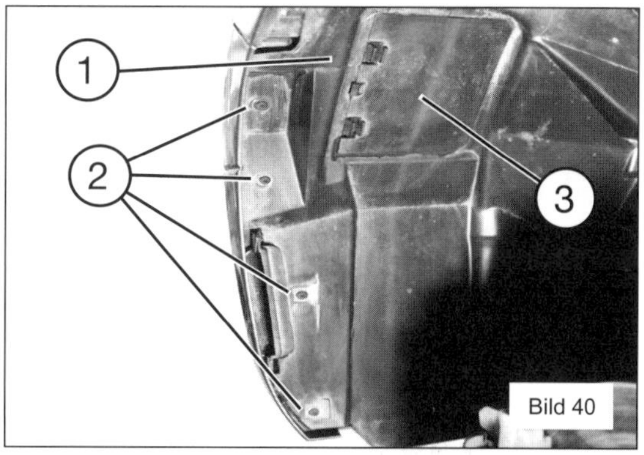


Bild 40
Befestigungsschrauben des Stoßfängers im Radlauf.
1 Radlauf
2 Schrauben
3 Zugang zum Scheinwerfer im Stoßfänger

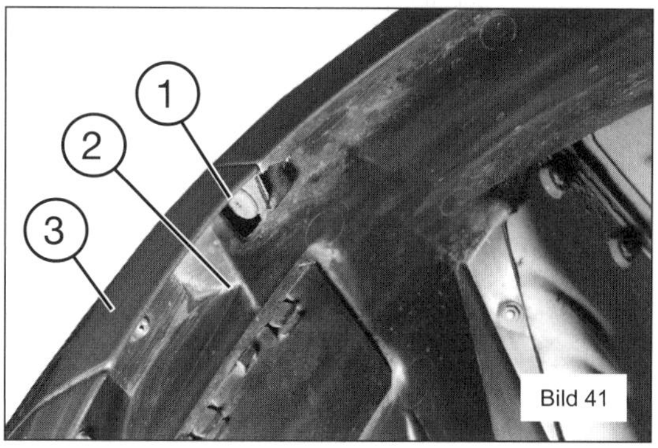


Bild 41
Befestigungsschrauben des Stoßfängers seitlich.
1 Schraube
2 Innenkotflügel
3 Stoßfänger vorne

■ Bauen Sie die Motorabdeckung oben oder den Luftfilterkasten über dem Motor ab.

■ Bauen Sie auch die Verkleidungen unter dem Motor und dem Getriebe aus.

■ Bauen Sie die Batterie und den Batteriekasten aus.

Bild 42
Demontage Getriebe.
1 Abdeckung oben
2 Schrauben
3 Getriebe
4 Rückwärtsgangschalter
5 Abdeckung unten

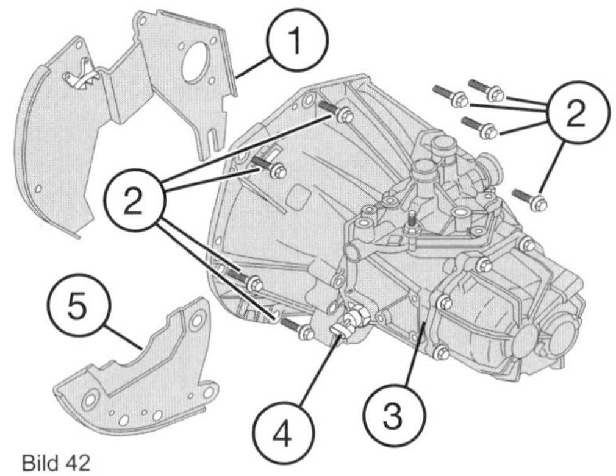

Bild 42

■ Demontieren Sie die Schaltzüge und die Kupplungsbetätigung und legen Sie beides aus dem Arbeitsbereich hinaus.

Bei den hydraulischen Systemen kann der Zylinder komplett abgebaut werden. Ein Abklemmen der Leitung ist nicht zwingend erforderlich.

■ Bauen Sie beide Vorderräder ab.
■ Demontieren Sie die Radkästen und Verkleidungen links und rechts.
■ Bauen Sie die Streben links und rechts zwischen der Radaufhängung vorne und der Karosserie ab.
■ Drehen Sie die beiden Befestigungsschrauben des Stoßfängers (1 im Bild 36) aus dem Radhaus heraus.
■ Drehen Sie die seitliche Schraube von unten für den Stoßfänger (2) heraus.
■ Drehen Sie die Schrauben unten am Stoßfänger heraus.
■ Drehen Sie die Schrauben (1 im Bild 38) oben für den Stoßfänger vorne heraus.
■ Demontieren Sie den Stoßfänger vorne.
■ Ziehen Sie den elektrischen Anschluss zum unteren Scheinwerfer im Stoßfänger heraus.
■ Klemmen Sie, soweit vorhanden, die Nebelscheinwerfer ab.
■ Fangen Sie den Motor mit einem geeigneten Motor/Getriebeaufhängevorrichtung von oben ab.
■ Demontieren Sie den Masseanschluss.
■ Ziehen Sie den Steckkontakt am Rückwärtsgangschalter ab.
■ Demontieren Sie die Abdeckung unten (5 im Bild 42).
■ Unterbauen Sie das Getriebe mit einem Getriebeheber oder einem anderen geeigneten Werkzeug.
■ Das Getriebe (1) mit Getriebeheber und Ausbauvorrichtung abstützen und mit einem Spanngurt sichern.
■ Demontieren Sie die Pendelstütze hinten zwischen Getriebe und Achsträger.
■ Bauen Sie das Getriebelager links komplett aus.
■ Die Schrauben (2) herausdrehen.
■ Das Getriebe (3) vom Motor lösen und absenken. Hierzu ist ein Helfer zum Führen des Getriebes (3) erforderlich.

⚠ Beim Aus- und Einbauen des Getriebes (3) darauf achten, dass keine elektrischen Leitungen und Schläuche beschädigt werden.

Die Montage erfolgt sinngemäß in umgekehrter Reihenfolge.
■ Die Verzahnung für die Kupplungsscheibe auf Getriebeeingangswelle leicht einfetten.

⚠ Die Zentrierhülsen müssen fest im Zylinderkurbelgehäuse sitzen, wenn erforderlich die Zentrierhülsen erneuern.

■ Fehlerspeicher mit einem Diagnosetester auslesen.

## Getriebe zerlegen/versandfertig machen

Für die Demontage des Getriebes sind einige Spezialwerkzeuge erforderlich, die lediglich erfahrene Schrauber und Werkstätten zur Verfügung haben, welche solche Arbeiten öfter angehen. Dem Buchumfang geschuldet, werden Ihnen hier lediglich Informationen für die Vorbereitung zum Versand des Getriebes als Austauschteil oder zu Reparaturzwecken vorgestellt.
■ Das Getriebeöl, wie schon beschrieben, ablassen.
■ Das Getriebe ausbauen.
■ Den Kupplungsausrückhebel mit dem Ausrücklager demontieren.
■ Den Rückwärtsgangschalter herausdrehen und die Bohrung mit einem Stopfen verschließen.
■ Die Einbauposition der Achsgelenkwellen mit geeigneten Stopfen oder sauberen Lappen verschließen.
■ Das Getriebe in eine Folie oder einen Müllbeutel einpacken und auf einer geeigneten Holzpalette befestigen (an den Motorverschraubungen am Holz der Palette verschrauben).

# 11 Fahrwerk

## Arbeiten am Fahrwerk

Bei der Instandsetzung von tragenden und radführenden Bauteilen, zum Beispiel an Unfall-Fahrzeugen, können Schäden am Fahrwerk unentdeckt bleiben. Diese unentdeckten Schäden führen unter Umständen im späteren Fahrbetrieb zu schweren Folgeschäden. Bei Unfall-Fahrzeugen müssen deshalb die im Folgenden aufgeführten Bauteile auf jeden Fall in der beschriebenen Weise und Reihenfolge kontrolliert werden. Wichtig ist immer auch eine Vermessung des Fahrwerks. Werden dabei keine Abweichungen von den Sollwerten festgestellt, liegen auch keine Verformungen am Fahrwerk vor.

**Sicht- und Funktionsprüfung für das Lenksystem**

- Sichtprüfung auf Verformung und Risse.
- Spielprüfung der Spurstangengelenke und des Lenkgetriebes.
- Sichtprüfung auf defekte Falten- und Fettbälge.
- Elektrische Leitungen auf Scheuer-, Schnitt- und Knickstellen untersuchen.
- Verschraubungen und Lenkgetriebe auf Dichtheit kontrollieren.
- Lenkgetriebe und Leitungen auf festen Sitz überprüfen.
- Einwandfreie Funktion über den gesamten Lenkeinschlag prüfen, indem die Lenkung von Anschlag zu Anschlag betätigt wird. Dabei muss das Lenkrad mit gleichbleibender Betätigungskraft, ohne zu haken, drehbar sein.

**Sicht- und Funktionsprüfung für das Fahrwerk**

- Alle in den Montageübersichten dargestellten Bauteile auf Verformung, Risse und sonstige Beschädigungen überprüfen.
- Beschädigte Teile ersetzen.
- Fahrzeug auf einem Computer-Achsmessstand vermessen lassen.
- Räder und Reifen auf Rundlauf und Unwucht untersuchen.
- Reifen auf Einschnitte und Stoßverletzungen im Profil und an den Flanken überprüfen.
- Bereifung auf Fülldruck (Angaben in der Tankklappe), Zustand, Reifenlaufbild und Profiltiefe prüfen.
- Bei Beschädigungen am Scheibenrad und/oder am Reifen ist der Reifen oder auch das ganze Rad zu ersetzen. Dies gilt auch, wenn ein Unfallhergang und Schäden am Fahrzeug auf eine mögliche, wenngleich nicht sichtbare Beschädigung schließen lassen.
- Reifen sollten nicht älter als 6 Jahre sein.

**Elektronische Fahrzeugsysteme**

Sicherheitsrelevante Systeme wie zum Beispiel: ABS/EDS; Airbag; elektronisch geregelte Fahrwerksysteme; elektromechanische Lenk- und sonstige Fahrerassistenzsysteme müssen mit einem Fahrzeugdiagnose-, Mess- und Informationssystem auf eventuell gespeicherte Fehlermeldungen abgefragt werden. Wurden in den Fehlerspeichern der genannten Systeme Fehler gespeichert, sind diese entsprechend den Vorgaben von Fiat instand zu setzen. Nach erfolgter Reparatur sind die jeweils betroffenen Systeme nochmals auf Fehlerspeichereinträge zu prüfen, um sicher zu sein, dass die Funktion wieder gewährleistet ist.

**Hinweise und Vorschriften**

- Schweiß- und Richtarbeiten an tragenden und radführenden Bauteilen der Radaufhängung sind nicht zulässig.
- Selbstsichernde Muttern sowie korrodierte Schrauben und Muttern müssen immer ersetzt werden.
- Gummimetalllager haben einen begrenzten Verdrehbereich. Ziehen Sie deshalb die Schraubverbindungen an den Bauteilen mit Gummimetalllagern erst dann fest, wenn das Radlagergehäuse angehoben ist (siehe »Radlagerung in Leergewichtslage heben«).

## Prüfungen an der Achslagerung

**Achsgelenke und Achslager: Sichtprüfung**

- Bitte prüfen Sie die Dichtungsbälge der Achsgelenke auf Undichtigkeiten und Beschädigungen.

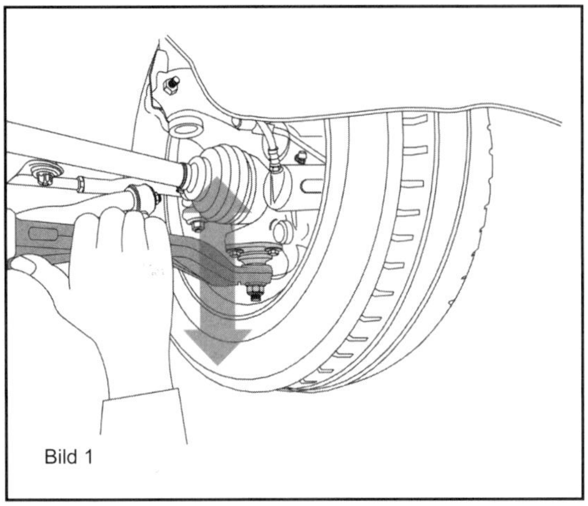

Bild 1
Axialspiel prüfen

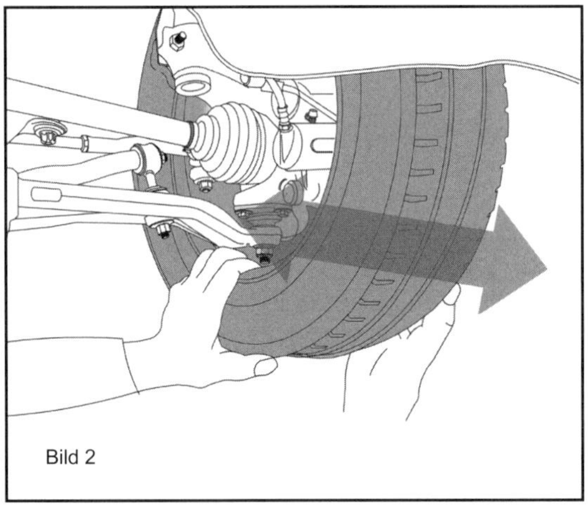

Bild 2
Radialspiel prüfen.

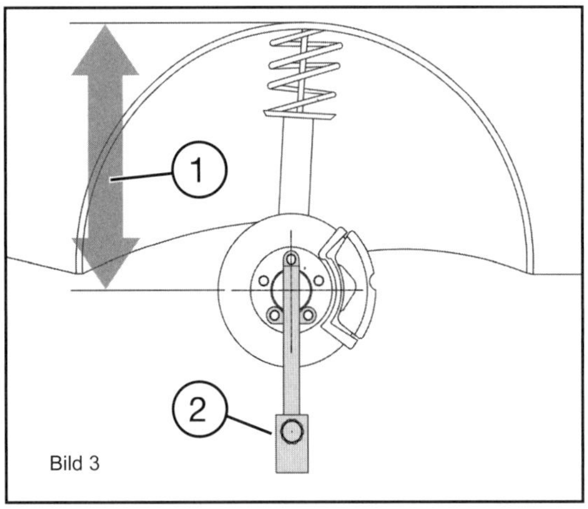


Bild 3
Leergewichtslage herstellen.
1 Abstand von Radmitte zum Radlauf als Ruhemaß
2 Adapter auf einem Getriebeheber

■ Weiterhin prüfen Sie die Achslager: Es darf kein Spiel vorhanden sein, das vulkanisierte Gummilager darf keine Risse und poröse Stellen aufweisen.

**Achsgelenk prüfen (Bild 1 und 2)**

☞ Es darf bei beiden Prüfungen kein fühl- oder sichtbares »Spiel« vorhanden sein. Während der Prüfungen das Achsgelenk beobachten. Eventuell vorhandenes Radlagerspiel oder »Spiel« im Federbeinlager oben berücksichtigen. Gummibalg auf Beschädigung prüfen ggf. Achsgelenk ersetzen.

*Axialspiel prüfen:*
■ Achslenker kräftig in Pfeilrichtung (Bild 1) nach unten ziehen und wieder hochdrücken.

*Radialspiel prüfen:*
■ Rad unten kräftig in (Pfeilrichtung) nach innen und außen drücken (Bild 2).
■ Auf beschädigungsfreien und nicht verdrillten Dichtbalg achten.

**Radlagerung in Leergewichtslage heben**

☞ Alle Schrauben an Fahrwerksteilen mit Gummimetalllagern müssen grundsätzlich in Leergewichtslage (unbeladenem Zustand) festgezogen werden. Gummimetalllager haben einen begrenzten Verdrehbereich. Achsbauteile mit Gummimetalllagern müssen deshalb vor dem Festziehen in eine Position gebracht werden, die der Position im Fahrbetrieb entspricht (Leergewichtslage). Anderenfalls wird das Gummimetalllager verspannt, eine geringere Lebensdauer wäre dann die Folge. Durch Anheben der entsprechenden Radaufhängung mit dem Motor- und Getriebeheber und der Aufnahme kann diese Position auf der Hebebühne simuliert werden. Bevor die entsprechende Radaufhängung angehoben wird, muss das Fahrzeug auf beiden Fahrzeugseiten an den Tragarmen der Hebebühne mit den Spanngurten verzurrt werden.

⚠ Wird das Fahrzeug nicht verzurrt, besteht die Gefahr, dass das Fahrzeug von der Hebebühne abrutschen kann!

■ Radnabe so weit drehen, bis eine der Bohrungen für Radschrauben oben steht.
■ Aufnahme mit einer Radschraube an die Radnabe anbauen.
■ Das Festziehen der betroffenen Schrauben/Muttern darf nur dann erfolgen, wenn das Maß (1) zwischen der Radnabenmitte und der Unterkante Radhaus erreicht ist.
■ Das Maß (1) ist abhängig von der Standhöhe des eingebauten Fahrwerks und wird im Stand bei unbeladenen Zustand in neutraler Federlage ermittelt.

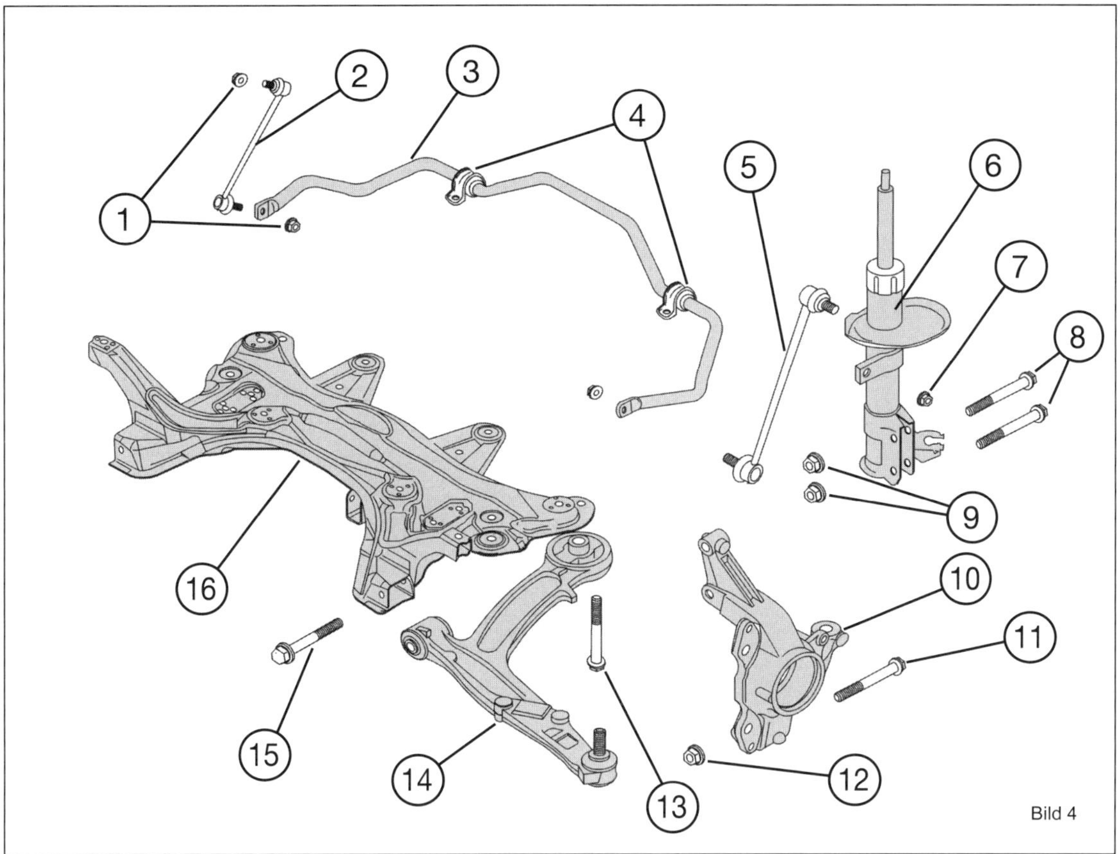


Bild 4
Vorderachse beim Fiat 500.
1 Muttern
2 Stabilisatorstütze
3 Stabilisator
4 Stabilisatorlager
5 Stabilisatorstütze
6 Stoßdämpfer vorne
7 Mutter
8 Sturzschrauben
9 Muttern
10 Achsschenkel
11 Schraube
12 Mutter
13 Schraube
14 Querlenker
15 Schraube
16 Achsträger vorne

## Achsgelenk aus- und einbauen

### Traggelenkbolzen (Achsgelenkbolzen) wechseln

Der Wechsel des Traggelenkbolzens ist werkseitig nicht vorgesehen. Zudem sind die kompletten Querlenker derartig günstig, dass der Ersatz des Bolzens, wenn überhaupt zu beschaffen, nicht sinnvoll ist.

### Querlenker wechseln

■ Stellen Sie das Fahrzeug auf eine Hebebühne.
■ Linkes bzw. rechtes Vorderrad abmontieren.
■ Die Unterbodenverkleidungen (soweit vorhanden) ausbauen.
■ Mutter (12 im Bild 4) abschrauben und den Traggelenkbolzen (3) mit einem Abzieher vom Achsschenkel (10) abpressen und aushängen.

Den Traggelenkbolzen vorsichtig abpressen. Die Gummimanschette kann beschädigt werden und der Querlenker muss dann ersetzt werden.

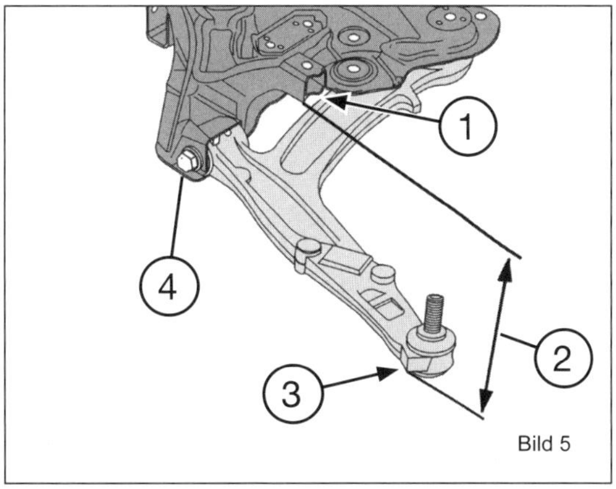


Bild 5
Abstandsmaß als Einfederhöhe.
1 Vorderer Befestigungspunkt des Achsträgers
2 Abstandsmaß (18,7 cm)
3 Unterkante Traggelenkbolzen
4 Schraube Gummilager vorne

■ Drehen Sie die Schrauben (13) und (15) heraus.
■ Ziehen Sie den Querlenker (14) aus dem Achsträger (16) heraus.
■ Den Querlenker (14) abnehmen.

Die Montage erfolgt sinngemäß in umgekehrter Reihenfolge.
■ Beachten Sie die Einfederhöhe für das Anziehen der Schraube (15). Fiat gibt den Abstand zwischen dem vorderen Aufhängungspunkt und dem Querlenker mit ca. 18,7 cm an (siehe Bild 5). Das Gummilager darf nicht in ausgefederter Stellung angezo-

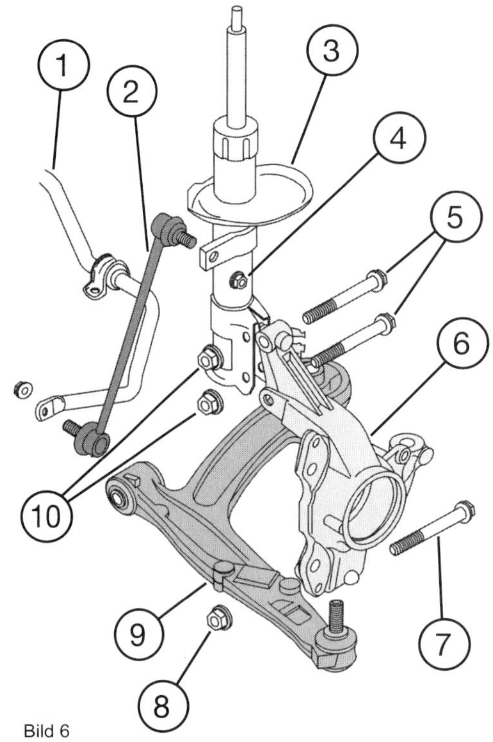


Bild 6

Bild 6
Achsschenkel in der Übersicht.
1 Stabilisator
2 Stabilisatorstütze
3 Stoßdämpfer (Federbein)
4 Mutter
5 Sturzschrauben
6 Achsschenkel
7 Schraube
8 Mutter
9 Querlenker
10 Muttern

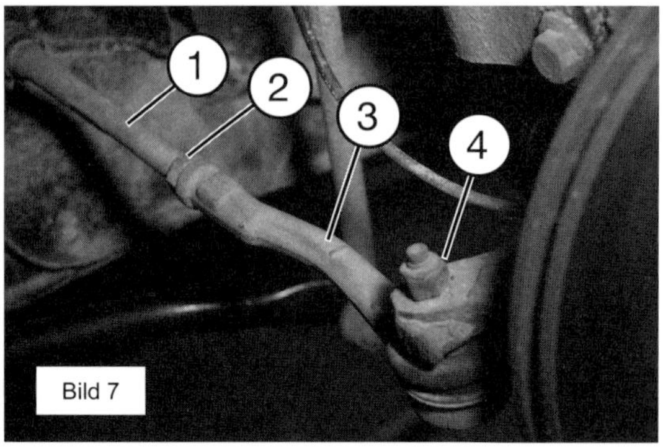


Bild 7

Bild 7
Spurstangenkopf am Achsschenkel.
1 Spurstange
2 Kontermutter
3 Spurstangenkopf
4 Mutter

gen werden, da es sonst dauerhaft vorgespannt und schneller beschädigt wird.

**Querlenkerlager wechseln**

Auch hier sollten Sie überlegen, ob der Neuteilersatz des Querlenkers nicht die bessere Wahl ist. Die Gummilager müssen aus dem Querlenker ausgepresst werden.

⚠ Ersetzen Sie grundsätzlich alle Gummilager in den Querlenkern gleichzeitig. Unterschiedliche Härtegrade können merklichen Einfluss auf die Radführung haben.

- Bauen Sie den Querlenker wie schon beschrieben aus.
- Markieren Sie die Einbaurichtung der Lager.
- Drücken Sie die Querlenkerlager mit einem Presswerkzeug für Gummimetalllager (Silentlager) oder einer Gewindestange und passenden Hülsen heraus.

⚠ Achten Sie darauf, dass sich das Lager nicht verkantet und gerade hineinrutscht.

- Reinigen Sie die Sitzfläche gründlich.
- Fetten Sie die Sitzfläche leicht ein.
- Drücken Sie die Querlenkerlager mit einem Presswerkzeug für Gummimetalllager (Silentlager) oder einer Gewindestange und passenden Hülsen hinein.

## Achsschenkel vorne aus- und einbauen

- Heben Sie das Fahrzeug an.
- Schrauben Sie das entsprechende Rad ab.
- Soweit vorhanden, das Anschlusskabel zur Belagverschleißanzeige freilegen und abklemmen.
- Bremsträger mit Bremssattel abbauen und mit Draht am Aufbau aufhängen.
- Schraube für Bremsscheibe herausschrauben und Bremsscheibe abnehmen.
- Linkes beziehungsweise rechtes Spritzschutzblech der Vorderbremse ausbauen.
- Die Mutter (4 im Bild 6) abschrauben und die Koppelstange (2) am Federbein (3) aushängen.
- Die Mutter (4 im Bild 7) des Spurstangenkopfes (3) am Achsschenkel abschrauben und den Spurstangenkopf mit Abzieher vom Achsschenkel abpressen und aushängen.
- Das Anschlusskabel zum ABS-Sensor freilegen.
- Schraube herausschrauben und den Drehzahlgeber (ABS-Sensor) herausziehen.
- Drehen Sie die beiden Sturzschrauben (5) los, lassen sie aber weiterhin in der Bohrung stecken.
- Die Mutter (8 im Bild 6) des Traggelenkbolzens am Achsschenkel (9) abschrauben.
- Ziehen Sie den Traggelenkbolzen aus dem Achsschenkel heraus.

⚠ Das Flanschgelenk vorsichtig abpressen, um Beschädigungen an der Gummimanschette zu vermeiden.

Den Querlenker an der Vorderachse nur so weit wie unbedingt notwendig nach unten drücken, da sonst die Gummibuchsen im Querlenker beschädigt werden.

- Den Achsschenkel vom Federbein abziehen und abnehmen.

Die Montage erfolgt sinngemäß in umgekehrter Reihenfolge.

- Lassen Sie eine Fahrwerksvermessung durchführen

## Radlagereinheit aus- und einbauen

### Radlager vorne wechseln (Bild 8)

Der Wechsel der vorderen Radlager ist mit Auszugswerkzeug oder mit einer hydraulischen Presse möglich. Beachten Sie die Einbaurichtung und verwenden Sie neue Sprengringe, die im Radlagersatz in der Regel mitgeliefert werden. Eine andere Möglichkeit ist es die kompletten Achsschenkel zu ersetzen. Sie sind zumindest gebraucht derartig günstig, dass der Ersatz des Achsschenkels zum Ersatz des Radlagers zumindest wirtschaftlich überlegt werden muss.

- Heben Sie das Fahrzeug an.
- Schrauben Sie das entsprechende Rad ab.
- Bremsträger mit Bremssattel abbauen und mit einem Draht am Aufbau aufhängen.
- Die Schraube für die Bremsscheibe herausschrauben und Bremsscheibe abnehmen.

Je nach Auspresssystem kann der Achsschenkel auch im Fahrzeug verbaut bleiben. Ist das nicht der Fall, muss der Achsschenkel vorne wie schon beschrieben ausgebaut werden.

- Montieren Sie den Presssatz nach Vorschrift des Werkzeugherstellers.
- Ziehen Sie das Radlager zusammen mit der Radnabe heraus. Die Haltenasen am Sprengring brechen hierbei wie vorgesehen ab.
- Reinigen Sie den Lagersitz gründlich und fetten Sie die Anlagestellen leicht ein.
- Montieren Sie den Distanzring zwischen Lager und Radnabe.

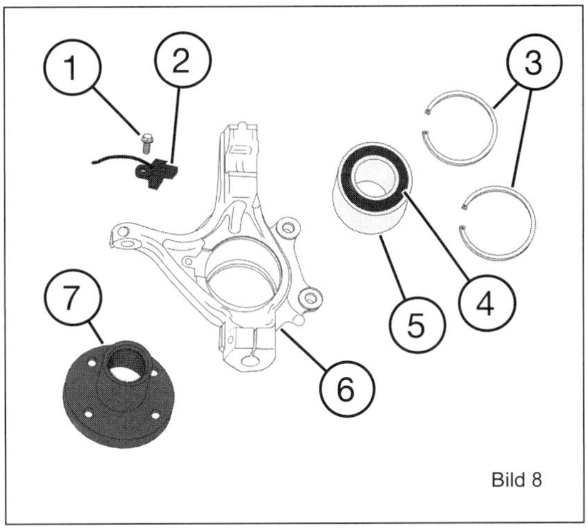


Bild 8
Radlagergehäuse in Teilen.
1 Schraube
2 ABS-Sensor
3 Sicherungsring
4 Sensorring
5 Radlager
6 Radlagergehäuse mit Traggelenkbolzen
7 Radnabe

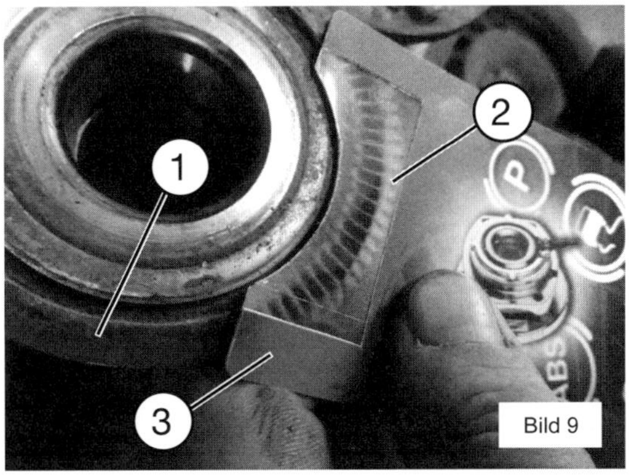


Bild 9
Testkarte für magnetische Sensorräder.
1 magnetischer Sensorring
2 Felddarstellung auf dem Kontrollfenster
3 Testkarte

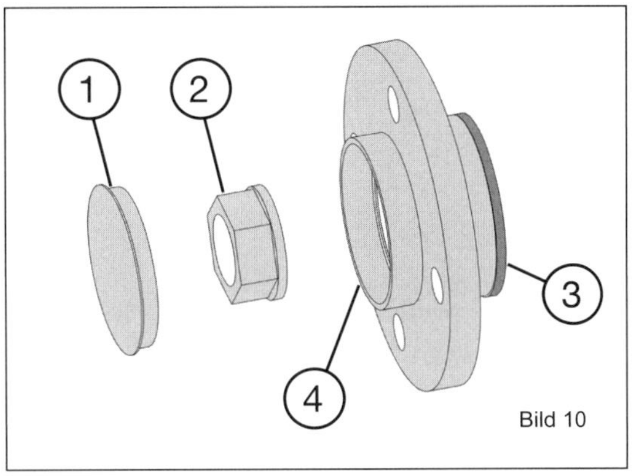


Bild 10
Radlagereinheit hinten.
1 Staubschutzdeckel
2 Sicherungsmutter
3 ABS-Sensorring
4 Radnabe mit Radlager

Ohne diesen Distanzring wird Druck auf das Lager ausgeübt und das Lager sofort irreparabel beschädigt.

- Pressen Sie das Lager zusammen mit der Radnabe bis Anschlag ein.

Die weitere Montage erfolgt sinngemäß in umgekehrter Reihenfolge.

### Radlager hinten wechseln (Bild 10)

- Heben Sie das Fahrzeug an.
- Schrauben Sie das entsprechende Rad ab.

Sichtprüfung Messen

Bild 11
Stoßdämpfer vorne:
1 Staubschutz Faltenbalg
2 Deckel
3 Mutter
4 Tellerscheibe
5 Mutter
6 Gummilager mit Domlager
7 Federunterlage
8 Stoßdämpfer
9 Feder
10 Anschlag-Puffer
11 Halter

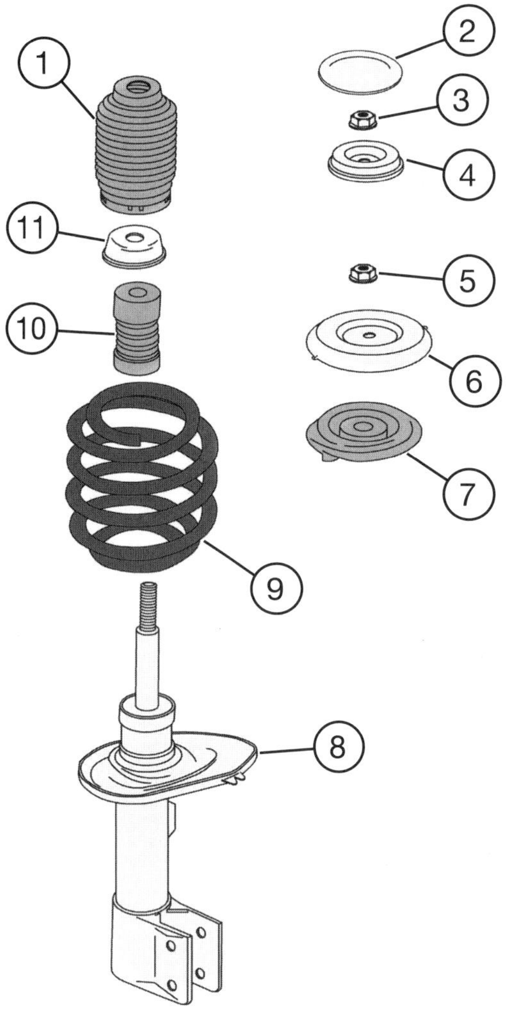


Bild 11

■ Bremsträger mit Bremssattel abbauen und mit einem Draht am Aufbau aufhängen.
■ Die Schraube für die Bremsscheibe herausschrauben und Bremsscheibe abnehmen.
■ Die Mutter (2 im Bild 10) lösen und abdrehen.
■ Das Radlager (4) mit der Radnabe abnehmen.

Die Montage erfolgt sinngemäß in umgekehrter Reihenfolge
■ Reinigen Sie die Sitzfläche auf der Nabenwelle gründlich.
■ etten Sie die Sitzfläche des Lagers leicht ein.
■ Achten Sie darauf, dass der ABS-Sensor nicht beschädigt wird, und reinigen Sie den Sensorkopf.

## Federbein vorne aus- und einbauen

⚠ Stoßdämpfereinheiten sollten grundsätzlich nur achsweise ersetzt werden!
■ Heben Sie das Fahrzeug an.
■ Schrauben Sie das entsprechende Rad ab.
■ Bremsträger mit montiertem Bremssattel an der Vorderachse abbauen und mit angeschlossenem Bremsschlauch zur Seite hängen.
■ Die Schraube (1 im Bild 8) herausschrauben und Drehzahlgeber vorn aus dem Achsschenkel herausziehen.
■ Den Halter mit geeignetem Werkzeug am Federbein ausclipsen und Drehzahlgeber vorn zur Seite legen.
■ Die Mutter (4 im Bild 6) abschrauben und Koppelstange am Federbein aushängen.
■ Mutter (4 im Bild 7) abschrauben und Spurstangenkopf (3) mit Abzieher vom Achsschenkel lösen und aushängen.
⚠ Spurstangenkopf (3) vorsichtig auspressen, anderenfalls kann die Gummimanschette beschädigt werden.
👁 Die Gummimanschette auf Beschädigung prüfen, wenn erforderlich den Spurstangenkopf (3) erneuern.
■ Demontieren Sie die Verkleidung vor der Windschutzscheibe über dem Domlager (Verschraubung des Stoßdämpfers oben.
■ Nehmen Sie den Deckel (2 im Bild 11) ab.
■ Stecken Sie einen passenden Sechskant in den Stoßdämpfer ein und lösen Sie die Mutter (3), lassen Sie die Mutter aber noch auf dem Gewinde aufgedreht.
■ Hängen Sie den Bremsschlauch und die Anschlusskabel zum ABS-Sensor und zur Belagverschleißanzeige am Stoßdämpfer aus und legen Sie sie aus dem Arbeitsbereich heraus.
■ Unterbauen Sie den Querlenker so, dass er nicht durch das Gewicht des Achsschenkels nach dem Abbau des Federbeins nach unten gedrückt wird.
⚠ Querlenker an der Vorderachse nur so weit wie unbedingt notwendig nach unten drücken, anderenfalls können die Gummibuchsen im Querlenker beschädigt werden.
■ Die Muttern (10 im Bild 6) abschrauben, die Schrauben (5) aber noch im Stoßdämp-

fer stecken lassen.

- Lassen Sie das Fahrzeug ab.
- Ziehen Sie die Schrauben (5) heraus und sichern Sie den Achsschenkel gegen Herausklappen mit Kabelbindern an der Karosserie.
- Den Achsschenkel vom Federbein abziehen.
- Drehen Sie die Mutter (3 im Bild 11) ab und nehmen Sie den kompletten Stoßdämpfer, Federbein mit Feder und Anbauteilen heraus.

Die Montage erfolgt sinngemäß in umgekehrter Reihenfolge.

- Lassen Sie eine Fahrwerksvermessung durchführen.
- Ersetzen Sie grundsätzlich alle selbstsichernden Muttern.

## Schraubenfeder vorne ausbauen

### Schraubenfeder ausbauen

⚠ Fahrwerksfedern sollten grundsätzlich nur achsweise ersetzt werden!

- Linkes beziehungsweise das rechte Federbein vorn wie beschrieben ausbauen.
- Spannen Sie die Feder mit einem Federspanner (Bild 13) so weit vor, dass die Tellerscheibe (4) entlastet ist.
- Lösen Sie die Mutter (5 im Bild 11) mit einer Hohlratsche oder einem passenden gekröpften Ringschlüssel und einem Innensechskantschlüssel.

☞ Kolbenstange des Stoßdämpfers (8) mit einem passenden Innensechskantschlüssel gegenhalten. Bei festsitzender Mutter (3) die Manschette zurückschieben und Haltevorrichtung an der Kolbenstange des Stoßdämpfers (8) befestigen und mit Gabelschlüssel gegenhalten.

⚠ Nicht an der Kolbenstange drehen, da sonst der Stoßdämpfer (8) beschädigt werden kann.

### Staubschutzmanschette demontieren

- Nehmen Sie die Mutter (5), das Gummilager mit Domlager (6) und die Federunterlage (7) darunter ab.
- Ziehen Sie die Staubschutzmanschette

Bild 12

Bild 12
Fahrwerksfeder mit Gewindespannern spannen.
1 Feder
2 Gewindestange
3 Halteklaue
4 Ratsche mit passender Stecknuss

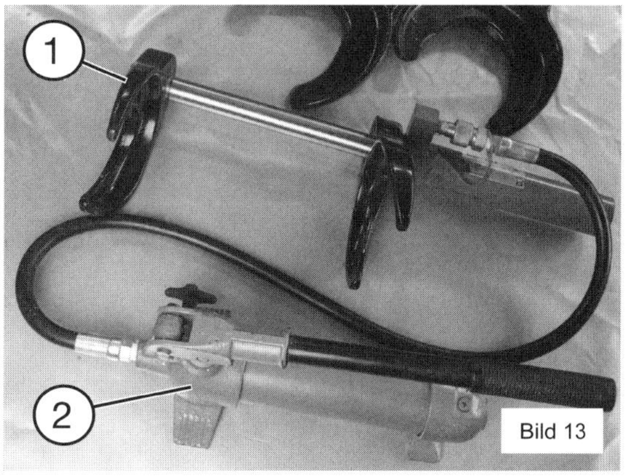

Bild 13

Bild 13
Hydraulischer Federspanner.
1 Zylinder mit Spannbacken
2 Handpumpe

Bild 14

Bild 14
Federbein zerlegen.
1 Federspanner
2 Feder
3 Kolbenstange
4 Domlager

(1), den Halter (11) und den Anschlagpuffer (10) von der Kolbenstange des Stoßdämpfers ab.

- Entspannen Sie die Federspanner (2 im Bild 12).
- Nehmen Sie die Feder (1) vom Dämpfer ab.

Die Montage erfolgt sinngemäß in umgekehrter Reihenfolge.

👁 Prüfen Sie den Zustand der Feder und der Auflagen sowie des Anschlagpuffers und des Faltenbalges.

- Ersetzen Sie grundsätzlich alle selbstsichernden Muttern.

Bild 15
Federung an der Hinterachse.
1 Federunterlage
2 Stoßdämpfer hinten
3 Schraube oben
4 Schraube unten
5 Hinterachsrohr
6 Anschlagpuffer
7 Schraubenfeder

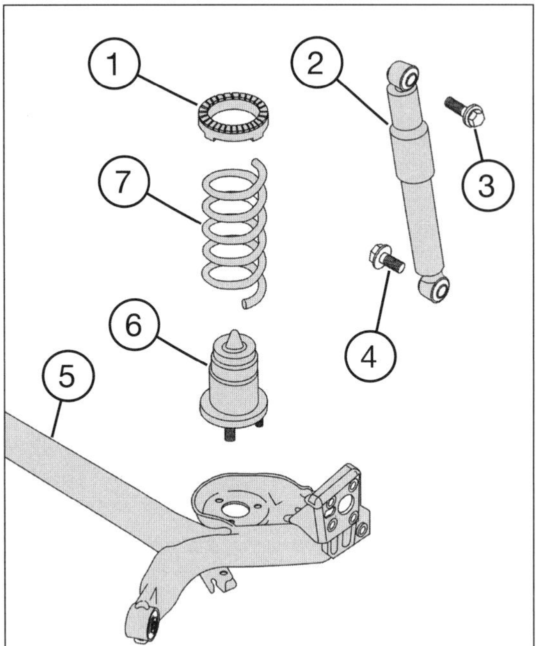

Bild 15

## Stoßdämpfer vorne ausbauen

Grundsätzlich sollten immer alle Stoßdämpfer einer Achse (zumindest) zeitgleich ersetzt werden. Bei unterschiedlichem Dämpfungsverhalten kann es leicht zu unvorhersehbarem und somit gefährlichem Fahrzeugverhalten kommen.

- Heben Sie das Fahrzeug an.
- Schrauben Sie das entsprechende Rad ab.
- Bauen Sie die Schraubenfeder vorne aus.
- Ersetzen Sie den Stoßdämpfer vorne (8 im Bild 11)

## Schraubenfeder hinten ausbauen

Ein paarweiser Tausch der Hinterfedern (7 im Bild 15) wird von Fiat nicht vorgeschrieben, ist aber zu empfehlen.

- Stellen Sie die Leergewichtslage für die Hinterachse fest (Radmittelpunkt bis zur Radlaufkante).
- Heben Sie das Fahrzeug an.
- Schrauben Sie das entsprechende Rad ab.
- Das Hinterachsrohr (5) mit Aggregatehubtisch oder einem Getriebeheber so weit anheben, dass der Stoßdämpfer leicht zusammengedrückt wird.
- Die untere Schraube (4) herausdrehen.
- Das Hinterachsrohr (5) mit Aggregatehubtisch oder einem Getriebeheber so weit absenken, dass die Hinterfeder (7) aus ihren Aufnahmen am Achsrohr (5) und am Rahmen oben herausgenommen werden kann.
- Die Hinterfeder (7) herausnehmen.

Die Montage erfolgt sinngemäß in umgekehrter Reihenfolge.

- Die Einbaulage der Hinterfeder (7) beachten.
- Oberes und unteres Gummilager der Hinterfeder und der Stoßdämpfer reinigen, prüfen und ggf. erneuern.

## Stoßdämpfer hinten ausbauen

Grundsätzlich sollten immer alle Stoßdämpfer einer Achse (zumindest) zeitgleich ersetzt werden. Bei unterschiedlichem Dämpfungsverhalten kann es leicht zu unvorhersehbarem und somit gefährlichem Fahrzeugverhalten kommen.

- Heben Sie das Fahrzeug an.
- Schrauben Sie das entsprechende Rad ab.
- Das Achsrohr (5 im Bild 15) mit einem geeigneten Getriebeheber oder einem Aggregatehubtisch abstützen.
- Das Achsrohr (5) vorsichtig so weit absenken, bis der Stoßdämpfer (2) vollständig entlastet ist.
- Die untere Schraube (4) herausdrehen.
- Die obere Schraube (3) herausdrehen.
- Den Stoßdämpfer (2) herausnehmen.

Die Montage erfolgt sinngemäß in umgekehrter Reihenfolge.

Auf richtigen Sitz der hinteren Federn (7) in ihren Aufnahmen achten.

## Prüfungen an der Lenkung

Die Lenkung ist eine Baugruppe, von der die Fahrsicherheit besonders stark abhängt. Defekte, falsche Einstellungen und fehlerhafte Reparaturarbeiten können fatale Auswirkungen haben. Nach einem Unfall und bei Beschädigung der Vorderachse können verschiedene Lenkungsteile ersetzt werden. Als Instandsetzung an der Servolenkung ist aber nur das Ersetzen der Faltenbälge sowie der Spurstangen und Spurstangenköpfe üblich. Für bestimmte Arbeiten kann es nötig sein, die Lenkzwischenwelle aus- und einzubauen, die das Kreuzgelenk unten an der Lenksäule mit dem Kreuzgelenk des Lenkritzels am Lenkgetriebe verbindet. Eine Besonderheit beim Fiat 500 ist die Platzierung des Steuergerätes und der Lenkunterstützung. Sie findet sich nicht wie zu erwarten an der Lenkung selbst, sondern integriert in die Lenksäule.

**Lenkungsspiel prüfen**

■ Die Räder geradeaus stellen. Von außen durchs geöffnete Fenster greifen und das Lenkrad kurz hin und her drehen.

Auf die Felge achten: Bewegt sich das Vorderrad wie erforderlich sofort mit? Eine Hilfsperson kann die Spurstangenköpfe umfassen und das Lagerspiel bei Lenkbewegung fühlen oder in Extremfällen sogar beobachten.

■ Falls Spiel bemerkt wird, muss das Nachstellen in der Werkstatt erfolgen oder das Lenkgetriebe ersetzt werden. Wenn die Lenkung um die Geradeausstellung kein Spiel hat, aber bei stärkerem Einschlag spürbar klemmt, ist die Zahnstange verschlissen. Das dürfte zwar erst nach einer gehörigen Fahrstrecke der Fall sein, aber dann muss das Lenkgetriebe ausgetauscht werden!

**Manschetten der Lenkzahnstange prüfen**

Mit einer Taschenlampe die Gummimanschetten ableuchten, mit denen die aus ihrem Gehäuse austretende Zahnstange links und rechts geschützt wird. Gründlich auch auf kleinste Verschleißspuren prüfen. Dringen durch einen rissigen oder beschädigten Faltenbalg Schmutz und Feuchtigkeit ein, verbinden sie sich mit dem Fett des Lenkgetriebes zu einer zerstörerischen Schleifpaste.

■ Die Lenkung voll nach rechts oder links einschlagen. Um Risse in den Falten zu erkennen, muss der Faltenbalg Stück um Stück auseinandergezogen werden. Eine verschlissene Manschette sollte man sofort austauschen. Sie kann bei eingebautem Lenkgetriebe ersetzt werden.

■ Klemmschellen müssen fest auf der Manschette sitzen. Zum Wechseln des Faltenbalgs wird daher eine spezielle Schlauchbinderzange empfohlen.

**Lenksäule überprüfen**

■ Wenn an der Lenksäule gearbeitet wurde, muss danach auf sichtbare Schäden und Funktion geprüft werden. Lässt sich die Säule ohne zu haken und ohne Schwergängigkeit drehen? Lässt sie sich in Längsrichtung und in der Höhe leicht verstellen?

■ Lässt sich das Rohr der Säule deutlich nach vorn und hinten oder seitlich bewegen? Dann ist etwas faul, die Lenksäule muss ausgetauscht werden.

## Arbeiten an der Lenkung

**Spurstangenkopf aus- und einbauen**

■ Fahrzeug mit der Hebebühne anheben und gegen Abrutschen oder Kippen sichern.

■ Das entsprechende Rad abbauen.

■ Mutter (4 im Bild 7) von Spurstangenkopf lösen, aber noch nicht abschrauben. Die Mutter zum Schutz des Gewindes einige Umdrehungen auf dem Zapfen lassen.

■ Den Spurstangenkopf vom Radlagergehäuse mit einem Kugelgelenkabzieher abdrücken. Die Mutter jetzt abschrauben.

⚠ Beim Abdrücken die Gummitülle und das Gewinde nicht beschädigen.

■ Die Kontermutter (2) lösen.

■ Die Position vom Spurstangenkopf (3) auf der Spurstange (1) kennzeichnen.

■ Den Spurstangenkopf von der Spurstange abdrehen. Hierzu die Schlüsselflächen am Spurstangenkopf (3) und an der Spurstange (1) nutzen.

Der Einbau erfolgt sinngemäß in umgekehrter Reihenfolge.

■ Den Spurstangenkopf bis zur angebrachten Markierung auf die Spurstange drehen.

■ Spurstangenkopf mit der Kontermutter sichern.

■ Spurstangenkopf mit neuer Mutter (4 im Bild 7) verschrauben.

Bild 16
Lenkmanschette an der Spurstange.
1 Spurstangenkopf
2 Kontermutter
3 Spurstange
4 Schelle
5 Manschette
6 Schelle

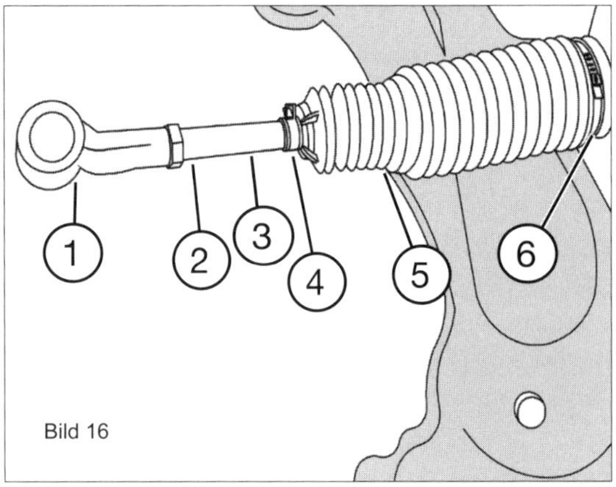


Bild 16

Bild 17
Lenkgetriebe.
1 Fettauftrag auf der Zahnstange
2 Zahnstange
3 Lenkgetriebe

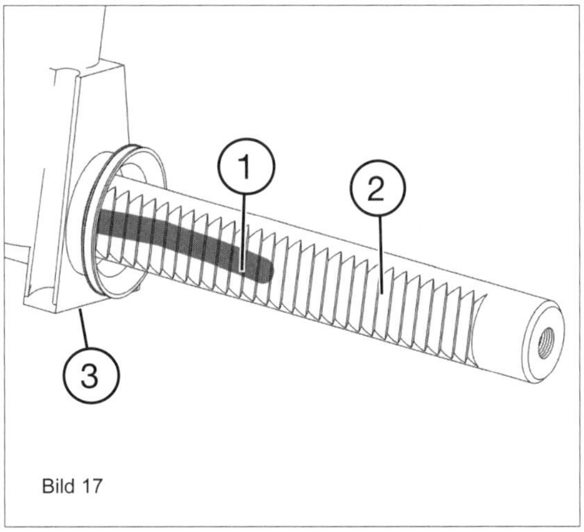


Bild 17

Bild 18
Kreuzgelenk im Fußraum.
1 Schraube
2 Kreuzgelenk unten
3 Dichtmanschette

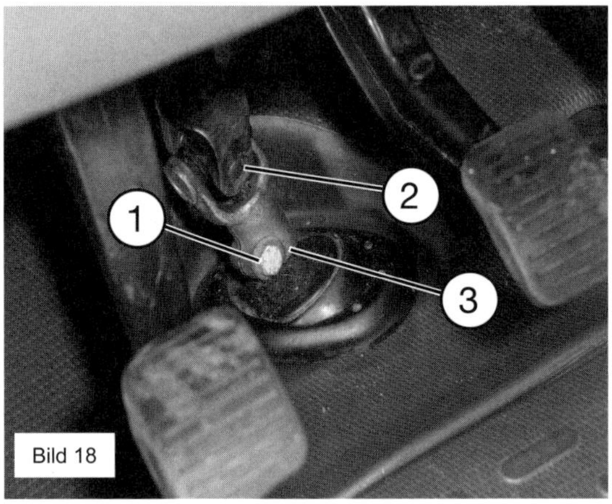


Bild 18

■ Rad anbauen und mit Anzugsdrehmoment festziehen.
■ Fahrzeugvermessung durchführen (lassen).

**Lenkmanschette wechseln**
■ Fahrzeug mit der Hebebühne anheben und gegen Abrutschen oder Kippen sichern.
■ Rad an der betreffenden Seite abbauen.
■ Bauen Sie an der betroffenen Seite den Spurstangenkopf wie beschrieben ab.
■ Drehen Sie die Kontermutter (2 im Bild 16) ab.
■ Die Schellen (4) und (6) am Faltenbalg (Lenkmanschette) (5) lösen und abnehmen.
■ Ziehen Sie die Lenkmanschette (5) ab.
■ Reinigen Sie die Lenkstange im Lenkgetriebe, die Spurstange und die Auflageflächen der Manschetten gründlich und fetten (1 im Bild 17) Sie sie leicht ein. Verschmutzungen können das Lenkgetriebe schädigen.
■ Schieben Sie die Schelle (6), die neue Manschette (5) und die Schelle (4) auf.

Die weitere Montage erfolgt sinngemäß in umgekehrter Reihenfolge.

☞ Die Lasche an den Schellen (4) und (6) müssen so ausgerichtet werden, dass Sie nirgendwo anliegen oder schleifen können.

## Zahnstangenlenkung aus und einbauen

■ Das Fahrzeug mit der Hebebühne anheben und Unterbodenverkleidungen soweit verbaut ausbauen.
■ Strebe zwischen Querträger und Rahmenträger ausbauen.
■ Radkastenverkleidung rechts ausbauen.
■ Demontieren Sie den vorderen Stoßfänger (siehe auch Kapitel 6 Kühler aus- und einbauen).
■ Demontieren Sie die untere Quertraverse an der Fahrzeugfront.
■ Bauen Sie die Pendelstütze am Getriebe hinten aus.
■ Die Mutter am linken und rechten Spurstangenkopf abschrauben, den linken und den rechten Spurstangenkopf mit Abzieher abpressen und aushängen.
■ Ziehen Sie den Zündschlüssel ab und rasten Sie die Lenkung in der Mittelstellung ein.
■ Lösen Sie die Verschraubung (1 im Bild 18) und ziehen Sie das Kreuzgelenk ab.

⚠ Die Lenksäule darf sich nicht mehr verdrehen lassen, da sonst die Kontaktspirale für Fanfaren und Airbag sehr leicht beschädigt werden können.

■ Lösen Sie die Befestigungsschrauben der Lenkung am vorderen Fahrschemel und

nehmen Sie sie heraus.
- Lösen Sie die Befestigungsschrauben des vorderen Achsträgers am Rahmen.
- Drehen Sie die Schrauben so weit heraus, dass Sie den Achsträger ausreichend absenken können, um die Lenkung aus ihrem Sitz im Achsträger heben können.
- Nehmen Sie das Lenkgetriebe zur Seite heraus.

Die weitere Montage erfolgt sinngemäß in umgekehrter Reihenfolge.

- Bringen Sie das Lenkgetriebe in die Mittelstellung, bevor Sie das Kreuzgelenk (im Bild 18) wieder montieren, da sonst die Kontaktspirale Fanfaren und Airbag sehr leicht beschädigt werden können.
- Die Unterbodenverkleidungen wieder einbauen.
- Das Fahrzeug mit der Hebebühne absenken.
- Abschließend eine Fahrwerksvermessung durchführen.

## Rund um die Lenkunterstützung

Das Lenksystem beim Fiat 500 hat nichts mehr mit einem hydraulischen System zu tun, wie man es eigentlich erwarten würde. Entsprechend wird es wichtig, sich über das System und die Komponenten zu informieren. Wir möchten Ihnen hier sowohl einige einzelne Komponenten, als auch das Lenksystem mit seinen Bauteilen näherbringen.

### Funktion der elektrischen Lenkung

Die elektrische Lenkung basiert auf einem konventionellen Zahnstangenlenkgetriebe, das vom Lenkhilfemotor unterstützt wird. Die Lenkkraftunterstützung erfolgt stufenlos und geschwindigkeitsabhängig.

*Lenkkraftunterstützung:*
Durch Drehen des Lenkrades wird ein Moment an der Lenkstange erzeugt, das vom Momentensensor Lenkhilfe erfasst und an das Steuergerät Lenkhilfe weitergeleitet wird. Anhand des ermittelten Lenkmoments, des Lenkeinschlags und der Fahrzeuggeschwindigkeit wird vom Steuergerät Lenkhilfe das Unterstützungsmoment festgelegt und der Lenkhilfemotor entsprechend angesteuert.
Dieser unterstützt das Lenkmoment des Fahrers über ein Schneckengetriebe des Antriebsmotors auf die Zahnstangenlenkung.
Die Lenkkraftunterstützung ist bei niedrigen Geschwindigkeiten bzw. bei Fahrzeugstillstand am größten und nimmt mit zu-

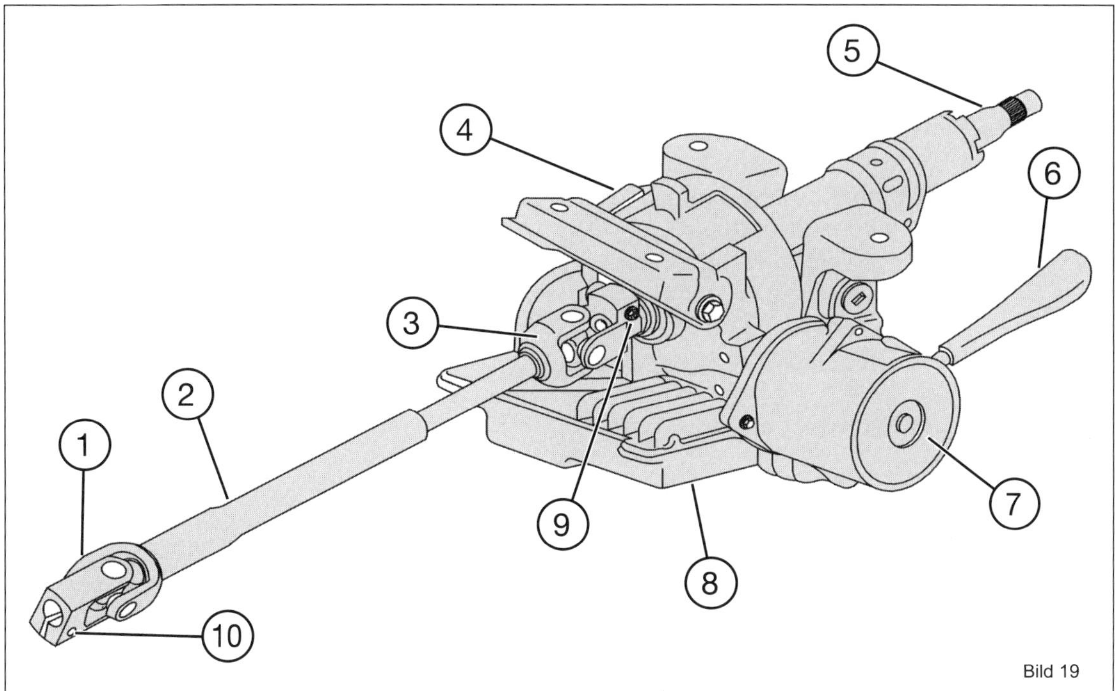


Bild 19

Bild 19
Lenkunterstützungsmodul als Bestandteil der Lenksäule.
1 Kreuzgelenk unten
2 Lenksäule unten
3 Kreuzgelenk Mitte
4 Lenkunterstützungsmodul
5 Anschluss Lenkrad
6 Hebel Höhenverstellung
7 Servomotor
8 Lenksteuergerät
9 Schraube oben
10 Schraube unten

Bild 20
Ausbau des Lenkunterstützungsmoduls.
1 Lenkunterstützungsmodul
2 Muttern
3 Schraube Kreuzgelenk
4 Schrauben

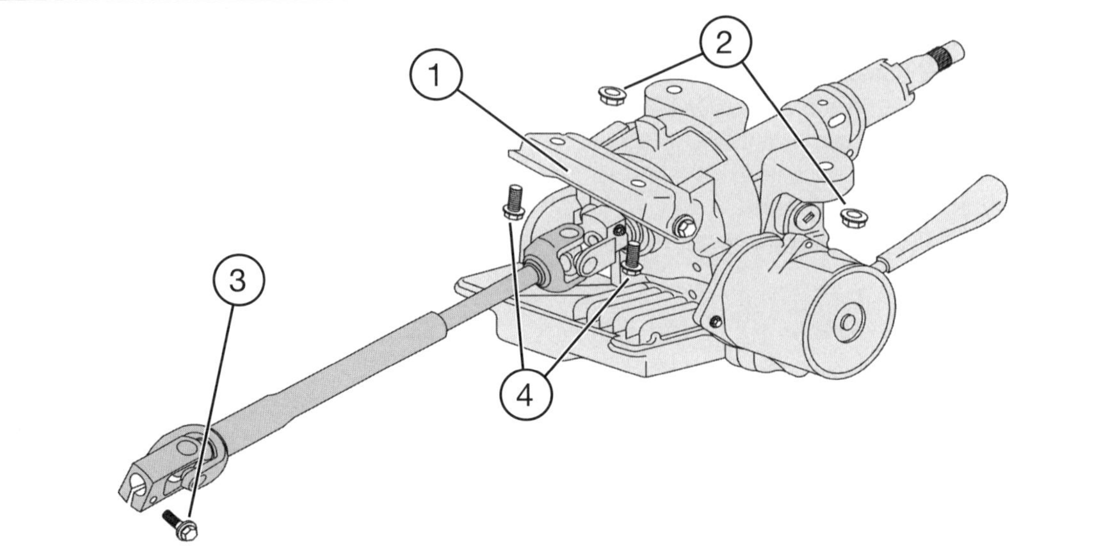


Bild 20

nehmender Fahrzeuggeschwindigkeit ab. Die Lenkkraftunterstützung kann mit zwei Einstellstufen angepasst werden. Die Stufen »Normal/City/Sport« beeinflussen unterschiedliche Kennfelder, die Unterstützung der Lenkung und die variable Veränderung zur Fahrgeschwindigkeit.

*Lenkungsrücklaufunterstützung:*
Die Rückstellung der Lenkung wird aufgrund des Nachlaufs eingeleitet. Dadurch wird der Lenkhilfemotor passiv erregt und arbeitet als Generator. Auf Grundlage dieses Signals erkennt das Steuergerät der Lenkhilfe den Unterstützungsbedarf und unterstützt die Rückstellkraft durch entsprechende Bestromung des Lenkhilfemotors.

*Funktion »active center feeling«:*
Bei erkannter Mittelstellung des Lenkrades und ausbleibenden Lenkbewegungen wird der Motor Lenkhilfe vom Steuergerät Lenkhilfe so bestromt, dass ein ausreichendes Moment erzeugt wird, um die Lenkung in der Mittelstellung zu halten.

**Bauteile der elektrischen Lenkung**

*Drehmomentsensor:*
Der Momentensensor befindet sich an der Lenkstange und ist im Lenkgetriebe integriert. Durch das Drehen des Lenkrades und dem Widerstand der Lenkung wird in der Lenkstange ein Moment erzeugt, welches vom Momentensensor eingelesen, in ein Spannungssignal umgewandelt und an das Steuergerät Lenkhilfe weitergeleitet wird. Hier wird dann die erforderliche Ansteuerung des Elektromotors zur Lenkunterstützung erzeugt.

*Steuergerät Lenkhilfe:*
Das Steuergerät Lenkhilfe befindet sich an der Unterseite des Lenkunterstützungsmoduls. Das Steuergerät Lenkhilfe übernimmt die Steuerung des Motors der Lenkhilfe. Hierzu werden folgende Signale eingelesen über den CAN-Bus vom Steuergerät ESP die Fahrzeuggeschwindigkeit, Lenkwinkel und Lenkgeschwindigkeit vom Lenkwinkelsensor verwertet. Direkte Signale kommen vom Momentensensor der Lenkhilfe und die Rückstellanforderung vom Motor der Lenkhilfe. Das Steuergerät Lenkhilfe ermittelt anhand der Eingangssignale die Drehrichtung und Bestromungsstärke des Motors und überprüft permanent alle Eingangssignale auf Plausibilität. Im Falle eines fehlerhaften Signals wird die elektrische Lenkung abgeschaltet und der jeweilige Fehler im internen Fehlerspeicher abgelegt. Im Falle eines fehlerhaften Bauteils wird die Lenkkraftunterstützung abgeschaltet und ein Fehler im Steuergerät Lenkhilfe abgespeichert. Die Lenkung funktioniert dann als herkömmliche Zahnstangenlenkung weiter.

*Lenkwinkelsensor:*
Der Lenkwinkelsensor befindet sich hinter dem Lenkrad auf der Lenksäule. Der Lenkwinkelsensor erfasst den Lenkeinschlag,

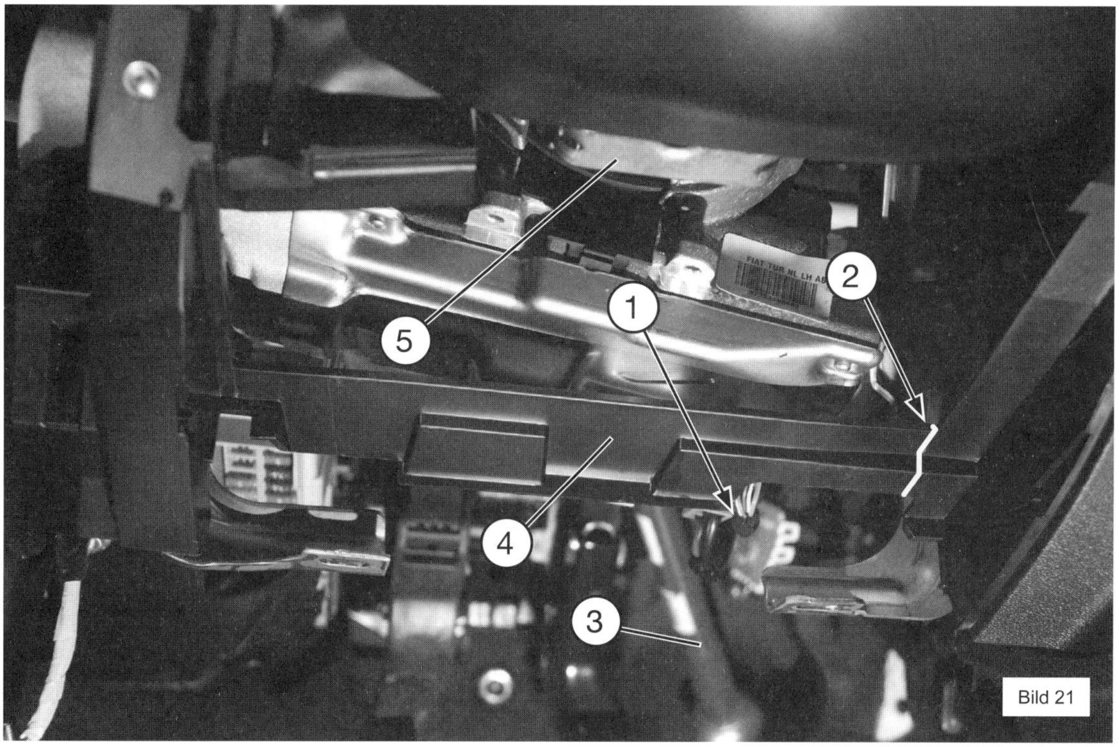


Bild 21
Blick unter die Verkleidung.
1 Steckkontakte zur elektrischen Lenkung
2 Schnittlinie zur Demontage
3 Lenksäule
4 Amaturenbrettverkleidung
5 Lenkunterstützmodul

die Lenkdrehrichtung sowie die Lenkgeschwindigkeit über einen Messbereich von 720°. Diese Informationen werden über den CAN-Bus an das Steuergerät ESP und an das Steuergerät Lenkhilfe Servolenkung EPS übermittelt.

### Ausbau des Lenkunterstützungsmoduls

⚠ Bei Fahrzeugen mit Knieairbag muss die Airbageinheit ausgebaut werden. Für diese Arbeiten ist unbedingt eine nachgewiesene Sachkunde erforderlich. Es besteht Lebensgefahr bei unsachgemäßem Umgang mit Airbageinheiten. Sollten Sie die Sachkunde nicht haben, lassen Sie die Airbageinheit von einem Sachkundigen ausbauen und lagern.

- Kontrollieren Sie, ob ein Radiocode erforderlich ist.
- Stellen Sie das Fahrzeug in Lenkradstellung gerade ab.
- Ziehen Sie den Zündschlüssel ab.

⚠ Klemmen Sie die Batterie ab und warten Sie 10 Minuten, bis die Kondensatoren im Airbagsteuergerät entladen sind.

- Entladen Sie eine mögliche statische Aufladung indem Sie an den Riegel des Fahrertürschlosses fassen.
- Drehen Sie die Befestigungsschrauben der Knieairbageinheit heraus.
- Entsichern Sie den Airbagstecker und ziehen Sie den Stecker ab.
- Lösen Sie die drei Halteklammern von der Rückseite des Lenkrades aus.
- Entsichern Sie den Airbagstecker und ziehen Sie den Stecker ab.
- Nehmen Sie das Airbagmodul vom Lenkrad ab.
- Klemmen Sie den elektrischen Anschluss der Radiofernbedienung ab.
- Hebeln Sie den Deckel zur Zentralmutter ab.
- Biegen Sie die Haltelaschen auf und schrauben Sie die Mutter ab.

⚠ Achten Sie darauf, dass Sie die Wickelfeder für das Airbagmodul nicht

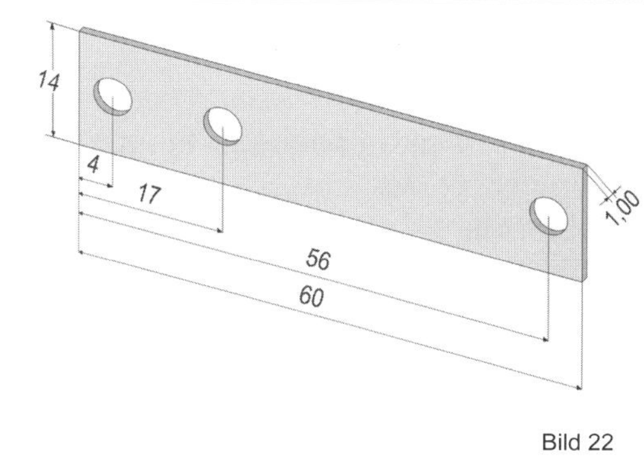


Bild 22

Bild 22
Abmessungen für das erforderliche Reparaturblech am im Bild 21 durchgeführten Schnitt. Die Bohrungsdurchmesser müssen entsprechend der verwendeten Nieten ausgeführt werden.

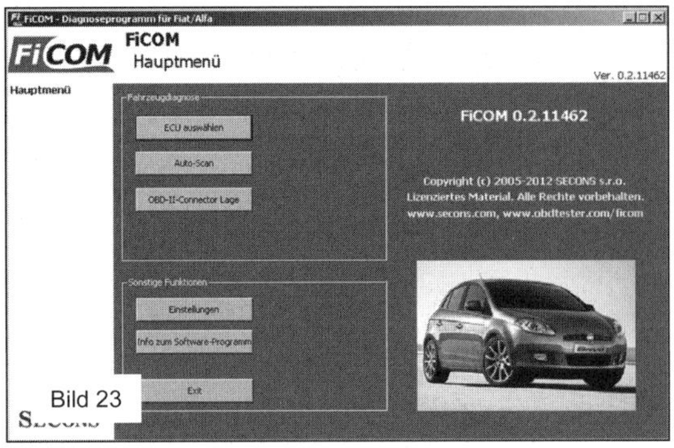


Bild 23
Startmaske für den FiCom für alle Steuergeräte.

Bild 24
Anwahl der elektrischen Lenkung.

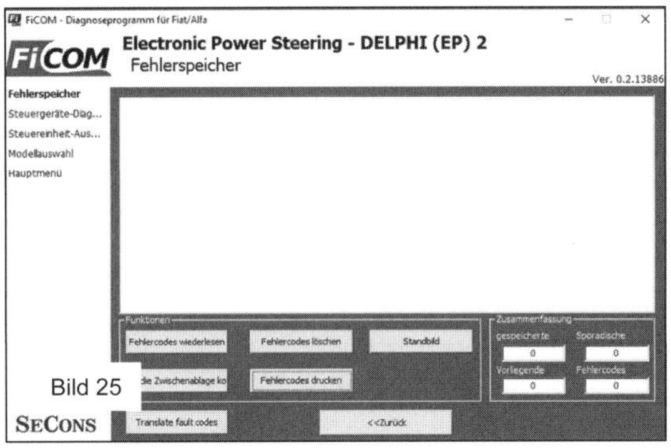


Bild 25
Die Fehlerspeicherabfrage ohne Eintrag bedeutet: Es liegen aktuell keine Fehler vor

bewegen. Fixieren Sie es mit Klebeband in der Geradeausstellung.

- Führen Sie die Anschlusskabel durch das Lenkrad hindurch und nehmen Sie das Lenkrad ab.
- Drehen Sie die beiden unteren Schrauben aus der Lenkradverkleidung heraus und nehmen Sie die Verkleidung ab.
- Drehen Sie nun die beiden Schrauben der oberen Lenkradverkleidung heraus (von unten erreichbar) und nehmen Sie die Verkleidung ab.
- Ziehen Sie die Stecker zum Lenkstockschalter ab und legen Sie das Kabel frei.
- Drehen Sie die Befestigungsschraube des Lenkstockschalters von unten aus heraus und ziehen Sie den Lenkstockhebel etwas ab.
- Ziehen Sie die hinteren Stecker ab und nehmen Sie den Lenkstockschalter komplett ab.
- Drehen Sie die Schraube (3 im Bild 20) aus dem unteren Kreuzgelenk heraus.
- Ziehen Sie die beiden Steckkontakte (1 im Bild 21) der elektrischen Lenkung ab.
- Schneiden Sie mit einem Cuttermesser entlang der Linie (2) die Armaturenbrettverkleidung durch.
- Drehen Sie die Muttern (3) und die Schrauben (4) los.
- Nehmen Sie das Lenksäulenmodul mit der unteren Lenksäule heraus.

Die Montage erfolgt sinngemäß in umgekehrter Reihenfolge.

- Befestigen Sie das erstellte Reparaturblech im Bereich des Schnittes.

☞ Die Bohrungen müssen entsprechend zu den zur Verfügung stehenden Nieten gewählt werden.

- Fragen Sie den Fehlerspeicher ab.
- Kontrollieren Sie die Funktion der Schalter, Hebel und der Lenkung.
- Führen Sie eine Probefahrt durch.

**Fehlerspeicherabfrage mit dem OBD-Tester**

- Schließen Sie den Diagnosetester an die OBD-Dose im Fahrerfußraum an.
- Starten Sie die entsprechende Diagnosesoftware auf Ihrem Laptop oder dem Tester.
- Schalten Sie die Zündung ein.
- Klicken Sie auf die Taste »weiter«. Die Diagnosesoftware wird nun gestartet und die Bildschirmmaske wechselt zur Auswahl des Fahrzeuges.
- Klicken Sie die Funktionstaste »Auto-Scan« an.
- Klicken Sie den Fahrzeughersteller und den Fahrzeugtyp an. Bestätigen Sie Ihre Anwahl durch klicken der Funktionstaste »weiter«.
- Der Tester fragt nun alle verfügbaren Steuergeräte ab. Die Ergebnisse werden in einer Übersicht dargestellt.

☞ Liegt ein Fehler vor, können Sie das entsprechende Steuergerät mit einem Doppelklick anwählen. So können Sie den Fehler mit möglichen Details, Istwerte des Steuergerätes abfragen oder auf geführte Funktionen wie einen Stellgliedtest zugreifen. Der Umfang ist vom Softwarestand und der Fahrzeugausrüstung abhängig.

# 12 Verdeck und Gestell

Da in diesem Band der Schwerpunkt der Arbeit eher in der Wartung und Montage der Mechanik liegt, werden wir nicht in Detail auf die Demontage des Verdecks eingehen.

## Hinweise zum Verdeck

### Verdeckmontage

Grundsätzlich sollten Sie Arbeiten am Verdeckstoff und an der Verdeckmechanik nur dann selbst angehen, wenn Sie bereits Erfahrung in diesem Bereich gesammelt haben.

Zur Vermeidung von Verwindungen bzw. Verspannungen der Karosserie, die zu Einstellungsfehlern bei Reparaturarbeiten am Verdeck bzw. dessen Anbauteilen führen, muss das Fahrzeug waagerecht auf dem Boden stehen.

Kabel und Befestigungen von Stoffteilen müssen grundsätzlich immer an den Stellen angebracht werden, an denen sie werkseitig befestigt worden sind.

### Setzzeit bei neuem Verdeck

Nach dem Erneuern des Faltdachs bzw. Heckverdecks können erhöhte Schließkräfte am Faltdach und am Spannbügel auftreten. Das Verdeck muss mindestens 36 h geschlossen bleiben ohne Öffnungen und Schließungen. Die erhöhten Schließkräfte lassen im Laufe der Betriebszeit (nach den ersten Fahrten in höherer Geschwindigkeit) nach.

### Wartung der Führungen

Bei Wartungsarbeiten am Verdeck liegt der Schwerpunkt in der Reinigung und der Schmierung. Natürlich muss darauf geachtet werden, dass das Verdeck leicht, ruckfrei und ohne Klemmstellen auf- und zuläuft.

■ Kontrollieren Sie die Laufschienen auf Ablagerungen.

■ Wenn erforderlich, reinigen Sie die Verdeckschienen mit einem Microfaserlappen und etwas Silikonentferner.

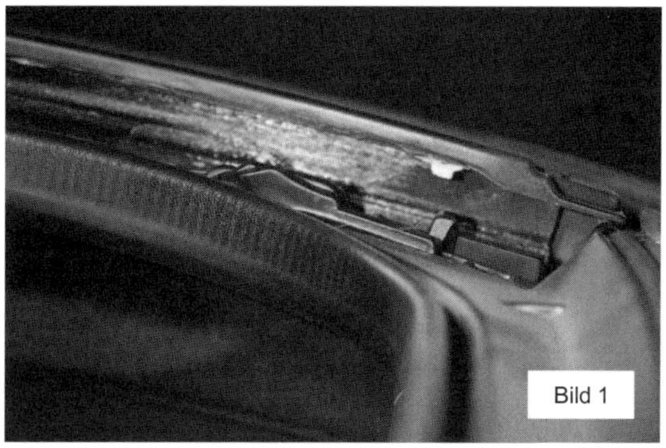

Bild 1
Die Führungsschiene muss sauber und ein leichter Schmiermittelfilm muss erkennbar sein.

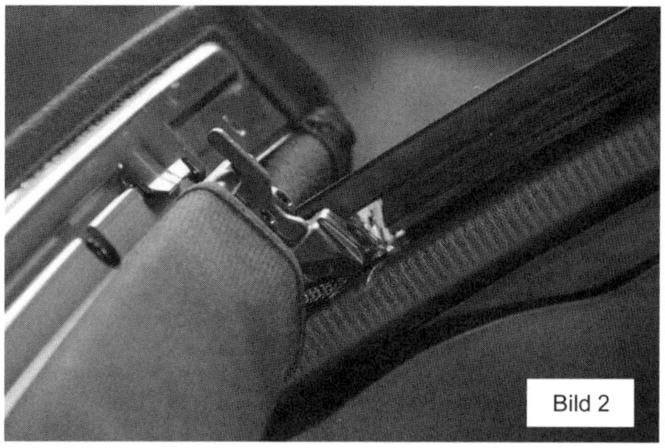

Bild 2
Verunreinigungen und überschüssiges Schmiermittel werden mit einem Microfasertuch abgewischt.

Tragen Sie etwas säurefreies Fett oder besser sogar ein spezielles multifunktionales PFPE-Spray auf (oder auch Fluid), das werkseitig verwendet wird. Das Mittel eignet sich auch für die Pflege der Gummidichtungen.

### Wartung der Dichtungen

■ Die Dichtungen des Verdecks und der Anlageschienen sollten regelmäßig gereinigt und mit einem nicht rückfettenden Profilgummipflegemittel eingerieben werden.

■ Eingerissene oder anderweitig beschädigte Dichtungen müssen ersetzt werden.

## Spoiler und Bremsleuchte

### Demontage des Dachkantenspoilers

Die Demontage des Heckspoilers ist von innen möglich. Für die Montage ist es erforderlich, den Spoiler genau durch die Löcher im Verdeck und dem Träger darunter zu positionieren. Durch das geöffnete Dach ist der Zugang von innen nach außen leichter möglich.

■ Öffnen Sie das Dach bis zur Dachkante.

■ Schalten Sie die Zündung aus und ziehen Sie den Zündschlüssel ab.

Bild 3
Dachhimmel oben lösen.
1 Dachhimmel innen oben
2 Kederleiste
3 Steckkontakt zur dritten Bremsleuchte

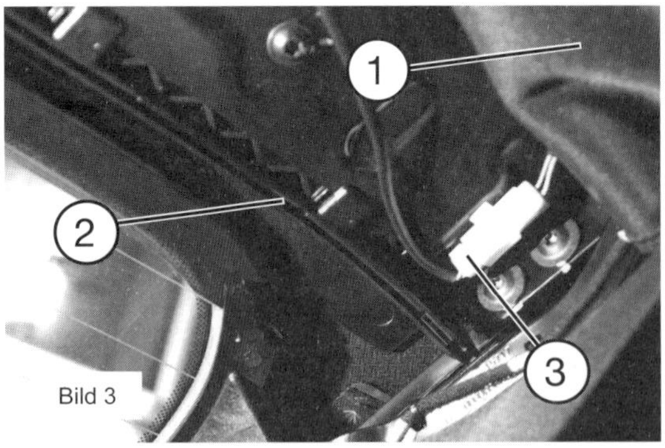

Bild 3

Bild 4
Dachhimmel seitlich lösen.
1 Kederleiste
2 Dachhimmel innen seitlich

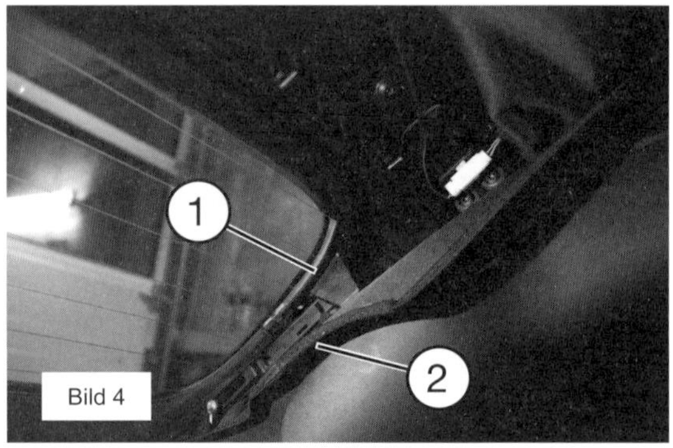

Bild 4

Bild 5
Verschraubungen im Dachspoiler.
1 Bohrungen
2 Kabeldurchführung am Spoiler
3 Durchführung am Verdeck

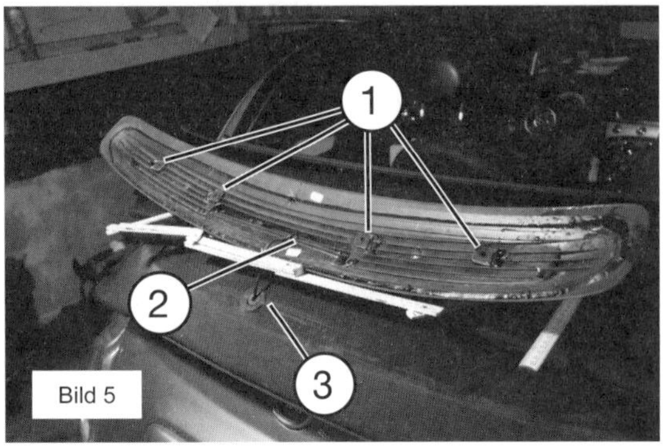

Bild 5

■ Stellen Sie die Sitze in die vorderste Position und klappen Sie die Rücklehnen auf beiden Seiten vor.

■ Ziehen Sie den Dachhimmel (1 im Bild 3) aus dem Keder (2) über der Heckscheibe vorsichtig heraus. Lösen Sie die Klettfixierung am Holm nicht. Die Verklebung hält nicht immer ausreichend.

■ Ziehen Sie den linken seitlichen Dachhimmel (2 im Bild 4) aus dem Keder (1) neben der Heckscheibe vorsichtig heraus.

■ Entsichern Sie den Steckkontakt (3 im Bild 3) und ziehen Sie ihn ab.
■ Durchtrennen Sie die Kabelbinder (4 im Bild 6) und legen Sie das Kabel (3) frei.
■ Lösen Sie die Schrauben (1) und drehen Sie sie heraus.
■ Drücken Sie die Kabeldurchführung (2) etwas nach außen.
vNehmen Sie den Dachspoiler von außen ab und legen Sie ihn auf dem Verdeck ab.
■ Führen Sie das Anschlusskabel nach außen und nehmen Sie es aus dem Verdeck heraus.
■ Nehmen Sie den Dachspoiler ab.

☞ Wenn der Dachspoiler lackiert werden soll, bauen Sie die 3. Bremsleuchte aus.

Die Montage erfolgt sinngemäß in umgekehrter Reihenfolge.
■ Kontrollieren Sie, ob der Dachspoiler noch richtig und vollflächig verklebt ist. Wenn erforderlich, kleben Sie ihn mit einem geeigneten Karosseriedichtkleber nach.

Bild 6
Verschraubungen im Dachspoiler.
1 Schrauben (die oberen!)
2 Kabeldurchführung von innen
3 Kabel
4 Kabelbinder

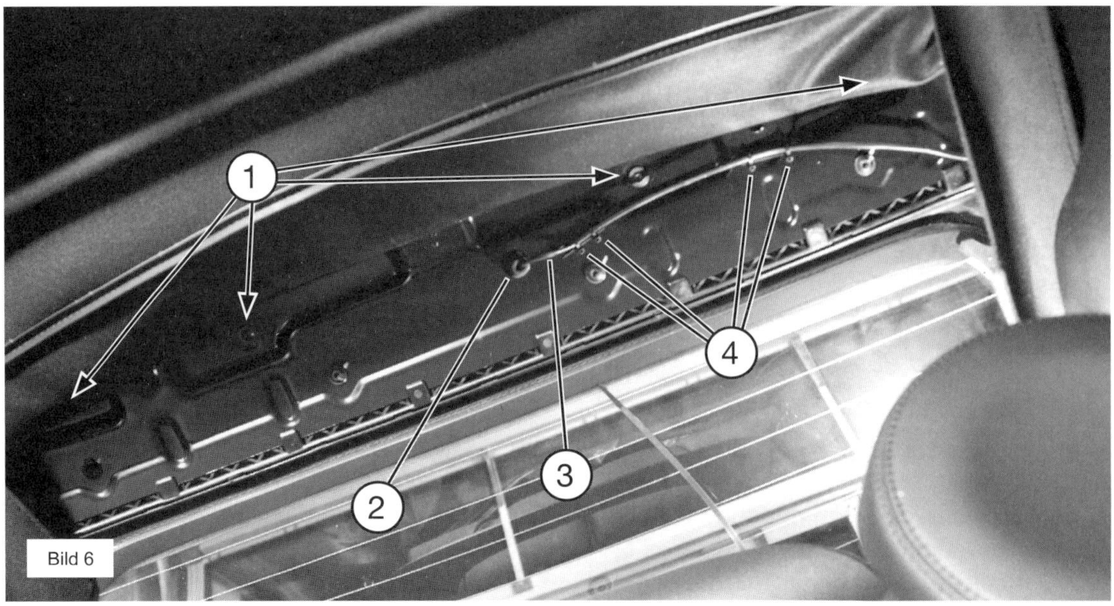

Bild 6

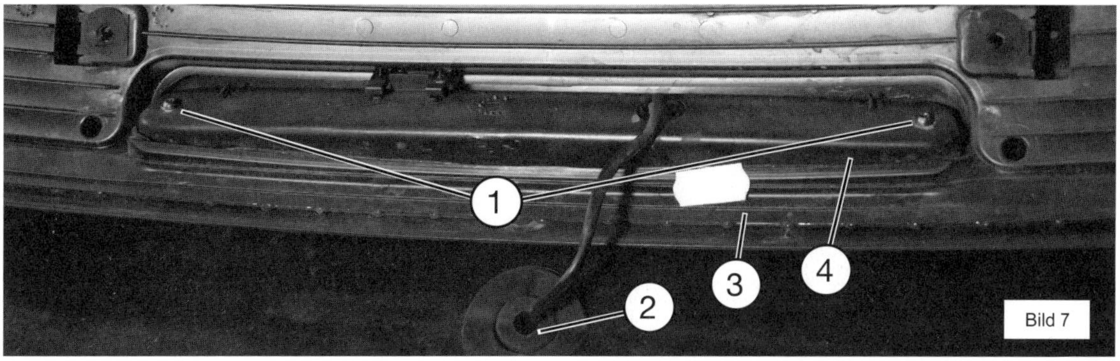


Bild 7
Ansicht der Rückseite.
1 Schrauben
2 Kabeldurchführung
3 Dachspoiler
4 Bremsleuchte

- Reinigen Sie die Anlageflächen von Verdeck und Dachspoiler.
- Kontrollieren Sie die Funktion der Bremsleuchte vor der weiteren Montagearbeit.
- Kontrollieren Sie den Zustand der Steckverbindung.
- Achten Sie auf die richtige Lage des Kabels und befestigen Sie es wieder mit Kabelbindern.

**Demontage der Bremsleuchte**

Die Demontage der Bremsleuchte ist erst dann erforderlich, wenn mehrere LED-Gruppen ausgefallen sind. Für den Ausbau ist die Demontage des Heckspoilers erforderlich.

Wenn die gesamte Bremsleuchte nicht mehr funktioniert, ist in den meisten Fällen das Anschlusskabel gebrochen. Prüfen Sie das Anschlusskabel (linke hintere Verdeckseite) unter dem Innenhimmel (siehe Bild 3). Im Zubehörmarkt sind Reparaturkabelsätze erhältlich.

- Öffnen Sie das Dach bis zur Dachkante.
- Schalten Sie die Zündung aus und ziehen Sie den Zündschlüssel ab.
- Stellen Sie die Sitze in die vorderste Position und klappen Sie die Rücklehnen auf beiden Seiten vor.
- Bauen Sie den Dachspoiler wie bereits beschrieben ab.
- Drehen Sie die beiden Schrauben heraus.
- Schieben Sie die Bremsleuchte nach vorne heraus.

Die Montage erfolgt sinngemäß in umgekehrter Reihenfolge.

- Reinigen Sie die Anlageflächen von Verdeck und Dachspoiler.
- Kontrollieren Sie die Funktion der Bremsleuchte vor der weiteren Montagearbeit.
- Kontrollieren Sie den Zustand der Steckverbindung.
- Achten Sie auf die richtige Lage des Kabels und befestigen Sie es wieder mit Kabelbindern.

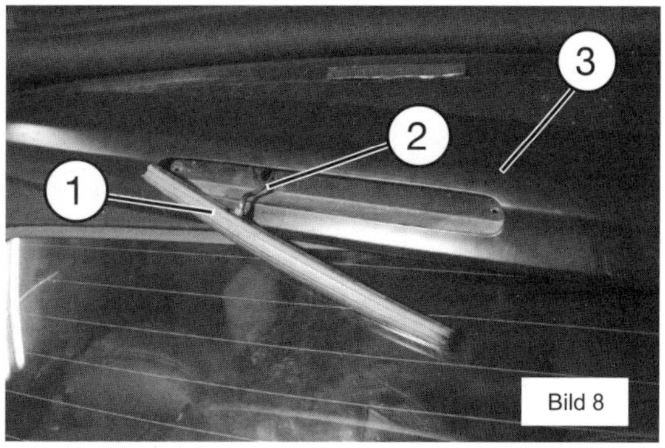


Bild 8
Ansicht der Vorderseite.
1 Dritte Bremsleuchte
2 Anschlusskabel der Bremsleuchte
3 Dachspoiler

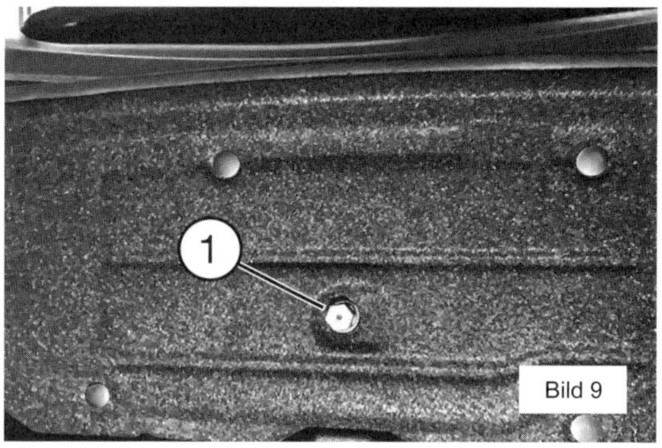


Bild 9
Notbetätigung im Kofferraum.
1 Sechskant für die Verdeckbetätigung

## Notbetätigung Verdeck

Bei Problemen mit der elektrischen Anlage oder der Verdeckbetätigung kann das Verdeck manuell betätigt werden.

- Den mitgelieferten Schlüssel aus dem Werkzeugkasten oder Fix&Go-Satz (Reifenreparatursatz) im Kofferraum von unten auf den Sechskant in der Hutablage aufstecken.
- Schalten Sie die Zündung aus und ziehen Sie den Zündschlüssel ab.

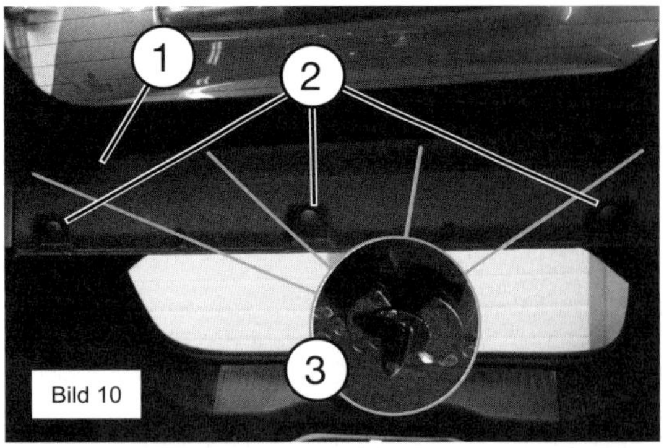


Bild 10
Heckablage über dem Antriebsmotor.
1 Heckablage
2 Spreiznieten
3 Clips

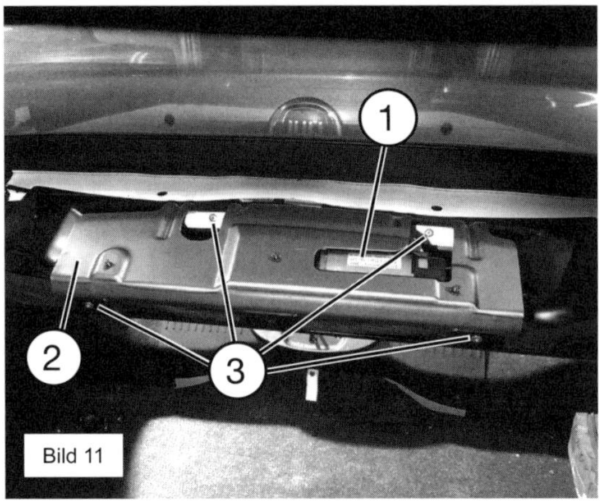


Bild 11
Antriebsmotor an Abdeckung.
1 Antriebsmotor
2 Abdeckung (Blech)
3 Blindnieten

- Prüfen Sie, dass die Verdeckschienen nicht verschmutzt oder blockiert sind.
- Drehen Sie je nach Bedarf das Verdeck zu (gegen den Uhrzeigersinn) oder auf (im Uhrzeigersinn).
- Achten Sie darauf, dass das Verdeck gerade geführt wird. Das Verdeck darf nicht verkantet werden.

### Verdeck neu initialisieren

- Ein Erhaltungsladegerät an der Batterie anschließen oder den Motor laufen lassen.
- Schalten Sie die Zündung ein.
- Die Öffnungstaste gedrückt halten, bis das Dach vollständig offen ist.
- Dann die Taste mindestens 2 Sekunden lang weiterhin gedrückt halten.
- Die Schließtaste gedrückt halten, bis das Dach vollständig geschlossen ist.
- Dann die Taste mindestens 2 Sekunden lang weiterhin gedrückt halten.

☞ Nach der Initialisierung öffnet und schließt sich das Verdeck automatisch (bis zu 25 cm vor dem vollständigen Verschluss) und meldet dem Fahrer über das Display, dass der korrekte Betrieb wiederhergestellt ist.

## Motor Faltverdeck

Antriebsmotor des Faltdaches

- Schalten Sie die Zündung aus und ziehen Sie den Zündschlüssel ab.
- Klappen Sie die Rücksitzlehnen vor.
- Ziehen Sie die Spreiznieten (2 im Bild 10) aus der Hutablage heraus.
- Lösen Sie die Hutablage aus den Clips (3) vorsichtig nach oben heraus.
- Nehmen Sie die Hutablage ab.
- Bohren Sie die Blindnieten (3 im Bild 11) auf.
- Nehmen Sie das Abdeckblech (2) ab.
- Ziehen Sie den elektrischen Anschluss am Motor ab.
- Drehen Sie die drei Befestigungsschrauben heraus und nehmen Sie den Motor (1) nach oben ab.

Die Montage erfolgt sinngemäß in umgekehrter Reihenfolge.

- Vernieten Sie die Motorabdeckung mit entsprechenden Aluminiumnieten.
- Entfernen Sie verbliebene Bohrspäne gründlich mit einem Staubsauger.
- Versiegeln Sie beschädigte Lack- oder Grundierungsflächen mit einem Lackstift.
- Initialisieren Sie das Verdeck wie bereits beschrieben.
- Prüfen Sie die Funktion des Verdecks vor der endgültigen Montage.

### Antriebskabel des Faltdaches

☞ Die Arbeit mit den Bowdenzügen des Verdecks sollte grundsätzlich erfahrenen Sattlern überlassen werden. Im Fiat 500 sind seitlich jeweils die Betätigungszüge und die Führungen für das Verdeck verbaut. Grundsätzlich ist es nicht erforderlich, das komplette Verdeck mit allen Führungen, Gleitern und Streben zu erneuern. Erfahrene Sattler und Verdeckbauer können hier im Schadensfall noch einiges retten. Zudem sollten Sie nicht immer auf die Lieferfähigkeit der kleinsten Teile vertrauen. Hinzu kommt auch noch, dass Sie sowohl die farbliche Gestaltung wie auch die Qualität verbessern können. Die handwerkliche Arbeit fällt sogar deutlich günstiger aus, als der Ersatz durch Originalteile. Entgegen unserer Überzeugung, soweit möglich die

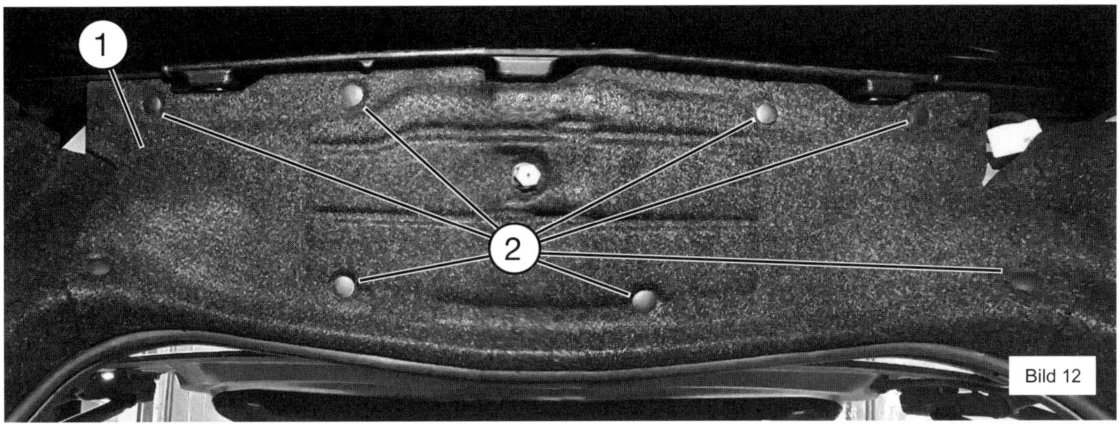


Bild 12
Abdeckung oben im Kofferraum.
1 Abdeckung
2 Spreiznieten

Originalteile zu verbauen, ist die handwerkliche Arbeit eines guten Sattlers ein echter Mehrwert für den kleinen Fiat.

*De- und Montage:*

- Schalten Sie die Zündung aus und ziehen Sie den Zündschlüssel ab.
- Klappen Sie die Rücksitzlehnen vor.
- Ziehen Sie die Spreiznieten (2 im Bild 10) aus der Hutablage heraus.
- Lösen Sie die Hutablage aus den Clips (3) vorsichtig nach oben heraus.
- Nehmen Sie die Hutablage ab.
- Bauen Sie die vordere Innenleuchte aus.
- Demontieren Sie beiden Sonnenblenden.
- Demontieren Sie die vordere Dachverkleidung.
- Bauen Sie die Haltegriffe seitlich am Dachholm ab.
- Ziehen Sie die Spreiznieten (2 im Bild 12) heraus.
- Nehmen Sie obere Kofferraumverkleidung (1) heraus.
- Lösen Sie die vorderen Halteknöpfe und ziehen Sie die vordere Zierleiste aus den Aufnahmen, indem Sie sie entlang der Führungen schieben.
- Drehen Sie die Befestigungsschrauben (3 im Bild 14) heraus und nehmen Sie das Antriebsrad (2) für die Bowdenzüge nach unten ab.
- Schieben Sie das Verdeck von Hand etwas auf.
- Öffnen Sie die Halteklammer und lösen Sie die beiden Halterungen des vorderen Windabweisers.
- Drehen Sie die jeweils zwei Schrauben der ersten Querstrebe an den vorderen Gleitschuhen heraus.

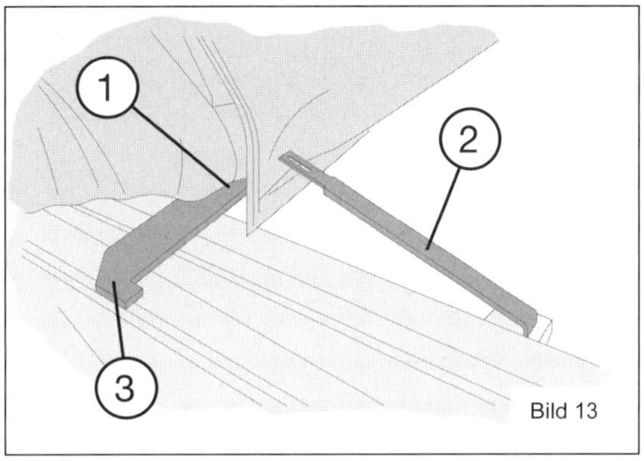


Bild 13
Verdeck am zweiten Spriegel.
1 Halteklammer
2 Bügel
3 Querstrebe

- Lösen Sie die erste Querstrebe aus den vorderen Gleitschuhen.
- Öffnen Sie im Bereich der C-Säule den Befestigungsclip des Verdeckspannbandes.
- Ziehen Sie das Verdeckspannband komplett aus seiner Aufnahme nach vorne heraus.
- Rollen Sie das Verdeck bis zur zweiten Querstrebe auf.
- Befestigen Sie die Halteklammer (1 im Bild 13).
- Befestigen Sie die zweite Querstrebe (3) rechts und links an den Bügeln (2).
- Bohren Sie die Nieten der Führungsschienen rechts und links ab.
- Schieben Sie kleine Holzkeile unter, bis die vordere Kante der Führungsschiene heraussteht.
- Lösen Sie den Endanschlag und nehmen Sie ihn heraus.
- Schieben Sie den jeweiligen Gleitschuh nach vorne so weit aus der Führung, bis das Ende des Antriebskabels erreichbar ist.
- Achten Sie darauf, dass der Gleitschuh nicht aus der Führung herausgleitet.
- Lösen Sie das Ende des Antriebskabels heraus und ziehen Sie es aus der Führung heraus.

Bild 14
1 Abdeckung
2 Antriebsrad
3 Befestigungsschrauben

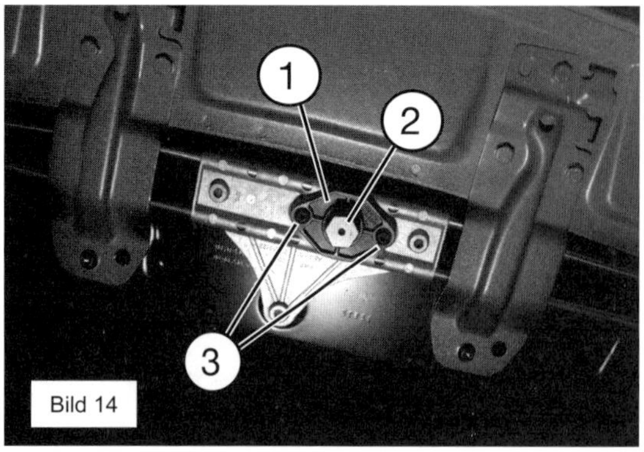


Bild 14

Die Montage erfolgt sinngemäß in umgekehrter Reihenfolge.

- Vernieten Sie die Führungsschienen mit den entsprechenden Aluminiumnieten.
- Entfernen Sie verbliebene Bohrspäne gründlich mit einem Staubsauger.
- Versiegeln Sie beschädigte Lack- oder Grundierungsflächen mit einem Lackstift.
- Initialisieren Sie das Verdeck wie bereits beschrieben.
- Prüfen Sie die Funktion des Verdecks vor der endgültigen Montage.

## Stoff des Faltverdecks

- Klappen Sie die Rücksitzlehnen vor.
- Ziehen Sie die Spreiznieten (2 im Bild 10) aus der Hutablage heraus.
- Lösen Sie die Hutablage aus den Clips (3) vorsichtig nach oben heraus.
- Nehmen Sie die Hutablage ab.
- Bauen Sie den Spoiler wie bereits beschrieben ab.
- Drehen Sie die Befestigungsschraube der hinteren Seitenverkleidungen links und rechts heraus.
- Lösen Sie die beiden Seitenverkleidungen und legen Sie sie aus dem Arbeitsbereich heraus.
- Schalten Sie die Zündung aus und ziehen Sie den Zündschlüssel ab.
- Drehen Sie die jeweils zwei Schrauben der ersten Querstrebe an den vorderen Gleitschuhen heraus.
- Lösen Sie die erste Querstrebe aus den vorderen Gleitschuhen.
- Rollen Sie das Verdeck bis zur zweiten Querstrebe auf.
- Nehmen Sie die Querstrebe (3 im Bild 13) aus dem Bügel (2) heraus.
- Öffnen Sie im Bereich der C-Säule den Befestigungsclip des Verdeckspannbandes.
- Ziehen Sie das Verdeckspannband komplett aus seiner Aufnahme nach vorne heraus.
- Öffnen Sie die Heckklappe.
- Ziehen Sie die mittlere Dichtung ab.
- Drehen Sie die Schrauben zur hinteren Verdeckdichtleiste heraus und nehmen Sie die Leiste ab.
- Heben Sie den Verdeckstoff an und drehen Sie die Schrauben des Endanschlages heraus.
- Nehmen Sie den Endanschlag rechts und links ab.
- Bohren Sie die Blindnieten (3 im Bild 11) auf.
- Nehmen Sie das Abdeckblech (2) ab.
- Entfernen Sie die Halteschelle und lösen Sie den Gummizug zum Himmel.
- Lösen Sie die Klettverschlüsse des Innenhimmels an beiden Seiten.
- Ziehen Sie den Anschlussstecker zur Verdeckelektrik unter der linken Seite des Kofferraums ab.
- Drehen Sie die Befestigungsschrauben für den Bewegungsbügel auf beiden Seiten des Verdecks aus der Aufnahme heraus und nehmen Sie die Buchsen ab.
- Ziehen Sie die Anschlussstecker zum Verdecksteuergerät und zum Antriebsmotor ab.
- Lösen Sie die Befestigung der Heckscheibe und nehmen Sie die Verschraubungen, Scheiben und Buchsen ab.
- Halten Sie das Verdeck mit einem zweiten Mechaniker so weit hoch, dass Sie die Schrauben der mittleren Gleitschuhe etwas lösen können. Dadurch kann der Gleitschuh verschoben werden.
- Ziehen Sie mit Hilfe des zweiten Mechanikers die beiden Gleitschuhe vom Fahrzeugheck ab.
- Nehmen Sie die mittleren Gleitschuhe und Scheiben ab.

Die Montage erfolgt sinngemäß in umgekehrter Reihenfolge.

- Versiegeln Sie beschädigte Lack- oder Grundierungsflächen mit einem Lackstift.
- Initialisieren Sie das Verdeck wie bereits beschrieben.
- Prüfen Sie die Funktion des Verdecks vor der endgültigen Montage.

# 13 Bremsanlage

## Die Bremsen des Fiat 500

Der Fiat 500 wird kraftvoll und sicher über ein Hydraulik-Zweikreis-Bremssystem mit Scheibenbremsen an der Vorderachse und Trommel- oder Scheibenbremse auf der Hinterachse verzögert. Die vorderen Scheibenbremsen sind nicht innenbelüftet, die Bremstrommeln hinten sind derzeit durchweg für alle Motorisierungen baugleich. Die mechanische Feststellbremse wirkt über Seilzüge auf die Hinterräder. Die Bremsunterstützung erfolgt pneumatisch durch Vakuumbremskraftverstärker. In ihnen wird der hydraulische Druck, der dann an den Bremsen wirkt, mehr als verdoppelt. Auf diese Weise werden etwa 60% der wirkenden Bremskraft aufgebracht. Das Vakuum für den Unterdruck im Bremskraftverstärker wird dem Saugrohr entnommen oder mit einer Vakuumpumpe erzeugt. Je nach Motorisierung werden unterschiedliche Bremsenmodelle eingesetzt. Da sich die Bremssysteme oft nur durch die Hersteller im Zubehörbereich oder im Detail unterscheiden, sollten Sie sich grundsätzlich immer die richtigen Bauteile durch ein aktuelles Ersatzteilprogramm Ihres Zulieferers oder Händlers heraussuchen lassen.

**Bremse vorne**
Es handelt sich um eine Scheibenbremse aus Vollmaterial beim 1,2-l-Motor ohne Innenbelüftung. Die anderen Motorvarianten werden mit Scheibenbremse mit Innenbelüftung ausgerüstet. Die vordere Bremse wird nur als Betriebsbremse eingesetzt. Die Bremssättel werden hydraulisch betätigt.

*Scheibenbremse vorne technische Daten*

| **Scheibendurchmesser** | **240 mm** | **240 mm** | **257 mm** | **284 mm** |
|---|---|---|---|---|
| Bauform | Vollscheibe | Innenbelüftet | | |
| Bauhöhe | 40 mm | 40,5 mm | | 43,5 mm |
| Scheibendicke | 11 mm (± 0,2) | 20,0 mm | 22,0 mm | |
| Verschleißmaß Dicke | 9,2 mm | 18,2 mm | 20,2 mm | |
| Zentrierlochdurchmesser | 59 mm | | | |
| Lochkreis Radschraube | 4 x 98 | | | |
| Lockkreis Halteschraube | 2 x 98 | | | |

**Bremse hinten**
Je nach Motorleistung und Ausstattung sind Trommelbremsen hinten oder Scheibenbremsen verbaut. Bei der Trommelbremse kommt eine Trommel aus Vollmaterial (Stahlguss) zum Einsatz. Die Betätigung der Bremsbacken für die Betriebsbremse erfolgt hydraulisch. Die Scheibenbremse hinten ist eine Bremsscheibe ohne Innbelüftung aus Stahlguss. Für die Handbremse werden die gleichen Beläge mechanisch über Seilzüge betätigt.

*Bremse hinten technische Daten*

| **Durchmesser** | **180 mm** | **240 mm** |
|---|---|---|
| Bauform | Trommel (Innen) | Vollscheibe |
| Bauhöhe | 32 mm | 40 mm |
| Scheibendicke | - | 11 mm |
| Verschleißmaß Dicke | 181,3 mm | 9,2 mm |
| Zentrierlochdurchmesser | 59 mm | |
| Lochkreis Radschraube | 4 x 98 | |
| Lockkreis Halteschraube | 2 x 98 | |

Bild 1
Ausgleichsbehälter im Motorraum.
1 Ausgleichsbehälter
2 Deckel
3 Stecker Warnkontakt
4 Minimalmarkierung
5 Maximalmarkierung

**Antiblockiersystem (ABS und ESP)**
Der Fiat verfügt serienmäßig über ein Antiblockiersystem. Im Fiat 500 kommt ein ABS/ESP-System zum Einsatz. Es besteht neben dem Eingriff auf die Bremsanlage die Möglichkeit, mit dem Bordnetzsystem und der Motorsteuerung einige Neuerungen umzusetzen. Es sind nun folgende Funktionen realisiert worden: ABS (Blockierverhinderer beim Bremsen), ASR (verhindert durchdrehende Räder), EBV regelt den Bremsdruck an der Hinterachse, ESP (Stabilitätsprogramm, um Schleudern einzudämmen) und das MSR reduziert das Motormoment zum Anfahren auf glatter Straße über den Eingriff in das System E-Gas.

Die im Hydrauliksystem zirkulierende Flüssigkeit ist Bremsflüssigkeit nach dem Standard »FMVSS 116 DOT 4«, wovon auch die Weiterentwicklung »DOT 4 plus« erhältlich ist.

⚠ Bremsflüssigkeit auf keinen Fall mit mineralölhaltigen Flüssigkeiten (Öl, Benzin, Reinigungsmittel) in Verbindung bringen. Mineralöle beschädigen die Dichtungen und Gummitüllen der Bremsanlage!

⚠ Bremsflüssigkeit ist giftig. Sie darf wegen ihrer ätzenden Wirkung auch nicht mit Lack in Berührung kommen. Eventuell ausgetretene Bremsflüssigkeit mit viel Wasser abspülen!

Bremsflüssigkeit ist hygroskopisch, das heißt, sie nimmt aus der umgebenden Luft Feuchtigkeit auf und ist darum stets in luftdicht verschlossenen Behältern aufzubewahren.

Störungen am ABS haben keinen Einfluss auf Bremsanlage und Bremskraftverstärkung. Die herkömmliche Bremsanlage bleibt auch ohne ABS funktionsfähig. Es muss jedoch mit einem veränderten Bremsverhalten gerechnet werden. Nach Aufleuchten der ABS-Kontrollleuchte können die Hinterräder beim Bremsen frühzeitig blockieren.

## Bremsflüssigkeitsstand (abhängig vom Belagverschleiß) prüfen

Der Stand der Bremsflüssigkeit ist an den Markierungen des Bremsflüssigkeitsbehälters abzulesen.

- Der Bremsflüssigkeitsstand (Menge) ist stets in Abhängigkeit vom Bremsbelagverschleiß zu beurteilen. Im Fahrbetrieb sinkt durch Abnutzung und automatische Nachstellung der Bremsbeläge der Flüssigkeitsstand geringfügig ab.
- Bei einem Flüssigkeitsstand an der »MIN«-Markierung und etwas darüber ist kein Nachfüllen erforderlich, wenn die Bremsbelagverschleißgrenze nahezu erreicht ist.
- Sind die Bremsbeläge neu bzw. weit von der Belagverschleißgrenze entfernt, muss der Flüssigkeitsstand zwischen der »MIN«- und der »MAX«-Markierung liegen.
- Die »MAX«-Markierung darf jedoch nicht überschritten werden, damit die Flüssigkeit nicht aus dem Bremsflüssigkeitsbehälter austritt.
- Ist der Flüssigkeitsstand unter die »MIN«-Markierung abgesunken, muss, bevor Bremsflüssigkeit ergänzt wird, das ganze Bremssystem überprüft werden ggf. sind Reparaturen einzuleiten.

## Bremsanlage auf Undichtigkeiten und Beschädigung prüfen

**Sichtprüfung**
Folgende Bauteile müssen auf Undichtigkeiten und Beschädigungen überprüft werden:

- Hauptbremszylinder,
- Bremskraftverstärker,
- Hydraulikeinheit,
- Bremssättel.

*Weiterhin sind zu prüfen:*

- Vorhandensein der Staubkappen an den Entlüftungsventilen für Bremsflüssigkeit.
- Dass die Bremsschläuche nicht verdreht

sind und dass sie beim maximalen Lenkeinschlag keine Fahrzeugbauteile berühren.
■ Dass Bremsschläuche nicht porös und brüchig sind.
■ Dass Bremsschläuche und Bremsleitungen keine Scheuerstellen aufweisen.
■ Dass Bremsanschlüsse und Befestigungen richtig sitzen, nicht undicht und frei von Korrosion sind.
Festgestellte Mängel sind durch entsprechende Reparaturmaßnahmen zu beseitigen.

### Dichtigkeitsprüfung unter Druck

Diese Prüfung erfordert ein Prüfgerät für Bremssysteme mit Adapter (z. B. die Druckmessuhr V.A.G 1310 A). Prüfvoraussetzung ist, dass Funktion und Dichtheit der Bremsanlage gewährleistet sind.
■ Entlüftungsventil an einem der vorderen Bremssättel herausschrauben. Das Prüfgerät für Bremssysteme anschließen und entlüften.
■ Bremspedal belasten, bis das Druckmanometer 50 bar Überdruck anzeigt. Während der Prüfdauer von 45 Sekunden darf der Druckabfall nicht mehr als 4 bar betragen. Bei größerem Druckabfall Hauptbremszylinder ersetzen.

## Bremsanlage mit Gerät entlüften

### Normale Entlüftung

Den Arbeitsablauf zum Entlüften der Bremsanlage genau einhalten.
■ Bremsenfüll- und Entlüftungsgerät anschließen, d. h. Adapter statt Verschlussdeckel auf Bremsflüssigkeitsbehälter aufschrauben, Druck einstellen und Befüllschlauch des Gerätes an den Adapter anschließen.
■ Abdeckkappen von den Entlüftungsventilen abziehen (Bild 3), Schlauch der Entlüfterflasche aufstecken und dann Entlüftungsventile mit einem passenden Schlüssel in folgender Reihenfolge öffnen und jeweiligen Radbremszylinder/Bremssättel entlüften:
1. Bremssattel hinten links.
2. Bremssattel vorn links.
3. Bremssattel vorn rechts.
4. Bremssattel hinten rechts.

Bild 2
Durchgerostete Bremsleitungen sind durchaus auch bei modernen Fahrzeugen noch zu finden.

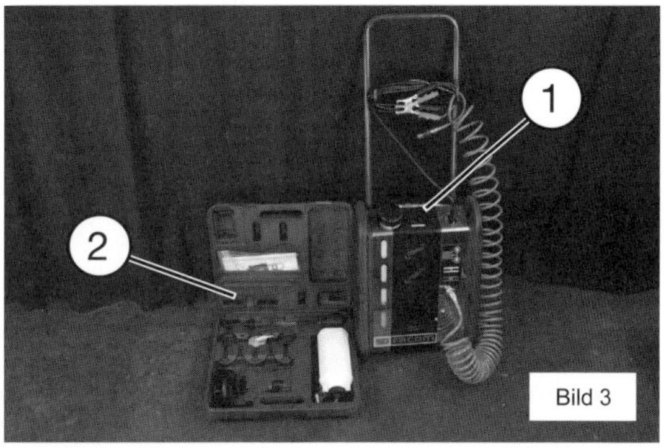


Bild 3
Automatisches Entlüftungsgerät,
1 Entlüftungsgerät mit Batterieanschlüssen und Vorratstank
2 Adapterset für unterschiedliche Vorratsbehälter am Fahrzeug

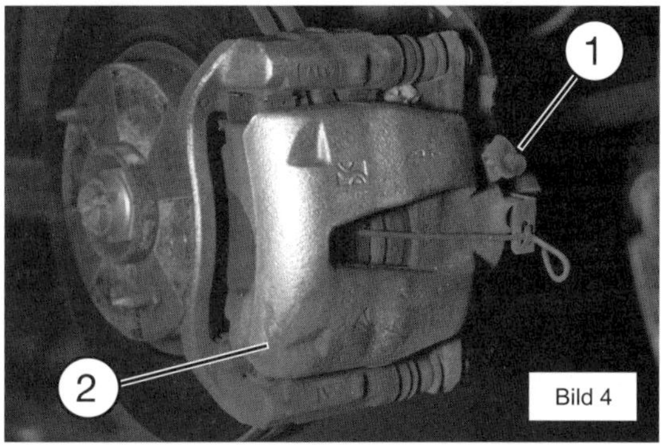


Bild 4
Entlüftungsventil am Bremssattel vorne.
1 Entlüftungsventil
2 Bremssattel

Bild 5
Entlüftungsventil am Bremssattel hinten.
1 Entlüftungsventil
2 Bremssattel

■ Entlüftungsventil bei aufgestecktem Schlauch der Entlüfterflasche so lange geöffnet lassen, bis blasenfreie Bremsflüssigkeit ausströmt.

Geeigneten Entlüfterschlauch verwenden. Er muss straff auf dem Entlüftungsventil sitzen, damit keine Luft in die Bremsanlage gelangen kann!

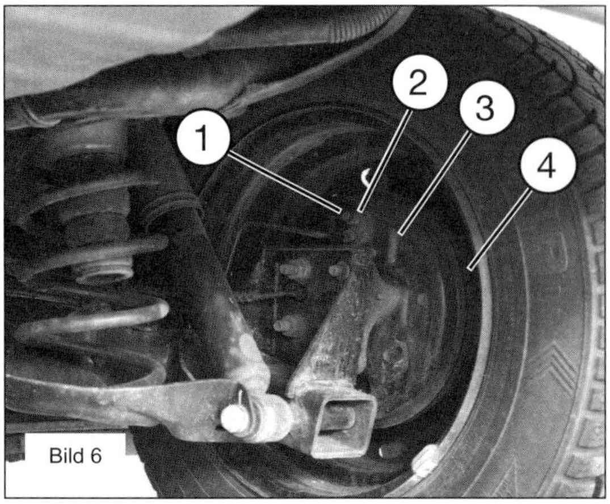


Bild 6

Bild 6
Trommelbremse hinten.
1 Staubschutzkappe
2 Entlüftungsnippel
3 Ankerplatte
4 Bremstrommel

Bild 7

Bild 7
Kupplungszylinder.
1 Nehmerzylinder
2 Entlüftungsschraube
3 Druckleitung vom Geberzylinder

### Vorentlüftung

Wenn bei Fahrzeugen mit EDS, EDS/ASR oder EDS/ASR/ESP eine Kammer des Bremsflüssigkeitsbehälters komplett leergelaufen ist (z. B. bei Undichtigkeiten der Bremsanlage), muss zuerst eine Vorentlüftung erfolgen.

■ Bremssattel vorn links und vorn rechts gleichzeitig zusammen entlüften.
■ Bremssattel hinten links und hinten rechts gleichzeitig zusammen entlüften.
■ Entlüftungsventile bei aufgesteckten Schläuchen der Entlüfterflasche so lange geöffnet lassen, bis blasenfreie Bremsflüssigkeit ausströmt.
■ Anschließend kann über eine Funktion mit dem Diagnosetester die Hydraulikeinheit nochmals entlüftet werden. Hierbei werden die einzelnen Steuerventile angesteuert und auch die geringe Restmenge im Hydraulikaggregat in die Entlüftung mit einbezogen. Zum Entlüften der Hydraulikeinheit ist ein Vordruck von 2 bar nötig.
■ Danach die Bremsanlage normal entlüften (siehe oben).

## Bremsanlage ohne Gerät entlüften

Steht kein Bremsenfüll- und Entlüftungsgerät zur Verfügung, muss die Bremsanlage mit einfachen Mitteln entlüftet werden. Nötig dafür sind neue Bremsflüssigkeit und ein geeigneter, möglichst durchsichtiger Kunststoffschlauch, wie ihn Baumärkte im Sortiment haben. Er muss straff auf der Entlüfterschraube Radbremszylinder/Bremssattel sitzen, damit keine Luft in die Bremsanlage gelangen kann.

■ Wenn erforderlich, die Entlüftungsventile einige Stunden vor der Arbeit mit Rostlöser einsprühen. Das mindert das Risiko, dass die Ventile beim Lösen abgerissen werden.
■ Entlüftungsreihenfolge wie bei »Entlüftung normal«.
■ Staubkappe vom Entlüftungsventil abziehen, Ventilnippel säubern, den Kunststoffschlauch auf den Nippel schieben und das freie Schlauchende in einen teilweise mit Bremsflüssigkeit gefüllten Auffangbehälter stecken.
■ Entlüftungsschraube mit einem Ringschlüssel maximal eine Umdrehung lösen. Ein Helfer tritt das Bremspedal langsam bis zum Boden, damit die Bremsflüssigkeit und die darin eingeschlossene Luft herausgepumpt werden.

☞ Auf Schlauch und Auffangbehälter achten: die Luftbläschen müssen zu sehen sein.

■ Das Bremspedal am Boden halten.
■ Nun die Entlüftungsschraube schließen, erst dann das Bremspedal zurücknehmen.
■ Diesen Vorgang so lange wiederholen, bis keine Luftbläschen mehr aufsteigen, es ist dann keine Luft mehr im System. Dabei aber ständig den Stand der Bremsflüssigkeit im Ausgleichsbehälter beobachten. Bei Bedarf nachfüllen, aber nur so viel, dass der vorherige Stand im Bremsflüssigkeitsbehälter nicht überschritten wird. Dadurch wird verhindert, dass bei einem späteren Wechsel der Bremsbeläge zu viel Bremsflüssigkeit im System ist und der Behälter beim Zurückdrücken der Bremskolben überläuft.
■ Nach dem letzten Durchgang muss der Helfer das Bremspedal wieder am Boden halten, bis das Entlüftungsventil endgültig geschlossen ist (Schraube nicht anknallen).

■ Die Arbeit an den anderen Entlüftungsventilen wiederholen.
■ Lässt sich die Bremse nach vorgenannter Methode nicht vollständig entlüften, alle Entlüftungsventile schließen, den Motor starten und mehrfach die Bremse betätigen. Dann nochmals einen Entlüftungsdurchgang vornehmen.
■ Zum Schluss noch einmal alle Bremsleitungen, Entlüftungsventile (angezogen?), den Stand im Bremsflüssigkeitsbehälter und die Funktion der Bremsen bei einer (vorsichtigen) Probefahrt prüfen. Dabei einmal so stark bremsen, dass die ABS-Regelung greift.

## Bremsflüssigkeit wechseln

⚠ Bremsflüssigkeit ist giftig. Sie darf wegen ihrer ätzenden Wirkung auch nicht mit Lack in Berührung kommen. Eventuell ausgetretene Bremsflüssigkeit mit viel Wasser abspülen!
■ Verschlussdeckel vom Bremsflüssigkeits-Vorratsbehälter abschrauben. Das Sieb darf nicht aus dem Behälter entfernt werden!
■ Mit dem Saugschlauch vom Bremsenfüll- und Entlüftungsgerät so viel Bremsflüssigkeit wie möglich absaugen. Abgesaugte Bremsflüssigkeit darf nicht wieder verwendet werden.
■ Adapter (aus dem Bremsenentlüftungswerkzeug) auf den Bremsflüssigkeits-Vorratsbehälter schrauben, den richtigen Druck am Bremsenfüll- und Entlüftungsgerät einstellen (Bedienungsanleitung des Geräts beachten) und den Befüllschlauch des Geräts an den Adapter anschließen.
■ Abdeckkappe des Entlüftungsventils am Bremssattel vorn links abziehen und Entlüfterschlauch der Auffangflasche auf das Ventil stecken, Entlüftungsventil öffnen und die entsprechende Bremsflüssigkeitsmenge (siehe folgende Tabelle) ausfließen lassen. Entlüftungsventil mit 10 Nm schließen. Abdeckkappe am Entlüftungsventil des Bremssattels vorn links wieder aufstecken.
■ Diesen Arbeitsablauf an der rechten Fahrzeugseite vorn wiederholen.
■ Schrauben Sie ggf. beide Räder an der Hinterachse ab, um nun dort an die Entlüftungsventile zu gelangen. Abdeckkappe am Entlüftungsventil des Bremssattels hinten links abziehen und Entlüfterschlauch der Auffangflasche auf das Entlüftungsventil hinten links stecken, Entlüftungsventil öffnen und die entsprechende Bremsflüssigkeitsmenge (siehe folgende Tabelle) ausfließen lassen. Entlüftungsventil mit 10 Nm schließen. Abdeckkappe am Entlüftungsventil des Bremssattels hinten links wieder aufstecken.
■ Diesen Arbeitsablauf an der rechten Fahrzeugseite hinten wiederholen.

**Ausfließende Bremsflüssigkeitsmengen**

| Reihenfolge Entlüftungsventile | Bremsflüssigkeit |
|---|---|
| Bremssattel vorn links | 0,20 Liter |
| Bremssattel vorn rechts | 0,20 Liter |
| Bremssattel hinten links | 0,30 Liter |
| Bremssattel hinten rechts | 0,30 Liter |
| Kupplungsnehmerzylinder | 0,15 Liter |

## Bremslichtschalter aus- und einbauen

Der Bremslichtschalter ist von hinten im Pedalmodul befestigt. Der Zugang erfolgt über den Fahrer-Fußraum.
■ Entsichern Sie den Steckkontakt und ziehen Sie ihn ab.
■ Drehen Sie den Kupplungsschalter etwa eine Viertel-Umdrehung gegen den Uhrzeigersinn und nehmen Sie ihn heraus.

Die Montage erfolgt sinngemäß in umgekehrter Reihenfolge.
■ Lesen Sie den Fehlerspeicher aus und löschen Sie ihn gegebenenfalls.

## Bremspedal aus- und einbauen

Das Kupplungspedal ist Bestandteil des Pedalmoduls, kann aber einzeln ersetzt werden.

⚠ Bei Fahrzeugen mit Knieairbag muss die Airbageinheit ausgebaut werden. Für diese Arbeiten ist unbedingt eine

Bild 8
Clip am Stößel des Bremskraftverstärkers.
1 Halteclip
2 Bremspedal

nachgewiesene Sachkunde erforderlich. Es besteht Lebensgefahr bei unsachgemäßem Umgang mit Airbageinheiten. Sollten Sie die Sachkunde nicht haben, lassen Sie die Airbageinheit von einem Sachkundigen ausbauen und lagern.

- Kontrollieren Sie, ob ein Radiocode erforderlich ist.
- Stellen Sie das Fahrzeug in Lenkradstellung gerade ab.
- Ziehen Sie den Zündschlüssel ab.

⚠ Klemmen Sie die Batterie ab und warten Sie 10 Minuten, bis die Kondensatoren im Airbagsteuergerät entladen sind.

☞ Entladen Sie eine mögliche statische Aufladung, indem Sie an den Riegel des Fahrertürschlosses fassen.

- Drehen Sie die Befestigungsschrauben der Knieairbageinheit heraus.
- Entsichern Sie den Airbagstecker und ziehen Sie den Stecker ab.
- Drücken Sie den Clip (1 im Bild 8) am Stößel des Bremskraftverstärkers, nehmen Sie den Clip vom Bremspedal ab und schieben Sie ihn auf den Stößel.
- Hängen Sie den Stößel des Bremskraftverstärkers am Bremspedal aus.
- Entsichern Sie die Pedalwelle und ziehen Sie sie nach rechts so weit heraus, dass Sie das Bremspedal abnehmen können.
- Nehmen Sie das Bremspedal heraus.

Die Montage erfolgt sinngemäß in umgekehrter Reihenfolge.

- Achten Sie darauf, dass die Airbageinheit nur bei abgeklemmter Batterie angeschlossen werden darf.
- Lesen Sie den Fehlerspeicher aus.
- Arbeiten Sie ihn soweit erforderlich ab und löschen Sie ihn gegebenenfalls.

## Hauptbremszylinder aus- und einbauen

**Hauptbremszylinder aus- und einbauen**

- Radio-Codierung beachten, Batterie abklemmen, Batterieverkleidung ausbauen.
- Ausreichend nicht fasernde Lappen im Bereich des Motors und des Getriebes auslegen und so viel Bremsflüssigkeit wie möglich mit dem Bremsenfüll- und Entlüftungsgerät oder mit einer Absaugvorrichtung aus dem Bremsflüssigkeitsbehälter absaugen.
- Bei Fahrzeugen mit Schaltgetriebe den Nachlaufschlauch für Kupplungsgeberzylinder abziehen und hochbinden oder mit einem handelsüblichen Werkzeug (Hazet 4590) abklemmen und dann abziehen.
- Steckverbindungen vom Warnkontakt für Bremsflüssigkeitsstand abziehen.
- Bremsleitungen am Hauptbremszylinder abschrauben und mit Verschlussstopfen verschließen.
- Muttern vom Hauptbremszylinder abschrauben und das Wärmeschutzblech falls vorhanden abnehmen.
- Hauptbremszylinder vorsichtig aus dem Bremskraftverstärker entnehmen.

Der Einbau erfolgt sinngemäß in umgekehrter Reihenfolge.

- Beim Zusammensetzen des Hauptbremszylinders mit dem Bremskraftverstärker auf richtigen Sitz der Druckstange im Hauptbremszylinder achten.
- Bremsanlage, wie beschrieben entlüften.

**Bremsflüssigkeitsbehälter ausbauen**

⚠ Bremsflüssigkeit ist giftig. Sie darf wegen ihrer ätzenden Wirkung auch nicht mit Lack in Berührung kommen. Eventuell ausgetretene Bremsflüssigkeit mit viel Wasser abspülen!

- Merken Sie sich den Stand der Bremsflüssigkeit, um ihn später nicht zu überfüllen.
- Ausreichend nicht fasernde Lappen im Bereich des Motors und des Getriebes auslegen und so viel Bremsflüssigkeit wie möglich mit dem Bremsenfüll- und Entlüftungsgerät oder mit einer Absaugvorrichtung aus dem Bremsflüssigkeitsbehälter absaugen.
- Bei Fahrzeugen mit Schaltgetriebe den Nachlaufschlauch für Kupplungsgeberzy-

linder abziehen und hochbinden oder mit einem handelsüblichen Werkzeug (Hazet 4590) abklemmen und dann abziehen.

Weder Kupplung noch Bremse ohne befüllten und montierten Ausgleichsbehälter betätigen.

- Steckverbindungen vom Warnkontakt für Bremsflüssigkeitsstand abziehen.
- Ziehen Sie den Sicherungsstift unten aus dem Bremsflüssigkeitsausgleichbehälter heraus.
- Ziehen Sie den Behälter gerade nach oben heraus.

Der Einbau erfolgt sinngemäß in umgekehrter Reihenfolge.

- Füllen Sie die Bremsflüssigkeit wieder auf den alten Stand auf.
- Betätigen Sie Bremse und Kupplung mehrfach und kontrollieren Sie den Flüssigkeitsstand erneut.

## Funktion des Bremskraftverstärkers prüfen

- Bremspedal bei stehendem Motor mehrere Male kräftig durchtreten (dadurch wird der im Gerät vorhandene Unterdruck abgebaut).
- Bremspedal jetzt mit mittlerer Fußkraft in Bremsstellung halten und Motor starten. Bei einem einwandfrei funktionierenden Bremskraftverstärker gibt das Bremspedal dabei unter dem Fuß spürbar nach (Verstärkung wird wirksam). Senkt sich das Pedal nicht, liegt eine Störung vor.

Diese kann in der Unterdruckversorgung (Leitung, Pumpe, Anschluss) oder am Bremskraftverstärker selbst zu finden sein. In diesem Fall muss er ersetzt werden. Reparaturen an diesem Bauteil sind nicht vorgesehen.

## Bremsscheiben und Beläge vorne

### Bremsbeläge prüfen

Mit einer Taschenlampe durch einen Durchbruch in der Felge leuchten. Die Dicke des äußeren Belages durch Sichtprüfung ermitteln. Den inneren Belag anleuchten und einen Spiegel anhalten. Dann die Dicke des inneren Belages durch Sichtprüfung ermitteln.

Bild 9

Bild 9
Eine Bremsscheibe mit tiefen Riefen muss ersetzt werden.

- Zur besseren Beurteilung der Restbelagdicke einen Prüfspiegel benutzen oder das Rad abnehmen.
- Anbauposition des Rades kennzeichnen.
- Dicke des äußeren und inneren Belages messen. Bei der Belagdicke (1,5 mm ohne Rückenplatte) haben die Bremsbeläge ihre Verschleißgrenze erreicht und sind zu ersetzen.
- Rad in der gekennzeichneten Position wieder anschrauben. Radbefestigungsschrauben über Kreuz mit 110 Nm anziehen ggf. Radschraubenkappen aufstecken.

### Bremsscheiben prüfen

Wenn die Scheibenbremsbeläge ersetzt werden müssen, sind unbedingt auch die Bremsscheiben auf Verschleiß zu prüfen. Fehlerbilder sind:

- Risse,
- Riefen,
- Rost und
- Grat am Bremsscheibenrand,

ggf. Bremsscheiben ersetzen (grundsätzlich achsweise).

### Bremsbeläge wechseln

Weiter zu verwendende Bremsbeläge beim Ausbau kennzeichnen. Die Beläge an gleicher Stelle wieder einbauen, sonst kann ungleichmäßige Bremswirkung entstehen!

- Radschrauben lösen aber noch nicht herausdrehen.
- Das Fahrzeug anheben und die Räder abbauen.

Bild 10
Bremssattel auf dem Sattelträger.

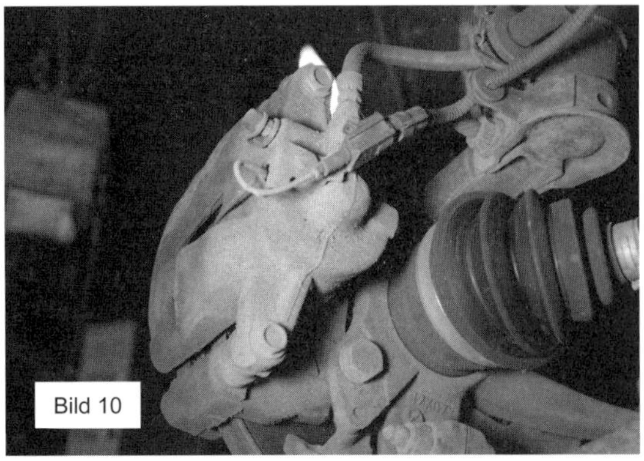


Bild 11
Sattelträger am Achsschenkel.

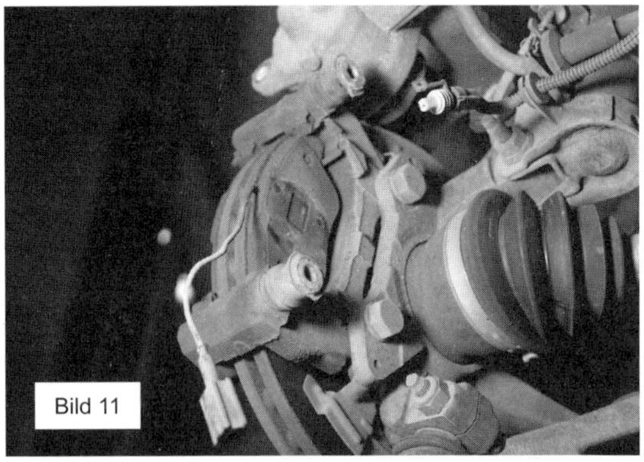


Bild 12
Rückstellen des Bremskolbens.
1 Bremskolben
2 Bremssattel

Bild 13
Befestigung der Bremsscheibe.
1 Sicherungs- und Zentrierschraube

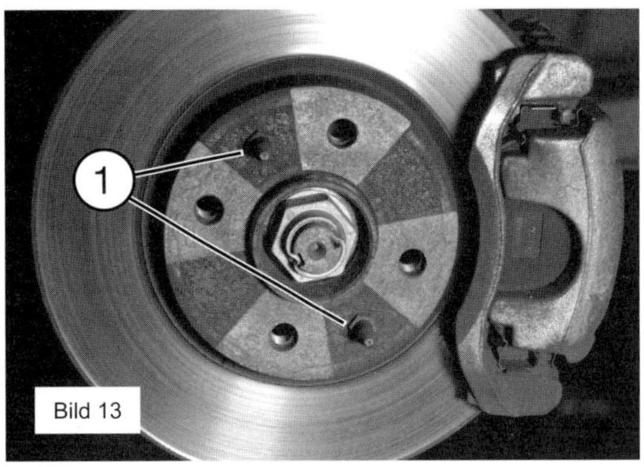


■ Die elektrische Steckverbindung für Belagverschleißanzeige trennen. Eventuell den Bremsschlauch aus dem Halter nehmen.
■ Den Bremssattel an der entsprechenden Radseite demontieren.
■ Die Anlageflächen für die Beläge am Bremsträger gründlich reinigen, Korrosion entfernen.
■ Bremsen-Montagepaste oder Kupferpaste auf die Auflagestellen an Bremsträger und Bremssattel dünn auftragen.
■ Neue Bremsbeläge in den Bremsträger einlegen.
■ Den Bremssattel zurückstellen. Der Kolben (1 im Bild 12) des Bremssattels (2) muss zurückgedrückt werden. Verwenden Sie dazu ein Bremssattelrückstellwerkzeug. Mit einer Zange werden leicht Schäden an Bremskolben, Manschette oder am Sattel selbst verursacht.
■ Den Bremssattel auflegen und andrücken. Der Bremssattel liegt nun auf den Haltefedern der Bremsbeläge auf.
■ Beide selbstsichernden Schrauben aus den Bremssätteln hineindrehen und festziehen. Es müssen neue, selbstsichernde Schrauben verwendet werden.

Die weitere Montage erfolgt sinngemäß in umgekehrter Reihenfolge.

**Bremsscheiben vorne wechseln**

☞ Wenn Sie die Bremsscheiben erneuern, müssen Sie auch neue Bremsbeläge verwenden. Sollen Beläge und Scheiben wiederverwendet werden, markieren Sie die Einbauposition von Bremsscheiben und Belägen.
■ Heben Sie das Fahrzeug an.
■ Radschrauben lösen, aber noch nicht herausdrehen.
■ Das Fahrzeug anheben, die Räder abbauen, elektrische Steckverbindung für Belagverschleißanzeige trennen. Eventuell den Bremsschlauch aus dem Halter nehmen. Bremsbeläge herausnehmen.
■ Drehen Sie die Schrauben (1 im Bild 13) in der Bremsscheibe heraus. Verwenden Sie unbedingt einen passenden Schlüssel. Lösen Sie die Schrauben durch einige Hammerschläge. Sie sind recht oft festgerostet.
■ Nehmen Sie die Bremsscheibe von der Radnabe ab.

☞ Auch hier kann Rostbildung dafür sorgen, dass die Bremsscheibe sehr fest sitzt. Im Extremfall helfen nur gezielte Hammerschläge von hinten auf die Bremsscheibe, um sie zu lösen. Der Ersatz ist dann nicht mehr abzuwenden.

■ Reinigen Sie die Auflagefläche der Bremsscheibe auf der Radnabe sehr gründlich.

Sehr gut und einfach gelingt das mit einer Topfbürste auf dem Winkelschleifer oder der Bohrmaschine.

■ Geringe Korrosionsreste können das saubere Aufliegen der Bremsscheibe verhindern. Daraus resultiert eine ungleichmäßige Wärmeableitung, die schnell einen Verzug der Scheibe nach sich ziehen kann.

■ Tragen Sie im Bereich der Auflage der Bremsscheibe auf der Radnabe etwas (sehr wenig!) Montagepaste oder Kupferpaste auf. So wird das Festkorrodieren etwas hinausgezögert.

■ Ersetzen Sie die Befestigungsschraube in der Bremsscheibe in jedem Fall.

Die weitere Montage erfolgt sinngemäß in umgekehrter Reihenfolge.

## Die Scheibenbremse hinten

Wenn Sie die Bremsscheiben erneuern, müssen Sie auch neue Bremsbeläge verwenden.

### Bremsbeläge prüfen

Mit einer Taschenlampe durch einen Durchbruch in der Felge leuchten. Die Dicke des äußeren Belages durch Sichtprüfung ermitteln. Den inneren Belag anleuchten und einen Spiegel anhalten. Dann die Dicke des inneren Belages durch Sichtprüfung ermitteln.

■ Zur besseren Beurteilung der Restbelagdicke einen Prüfspiegel benutzen oder das Rad abnehmen.

■ Anbauposition des Rades kennzeichnen.

■ Dicke des äußeren und inneren Belages messen. Bei der Belagdicke (1,5 mm ohne Rückenplatte) haben die Bremsbeläge ihre Verschleißgrenze erreicht und sind zu ersetzen.

■ Rad in der gekennzeichneten Position wieder anschrauben. Radbefestigungsschrauben über Kreuz mit 100 Nm anziehen (110 Nm Alufelgen), ggf. Radschraubenkappen aufstecken.

### Bremsscheiben prüfen

Wenn die Scheibenbremsbeläge ersetzt werden müssen, sind unbedingt auch die Bremsscheiben auf Verschleiß zu prüfen. Fehlerbilder sind:

■ Risse,
■ Riefen,
■ Rost und
■ Grat am Bremsscheibenrand.

Ggf. Bremsscheiben ersetzen (grundsätzlich achsweise).

### Bremsbeläge wechseln

■ Weiter zu verwendende Bremsbeläge beim Ausbau kennzeichnen. Die Beläge an gleicher Stelle wieder einbauen, sonst kann ungleichmäßige Bremswirkung entstehen!

■ Radschrauben lösen, aber noch nicht herausdrehen.

■ Das Fahrzeug anheben und die Räder abbauen.

■ Die elektrische Steckverbindung für Belagverschleißanzeige (soweit verbaut) trennen. Eventuell den Bremsschlauch aus dem Halter nehmen.

■ Den Bremssattel an der entsprechenden Radseite demontieren.

■ Die Anlageflächen für die Beläge am

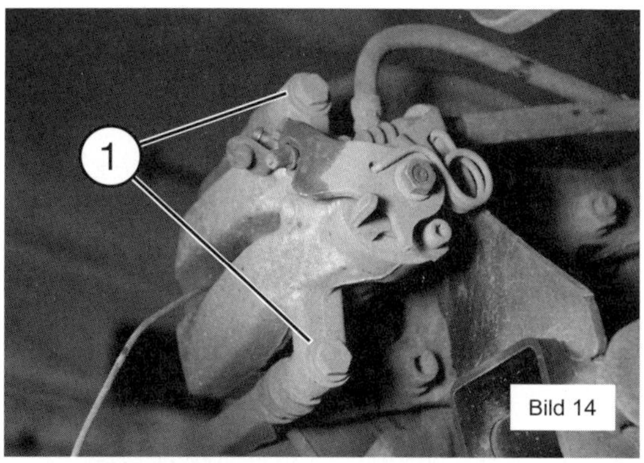


Bild 14

Bild 14
Bremssattel auf dem Sattelträger.
1 Schrauben

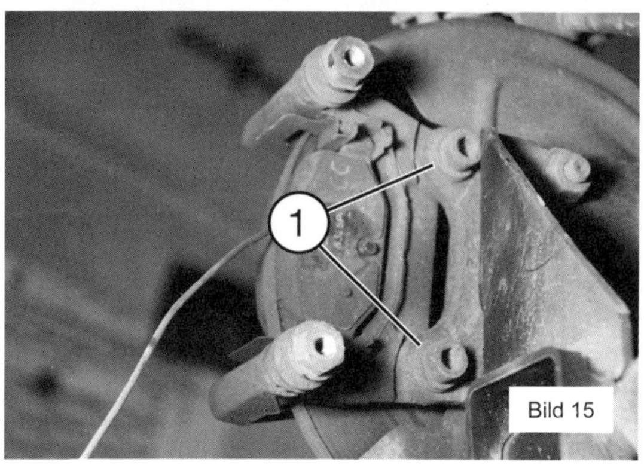


Bild 15

Bild 15
Sattelträger an der Hinterachse.
1 Schrauben

Bild 16
Rückstellen des Bremskolbens.

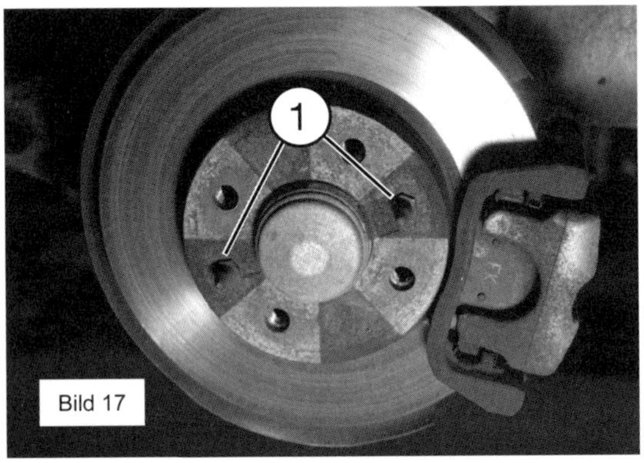


Bild 17
Befestigung der Bremsscheibe.
1 Sicherungs- und Zentrierschraube

Bild 18
Kabelführung am Bremsschlauch. Das Anschlusskabel für den Warnkontakt am Bremsbelag wird am Bremsschlauch gesichert.

Bremsträger gründlich reinigen, Korrosion entfernen.

■ Bremsen-Montagepaste oder Kupferpaste auf die Auflagestellen an Bremsträger und Bremssattel dünn auftragen.

■ Neue Bremsbeläge in den Bremsträger einlegen.

■ Den Bremssattel zurückstellen.

Der Kolben des Bremssattels muss zurückgedrückt und gleichzeitig gedreht werden. Verwenden Sie dazu ein Bremssattelrückstellwerkzeug. Mit einer Zange werden leicht Schäden an Bremskolben, Manschette oder am Sattel selbst verursacht.

■ Den Bremssattel auflegen und andrücken. Der Bremssattel liegt nun auf den Haltefedern der Bremsbeläge auf.

■ Beide selbstsichernden Schrauben aus den Bremssätteln hineindrehen und festziehen. Es müssen neue, selbstsichernde Schrauben verwendet werden.

Die weitere Montage erfolgt sinngemäß in umgekehrter Reihenfolge.

**Bremsscheiben hinten wechseln**

Wenn Sie die Bremsscheiben erneuern, müssen Sie auch neue Bremsbeläge verwenden. Sollen Beläge und Scheiben wiederverwendet werden, markieren Sie die Einbauposition von Bremsscheiben und Belägen.

■ Heben Sie das Fahrzeug an.

■ Radschrauben lösen, aber noch nicht herausdrehen.

■ Das Fahrzeug anheben, die Räder abbauen, elektrische Steckverbindung für Belagverschleißanzeige (soweit verbaut) trennen. Eventuell den Bremsschlauch aus dem Halter nehmen. Bremsbeläge herausnehmen.

■ Drehen Sie die Sicherungsschraube (Bild 17) in der Bremsscheibe heraus. Verwenden Sie unbedingt einen passenden Schlüssel. Lösen Sie die Schraube durch einige Hammerschläge. Sie ist recht oft festgerostet.

■ Nehmen Sie die Bremsscheibe von der Radnabe ab.

Auch hier kann Rostbildung dafür sorgen, dass die Bremsscheibe sehr fest sitzt. Im Extremfall helfen nur gezielte Hammerschläge von hinten auf die Bremsscheibe, um sie zu lösen. Der Ersatz ist dann nicht mehr abzuwenden.

■ Reinigen Sie die Auflagefläche der Bremsscheibe auf der Radnabe sehr gründlich.

Sehr gut und einfach gelingt das mit einer Topfbürste auf dem Winkelschleifer oder der Bohrmaschine.

⚠ Geringe Korrosionsreste können das saubere Aufliegen der Bremsscheibe verhindern. Daraus resultiert eine ungleichmäßige Wärmeableitung, die schnell einen Verzug der Scheibe nach sich ziehen kann.

■ Tragen Sie im Bereich der Auflage der Bremsscheibe auf der Radnabe etwas (sehr wenig!) Montagepaste oder Kupferpaste

auf. So wird das Festkorrodieren etwas hinausgezögert.
■ Ersetzen Sie die Befestigungs- und Führungsschraube in der Bremsscheibe in jedem Fall.

Die weitere Montage erfolgt sinngemäß in umgekehrter Reihenfolge.

## Die Trommelbremse hinten

### Bremsbeläge prüfen

Mit einer Taschenlampe durch die Kontrollöffnung (soweit vorhanden) der Bremsankerplatte leuchten. Die Dicke des Belages durch Sichtprüfung ermitteln.

Für eine exakte Messung der Belagdicke und der Begutachtung des Zustandes der Bremstrommeln, ist die Demontage der Räder und der Bremstrommeln empfehlenswert.

Kontrollieren Sie den Zustand der Bremstrommeln stets gemeinsam mit dem der Beläge. Auch den Radbremszylindern sollten Sie bei dieser Gelegenheit unter die Staubmanschette sehen, um eventuell eine Undichtigkeit frühzeitig erkennen zu können. Zusätzlich sollten Sie die Radlager in diese Kontrolle mit einbeziehen.
■ Beim Erneuern von Bremsbelägen beachten: Grundsätzlich immer auf beiden Seiten austauschen!
■ Bei nassen Bremsbelägen durch undichte Radbremszylinder müssen die Bremsbeläge beidseitig mit den Radbremszylindern ersetzt werden!

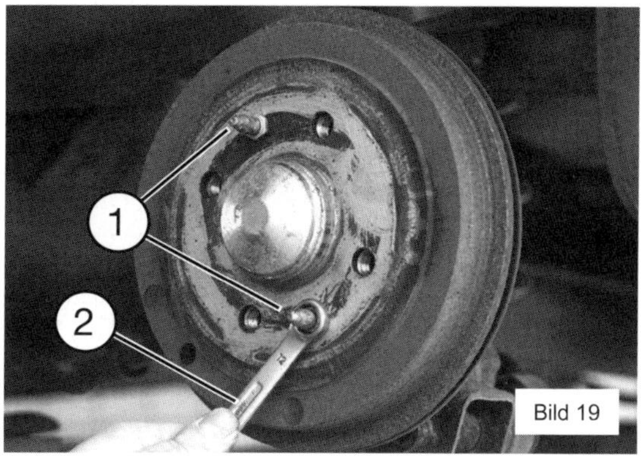


Bild 19
Befestigung der Bremstrommel hinten.
1 Sicherungs und Zentrierschraube
2 Ringschlüssel

■ Ziehen Sie den Stopfen (nicht immer vorhanden) im Bremsenschutzblech heraus.
■ Kontrollieren Sie die Belagstärke durch die Bohrung hindurch.
■ Zur besseren Unterscheidung drehen Sie an der Bremstrommel. So können Sie Belag und Trommel besser erkennen.

### De- und Montage der Bremstrommel

■ Radschrauben lösen, aber noch nicht herausdrehen, das Fahrzeug anheben, die Räder abbauen. Legen Sie vor und hinter die Vorderräder Holzblöcke oder andere geeignete Gegenstände, um das Wegrollen zu verhindern.
■ Verdrehen Sie die Bremstrommeln so, dass Sie durch eine Gewindebohrung den Nachsteller (8 im Bild 20) zur Bremsnachstellung sehen können (Taschenlampe).
■ Verdrehen Sie den Nachsteller mit einem Schraubendreher so, dass die Bremsbeläge, möglichst weit von der Bremstrommel

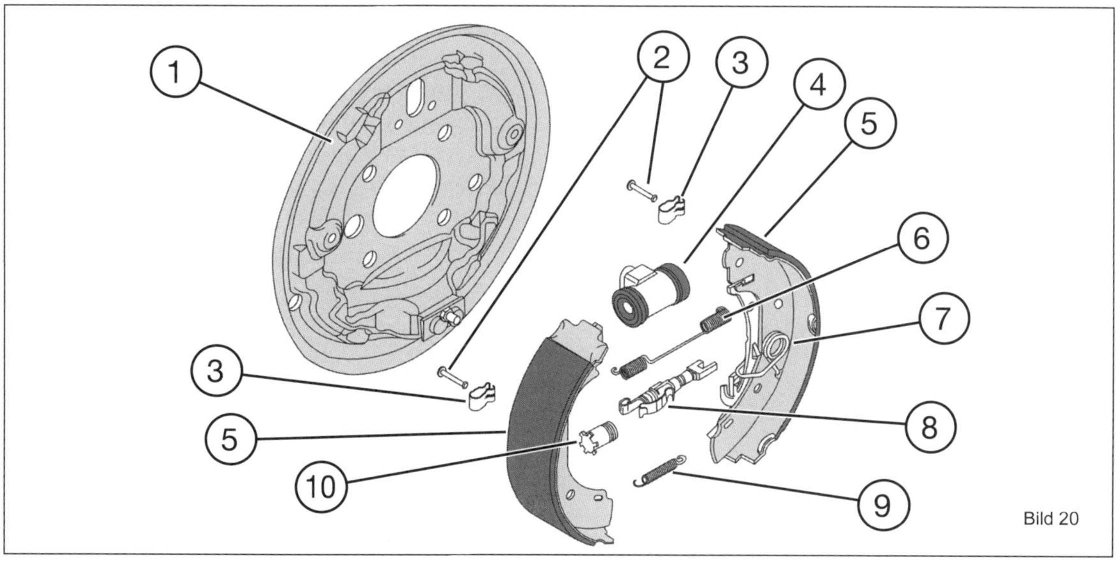


Bild 20
Trommelbremse in der Übersicht.
1 Ankerplatte
2 Haltestifte
3 Sicherungsklammern
4 Radbremszylinder
5 Bremsbacke
6 Rückstellfeder oben
7 Feder
8 Nachsteller
9 Haltefeder
10 Gegenlager

Bild 21

Bild 21
Entsichern der Bremsbacken.
1 Bremsbacke
2 Sicherungsklammer
3 Bewegungsrichtung zum Ausbau
4 Haltestift

Bild 22

Bild 22
Neuere Bauweise.
1 Nachsteller
2 Feder mit Federteller
3 Haltestift
4 Bremsbacke

wegstehen. Sie haben so die Nachstellung zurückgenommen und haben etwas mehr Platz zur Demontage der Trommel.

■ Drehen Sie die Schrauben der Bremstrommel heraus und nehmen Sie die Bremstrommel ab.

Die Montage erfolgt sinngemäß in umgekehrter Reihenfolge.

■ Reinigen Sie die Bremsanlage mit Bremsenreiniger und lassen Sie die Bremse abtrocknen.

■ Tragen Sie im Bereich der Auflage der Bremstrommel auf der Radnabe etwas (sehr wenig!) Montagepaste oder Kupferpaste auf. So wird das Festkorrodieren etwas hinausgezögert.

### Bremsbacken hinten wechseln

⚠ Weiter zu verwendende Bremsbeläge müssen beim Ausbau gekennzeichnet werden. Sie müssen an gleicher Stelle wieder eingebaut werden, da sonst ungleichmäßige Bremswirkung entstehen kann!

☞ Die Bremsen sind achssymmetrisch aufgebaut. Entsprechend setzen Sie zuerst eine Seite instand und belassen die andere Seite im zusammengebauten Zustand. So haben Sie ein Muster zum Gucken, wenn doch mal vergessen gehen sollte, was wie zusammengebaut war.

■ Radschrauben lösen, aber noch nicht herausdrehen.

■ Bocken Sie das Fahrzeug auf der entsprechenden Seite oder besser gleich auf beiden Seiten auf.

■ Legen Sie den Gang ein, um ein Wegrollen zu verhindern, und lösen Sie die Handbremse.

■ Demontieren Sie die Bremstrommel wie schon beschrieben.

■ Schieben Sie die Sicherungsklammer (2 im Bild 21 oder 3 in Bild 22) in Pfeilrichtung (3) vom Haltestift (4) herunter.

■ Demontieren Sie die Rückstellfeder oben (6 in Bild 20) und nehmen Sie sie heraus.

■ Demontieren Sie die Haltefeder unten (9) und nehmen Sie sie heraus.

■ Schieben Sie die Sicherungsklammer des Bremsbackens ohne Handbremshebel (2 im Bild 21) in Pfeilrichtung (3) vom Haltestift (4) herunter.

■ Nehmen Sie den Bremsbacken ohne Handbremshebel heraus.

■ Nehmen Sie den Nachsteller (8 im Bild 20) und den Gegenhalter (10) heraus.

■ Schieben Sie die Sicherungsklammer des Bremsbackens mit Handbremshebel (2 im Bild 20) in Pfeilrichtung (3) vom Haltestift (4) herunter.

■ Hängen Sie das Handbremsseil aus dem Handbremshebel im Bremsbacken aus.

■ Nehmen Sie den Bremsbacken mit Handbremshebel heraus.

■ Bremskolben des Radbremszylinders (4) zusammendrücken und den Bremsbacken nach oben herausführen.

⚠ Die Arbeiten mit den Bremsbacken vorsichtig handhaben. Anderenfalls können die Staubmanschetten der Bremskolben des Radbremszylinders (3) beschädigt werden.

Die Montage erfolgt sinngemäß in umgekehrter Reihenfolge.

■ Reinigen Sie die Bremsträgerplatte (Ankerplatte) (1) gründlich und tragen Sie etwas Kupferpaste auf die Anlagepunkte der Bremsbeläge auf der Ankerplatte auf.

■ Prüfen Sie den Zustand und die Leichtgängigkeit des Radbremszylinders (4).

### Radbremszylinder hinten wechseln

Prüfen Sie den Radbremszylinder (3 im Bild 23) auf Leichtgängigkeit und Dichtigkeit. Ist Bremsflüssigkeit unter den Staubmanschetten erkennbar, müssen die Radbremszylinder erneuert werden.

Die Bremsen sind achssymmetrisch aufgebaut. Entsprechend setzen Sie zuerst eine Seite instand und belassen die andere Seite im zusammengebauten Zustand. So haben Sie ein Muster zum Gucken, wenn doch mal vergessen gehen sollte, was wie zusammengebaut war.

- Radschrauben lösen aber noch nicht herausdrehen.
- Bocken Sie das Fahrzeug auf der entsprechenden Seite oder wenn möglich besser gleich auf beiden Seiten auf.
- Legen Sie den Gang ein, um ein Wegrollen zu verhindern, und lösen Sie die Handbremse.
- Demontieren Sie die Bremstrommel wie schon beschrieben.
- Demontieren Sie die Rückstellfeder oben (6 im Bild 20) und nehmen Sie sie heraus.
- Demontieren Sie die Haltefeder unten (9) und nehmen Sie sie heraus.
- Ziehen Sie die Staubkappen vom Entlüftungsnippel (1 im Bild 23) ab.
- Lösen Sie den Entlüftungsnippel (1) und drehen Sie ihn wieder leicht an.
- Lösen Sie den Bremsleitungsnippel (5) und drehen Sie ihn leicht wieder an.

Verwenden Sie für den Bremsleitungsnippel (5) ausschließlich einen Sechskant-Bremsleitungsschlüssel. Wenn beim Lösen oder Anziehen der Sechskant beschädigt wird, muss der Leitungsnippel oder die Bremsleitung erneuert werden.

- Legen Sie einen saugfähigen Lappen unter den Bereich der Bremsleitung.
- Drehen Sie den Entlüftungsnippel heraus.
- Drehen Sie den Bremsleitungsnippel heraus.

Schieben Sie den Bremsleitungsnippel etwas zurück und stecken Sie die Staubkappe des Entlüftungsnippels auf die Bremsleitung auf, um das weitere Abtropfen der Bremsflüssigkeit zu verhindern.

- Drehen Sie die Schrauben (2) heraus.
- Nehmen Sie den Radbremszylinder ab.

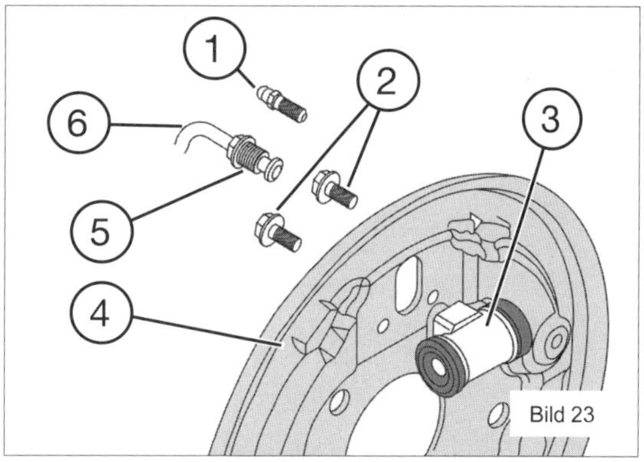


Bild 23
Radbremszylinder hinten.
1 Entlüftungsnippel
2 Schrauben
3 Radbremszylinder
4 Bremsankerplatte
5 Bremsleitungsnippel
6 Bremsleitung

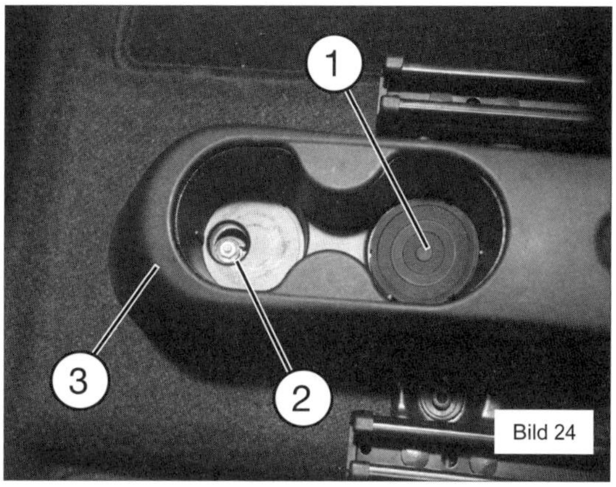


Bild 24
Verkleidung am Mitteltunnel.
1 Abdeckung
2 Mutter
3 Verkleidung

Die Montage erfolgt sinngemäß in umgekehrter Reihenfolge.

- Reinigen Sie die Bremsträgerplatte (Ankerplatte) (1) gründlich.
- Entlüften Sie die Bremsanlage wie bereits beschrieben.

## Die Handbremse

### De- und Montage der Handbremsseile

Prüfen Sie die Handbremsseile auf Leichtgängigkeit und auch auf Schäden an der Außenhülle. Korrosionsschäden und daraus folgend schwergängige Seile sind leicht vorauszusehen.

- Demontieren Sie die Bremstrommel an der Seite, an der das Handbremsseil erneuert werden soll.
- Bauen Sie die Bremsbacken wie bereits beschrieben aus.
- Hängen Sie das Bremsseil am Bremsbacken aus.

*Fahrzeuge mit Mittelarmlehne:*

- Klappen Sie die Armlehne auf und drehen Sie die Befestigungsschraube im hinteren Bereich heraus.

Bild 25
Verschraubung des Handbremshebels.
1 Handbremshebel
2 Schrauben

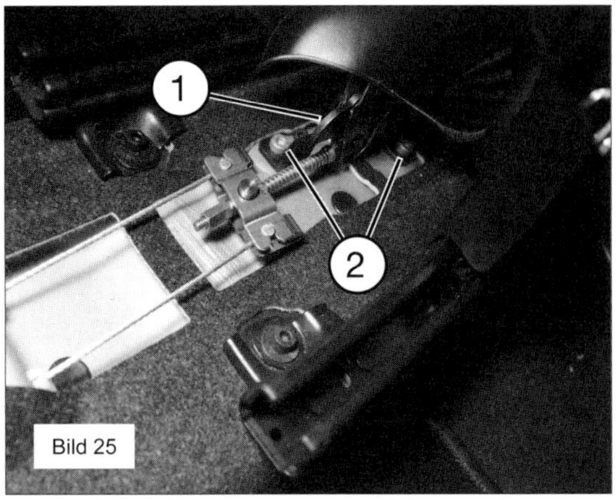


■ Nehmen Sie die Mittelarmlehne und die hintere Mittelkonsolenverkleidung heraus.

*Fahrzeuge ohne Mittelarmlehne:*
■ Nehmen Sie die Einlage aus dem hinteren Becherhalter heraus und drehen Sie die Befestigungsschraube heraus.
■ Nehmen Sie die hintere Mittelkonsolenverkleidung heraus.

*Weiter für alle Fahrzeuge:*
■ Lösen Sie die Handbremse.
■ Lösen Sie die Einstellmutter und lockern Sie so die Handbremsseile.
■ Lösen Sie die Verclipsung am Unterboden vom Innenraum aus.
■ Lösen Sie die Handbremsseile an der Ankerplatte.
■ Nehmen Sie die Handbremsseile heraus.

Die Montage erfolgt sinngemäß in umgekehrter Reihenfolge.
■ Reinigen Sie die Bremsträgerplatte (Ankerplatte) (1) gründlich.
■ Drehen Sie die Nachsteller (8 im Bild 20) zurück.
■ Prüfen Sie nach der Montage und mehrfacher Betätigung der Hand- und Fußbremse die Funktion der Nachstellung.
■ Achten Sie darauf, dass die Bremsseile sicher in der Führung sitzen.
■ Verlegen Sie die Bremsseile ausschließlich in der originalen Einbauposition.
■ Achten Sie darauf, dass alle Befestigungspunkte in Ordnung sind.

**Handbremse (Seile) einstellen**

Eine Nachstellung der Hinterradbremse ist normalerweise nicht erforderlich. Sie muss nur bei Ersatz der Handbremsseile, der Bremssättel und Bremsscheiben erfolgen. Bei montierter Bremstrommel dürfen keine manuellen Einstellungen am automatischen Nachsteller vorgenommen werden.
■ Handbremse einmal betätigen und wieder lösen.
■ Betriebsbremse betätigen, lösen und ca. 1 Sekunde warten.
■ Handbremse bei gedrücktem Knopf anziehen und lösen. Diesen Vorgang wiederholen, bis kein »Betätigungsklicken« mehr in der Bremstrommel hörbar ist.
■ Das Freidrehen der Hinterräder prüfen.

Nach Abschluss der Arbeiten die Fahrzeugbremse auf dem Bremsenprüfstand überprüfen. Bremskraftunterschiede über 20% sind nicht zulässig.

**Handbremshebel Aus- und Einbau**

*Fahrzeuge mit Mittelarmlehne:*
■ Klappen Sie die Armlehne auf und drehen Sie die Befestigungsschraube im hinteren Bereich heraus.
■ Nehmen Sie die Mittelarmlehne und die hintere Mittelkonsolenverkleidung heraus.

*Fahrzeuge ohne Mittelarmlehne:*
■ Nehmen Sie die Einlage aus dem hinteren Becherhalter heraus und drehen Sie die Befestigungsschraube heraus.
■ Nehmen Sie die hintere Mittelkonsolenverkleidung heraus.

*Weiter für alle Fahrzeuge:*
■ Lösen Sie die Handbremse.
■ Lösen Sie die Einstellmutter und lockern Sie so die Handbremsseile.
■ Den Halteclip des Leitungssatzes am Handbremshebel ausclipsen, die elektrische Steckverbindung am Schalter der Feststellbremskontrolle trennen und die Schrauben herausschrauben.
■ Den Handbremshebel (1) abnehmen.
■ Den Schalter Feststellbremskontrolle am Handbremshebel (1) ausclipsen.

Die Montage erfolgt sinngemäß in umgekehrter Reihenfolge.
■ Kontrollieren Sie die Einstellung der Handbremse.

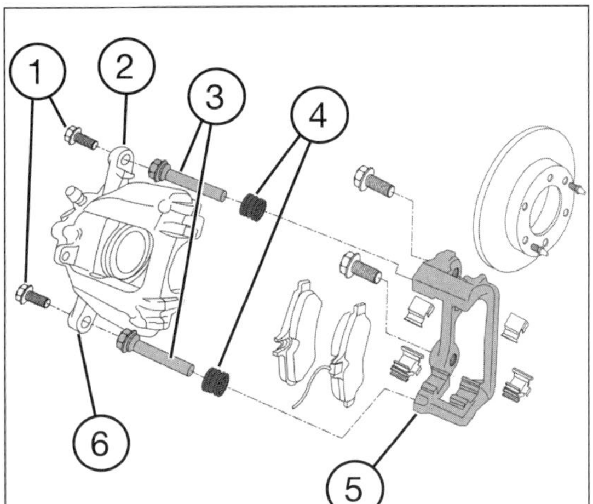

Bild 26

## Bremssattellagerung instandsetzen

Beim Fiat 500 sind so genannte Schwimmsättel verbaut. Die Bremssättel »schwimmen« auf ihren Lagerungen im Sattelträger.

**Prüfen der Bremssattellagerung**

Immer dann, wenn unterschiedliche Abnutzung der Bremsbeläge festzustellen sind, müssen die Lagerpunkte überprüft werden.

- Drehen Sie die Schrauben (1 im Bild 26) heraus. Halten Sie den Sechskant der Lagerung des Bremssattels (3) mit einem passenden Schlüssel fest.
- Nehmen Sie den Bremssattel (2) ab.
- Prüfen Sie, ob die Sattellagerung (3) im Sattelträger (5) sich leichtgängig bewegen lässt.

**Wechsel des Hochtemperaturfettes**

- Drehen Sie die Schrauben (1 im Bild 26) heraus. Halten Sie den Sechskant der Lagerung des Bremssattels (3) mit einem passenden Schlüssel fest.
- Nehmen Sie den Bremssattel (2) ab.
- Ziehen Sie die Lagerung des Bremssattels (3) aus dem Sattelträger (5) heraus.
- Ziehen Sie die Manschetten (4) ab.
- Reinigen Sie die Lagerung des Sattelträgers und die Bohrung im Sattelträger gründlich.
- Tragen Sie neues Hochtemperatur-Lagerfett auf die Lagerstellen (3 im Bild 29) und (4 im Bild 30) auf.

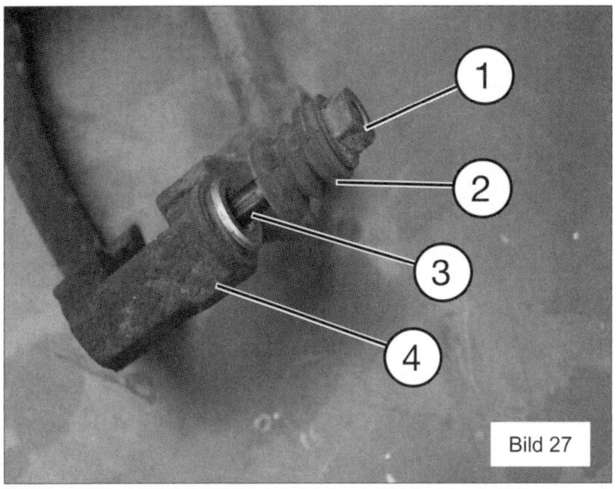

Bild 27

Bild 28

Bild 29

Bild 30

Bild 26
Bremssattellager in Einzelteilen.
1 Schrauben Bremssattel
2 Bremssattel
3 Lagerung Bremssattel
4 Gummimanschette
5 Sattelträger

Bild 27
Die Lagerung des Bremssattels sollte neu gefettet werden.
1 Gewindeaufnahme
2 Manschette
3 Lagerung im Sattelträger
4 Sattelträger

Bild 28
Wartung leider zu spät, das Lager ist festgerostet.
1 Gewindeaufnahme
2 Manschette
3 Lagerung im Sattelträger
4 Sattelträger

Bild 29
Gereinigtes Bremssattellager mit neuem Fettauftrag.
1 Gewindeaufnahme
2 Manschette
3 Lagerung im Sattelträger

Bild 30
Gereinigte Lagerung im Sattelträger neu fetten.
4 Sattelträger

# 14 Elektrische Anlage

Schon im Stand, aber erst recht während der Fahrt benötigt der Fiat 500 elektrischen Strom. Motorsteuerung, Lenkung und Kraftstoffeinspritzung müssen mit Elektroenergie versorgt werden. Alle weiteren unbedingt erforderlichen oder für die Sicherheit und Bequemlichkeit eingebauten automatischen Systeme sowie natürlich die gesamte Lichtanlage sind ohne elektrische Energie arbeitsunfähig. Viele Störungen und Funktionsprüfungen gerade in diesem Bereich gehören, ähnlich wie bei anderen Baugruppen, in die Fachwerkstatt. Denn zum genauen Erkennen und Beseitigen der Mängel muss häufig das auch in anderen Kapiteln schon mehrfach erwähnte Fahrzeugdiagnosegerät angeschlossen und der Fehlerspeicher abgefragt werden. Der Diagnoseanschluss im Fahrzeug (Steckkontakt für das Werkstattsystem) befindet sich, wie inzwischen international festgelegt, im Fußraum Fahrerseite über dem Bremspedal. Nun sind die meisten Innovationen im Kraftfahrzeug heute zwar von immer komplizierterer Elektronik geprägt, Reparaturen an der elektrischen Anlage sind aber durchaus nicht in jedem Fall von ihr verursacht. Oft sitzt nur ein Kabel lose, sind Sicherungen durchgebrannt oder Kontakte korrodiert oder messtechnisch zu ermittelnde Bauteile sind defekt. Nicht wenige Störungen an der Elektrik lassen sich mit einfachen Mitteln beheben. Natürlich muss man sich etwas auskennen und die Grundbegriffe verstehen.

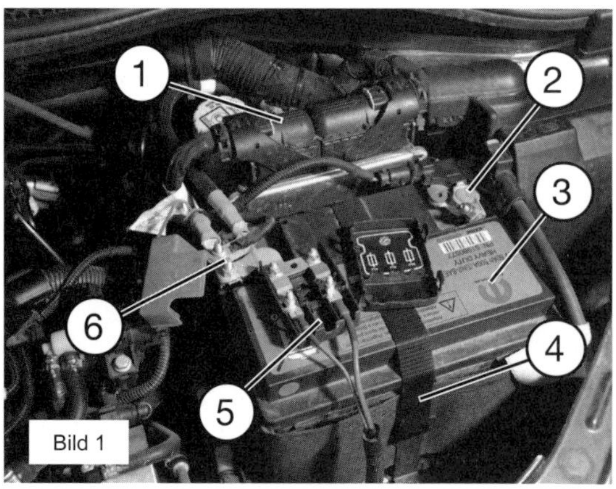


Bild1
Batterie im Fiat 500.
1 Steuergeräte mit Steckern
2 Batterieminusanschluss
3 Batterie
4 Batteriehalteband
5 Vorsicherungen
6 Batterieplusanschluss

## Arbeiten an der Spannungsversorgung

Zu allererst haben wir es im Fiat 500 noch immer mit elektrischen Bauteilen zu tun, die schon die gesamte Entwicklungsgeschichte des Automobils begleiten: Batterie, Anlasser (Starter) und Lichtmaschine (Drehstromgenerator). Sie sind zusammen für die Arbeitsaufnahme des Motors verantwortlich. Um seine Aufgabe zu erfüllen, ist jedes dieser drei Bauteile auf das andere angewiesen. Wir wenden uns hauptsächlich ihnen zu.

**Einbaulage der Relais und Sicherungen**
Die Sicherungen für das Bordnetz finden Sie im Fahrerfußraum unter der Armaturentafel und im Motorraum. Die Belegung des Sicherungsträgers ist in Ihrem Bordbuch unter dem Begriff »Sicherung« für Ihren Modelltyp genau beschrieben. Ersetzen Sie niemals eine Sicherung gegen eine stärkere. Das kann erhebliche Schäden auch im Bordnetzsteuergerät verursachen

## Batterie

**Batterie an und abklemmen**
Auf das Prüfen (Sichtprüfung, Batterietester) und Laden sowie auf Warnhinweise und allgemeine Sicherheitsregeln bei Arbeiten an der Batterie (Kennzeichnungen auf der Batterie selbst) gehen wir in diesem Ratgeber nur begrenzt ein. Sie sind ausführlich in der Bedienungsanleitung des Fahrzeugs behandelt.
Um Beschädigungen der Batteriepolklemmen und der Batteriepole zu vermeiden, schreibt der Hersteller vor:
- Die Batteriepolklemmen dürfen nur gewaltfrei von Hand aufgesteckt werden.
- Die Batteriepole dürfen nicht gefettet werden.
- Die Batteriepolklemmen sind so zu montieren, dass der Batteriepol bündig mit der Klemme abschließt oder aus ihr herausragt.
- Nach dem Anziehen der Batteriepolklemmen mit dem vorgeschriebenen Anzugsdrehmoment von 6 Nm dürfen die Verschraubungen nicht nochmals nachgezogen werden.

■ Durch das Abschrauben der Batterie-Minuspolklemme (Stromunterbrechung) wird das sichere Arbeiten an der elektrischen Anlage gewährleistet. Das Abschrauben der Batterie-Pluspolklemme ist nur für den Ausbau der Batterie erforderlich. In jedem Fall müssen die Hinweise zum Anklemmen der Batterie beachtet werden.

*Abklemmen:*

■ Zündung und alle elektrischen Verbraucher ausschalten, Zündschlüssel abziehen.
■ Bei Fahrzeugen mit Batteriekasten die Verriegelung an der linken Kastenseite öffnen und den Deckel abnehmen.
■ Bei Fahrzeugen mit Batterieschutzhülle die Abdecklasche der Schutzhülle öffnen.
■ Die Befestigungsmutter Batteriepolklemme Masseleitung lösen und die Minuspolklemme von der Batterie abnehmen.

⚠ Falls wie beim Batterieausbau die Pluspolklemme auch abgenommen wird: Immer zuerst die Minusklemme abnehmen!

■ Die Batterie-Masseleitung darf karosserieseitig nicht gelöst werden.

*Anklemmen:*

■ Die Batteriepolklemme Masseleitung in der richtigen Stellung auf den Minuspol der Batterie stecken und die Befestigungsmutter mit 6 Nm anziehen. Dabei auf festen Sitz der Batterieklemme achten.

⚠ Falls wie beim Batterieausbau die Pluspolklemme auch abgenommen wird: Immer zuerst die Pluspolklemme wieder anklemmen! Erst danach die Masseleitung wie beschrieben anklemmen.

👁 Nach Anklemmen der Batterie und Einschalten der Zündung leuchtet die Kontrollleuchte für ESP und ASR dauerhaft. Die Kontrollleuchte erlischt automatisch, wenn mit 15 bis 20 km/h eine Wegstrecke geradeaus gefahren wird. Dadurch wird der Geber für Lenkwinkel wieder aktiviert.

*Arbeitsschritte nach Anklemmen der Batterie:*

■ Zündung mit dem Zündschlüssel einschalten und wieder ausschalten.
■ Fehlerspeicher auslesen: »Geführte Fehlersuche« mit dem Fahrzeugdiagnosegerät.
■ Uhrzeiteinstellung prüfen ggf. nach Bedienungsanleitung neu einstellen.

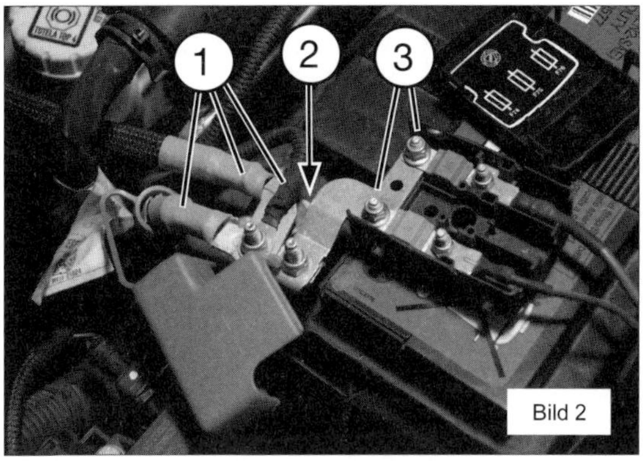

Bild 2

Bild 2
Batteriepluspol.
1 Plusanschlüsse ohne Vorsicherung
2 Anschlussklemme
3 Vorsicherungen

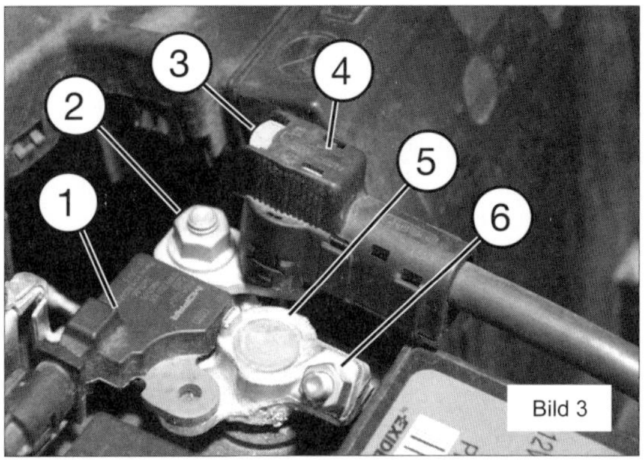

Bild 3

Bild 3
Batterieminuspol mit Schnellverschluss.
1 Batteriemanagement Steuergerät (Start/Stopp)
2 Anschluss Fahrzeugmasse
3 Raste Schnellverschluss
4 Schnellverschluss
5 Batterieminuspol
6 Klemmschraube

■ Zündung einschalten und mit Fensterheberschalter alle Fenster bis Endanschlag öffnen und wieder vollständig schließen.
■ Die Taster für die Fensterheber nach oben ziehen und mindestens eine Sekunde lang in dieser Stellung halten.
■ Anschließend bei geschlossenen Fenstern den Fensterheberschalter ziehen, bis das Relais hörbar schaltet.
■ Die Komfortschaltung der Fensterheber prüfen: Das Fenster muss bei betätigter Komfortschaltung ohne Halten des Schalters schließen.
■ Alle elektrischen Verbraucher auf Funktion prüfen.

**Schnellverschluss an der Batteriemasse**
Eine weitere Besonderheit am Fiat 500 ist der Masseanschluss an der Batterie (5 im Bild 3). Er ist auf dem Klemmanschluss am Batteriepol als Schnellverschluss (4) ausgelegt. Weiterhin ist hier das Batteriemanagement Steuergerät (1) verbaut.

*Schnellverschluss abnehmen:*

■ Schalten Sie die Zündung aus.
■ Befolgen Sie die Anweisung zum Abklemmen der Batterie.

Bild 4
Starter (Anlasser) im Fiat 500.
1 Schrauben
2 Starter (Anlasser)
3 Passhülse

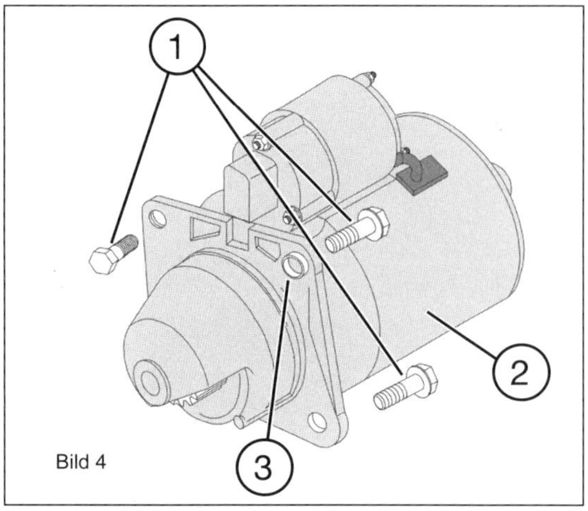


■ Drücken Sie die Raste (3) ein und ziehen Sie gleichzeitig den Schnellverschluss nach oben ab.

Für das Aufdrücken muss die Raste nicht gedrückt werden. Achten Sie auf Korrosionsspuren an allen Anschlüssen und natürlich auch am Batteriepol.

*Batteriepol mit Steuergerät ausbauen:*
■ Schalten Sie die Zündung aus.
■ Klemmen Sie den Schnellverschluss wie bereits beschrieben ab.
■ Ziehen Sie den Steckkontakt am Batteriemanagementsteuergerät (Start/Stopp) (1) ab.
■ Lösen Sie die Klemmschraube (6).
■ Nehmen Sie den Batteriepol ab.

Die Montage erfolgt sinngemäß in umgekehrter Reihenfolge.
■ Befolgen Sie die Anweisungen zum Anklemmen der Batterie.

**Batterie aus- und einbauen**
■ Batterie wie beschrieben abklemmen.
■ Je nach Ausstattung entweder die Wand des Batteriekastens oder die Vliestasche nach oben von der Batterie abziehen.
■ Die Befestigungsschraube abschrauben und den Befestigungsbügel herausnehmen.
■ Die Griffe nach oben klappen und die Batterie herausnehmen.
Die Montage erfolgt sinngemäß in umgekehrter Reihenfolge.

*Batterie anklemmen:*
■ Die Schraubverbindungen mit den geforderten Anzugsdrehmomenten anziehen: Muttern an den Polklemmen 6 Nm, M8-Schraube am Klemmbügel 35 Nm.
■ Batterie nach dem Einbau auf festen Sitz prüfen.

Bei einer lose montierte Batterie bestehen folgende Gefahren: Verkürzte Lebensdauer durch Rüttelschäden (Explosionsgefahr!), Schädigung der Gitterplatten, Beschädigung des Batteriegehäuses durch den Befestigungsbügel (möglicher Säureaustritt, hohe Folgekosten) und mangelhafte Crash-Sicherheit.

## Anlasser (Starter) aus- und einbauen

Nicht alle Fahrzeuge verwenden den gleichen Starter. Für viele Motorentypen wie den Dieseln werden spezielle Bauweisen verwendet. Wenn Sie sich beim Zubehörhändler einen Anlassermotor besorgen, achten Sie darauf, dass er dem Original entspricht. Weiterhin können Sie Ihren alten Starter in den meisten Fällen als Altteil zurückgeben. Heben Sie sich die Quittung auf, um das Altteilepfand bei der Rückgabe Ihres alten Starters auslösen zu können. Eine Besonderheit liegt in den Anschlüssen. Die Anschlussklemme für die Ansteuerung des Starters (KL50) liegt nicht wie sonst üblich als Steckkontakt vor, sondern wird durch den Anschlussbolzen der Anschlussklemme (KL 30) mit einer Isolierhülse geklemmt (Bild 3).

**Korrosionskontrolle**
Der besondere Anschluss des Starters macht die Kontrolle der Anschlüsse etwas aufwendiger. Auch hier wird im Laufe der Betriebszeit des Fahrzeugs Korrosion entstehen.

Wenn Sie Korrosionsspuren erkennen können, reinigen Sie die Anschlüsse gründlich und wenn erforderlich erneuern Sie die Anschlussklemmen. Ein Übergangswiderstand durch Korrosion kann Wärme abgeben, was die Isolierung zwischen Klemme 50 und (Startauslösung) und Klemme 30 (Dauerplus) zur Folge haben kann. Das wiederum bedeutet, dass der Startermotor dauerhaft bis zur Selbstzerstörung läuft. Daraus können auch Schäden am Zahnkranz der Schwungscheibe die Folge sein.

**Demontage des Starters**

- Fahrzeug zwischen den Hebebühnensäulen ausrichten und die vier Aufnahmeteller an den vom Fahrzeughersteller vorgeschriebenen Hebebühnenaufnahmepunkten platzieren.
- Das Fahrzeug mit der Hebebühne anheben.
- Masseleitung an der Batterie abklemmen.
- Plusanschlüsse an der Batterie abklemmen.
- Batterie und Batteriekasten ausbauen.
- Klemmen Sie den Plusanschluss zur Batterie (Bild 5) ab.
- Drehen Sie die Kontermutter (6 im Bild 3) ab und nehmen Sie die Isolierhülse (1) ab.
- Nehmen Sie das Anschlusskabel (KL50) von Anschluss (2) ab.
- Die Schrauben (1 im Bild 2) herausdrehen. Den Starter (Anlasser) herausnehmen.
- Nehmen Sie (wenn nicht schon erfolgt) die Passhülse (3) aus dem Getriebe oder dem Starter (Anlasser) heraus.

Die Montage erfolgt sinngemäß in umgekehrter Reihenfolge.

- Kontrollieren Sie, dass die Passhülse (3) wieder montiert worden ist.
- Prüfen Sie die Funktion des Starters.

## Generator (Lichtmaschine) aus- und einbauen

Im Fiat 500 sind unterschiedliche Generatoren verbaut. Die Vorgehensweise unterscheidet sich aber kaum voneinander. Wir stellen Ihnen die Vorgehensweise in einer allgemeingültigen Beschreibung vor und heben die Besonderheiten der unterschiedlichen Motorvarianten hervor.

- Fahrzeug zwischen den Hebebühnensäulen ausrichten und die vier Aufnahmeteller an den vom Fahrzeughersteller vorgeschriebenen Hebebühnenaufnahmepunkten platzieren.
- Das Fahrzeug mit der Hebebühne anheben.
- Die Masseleitung an der Batterie abklemmen.
- Den Plusanschlüsse an der Batterie abklemmen.

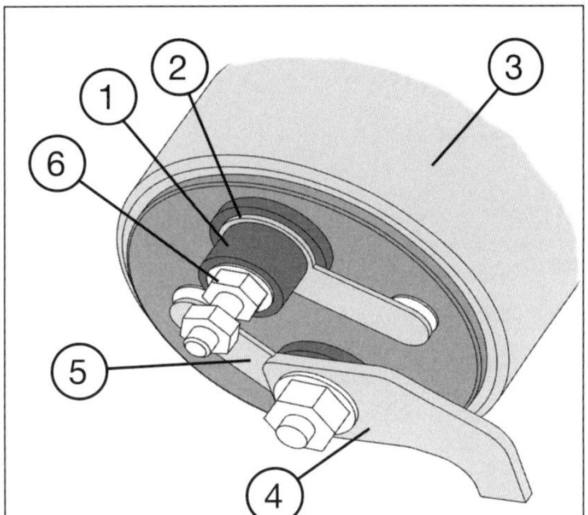

Bild 5

Bild 5
Ausrückrelais am Starter (Anlasser).
1 Isolierhülse
2 Anschlussring (KL50) Startauslösung)
3 Ausrückrelais
4 Anschluss (Feld) zum Startermotor
5 Anschlussleitung zur Ausrückwicklung
6 Anschlussmutter (KL30) Dauerplus zur Batterie

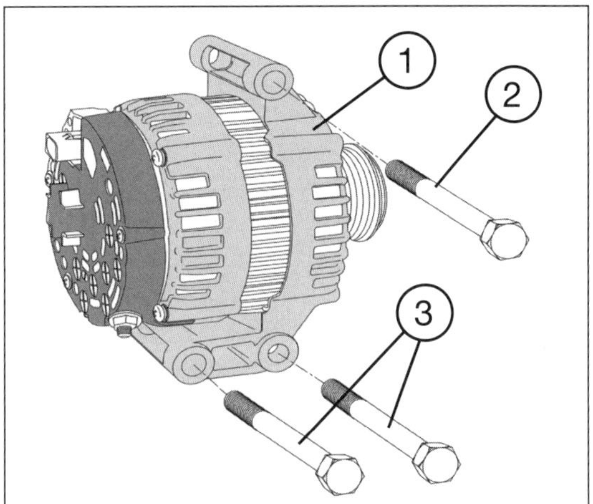

Bild 6

Bild 6
Generator (Lichtmaschine) im Fiat 500.
1 Generator
2 Schraube oben
3 Schrauben unten

*0,9-l- und 1,0-l- sowie 1,2-l-Motor:*

- Bauen Sie das rechte Vorderrad aus.
- Demontieren Sie den rechten Innenkotflügel.
- Bauen Sie den Keilrippenriemen wie bereits beschrieben aus.
- Drehen Sie die obere Befestigungsschraube von oben heraus.
- Heben Sie das Fahrzeug an.
- Klemmen Sie die Anschlussleitungen des Generators ab.
- Drehen Sie die unteren Befestigungsschrauben heraus.
- Nehmen Sie den Generator vom Haltebock ab.

Die Montage erfolgt sinngemäß in umgekehrter Reihenfolge.

- Fragen Sie den Fehlerspeicher ab.
- Prüfen Sie die Funktion des Generators und der demontierten Teile.

Bild 7
Generator (Lichtmaschine) im Fiat 500.
1 Generator
2 Schrauben

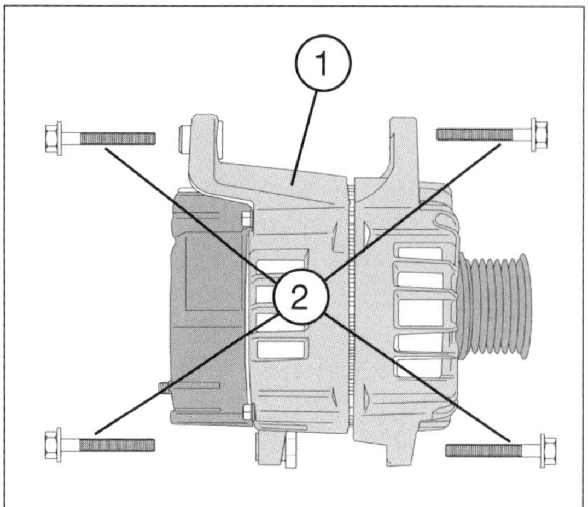

Bild 7

Bild 8
Befestigungsschrauben des Scheinwerfers.
1 Schrauben
2 Scheinwerfer

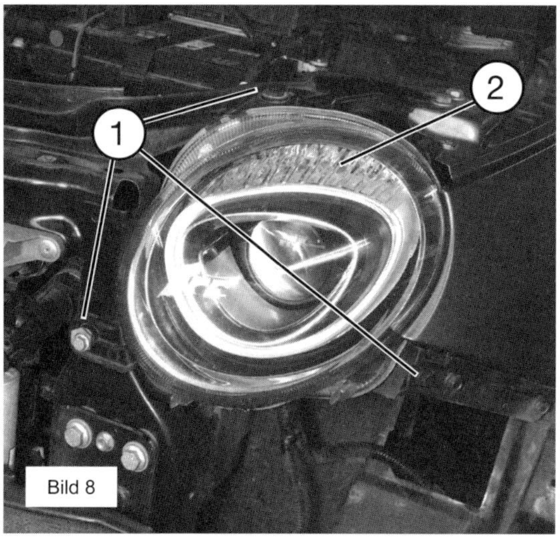

Bild 8

**1,4-l-Motor:**

■ Lassen Sie die Klimaanlage entleeren. Hierfür ist ein Klimaservicegerät erforderlich.
■ Bauen Sie das Luftfiltergehäuse und die Luftzufuhr zum Luftfilter ab.
■ Bauen Sie die rechte Zugstrebe zwischen Achsträger und Karosserie aus.
■ Demontieren Sie den rechten Innenkotflügel.
■ Bauen Sie den Keilrippenriemen wie bereits beschrieben aus.
■ Demontieren Sie den Klimakompressor.
■ Drehen Sie die obere Befestigungsschraube von oben heraus.
■ Heben Sie das Fahrzeug an.
■ Klemmen Sie die Anschlussleitungen des Generators ab.
■ Drehen Sie die unteren Befestigungsschrauben heraus.
■ Nehmen Sie den Generator vom Haltebock ab.

Die Montage erfolgt sinngemäß in umgekehrter Reihenfolge.
■ Fragen Sie den Fehlerspeicher ab.
■ Prüfen Sie die Funktion des Generators und der demontierten Teile.

**Fahrzeuge mit Dynastarter (Hybrid)**
Der 1,4-l-Motor wurde auch mit einem »mild Hybrid System« ausgeliefert. Zuerst einmal gibts in diesem System eine Kombination aus Starter und Generator natürlich auch mit einem speziellen Riemenspanner.
Der Generator (»BSG« Belt-Starter-Generator) übernimmt als Elektromotor die Motorstartfunktion.
Der Generator gewinnt bei der Motorbremse Energie zurück, die in der 12V-Lithiumbatterie unter dem Fahrersitz gespeichert wird.
Das Fahrzeug wurde allerdings nicht sehr häufig verkauft. Wir haben aus diesem Grund auf die Darstellung und Beschreibung dieser Varianten verzichtet.

## Scheinwerfer ausbauen

Die folgende Beschreibung kann auf beide Scheinwerfer angewendet werden. Der Aufbau der Halterungen ist symmetrisch.

■ Schalten Sie die Zündung und alle elektrischen Verbraucher aus.
■ Ziehen Sie den Zündschlüssel ab.
■ Demontieren Sie das entsprechende Vorderrad.
■ Bauen Sie den Befestigungsbügel der Vorderradaufhängung auf der entsprechenden Seite an der Karosserie aus.
■ Demontieren Sie die Verschraubungen und bauen Sie den Innenkotflügel aus.
■ Ziehen Sie den elektrischen Anschluss der Frontscheinwerfer ab.
■ Demontieren Sie den vorderen Stoßfänger.
■ Drehen Sie die Befestigungsschrauben (1 im Bild 8) des Scheinwerfers (2) heraus.
■ Nehmen Sie den Scheinwerfer (2) ab.

Die Montage erfolgt sinngemäß in umgekehrter Reihenfolge.
■ Einstellung der Leuchteinheit vorn überprüfen ggf. richtigstellen Scheinwerfereinstellung prüfen, richtigstellen.

## Leuchtmittel im Scheinwerfer wechseln

Beim Einbau einer Lampe nicht den Glaskolben berühren. Die Finger hinterlassen Fettspuren auf dem Glaskolben, die beim Einschalten der Lampe verdampfen und den Glaskolben trüben.

**Vorbereitungen für alle Leuchtmittel**

- Schalten Sie die Beleuchtung des Fahrzeuges aus.
- Schalten Sie die Zündung aus.

**Standlichtlampe wechseln (W21/5W)**

Der Zugang zur Lampe erfolgt über den Deckel im Innenkotflügel des Radhauses auf der entsprechenden Seite.

- Führen Sie die Vorbereitungsarbeiten wie beschrieben durch.
- Öffnen Sie die Klappe im Radkasten auf der entsprechenden Seite.
- Ziehen Sie den Gummischutz am Scheinwerfergehäuse ab.
- Drehen Sie die Lampenfassung (1 im Bild 9) nach links gegen den Uhrzeigersinn.
- Ziehen Sie die Lampenfassung (1) aus dem Scheinwerfer heraus.
- Ziehen Sie die Lampe aus der Lampenfassung heraus.

Die Montage erfolgt sinngemäß in umgekehrter Reihenfolge.

- Prüfen Sie die Funktion der Lampe nach der Montage.
- Kontrollieren Sie den Sitz des Gummischutzes auf dem Scheinwerfergehäuse.

**Abblendlichtlampe wechseln (H7)**

Der Zugang zur Lampe erfolgt über den Motorraum auf der entsprechenden Seite.

- Führen Sie die Vorbereitungsarbeiten wie beschrieben durch.
- Öffnen Sie den Deckel des Scheinwerfers auf der entsprechenden Seite.
- Drücken Sie die Raste der Lampenfassung unten und hängen Sie sie aus dem Reflektor aus.
- Nehmen Sie die Fassung zusammen mit der Glühlampe heraus.

Bild 9

Bild 9
Standlichtlampe durch die Klappe im Innenkotflügel.
1 Lampe für Standlicht und Tagfahrlicht
2 Wartungsöffnung in der unteren Lampeneinheit

Bild 10

Bild 10
Abblendlichtlampe im Scheinwerfer oben.
1 Lampe Abblendlicht
2 Wartungsöffnung im Scheinwerfer oben

Bild 11

Bild 11
Fernlichtlampe durch die Klappe im Innenkotflügel.
1 Lampe für Fernlicht
2 Wartungsöffnung in der unteren Lampeneinheit

- Ziehen Sie die Lampe aus der Lampenfassung heraus.

Die Montage erfolgt sinngemäß in umgekehrter Reihenfolge.

- Prüfen Sie die Funktion der Lampe nach der Montage.
- Kontrollieren Sie den Sitz des Gummischutzes auf dem Scheinwerfergehäuse.

**Fernlichtlampe wechseln (H1 oder H7, je nach Baujahr)**

Der Zugang zur Lampe erfolgt über den Deckel im Innenkotflügel des Radhauses auf der entsprechenden Seite.

- Führen Sie die Vorbereitungsarbeiten wie beschrieben durch.
- Öffnen Sie die Klappe im Radkasten auf

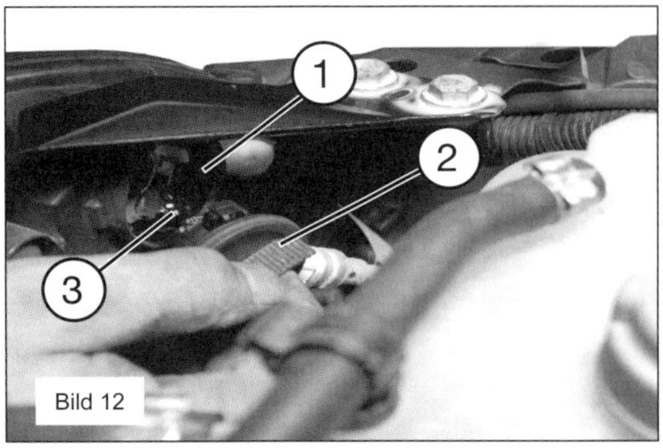

Bild 12

Bild 12
Blinklichtlampe vom Motorraum aus betrachtet.
1 Einbauposition oben
2 Sockelträger
3 Blinkerlampe (PSY24W oder WY21W)

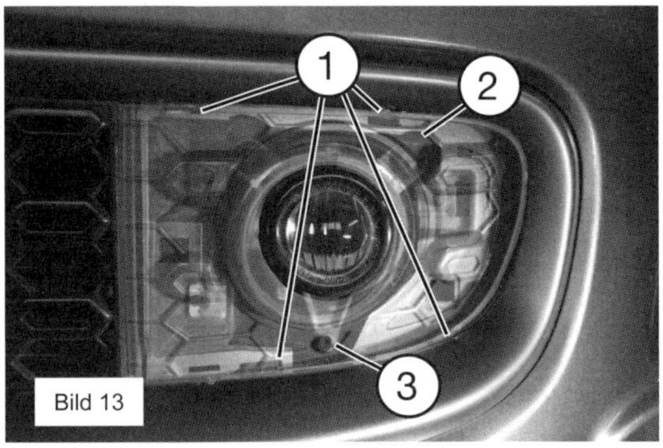

Bild 13

Bild 13
Nebelscheinwerfer Verkleidung (Durchsichtig dargestellt).
1 Rastnasen
2 Verkleidung Nebellampe (hier durchsichtig dargestellt)
3 Einstellschraube

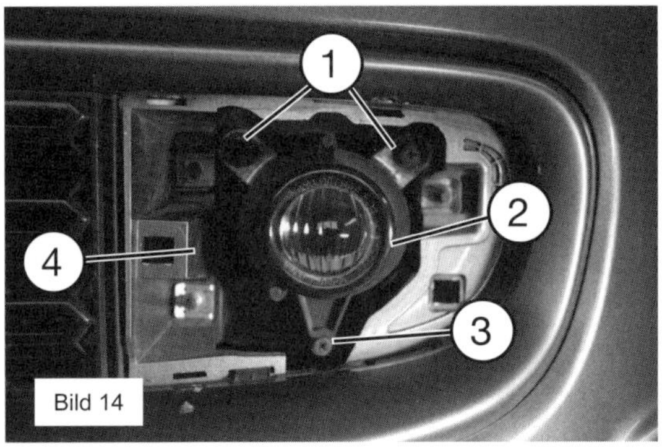

Bild 14

Bild 14
Nebelscheinwerfer Befestigung.
1 Halteschrauben
2 Nebelscheinwerfer
3 Einstellschraube
4 Halterahmen im Stoßfänger

der entsprechenden Seite.
- Ziehen Sie den Gummischutz am Scheinwerfergehäuse ab.
- Drücken Sie die beiden Drahtbügel zusammen und lösen Sie die Lampenfassung aus dem Reflektor.
- Nehmen Sie die Fassung zusammen mit der Glühlampe heraus.
- Nehmen Sie die Glühlampe heraus.

Die Montage erfolgt sinngemäß in umgekehrter Reihenfolge.
- Setzen Sie die Lampe so ein, dass die Rastnasen in die Bohrung des Reflektors passen.
- Rasten Sie die beiden Drahtbügel wieder in die Haltenasen im Reflektor ein.
- Prüfen Sie die Funktion der Lampe nach der Montage.
- Kontrollieren Sie den Sitz des Gummischutzes auf dem Scheinwerfergehäuse.

### Blinklampe wechseln (WY21W)

☞ Der Zugang zur Lampe erfolgt über den Motorraum auf der entsprechenden Seite.
- Drehen Sie den Lampenhalter etwa eine Viertel-Umdrehung gegen den Uhrzeigersinn.
- Nehmen Sie die Lampe zusammen mit dem Lampenhalter heraus. Der Verschlussdeckel kann vom eigentlichen Lampenträger abgenommen werden.
- Ziehen Sie die Lampe gerade aus dem Lampenträger heraus.

Die Montage erfolgt sinngemäß in umgekehrter Reihenfolge.
- Prüfen Sie die Funktion der Lampe nach der Montage.

## Nebelscheinwerfer vorne

☞ In der Verkleidung können unterschiedliche Scheinwerfersysteme untergebracht sein. Wir stellen Ihnen hier exemplarisch die Nebelscheinwerfer vor. Die Vorgehensweise für andere Scheinwerfersysteme ist ähnlich.
- Schalten Sie die Zündung und alle elektrischen Verbraucher aus.
- Ziehen Sie den Zündschlüssel ab.

### Nebelscheinwerfer aus- und einbauen

- Die Verkleidung (1 im Bild 13) der Nebelleuchte in den gekennzeichneten Bereichen (Pfeile) ausclipsen und abnehmen.
- Schrauben (2 im Bild 14) der Nebelleuchte herausschrauben.
- Nebelleuchte nach vorn herausnehmen, bis die elektrische Steckverbindung zugängig ist.

⚠ Nebelleuchte vorsichtig aus dem Stoßfänger herausführen, da dieser sonst durch Verkratzen beschädigt werden kann.
- Elektrische Steckverbindung an der Nebelleuchte links trennen und Nebelleuchte abnehmen.

Die Montage erfolgt sinngemäß in umgekehrter Reihenfolge.
■ Einstellung der Leuchteinheit vorn überprüfen ggf. Scheinwerfereinstellung prüfen und richtig einstellen.

**Leuchtmittel wechseln**
■ Schalten Sie die Beleuchtung des Fahrzeuges und die Zündung aus.
■ Bauen Sie den Nebelscheinwerfer wie bereits beschrieben aus.
■ Drehen Sie die Lampendeckel (1 im Bild 16) nach links gegen den Uhrzeigersinn und nehmen Sie ihn ab.
■ Ziehen Sie den elektrischen Steckkontakt von der Lampenfassung ab.
■ Drücken Sie die beiden Drahtbügel etwas herunter und lösen Sie sie die Lampenfassung aus dem Reflektor.
■ Nehmen Sie die Lampe aus der Fassung im Reflektor heraus.

Beim Einbau einer Lampe nicht den Glaskolben berühren. Die Finger hinterlassen Fettspuren auf dem Glaskolben, die beim Einschalten der Lampe verdampfen und den Glaskolben trüben.

Die Montage erfolgt sinngemäß in umgekehrter Reihenfolge.
■ Prüfen Sie die Funktion der Lampe nach der Montage.
■ Prüfen Sie die Höheneinstellung der Lampe.

## Tagfahrlicht im Stoßfänger

**Scheinwerfer für Tagfahrlicht und Fernlicht aus- und einbauen**

Der Zugang zur Lampe erfolgt über den Innenkotflügel des Radhauses auf der entsprechenden Seite. Der Scheinwerfer ist von der Rückseite des Stoßfängers zugänglich.
■ Schalten Sie die Zündung und alle elektrischen Verbraucher aus.
■ Ziehen Sie den Zündschlüssel ab.
■ Heben Sie das Fahrzeug auf der entsprechenden Seite an.
■ Bauen Sie das Rad auf der entsprechenden Seite ab.
■ Demontieren Sie den entsprechenden Innenradlauf.

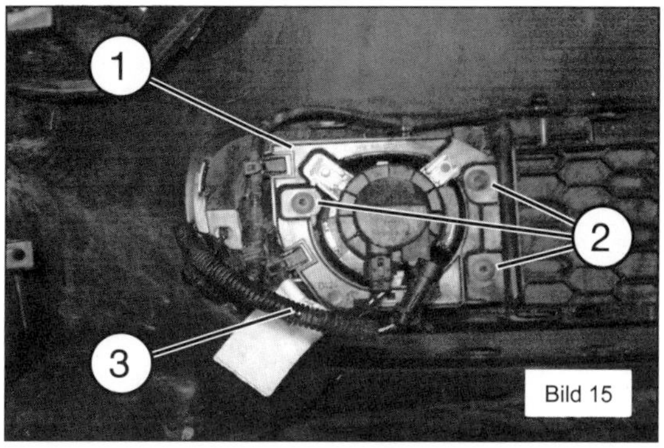

Bild 15

Bild 15
Halterung Nebelscheinwerfer vorne.
1 Halterahmen im Stoßfänger
2 Schrauben
3 Anschlusskabel am Fahrzeug vorne links

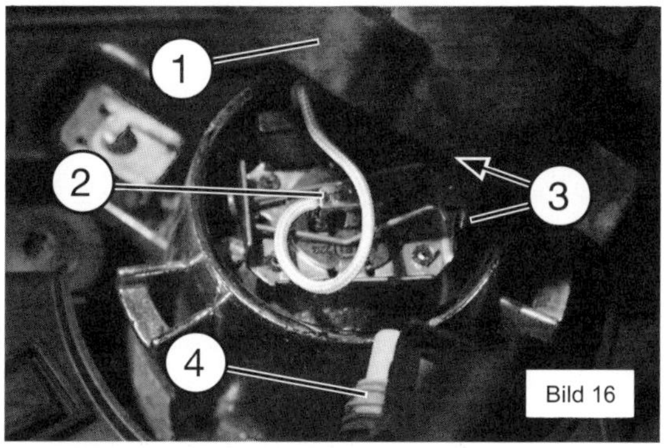

Bild 16

Bild 16
Lampe Nebelscheinwerfer vorne.
1 Deckel mit Anschlussdose
2 Lampe Nebelscheinwerfer
3 Bügel Halteklammer
4 Anschlussstecker

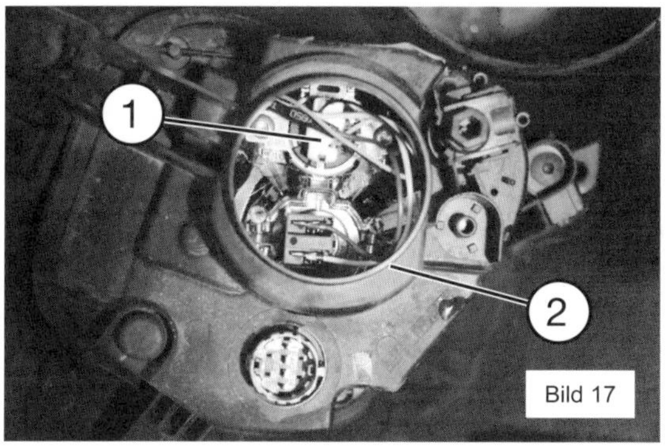

Bild 17

Bild 17
Lampe Scheinwerfer unten.
1 Lampe Tagfahrlicht (W21W)
2 Wartungsöffnung im Scheinwerfer unten

■ Ziehen Sie den elektrischen Steckkontakt von dem Scheinwerfer ab.
■ Die Schrauben (2 im Bild 19) herausdrehen.
■ Nehmen Sie den Scheinwerfer von der Rückseite aus ab.

Die Montage erfolgt sinngemäß in umgekehrter Reihenfolge.
■ Prüfen Sie die Funktion der Lampe nach der Montage.
■ Prüfen Sie die Höheneinstellung der Lampe.

**Lampe für Tagfahrlicht aus- und einbauen (W21W)**

Der Zugang zur Lampe erfolgt über den Deckel im Innenkotflügel des

Bild 18
Scheinwerfereinstellung Scheinwerfer oben (Abblendlicht/Blinker).
1 Höheneinstellung (1%)
2 Seiteneinstellung

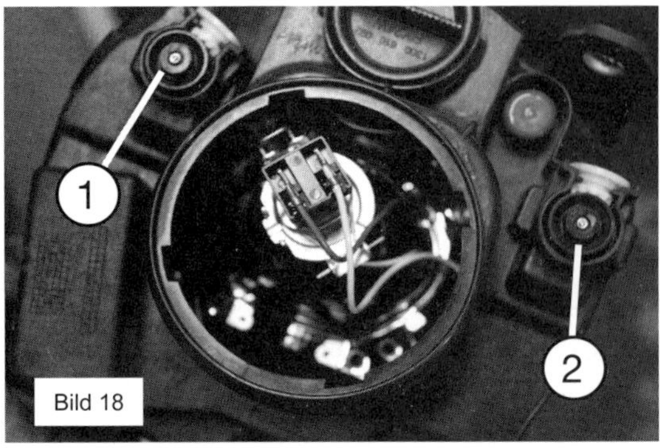


Bild 19
Scheinwerfereinstellung Scheinwerfer unten Tagfahrlicht/Standlicht/Fernlicht.
1 Höheneinstellung
2 Schrauben

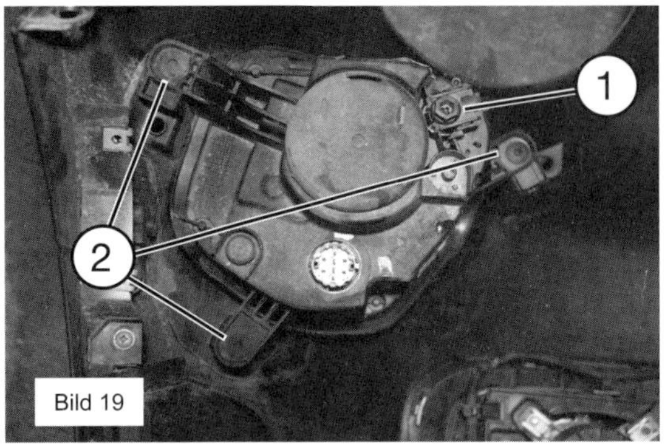


Radhauses auf der entsprechenden Seite.
- Ziehen Sie den Gummischutz am Scheinwerfergehäuse ab.
- Drücken Sie die beiden Drahtbügel zusammen und lösen Sie die Lampenfassung aus dem Reflektor.
- Nehmen Sie die Fassung zusammen mit der Glühlampe heraus.
- Nehmen Sie die Glühlampe heraus.

Die Montage erfolgt sinngemäß in umgekehrter Reihenfolge.
- Setzen Sie die Lampe so ein, dass die Rastnasen in die Bohrung des Reflektors passen.
- Rasten Sie die beiden Drahtbügel wieder in die Haltenasen im Reflektor ein.
- Prüfen Sie die Funktion der Lampe nach der Montage.
- Kontrollieren Sie den Sitz des Gummischutzes auf dem Scheinwerfergehäuse.

## Scheinwerfer einstellen

**Voraussetzungen**
- Der Reifendruck muss in Ordnung sein. Die Scheinwerferscheiben dürfen weder beschädigt noch verschmutzt sein.
- Reflektoren und Glühlampen sind intakt.
- Die Fahrzeugbelastung muss hergestellt sein.
- Das Fahrzeug muss einige Meter gerollt bzw. vorn und hinten mehrmals durchgefedert werden, damit sich die Federn setzen. Das Fahrzeug und Scheinwerfer-Einstellgerät müssen auf einer ebenen Fläche stehen, eingestellt und ausgerichtet sein.
- Scheinwerferhöhenverstellung prüfen, indem die maximale Stufe eingestellt und dabei das Licht der Scheinwerfer beobachtet wird.
- Anschließend das Rändelrad für die Leuchtweitenregelung, falls vorhanden, in Position »0« stellen.

### Einstellung Scheinwerfer oben (Abblendlicht)

Das Fahrzeug muss sich im fahrbereiten Zustand befinden (Leermasse, Kraftstoffbehälter voll oder entsprechendes Zusatzgewicht).

- Die Vorderräder müssen in Geradeausstellung stehen.
- Reifendruck prüfen und richtigstellen.
- Fahrersitz mit 75 kg oder einer Person belasten und Leuchtweitenregulierung auf »0« stellen.
- Motorhaube öffnen.
- Scheinwerfer-Einstellgerät zum Fahrzeug ausrichten und Höheneinstellung nach Mitte der Scheinwerfer vornehmen.
- Fernlicht und Abblendlicht einschalten, dann die Lichteinstellung der beiden Leuchten prüfen und soweit erforderlich die Einstellung korrigieren.

### Einstellung Scheinwerfer unten (Fernlicht)

Das Fahrzeug muss sich im fahrbereiten Zustand befinden (Leermasse, Kraftstoffbehälter voll oder entsprechendes Zusatzgewicht).

Der Zugang zur Lampe erfolgt über den Deckel im Innenkotflügel des Radhauses auf der entsprechenden Seite.

- Die Vorderräder müssen in Geradeausstellung stehen.
- Den Reifendruck prüfen und richtigstellen.
- Den Fahrersitz mit 75 kg oder einer Person belasten.

### Einstellung Nebelscheinwerfer

Das Neigungsmaß für Nebelscheinwerfer beträgt 2,0%.

- Drehen Sie zum Verstellen der Leuchtweite die Einstellschraube (1 im Bild 20).
- Eine Seitenverstellung ist nicht vorgesehen.

## Seitenblinkleuchte

- Schalten Sie die Zündung und alle elektrischen Verbraucher aus.
- Ziehen Sie den Zündschlüssel ab.
- Schieben (1 im Bild 21) Sie die Seitenblinkleuchte gegen die Stahlfeder (3).
- Die Einbaurichtung können Sie am Blinkerglas erkennen (Bild 22).
- Nehmen Sie die Nase (7) des Blinkleuchtengehäuses (4) aus dem Kotflügel (6) so weit heraus, bis die Fassung (2) zugänglich ist.
- Fassung (2) um 90° gegen den Uhrzeigersinn drehen und aus der Zusatzblinkleuchte herausnehmen.
- Nehmen Sie die Seitenblinkleuchte ab.

Die Montage erfolgt sinngemäß in umgekehrter Reihenfolge.

- Achten Sie darauf, dass die Blinkleuchte sicher einrastet.
- Prüfen Sie die Funktion der Lampe nach der Montage.

### Lampe ausbauen

- Bauen Sie die Blinkleuchte wie beschrieben aus dem Kotflügel aus.
- Drehen Sie die Fassung etwa 45° gegen den Uhrzeigersinn und nehmen Sie sie heraus.
- Lampe gerade aus der Fassung herausziehen.

Die Montage erfolgt sinngemäß in umgekehrter Reihenfolge.

- Prüfen Sie die Funktion der Lampe nach der Montage.

Berühren Sie beim Einbau einer Lampe nicht den Glaskolben. Ihre Finger hinterlassen Fettspuren auf dem Glaskolben, die beim Einschalten der Lampe verdampfen und den Glaskolben trüben.

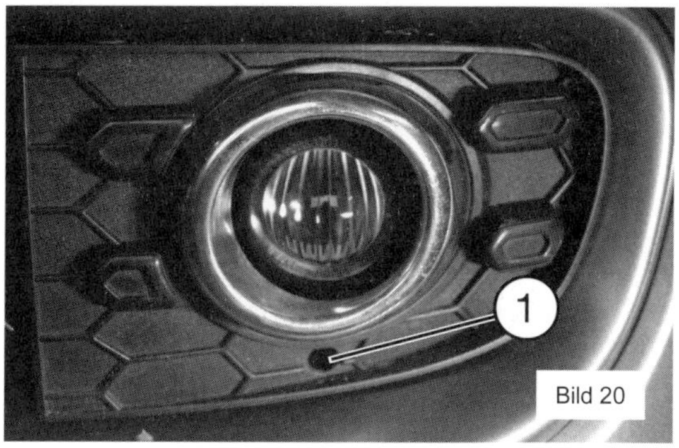


Bild 20
Einstellung Nebelscheinwerfer.
1 Bohrung als Zugang zur Einstellschraube

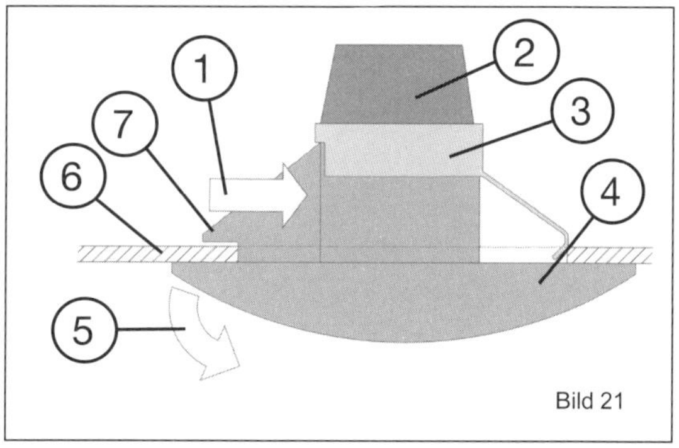


Bild 21
Rastnasen an der Seitenblinkleuchte.
1 Bewegungsrichtung »zurückschieben«
2 Lampenfassung
3 Stahlfeder
4 Blinkleuchtengehäuse
5 Bewegungsrichtung »herausnehmen«
6 Kotflügel vorne
7 Haltenase

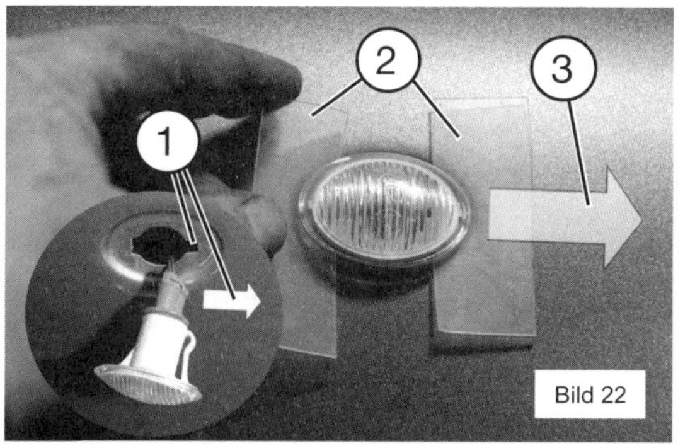


Bild 22
Einbaurichtung erkennen.
1 Nase zeigt in Fahrtrichtung
2 Kunststoffstreifen zur Demontage
3 Demontagedichtung (leicht nach vorne schieben)

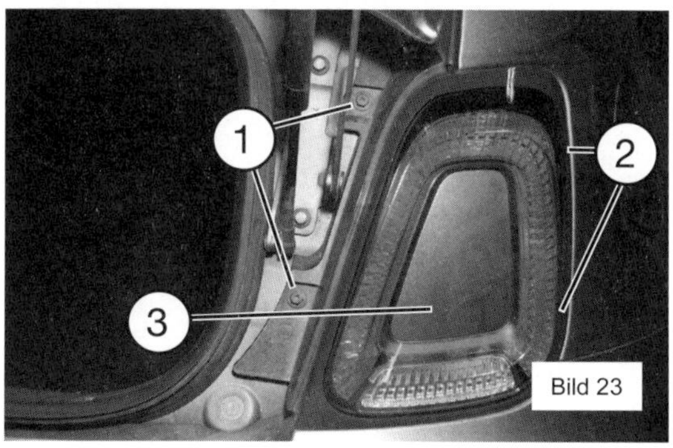


Bild 23
Verschraubung der Rückleuchten.
1 Schrauben
2 Kugelrasten
3 Rücklampe

## Heckleuchten

### Rückleuchte ausbauen

- Schalten Sie die Zündung und alle elektrischen Verbraucher aus.
- Ziehen Sie den Zündschlüssel ab.
- Öffnen Sie den Kofferraumdeckel.
- Drehen Sie die beiden Muttern (1 im Bild 23) ab.

Bild 24
Befestigung des Lampenträgers.
1 Rastnasen
2 Lampenträger

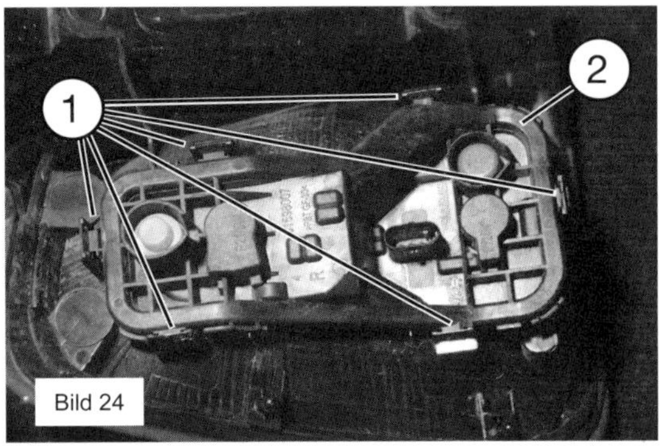

Bild 24

Bild 25
Lampen im Lampenträger in der älteren Variante.
1 Bremsleuchte 12 V 21W
2 Haltenasen
3 Blinklampe 12 V 21W
4 Rückfahrscheinwerfer oder Nebelscheinwerfer 12 V 21W
5 Standlicht 12 V 10W

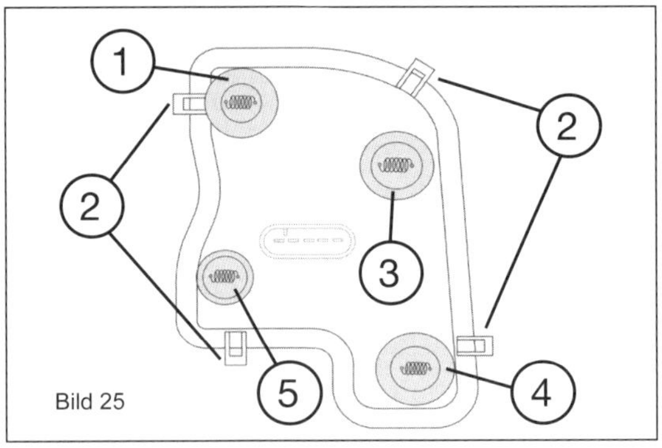

Bild 25

Bild 26
Lampen im Lampenträger in der neueren Variante.
1 Haltenasen
2 Stand und Bremslicht 12 V 21/5W
3 Blinklampe 12 V 21W

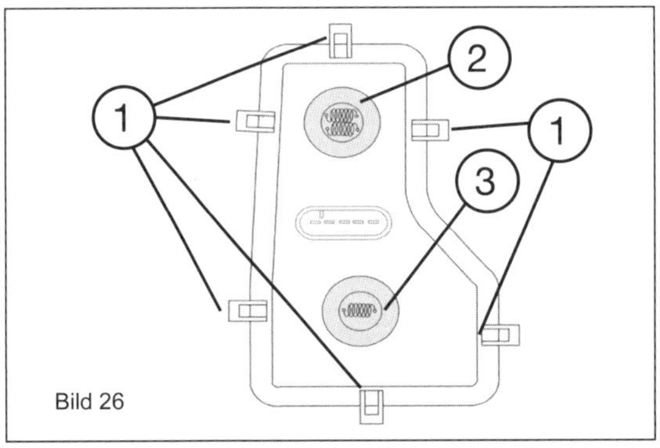

Bild 26

Bild 27
Befestigung der Heckklappenabdeckung.
1 Abdeckung Heckklappe
2 Stopfen

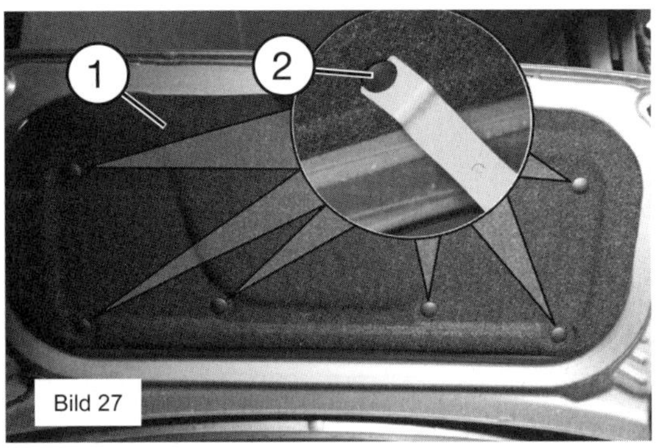

Bild 27

■ Nehmen Sie die Rückleuchte aus der Karosserie heraus.
■ Entsichern Sie den Stecker und ziehen Sie den elektrischen Anschluss auf der Rückseite ab.
■ Ziehen Sie die Heckleuchte aus ihren Haltepunkten außen an der Karosserie und nehmen Sie sie ab.

Die Montage erfolgt sinngemäß in umgekehrter Reihenfolge.
■ Prüfen Sie die Funktion der Lampe nach der Montage.

### Lampen der Rückleuchte ausbauen

⚠ Berühren Sie beim Einbau einer Lampe nicht den Glaskolben. Ihre Finger hinterlassen Fettspuren auf dem Glaskolben, die beim Einschalten der Lampe verdampfen und den Glaskolben trüben.
■ Bauen Sie die entsprechende Rückleuchteneinheit wie beschrieben aus.
■ Drücken Sie gegen die Haltklammern und rasten Sie den Lampenträger von der Rückleuchteneinheit aus.
■ Drücken Sie leicht auf die entsprechende Lampe (Bild 25 oder 26) und drehen Sie sie im Lampenträger gegen den Uhrzeigersinn etwa eine Viertel-Umdrehung.
■ Nehmen Sie die Lampe aus dem Lampenträger heraus.

Die Montage erfolgt sinngemäß in umgekehrter Reihenfolge.
■ Prüfen Sie die Funktion der Lampe nach der Montage.
■ Achten Sie darauf, dass der Lampenträger richtig in der Rückleuchte einrastet.
■ Achten Sie darauf, dass die Rücklampe richtig in der Karosserie einrastet.

## Kennzeichenleuchte

### Lampenträger (Griff) ausbauen

Der Lampenträger der Kennzeichenleuchte ist fest im Griff der Heckklappe verbaut. Der Lampenträger besteht aus Griffschale und Lampenträger.

■ Schalten Sie die Zündung und alle elektrischen Verbraucher aus.
■ Ziehen Sie den Zündschlüssel ab.
■ Öffnen Sie den Kofferraumdeckel.
■ Ziehen Sie die Stopfen (2 im Bild 27) mit einem geeigneten Heber heraus.
■ Nehmen Sie die Abdeckung der Heckklappe (1) ab.
■ Ziehen Sie den Stecker zum Heckklappengriff (1 im Bild 28) ab.

*Fahrzeuge mit mechanischer Schlossbetätigung:*

- Hängen Sie die Betätigungsstange aus.

*Weiter für alle Fahrzeuge:*

- Drehen Sie die vier Muttern (2) heraus.
- Nehmen Sie den Griff von außen von der Heckklappe ab.

Die Montage erfolgt sinngemäß in umgekehrter Reihenfolge.

- Reinigen Sie die Anlagefläche des Klappengriffes und der Heckklappe gründlich.
- Prüfen Sie die Funktion der Lampe nach der Montage.
- Achten Sie darauf, dass die Leuchte richtig in der Heckklappe einrastet.

### Lampenträger (Griff) zerlegen

- Der Heckklappengriff mit dem Lampenträger der Kennzeichenleuchte ist eigentlich nicht zur weiteren Demontage vorgesehen. Es kann aber für Instandsetzungsarbeiten oder Lackierarbeiten trotzdem hilfreich sein.
- Bauen Sie den Heckklappengriff wie beschrieben ab.
- Demontieren Sie die Gläser der Kennzeichenleuchte und die Lampen der Kennzeichenbeleuchtung.
- Clipsen Sie den Lampenträger (3 im Bild 29) aus der Griffschale (1) vorsichtig aus.

Die Montage erfolgt sinngemäß in umgekehrter Reihenfolge.

- Achten Sie darauf, dass die Griffschale richtig eingerastet ist.
- Reinigen Sie die Anlagefläche des Klappengriffes und der Heckklappe gründlich.
- Prüfen Sie die Funktion der Lampe nach der Montage.

### Lampe Kennzeichenleuchte ausbauen

⚠ Lampenträger und Heckklappengriff sind aus Kunststoff (ABS) gefertigt. Die thermische Belastung und die Verformung (Bild 31) kann bis zum Heckklappengriff erfolgen. Verwenden Sie niemals leistungsstärkere Leuchtmittel. Achten Sie bei der Verwendung von LED-Leuchten auf die abgegebene Wärme.

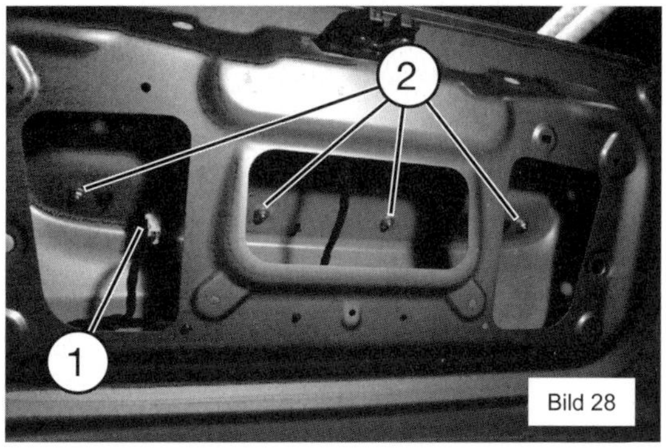


Bild 28
Befestigung des Heckklappengriffs.
1 Stecker Klappengriff
2 Muttern Klappengriff

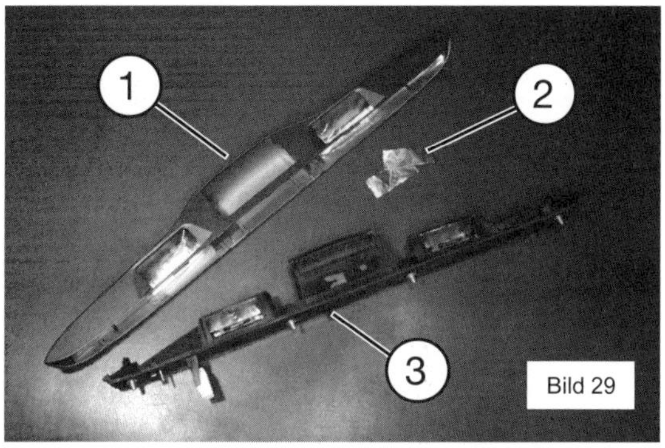


Bild 29
Heckklappengriff in Teilen.
1 Außenschale
2 Alu-Kaschierband
3 Lampenträger

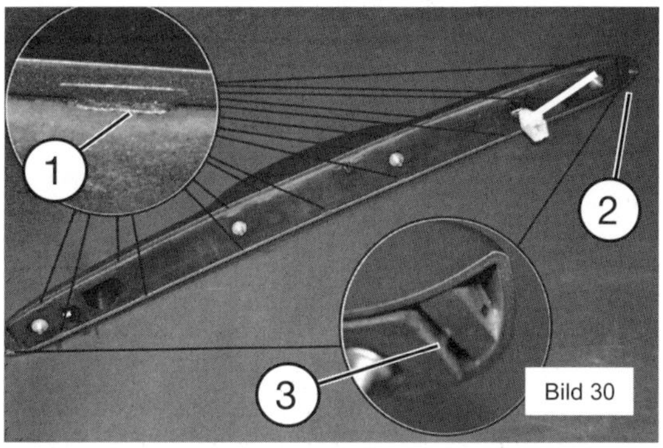


Bild 30
Lampenträger Kennzeichenleuchte ausclipsen.
1 Haltenasen
2 Lampenträger
3 Führungsnasen

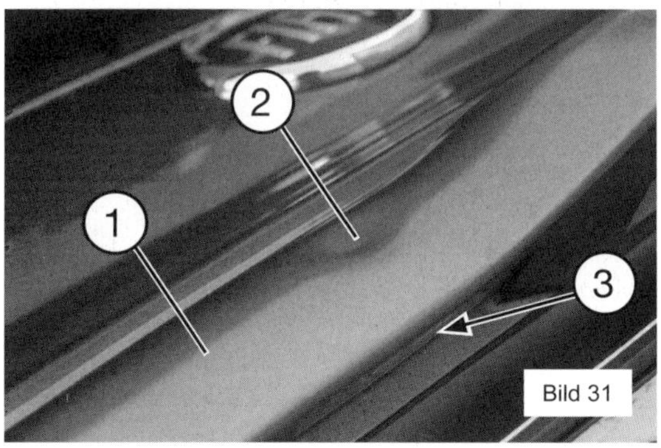


Bild 31
Schaden am Heckklappengriff.
1 Klappengriff
2 Verformung durch Hitzeentwicklung
3 Kennzeichenleuchte

- Schalten Sie die Beleuchtung des Fahrzeuges und die Zündung aus.
- Öffnen Sie die Heckklappe so weit, dass Sie die Kennzeichenleuchten gut erreichen können.
- Hebeln Sie das Glas der Kennzeichenleuchte heraus und nehmen Sie es ab.

Bild 32
Ausbau des Lampenglases.
1 Schraubendreher
2 Aussparung im Lampenglas

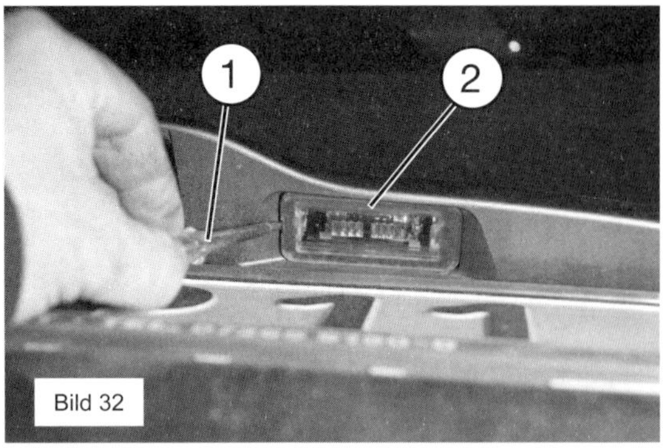


Bild 32

Bild 33
Ausbau der Soffitte.

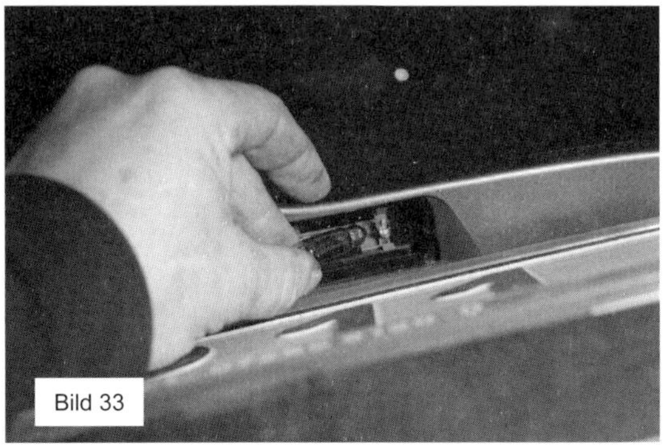

Bild 33

Bild 34
Einbau der Soffitte: mit einem Pappstreifen geht das deutlich leichter!

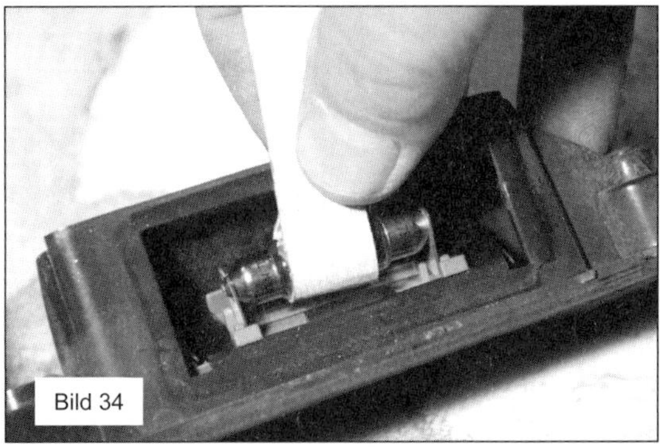

Bild 34

Bild 35
LED-Kennzeichenleuchte: Umrüstsatz mit Prüfzeichen und fest montiertem Widerstand.

Bild 35

■ Nehmen Sie die Soffitte (besondere Bauweise der Lampe) (C5W) aus der Kennzeichenleuchte heraus.

Die Montage erfolgt sinngemäß in umgekehrter Reihenfolge.
■ Setzen Sie die Lampe mit Hilfe eines Pappstreifens (Bild 34) ein.
■ Prüfen Sie die Funktion der Lampe nach der Montage.
■ Achten Sie darauf, dass die Leuchte richtig in der Rückwandtür hörbar einrastet.

**LED-Kennzeichenleuchte umbauen**

⚠ Lampenträger und Heckklappengriff sind aus Kunststoff (ABS) gefertigt. Die thermische Belastung und die Verformung (Bild 31) kann bis zum Heckklappengriff erfolgen. Verwenden Sie niemals leistungsstärkere Leuchtmittel. Achten Sie bei der Verwendung von LED-Leuchten auf die abgegebene Wärme.
■ Achten Sie darauf, LED-Kennzeichenleuchten mit EG-Prüfzeichen zu verbauen. Es muss ein Messwiderstand verbaut werden. Nur so kann das Bordnetzsteuergerät erkennen, dass eine Lampe verbaut ist und setzt keine Fehlermeldung ab.
■ Bauen Sie, wie bereits beschrieben, die Lampen der Kennzeichenleuchte aus. Die Lampengläser werden meist zusammen mit den (Glüh)Lampen ersetzt.
■ Kontrollieren Sie den Zustand der Kontakte für die Lampen.

Die Montage erfolgt sinngemäß in umgekehrter Reihenfolge.
■ Setzen Sie die LED-Lampe mit der Streu-Scheibe ein.

☞ Bei LED-Lampen mit externem Widerstand muss dieser in der Lampe verstaut werden.
■ Achten Sie darauf, dass die Streuscheibe richtig einrastet.
■ Prüfen Sie die Funktion der Lampe nach der Montage.

## 3. Bremsleuchte aus- und einbauen

**Dritte Bremsleuchte Heckklappe**

☞ Die Bremsleuchte wurde eigentlich mit den sockelfreien Glühlampen W5W ausgeliefert. Im Zubehör gab es aber schon früh Bremsleuchten mit LED-Leuchten. Defekte LED-Leuchten müssen komplett ersetzt werden.

■ Öffnen Sie die Heckklappe.
■ Ziehen Sie die beiden Schutzstopfen von unten in der Mitte heraus.
■ Drehen Sie von unten die beiden Schrauben (2 im Bild 36) heraus.
■ Ziehen Sie die dritte Bremsleuchte mit dem Verkleidungsunterteil ab. Sie sitzt rechts und links in Klammern (1).
■ Elektrische Steckverbindung an der dritten Bremsleuchte trennen.
■ Drehen Sie die beiden Befestigungsschrauben (6) des Leuchtenträgers mit Reflektor heraus.
■ Nehmen Sie den Lampenträger (4) mit Reflektor (5) ab.

Die Montage erfolgt sinngemäß in umgekehrter Reihenfolge.
■ Prüfen Sie die Funktion der Lampe nach der Montage.

**(Glüh)Lampe der Bremsleuchte in der Heckklappe ausbauen**

Die Bremsleuchte wurde eigentlich mit den sockelfreien Glühlampen W5W ausgeliefert. Im Zubehör gab es aber schon früh Bremsleuchten mit LED-Leuchten. Defekte LED-Leuchten müssen komplett ersetzt werden.
■ Bauen Sie, wie bereits beschrieben, die dritte Bremsleuchte aus.
■ Drehen Sie die beiden Schrauben (3 im Bild 36) am Reflektor heraus und nehmen Sie ihn vom Lampenträger (4) ab.
■ Ziehen Sie die defekten Lampen (W5W) aus den Sockeln auf der Platine gerade heraus.

Die Montage erfolgt sinngemäß in umgekehrter Reihenfolge.
■ Prüfen Sie die Funktion der Lampe nach der Montage.

**(LED) Lampe der dritten Bremsleuchte ausbauen**

Sonderfall LED-Lampen: Die Einzel-LEDs (Licht emittierende Dioden) in der hochgesetzten Bremsleuchte sind in Gruppen zu 3 LEDs zusammengefasst und werden gruppenweise mit Strom versorgt. Durch den Ausfall einzelner LEDs werden die intakten LEDs dieser Gruppe höher belastet, weshalb mit einem baldigen Ausfall weiterer LEDs zu rechnen ist. Ist eine LED-Gruppe (3 Einzel-LEDs) ausgefallen, werden die gesetzlichen Lichtwerte der ECE-Regelung (Economic Commission for Europe) weiterhin erfüllt. Sind mehr als 3 Einzel-LEDs ausgefallen, werden die gesetzlichen Lichtwerte nicht mehr erfüllt und die Lampe für hochgesetztes Bremslicht ist zu ersetzen.

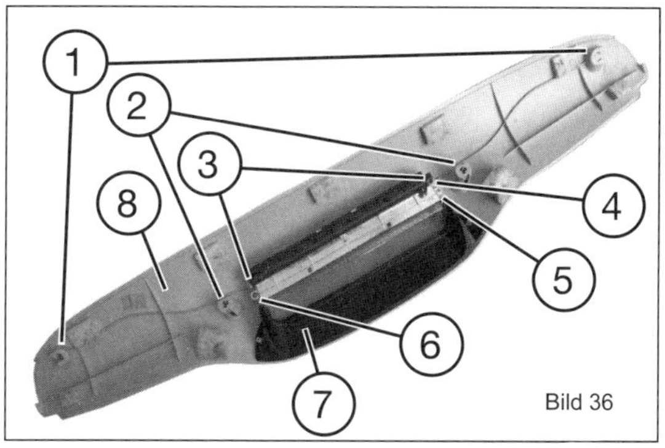


Bild 36

Bild 36
3. Bremsleuchte in der Heckklappe von innen.
1 Position Klammern
2 Schrauben
3 Schrauben
4 Lampenträger
5 Reflektor
6 Schrauben
7 Blende
8 Verkleidung Heckklappe oben

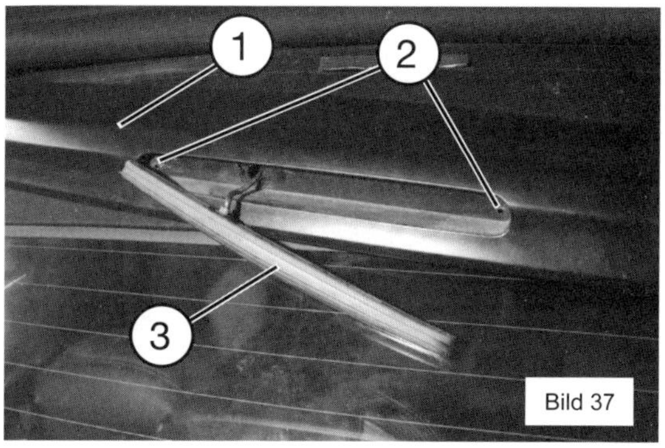


Bild 37

Bild 37
3. Bremsleuchte im Heckspoiler beim Cabrio.
1 Heckspoiler
2 Schrauben (von hinten)
3 Bremsleuchte

## Scheibenwischer vorne und hinten

**Wischerblattwechsel vorne (Bild 38)**
■ Schalten Sie die Zündung aus und ziehen sie den Zündschlüssel ab.
■ Klappen Sie den Wischerarm (1) hoch.
■ Verrastung (A) am Wischerblatt (2) ausclipsen.
■ Scheibenwischer aus der Führung herausschieben und abnehmen.
■ Klappen Sie den Scheibenwischerarm vorsichtig zurück zur Scheibe und legen ihn auf einem Lappen ab.

Die Montage erfolgt sinngemäß in umgekehrter Reihenfolge.

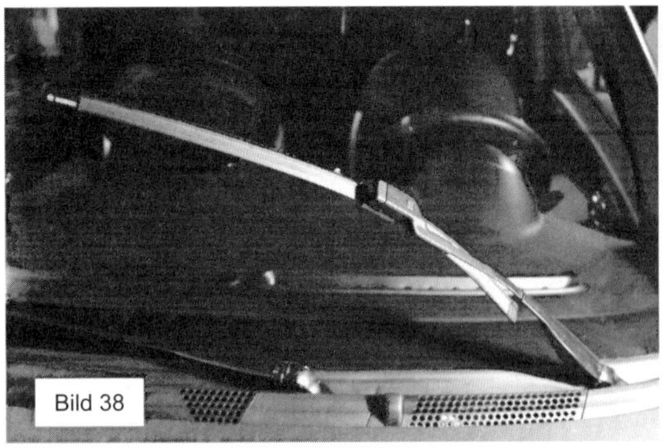


Bild 38
Wischerblatt vorne vorklappen.

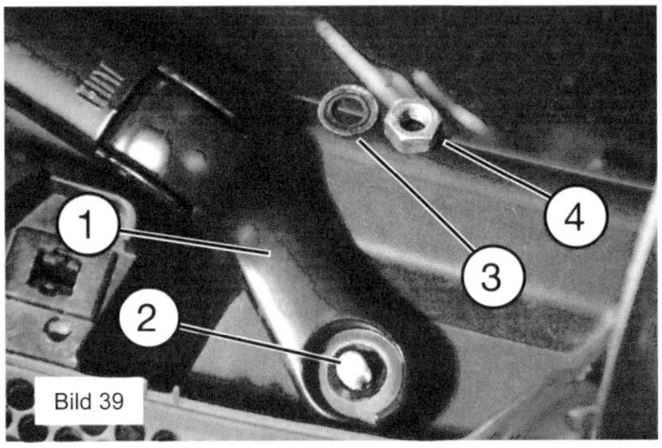


Bild 39
Wischerarm abbauen.
1 Wischerarm
2 Wischerwelle
3 Unterlegscheibe
4 Mutter

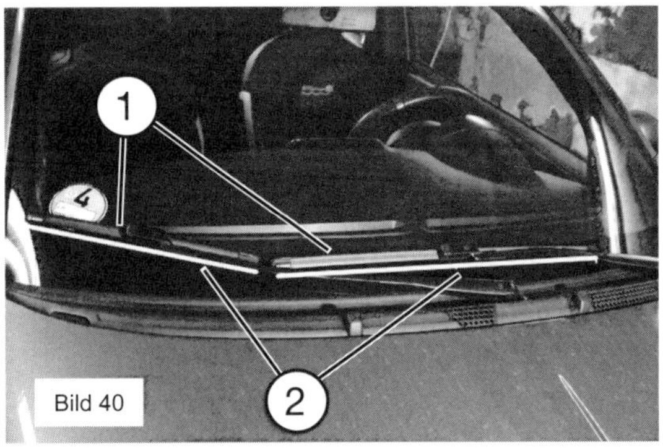


Bild 40
Einbaulage Scheibenwischer vorne.
1 Wischerblatt
2 Einbaulage zum Scheibenrahmen

■ Kontrollieren Sie die Länge der Scheibenwischer genau. Sie müssen auf dem Glas aufsitzen und dürfen weder den Scheibenrahmen noch sich untereinander berühren.
■ Wischerblattaufnahme in den Wischerarm einschieben, bis sie hörbar verrastet.
■ Wischerarm vorsichtig auf die Frontscheibe zurückklappen.
■ Prüfen Sie die Funktion der Waschdüsen und die Endlage der Wischer auf der Scheibe anhand der Markierungen.

**Wischerblatt hinten wechseln**

☞ Der Scheibenwischer ist direkt im Wischerarm eingeclipst. Achten Sie darauf, dass der neue Wischer im Wischerarm einrastet. Sollte er zu lose einliegen, wechseln Sie den Wischerarm mit. In diversen Internetplattformen sowie auch im Zubehörhandel lassen sich kostengünstige Sets erwerben.
■ Klappen Sie den Wischerarm (2) hoch.
■ Klappen Sie das Wischerblatt etwa 45° vom Wischerarm ab.
■ Verrastung am Wischerblatt (3) ausclipsen und Scheibenwischerblatt (3) abnehmen.

Die Montage erfolgt sinngemäß in umgekehrter Reihenfolge.

⚠ Achten Sie auf die Einbaulage des Scheibenwischers. Er muss auf dem Glas aufsitzen und darf den Scheibenrahmen nicht berühren.

**Scheibenwischerarm vorne aus- und einbauen (Bild 39)**

■ Den Wischermotor in Endstellung laufen lassen und die Zündung ausschalten.
■ Die Verkleidung (1) an Mittelstück vor Windschutzscheibe ausbauen.
■ Abdeckkappe der Mutter (3) (soweit verbaut) entfernen.
■ Mutter (3) am Wischerarm (2) abschrauben.
■ Abzieher (5) auf der Wischerarmwelle (4) positionieren und den Wischerarm (2) mit Abzieher (5) lösen.
■ Abzieher (5) abnehmen.
■ Wischerarm (2) abnehmen.
Der Einbau erfolgt sinngemäß in umgekehrter Reihenfolge.
■ Richten Sie die Wischerarme vor der Montage aus.

**Scheibenwischerarm hinten aus- und einbauen (Bild 41)**

■ Den Wischermotor der Rückwandtür anlaufen lassen und in Endstellung abschalten.
■ Die Abdeckkappe hochklappen und die Mutter lösen.
■ Geeignete Mutter auf die Wischerarmwelle ersatzweise aufdrehen. Der Abzieher muss sich beim Abziehen des Wischerarmes auf der Mutter abstützen, da sonst die Wischerarmwelle beschädigt wird.
■ Wischerarm mit Abzieher lösen und Abzieher abnehmen.
■ Mutter abnehmen, Mutter abschrauben und Wischerarm abnehmen.

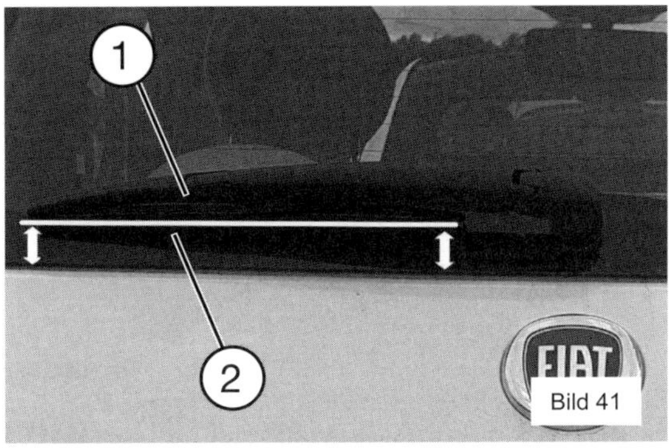


Bild 41
Einbaulage Scheibenwischer hinten.
1 Wischerblatt
2 Scheibenunterkante links

Der Einbau erfolgt sinngemäß in umgekehrter Reihenfolge.
■ Richten Sie die Wischerarme vor der Montage aus.

## Scheibenwaschdüsen

**Scheibenwaschdüsen vorne aus- und einbauen (Bild 42)**
■ Schalten Sie die Zündung aus.
■ Ziehen Sie den Zündschlüssel ab.
■ Verkleidung (im Bild 42) vor der Windschutzscheibe ausbauen.
■ Schlauch (1) von der Spritzdüse (2) abziehen und Verkleidung beiseitelegen.
■ Die Spritzdüse (2) mit einer geeigneten Zange von hinten aus der Verkleidung lösen und abnehmen.

Der Einbau erfolgt sinngemäß in umgekehrter Reihenfolge.
■ Stellen Sie die Spritzdüse der Scheibenwaschanlage ein (Bild 44).
■ Richten Sie die Wischerarme vor der Montage aus.

**Scheibenwaschdüsen hinten aus- und einbauen**

Tipp: Die Spritzdüse für die Heckscheibe ist in der Heckklappe verbaut.

■ Öffnen Sie die Heckklappe.
■ Ziehen Sie die beiden Schutzstopfen von unten in der Mitte heraus.
■ Drehen Sie von unten die beiden Schrauben (2 im Bild 36) heraus.
■ Ziehen Sie die dritte Bremsleuchte mit dem Verkleidungsunterteil ab. Sie sitzt rechts und links in Klammern (1).
■ Elektrische Steckverbindung an der dritten Bremsleuchte trennen.

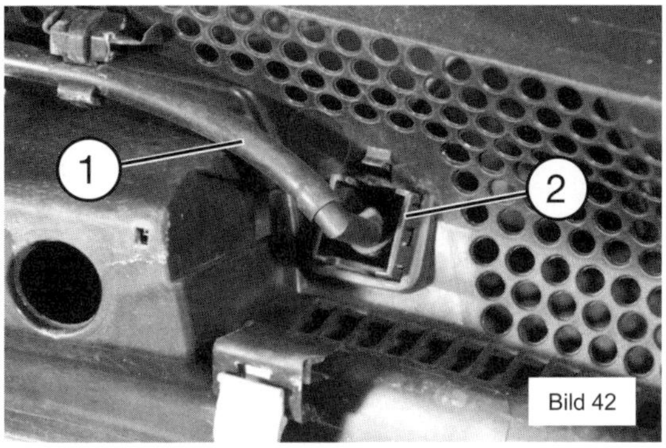


Bild 42
Scheibenwaschdüse vorne.
1 Schlauch
2 Waschdüse

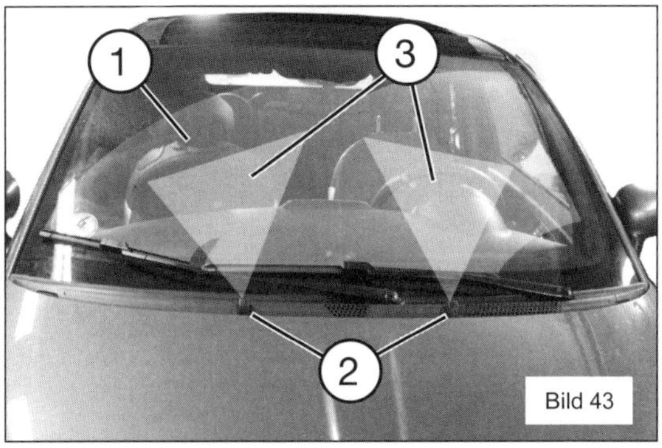


Bild 43
Spritzbereich Scheibenwaschdüse vorne.
1 Wischbereich
2 Waschdüse
3 Spritzbereich (Auftreffbereich)

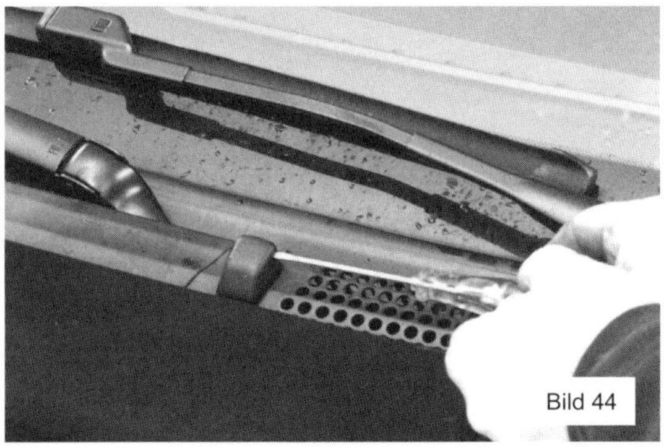

Bild 44
Höhenlage veränderbar: Einige Waschdüsentypen können in der Auftreffhöhe verstellt werden.

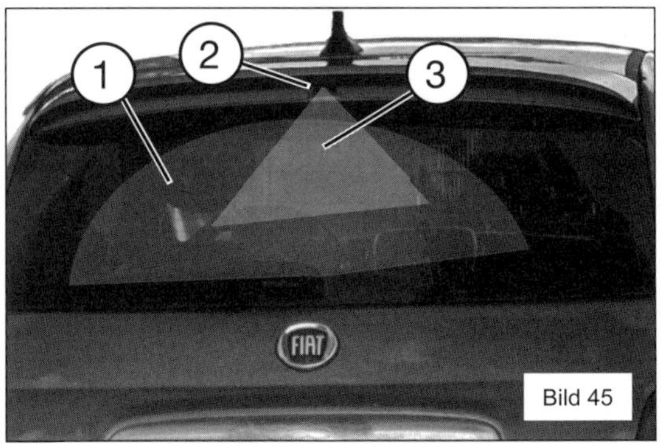


Bild 45
Spritzbereich Scheibenwaschdüse hinten.
1 Wischbereich
2 Waschdüse
3 Spritzbereich (Auftreffbereich)

■ Ziehen Sie den Schlauch von der Waschdüse ab.
■ Drücken Sie die Rastnasen zusammen.
■ Schieben die Waschdüse von innen heraus.

Der Einbau erfolgt sinngemäß in umgekehrter Reihenfolge.

Sichtprüfung Messen

Bild 46
Befestigungsschrauben der oberen Verkleidung.
1 obere Verkleidung
2 Abdeckungen
3 Spreizniete
4 Schraube

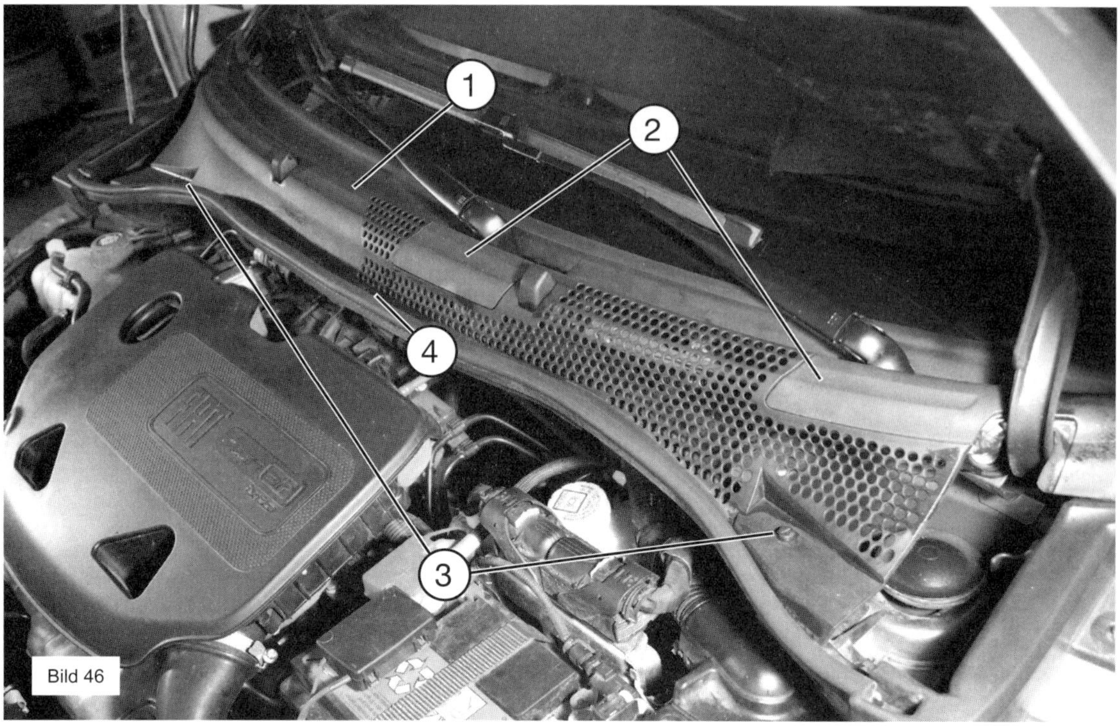

Bild 47
Anschluss Waschschlauch.
1 Verkleidung oben
2 Schlauch Waschdüse rechts
3 Schlauch Waschdüse links
4 Verteiler und Rückschlag
5 Waschschlauch von der Pumpe

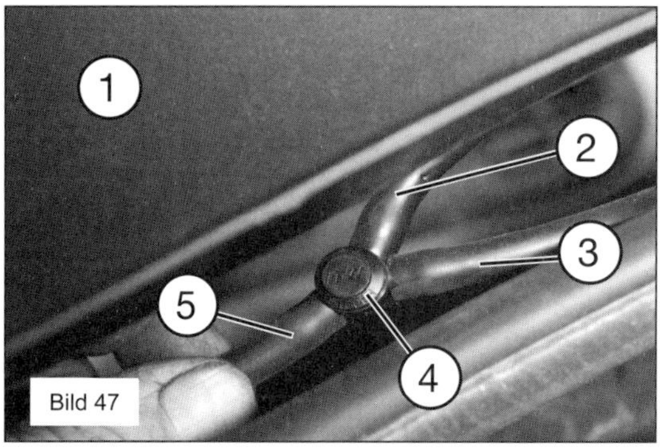

Bild 48
Befestigungsschrauben der unteren Verkleidung.
1 Schrauben
2 Dichtkeder
3 untere Verkleidung

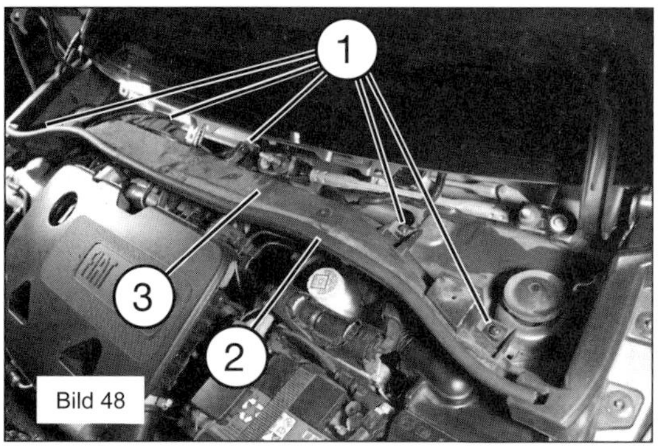

■ Stellen Sie Spritzdüse der Scheibenwaschanlage ein.

**Scheibenwaschdüsen ausrichten (Bilder 43 und Bild 45)**

Die Waschdüsen sind als Fächerdüsen ausgelegt. Einige Modelle können zumindest in der Höhe ausgerichtet werden (Bild 44). Stimmt der Auftreffbereich nicht mehr und muss erheblich nachgebessert werden, bleibt oftmals nur der Ersatz der Waschdüse gegen eine neue. Wir haben Ihnen in den Bildern 43 und 45 die optimalen Auftreffflächen für die Waschdüsen dargestellt.

## Wischermotoren

**Ausbau des Wischermotors vorne**

■ Bauen Sie die Wischerarme wie bereits beschrieben ab.
■ Drehen Sie die Befestigungsschraube (4 im Bild 46) und die Spreiznieten (3) heraus.
■ Verkleidung vor der Windschutzscheibe (1) ausbauen.
■ Schlauch von der Spritzdüse (5 im Bild 47) abziehen und Verkleidung (1) beiseitelegen.
■ Drehen Sie die sechs Befestigungsschrauben (1 im Bild 48) heraus.
■ Die untere Verkleidung vor der Windschutzscheibe (3) ausbauen.
■ Ziehen Sie den elektrischen Anschluss (2 im Bild 49) des Wischermotors ab.
■ Drehen Sie die beiden Befestigungsschrauben (4) heraus und nehmen Sie den Wischermotor (1) mit Rahmen (3) ab.

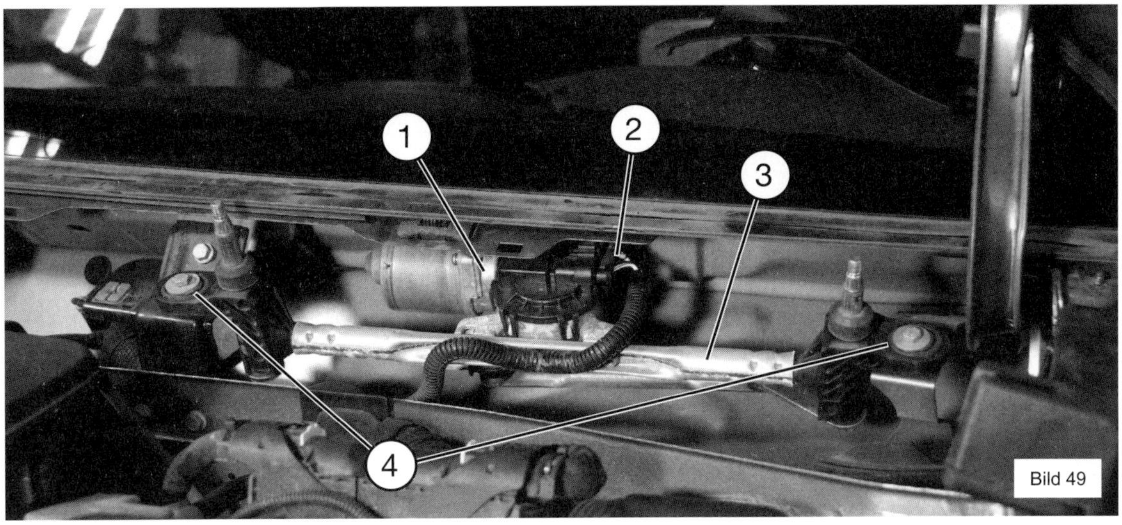

Bild 49

Bild 49
Einbauposition des Wischermotors.
1 Wischermotor vorne
2 elektrischer Anschluss
3 Wischerrahmen
4 Schrauben

Der Einbau erfolgt sinngemäß in umgekehrter Reihenfolge.
■ Richten Sie die Wischerarme und die Waschdüse richtig aus.
■ Prüfen Sie die Funktion der Wisch und Waschanlage.

**Ausbau des Wischermotors hinten (Bild 50)**

Der Heckwischer ist ausschließlich bei den geschlossenen Karosserievarianten verbaut.
■ Wischerarm hinten wie bereits beschrieben demontieren.
■ Heckklappe öffnen und die Heckklappenverkleidung oben demontieren.
■ Elektrische Steckverbindung am Wischermotor der Heckklappe trennen.
■ Schrauben (5) am Wischermotor der Heckklappe herausschrauben und den Wischermotor (4) abnehmen.

Der Einbau erfolgt sinngemäß in umgekehrter Reihenfolge.
■ Kontrollieren Sie die Einstellung und die Funktion der Waschdüse.

Richten Sie die Wischerarme vor der Montage wie schon beschrieben aus.

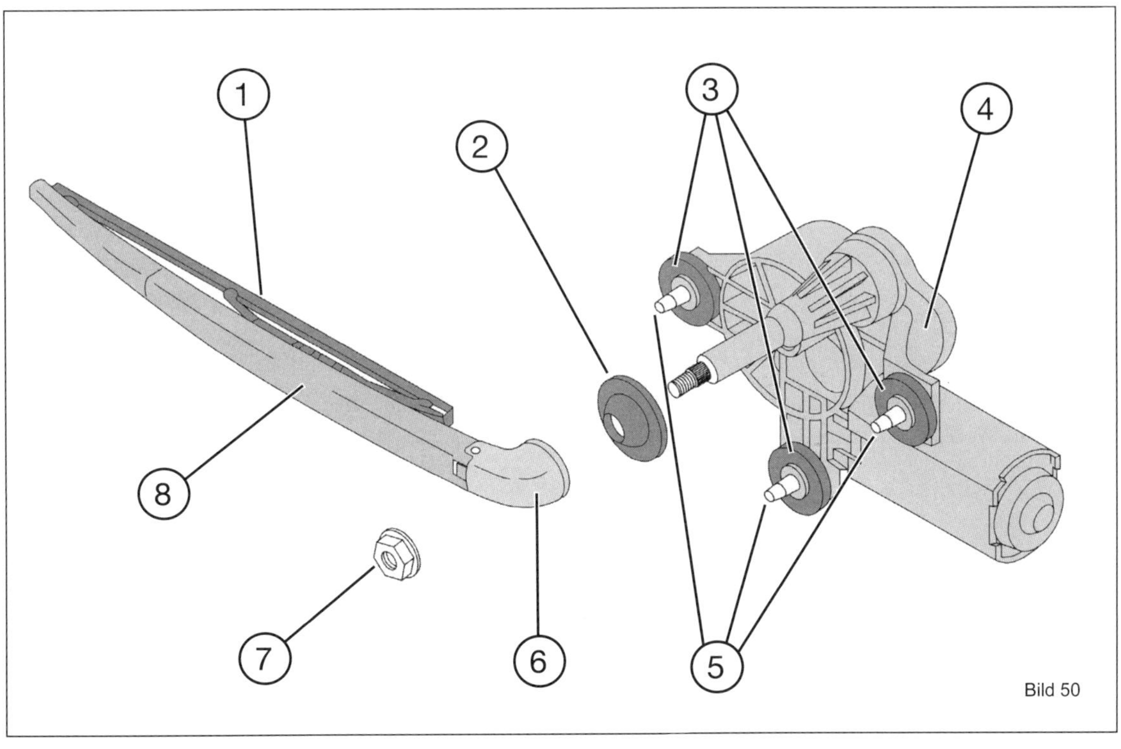

Bild 50

Bild 50
Heckwischermotor.
1 Wischergummi
2 Dichtgummi Wischerwelle
3 Dichtgummi
4 Wischermotor
5 Schrauben
6 Abdeckkappe (klappbar)
7 Mutter
8 Wischerarm

# 15 Stromlaufpläne

## Sicherungen und Sicherungshalter

Damit Sie die Elektrik Ihres Autos einfach, zuverlässig und sicher nutzen können, gibt es Schaltstellen, Leitungsstränge und Sicherheitsvorkehrungen. Prüfen Sie vor jeder Fehlersuche immer die verbauten Sicherungen. Überprüfen Sie auch, ob die Sicherungsbelegung bei Ihrem Fahrzeug identisch ist (siehe Fahrerhandbuch). Herstellerbedingt werden zwar bestimmte Belegungen ausgewählt, diese aber müssen nicht unbedingt Ihrer Variante entsprechen. Schließlich werden oft genug Ausstattungsvarianten ergänzt und erweitert. In den meisten Fällen erkennen Sie schon an der verbauten Sicherungsstärke, um welche Anschlussvariante es sich handelt. Einige wenige Sicherungen sind neben dem Sicherungskasten verbaut. Auch diese werden je nach Belegung in der Fahrzeugbedienungsanleitung beschrieben. Vergessen Sie nicht, dass viele »Kleinsicherungen« durchaus im Sicherungskasten zusätzlich abgesichert sein können! Solche Sicherungen werden auch »Vorsicherung« genannt. Die freien Sicherungsplätze und ihre Schaltfunktionen können sehr hilfreich bei der Erweiterung der Ausrüstung Ihres Fiat sein.

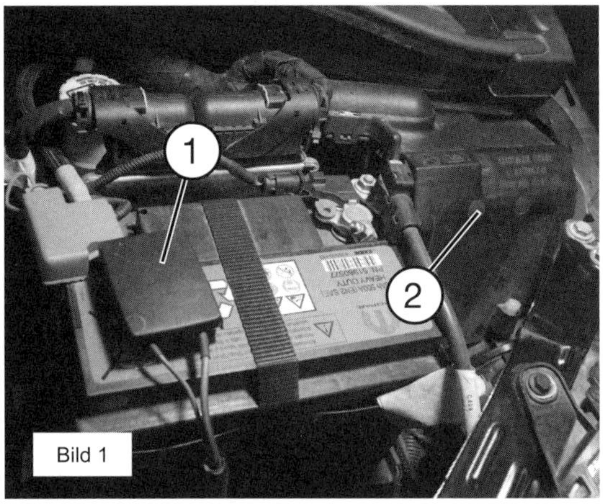


Bild 1

Bild 1
Sicherungskasten und Relaisträger im Motorraum.
1 Vorsicherungen auf der Batterie
2 Sicherungskasten und Relaisträger im Motorraum

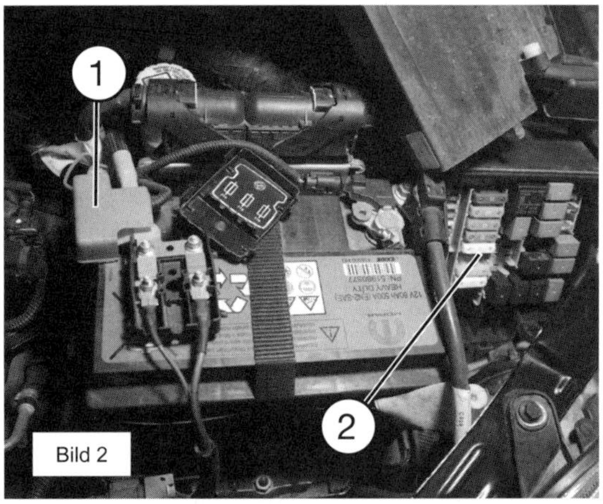


Bild 2

Bild 2
Sicherungskasten und Relaisträger im Motorraum.
1 Vorsicherungen auf der Batterie
2 Sicherungskasten und Relaisträger im Motorraum

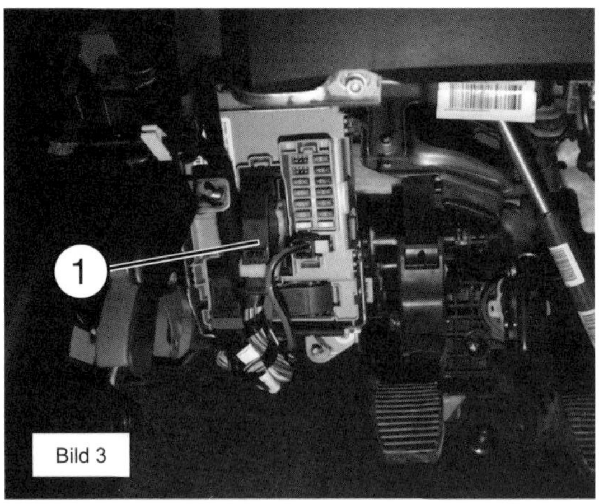


Bild 3

Bild 3
Schutz der Elektrik.
1 Sicherungshalter im Fußraum

### Einbaulage

In der Schalttafel links (Fahrerseite) befindet sich der Sicherungshalter. Er ist für die erste Überprüfung bei Störungen der elektrischen Anlage besonders wichtig, weil er die meisten jener Stecksicherungen enthält, die schnell zugänglich sein müssen. Die genaue Sicherungsbelegung ist von der Fahrzeugausstattung abhängig. Ein Schema ist als Aufkleber oder lose bei den Sicherungshaltern zu finden. Wir verweisen auf die aktuellen Belegungslisten in der Fahrzeugbedienungsanleitung. Sicherungen sind nach Steckplätzen nummeriert. Angegeben sind abgesicherter Verbraucher und der Stromstärke-Wert (in A), durch Farbe markiert.

## Sicherungen wechseln

⚠ Durchgebrannte Sicherungen müssen ersetzt werden durch gleichwertige Sicherungen (erkennbar an Farbe und Ampere-Zahl), die in der Sicherungsbelegung empfohlen werden. Wechseln Sie Sicherungen nur im geparkten Fahrzeug.

- Schalten Sie alle Stromverbraucher und die Zündung aus.

- Anhand der Sicherungsbelegung feststellen, welche Sicherung zu dem ausgefallenen Verbraucher gehört.
- Die entsprechende Sicherung herausziehen.
- Die defekte Sicherung durch eine neue mit der gleichen Amperezahl ersetzen.

## Kabelfarben und Kabelquerschnitt

**Kabelfarbe**

Im Schaltplan werden die Informationen über die Kabelfarbe und die Kabelstärke angegeben. Die Farben werden als Kürzel dargestellt. Farbangaben in Kombination stellen Kabelkennzeichnungen mit einer Farblinie dar. Die Kabelbezeichnung sw/ws ist beispielsweise die Bezeichnung für ein schwarzes Kabel mit einer weißen Linie. Die Grundfarbe des Kabels wird immer zuerst genannt. Wir stellen Ihnen in der nachstehenden Tabelle die gängigsten Farben und Abkürzungen im Schaltplan vor.

| Kürzel | Farbe |
|---|---|
| N (Nero) | Schwarz |
| M (Marone) | Braun |
| A (L) | Blau |
| V (Verde) | Grün |
| H | Grau |
| C | Orange |
| S | Rosa |
| R (Rosso) | Rot |
| Z | Violett |
| B (Bianco) | Weiß |
| G (Giallo) | Gelb |

**Kabelquerschnitt**

Auch der Kabel- (Leitungs)Querschnitt ist im Schaltplan angegeben. Er wird durch eine Zahl über der Angabe der Kabelfarbe dargestellt. Beim Suchen der entsprechenden Anschlusskabel kann das die Arbeit sehr erleichtern.

Beispiel: 1,5 GN= 1,5 mm², gelbes Kabel, mit schwarzer Kennlinie

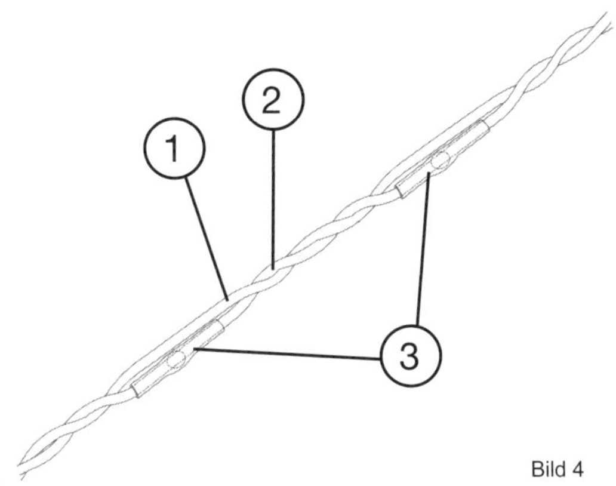

Bild 4

Bild 4
Es dürfen maximal zwei Reparaturstellen ausgeführt werden.
1 CAN High,
2 CAN Low,
3 Reparaturstelle

## Kabelinstandsetzungsarbeiten

**Reparatur von Airbag- und Gurtstrafferleitungen**

Das Airbag- und Gurtstraffersystem kann ausfallen. Fehlerhafte Reparaturen am Airbag- und Gurtstrafferleitungsstrang können zur Fehlfunktion des Insassenschutzes führen. Bei Reparaturen am Airbag- und Gurtstrafferleitungsstrang dürfen nur die dafür vorgesehenen Kontakte, Stecker und Leitungen verwendet werden. Leitungen des Airbag- und Gurtstrafferleitungsstrangs dürfen nur mit dem Leitungsstrang-Reparaturset und den Vorgängern repariert werden.

Bei Reparaturen an Leitungen des Airbag- und Gurtstraffersystems dürfen maximal zwei Reparaturstellen ausgeführt werden. Reparaturstellen erhöhen den elektrischen Widerstand in der Leitung und können Fehler in der Eigendiagnose des Systems auslösen. Bei Reparaturen am Airbag- oder Gurtstrafferleitungsstrang müssen die Quetschverbinder grundsätzlich geschrumpft werden, um Korrosion zu verhindern (Bild 4).

Wickeln Sie die Reparaturstelle nicht wieder in den fahrzeugeigenen Leitungsstrang ein und kennzeichnen Sie die Reparaturstelle gut sichtbar mit gelbem Isolierband. Reparaturen im Bereich von Airbag oder Gurtstraffer sollten maximal 30 cm vom nächsten Kontaktgehäuse entfernt ausgeführt werden. Zusammen mit der Kennzeichnung durch das gelbe Isolierband, ermöglicht diese Vorgehensweise einen schnellen Überblick über vorangegangene

Bild 5
Reparatur CAN-Bus.
1 Leitungen verdrillt
2 Lötstelle (oder Lötverbinder)
3 Isolierung (oder Schrumpfschlauch)
A Verdrillungslänge 20 mm
B maximale gerade 50 mm

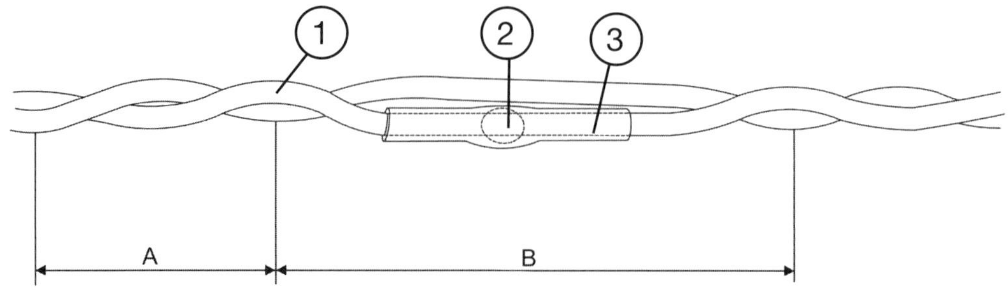


Bild 5

Reparaturen. Die Leitungen zu den Auslöseeinheiten (Airbags) haben in der Serie die Verdrillung mit der Schlaglänge 20 mm ±5. Diese Schlaglänge ist für die Serienfertigung über Normteilnummern für die Leitungspaare sichergestellt und muss bei den Reparaturlängen der verdrillten Leitungen zwingend eingehalten werden. Bei Reparaturarbeiten müssen die Leitungen zu den Auslöseeinheiten (Airbags) die gleiche Länge aufweisen. Beim Verdrillen der Leitungen (1) und (2) muss die Schlaglänge von A = 20 mm ±5 zwingend eingehalten werden. Es darf dabei kein Leitungsstück, zum Beispiel im Bereich von Quetschverbindern (Pfeil), größer als B = 100 mm ohne Verdrillung der Leitungen entstehen (Bild 5).

#### Reparaturmöglichkeiten CAN-Bus

Als CAN-Busleitung wird eine ungeschirmte Zweidrahtleitung (1) und (2) mit einem Querschnitt von 0,35 mm² oder 0,5 mm² verwendet.
Die Farbcodierungen der CAN-Busleitungen entnehmen Sie der folgenden Tabelle:

| | |
|---|---|
| CAN-High-Leitung, Antrieb | V (Verde) Grün |
| CAN-Low-Leitung, Antrieb | M (Marone) Braun |
| CAN-High-Leitung, Komfort | Bianco (Weiß) |
| CAN-Low-Leitung, Komfort | L Blau |

Die Reparatur von CAN-Busleitungen kann sowohl mit Reparaturleitung in passendem Querschnitt als auch mit den gedrillten Leitungen »grün/braun« bzw. »weiß/blau« aus dem Zubehörhandel ausgeführt werden. Bei Reparaturarbeiten (wie im Bild 5) müssen beide Busleitungen die gleiche Länge aufweisen. Beim Verdrillen der Leitungen (1) und (2) muss die Schlaglänge von A = 20 mm eingehalten werden. Es darf dabei kein Leitungsstück, zum Beispiel im Bereich von Quetschverbindern (Pfeil), größer als B = 50 mm ohne Verdrillung der Leitungen entstehen. Versehen Sie die Reparaturstelle mit gelbem Klebeband, um eine vorangegangene Reparatur zu kennzeichnen.

### Massepunkte am Fiat 500

Die Einbaulage der Massepunkte ist in der Übersicht im Bild 6 recht gut zu erkennen. Prüfen Sie die Anschlüsse auf Korrosion und festen Sitz der Anschlusskabel zur Karosserie. Hier entstehen leicht Fehler, die nicht über das Diagnosesystem direkt erfasst werden können.

#### Massepunkte im Motorraum

Die genaue Positionierung stellen wir Ihnen in der folgenden Tabelle für den Motorraum im Detail vor.

| Massepunkt | Bemerkung |
|---|---|
| 1 (A001A) | Batterieanschluss |
| 4 (C010) | Masse vorne links |
| 8 (C012) | Masse ABS-System |
| 9 (C060) | Masse am Einspritzsystem |
| 10 (C002) | Masse am Motor links |
| 11 (C045) | Masse am Lüftermotor |
| 12 (C003) | Masse an der Karosserie |
| 13 (C040) | Masse am Motor rechts |
| 14 (C039) | Masse am Kompressor |

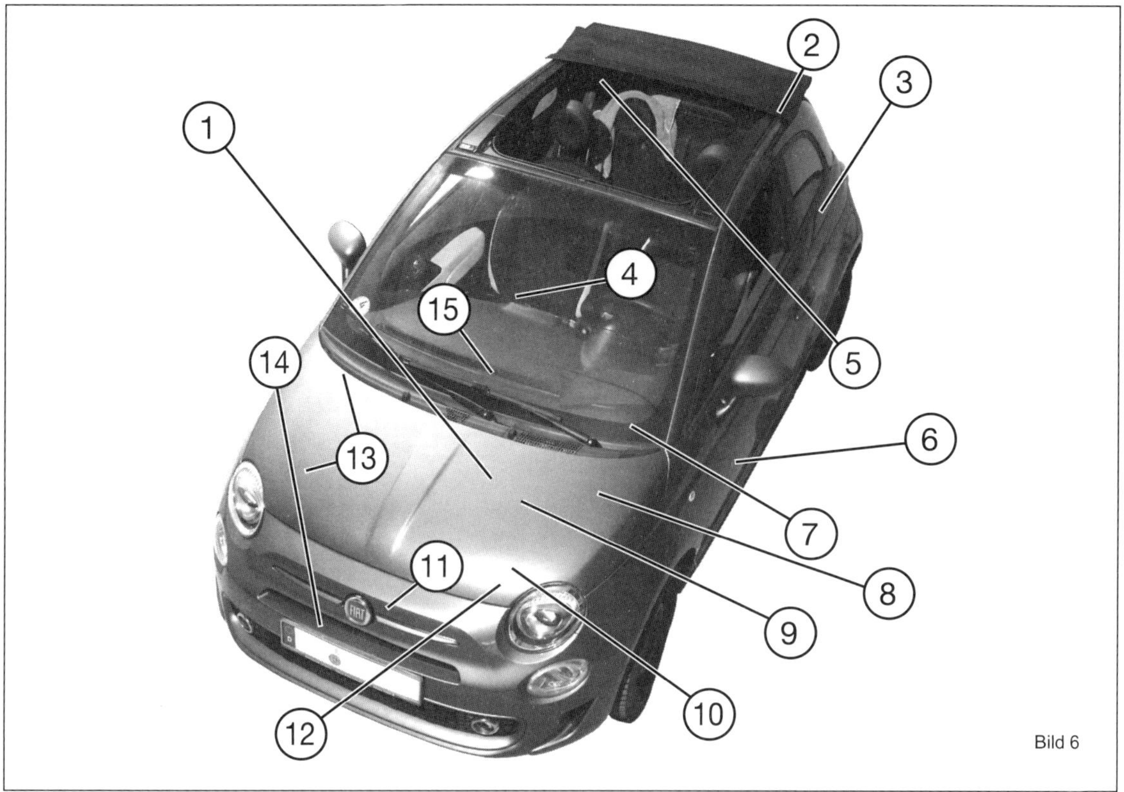


Bild 6
Massepunkte am Fiat 500.
1 Batterieminus
2 Masse Heckscheibe
3 Masse hinten links
4 Masse vorne links
5 Masse hinten rechts
6 Masse Armaturentafel links
7 Masse Airbag-System
8 Masse ABS-System
9 Masse Einspritzsystem
10 Masse Motor links
11 Masse Lüftermotor
12 Masse Karosserie
13 Masse Motor rechts
14 Masse am Kompressor
15 Masse Klimaanlage innen

**Massepunkte Karosserie**
Die genaue Positionierung stellen wir Ihnen in der folgenden Tabelle für die weitere Karosserie im Detail vor.

| Massepunkt | Bemerkung |
|---|---|
| 2 (C032) | Masse Heckscheibe |
| 3 (C030) | Masse hinten links |
| 4 (C010) | Masse vorne links |
| 5 (C031) | Masse hinten rechts |
| 6 (C015) | Masse Armaturentafel links |
| 7 (C050) | Masse Airbag-System |
| 15 (C016) | Masse Klimaanlage |

**Massepunkte Fahrgastraum**
Die genaue Positionierung stellen wir Ihnen in der folgenden Tabelle für den Fahrgastraum vorne im Detail vor.

| Massepunkt | Bemerkung |
|---|---|
| 6 (C015) | Masse Armaturentafel links |
| 7 (C050) | Masse Airbag-System |
| 15 (C016) | Masse Klimaanlage |

## Messgeräte und Diagnosetester

**Geeignete Messmittel in der Elektrik**
Verwenden Sie nur geeignete Messmittel wie Multimeter und Mess- und Prüfsysteme. Prüflampen mit Glühlampe können Schäden in der Elektronik verursachen und können zudem keine Messwerte ausgeben.

**Vorgaben zur Diagnose am Fahrzeug**
Vor unseren Hinweisen zum Umgang mit den Stromlauf- oder Schaltplänen möchten wir, weil dazu ein enger Zusammenhang besteht, nochmals kurz auf das Fahrzeugdiagnose-, Mess- und Informationssystem eingehen. Wird das Diagnose- und Informationssystem während einer Prüf- oder Messfahrt im Aktionsbereich eines Airbags deponiert, besteht im Falle einer Airbag-Auslösung das Risiko von schweren bis tödliche Verletzungen! Deshalb zu Prüf- oder Messfahrten stets einen Helfer mitnehmen, der auf einem Rücksitz das System bedient. Zum Anschließen des Diagnose- und Testsystems schreibt Fiat wie die meisten Hersteller folgendes Vorgehen vor:

- Die Handbremse anziehen.
- Das Fahrzeug mit einem Erhaltungsladegerät versehen (Batterie laden).
- Den Wählhebel bei Automatikfahrzeugen in die Stellung »P« oder »N« bringen.
- Den Fahrzeugdiagnosetester bei ausgeschalteter Zündung mit der Diagnoseleitung am Diagnoseanschluss des Fahrzeugs anschließen.
- Die Zündung einschalten.
- Alle elektrischen Verbraucher ausschalten.

## Schaltpläne

**Zum Gebrauch der Stromlaufpläne**

Die Bordelektrik wird in Aufbau und Vernetzung durch Stromlaufpläne (auch Schaltpläne genannt) dargestellt, die für Ihren Fiat in gedruckter Form schon in der Grundausführung mehrere hundert Seiten umfassen, also einen Ordner von ganz beträchtlichem Umfang füllen. Das Schaltplanangebot enthält neben den einzelnen Stromlaufplänen für die Basisausstattung, die Elektrik für jeden der einzelnen Motoren bis hin zu Sonderausstattungen (z. B. für Klimaanlage, Einparkhilfe, Rückfahrkamera) auch zeitliche Überarbeitungen. Es macht sachlich wenig Sinn und der begrenzte Umfang dieses Buches lässt das auch nicht zu, einzelne Stromlaufpläne aus der Fülle herauszugreifen und in diesem Ratgeber darzustellen.

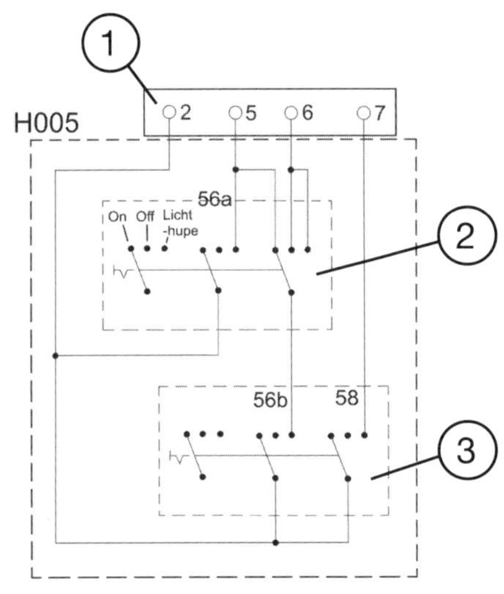


Bild 7

Bild 7
Lenkerschalter »Licht«.
1 Steckkontakt
(2) Spannungsversorgung
(5) Fernlichtfunktion
(6) Abblendlichtfunktion
(7) Standlichtfunktion
2 Schalter für Fernlicht
3 Schalter für Abblend- und Standlicht

**Lastfreie Schalter**

Ein deutlicher Unterschied zu den herkömmlichen Schaltungen im Fahrzeug sind an Fahrzeugen der heutigen Generation lastfreie Schaltungen. Der Strom, der zum Betrieb der Funktion fließt wird nicht durch den Schalter selbst geleitet. War es früher denkbar ein Relais oder einfach nur einen Kabelabgang zu legen, um eine Nebenfunktion wie zum Beispiel den Anschluss von Zusatzfernscheinwerfern zu realisieren, verursacht das Anschließen am Lichtschalter heute lediglich Fehlfunktionen und vielleicht sogar Schäden an Steuergeräten und Schaltern. Betrachten wir uns als exemplarisch die Schaltung des Lichtschalters und die Unterscheidung von Steuerkreis und Lastkreis.

**Virtuelle Umsetzung am Beispiel des Lichtschalters im Lenkstockhebel**

Als virtuelle Umsetzung bezeichnet man eine Schaltung, die eine Funktion nicht oder nicht direkt schaltet, sondern einen Schaltbefehl weiterleitet. Die eigentliche Schaltfunktion wird dann von einer Schaltfunktionsbox wie bei unseren Fiat 500 von der Sicherungsplatine im Fußraum übernommen. Schaltfunktionen im Tachometer, der natürlich auch ein Steuergerät ist, werden über Datenbus übermittelt. Der Lichtschalter ist lediglich der Anwahlschalter und übernimmt die Steuerfunktion, also die Steuerbefehle für das Bordnetzsteuergerät in Sachen »Licht«. Welche Funktionen der Schalter genau hat, lässt sich nicht mehr aus dem Schaltplan auslesen.

*Systematische Betrachtung erforderlich:* Natürlich lässt sich so nur noch schwer ein Bauteil einzeln überprüfen. Es ist aber grundsätzlich sinnvoller, ein System zunächst einmal als Einheit zu verstehen und im Zusammenhang zu prüfen. Der eigentliche Schalter am Lenkstock übernimmt den Funktionswunsch des Fahrers wie beispielsweise das Einschalten des Lichtes. Diese Information wird nun an die zentrale Schalteinheit, »Body Computer M001« (das Bordnetzsteuergerät) übermittelt. Dieses wiederum leitet den Schaltbefehl wie schon erwähnt an die Sicherungsplatine weiter. Diese Funktionskette erscheint zuerst ein-

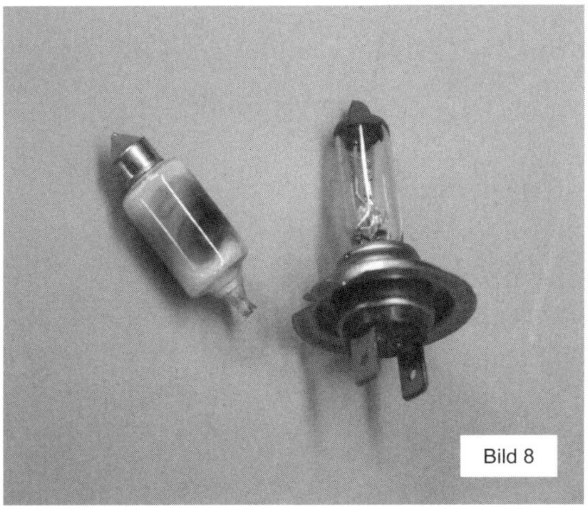

Bild 8

mal sehr aufwendig. Allerdings lassen sich so Funktionen in der Lichtsteuerung erreichen, die ohne die Steuersysteme deutlich aufwendiger und anfälliger werden würden. In der Praxis erfolgt ein wichtiger Teil der Fehlersuche über den Diagnosetester. Nicht nur, dass hier gelegentlich auftauchende Fehler abgelegt werden können, es können auch Funktionen über einen Stellgliedtest überprüft werden. So kann in vielen Fällen zumindest in der Fehlersuche ein großer Teil der

### Fehlersuche nach Wahrscheinlichkeit

Auch wenn man es erwarten würde, ist in den meisten Fällen eben nicht ein Bauteil defekt und der Fehler lässt sich einfach per Schaltplan lokalisieren. Das Bordnetzsystem kann auch Ersatzfunktionen auslösen, die den Weiterbetrieb des Fahrzeugs noch ermöglichen.

Wichtige Reihenfolge für die Fehlersuche im Bordnetzsystem:

- Die Reihenfolge für die Prüfungen der Bauteile sollten Sie von der Zugänglichkeit zu den Bauteilen und dem Aufwand für die Prüfung abhängig machen.
- Betrachten Sie das Auftreten des Fehlers sehr genau. Sind andere Funktionen auch beeinträchtigt? Ein Scheinwerfer mit korrodiertem Masseanschluss wird etwas dunkleres Licht aufweisen oder die Leuchtweitenregulierung funktioniert einfach aufgrund der zu geringen Spannung nicht mehr richtig.
- Kontrollieren Sie die Sicherungen für den jeweiligen Verbraucher, an dem die Fehlfunktion vorliegt.

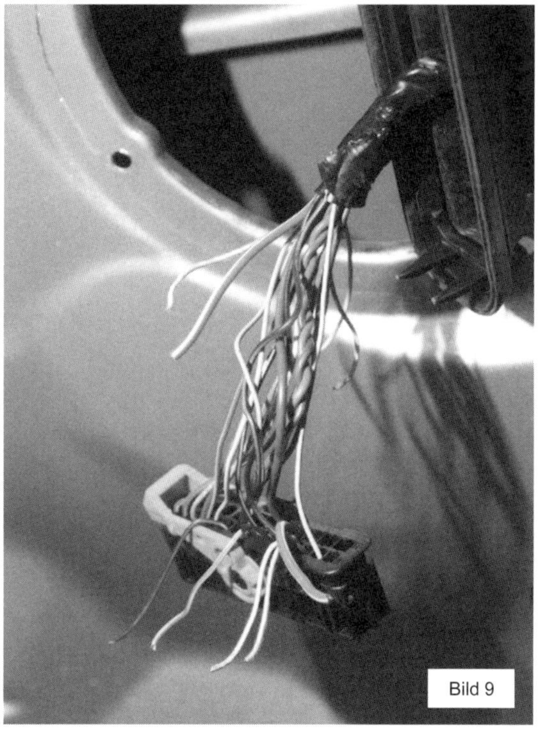

Bild 9

- Kontrollieren Sie den Zustand der angesteuerten Verbraucher. Sind die Lampen durchgebrannt? Sind die Anschlüsse in Ordnung?
- Prüfen Sie, ob Sie das Bauteil mit dem Diagnosetester über den Stellgliedtest ansteuern können.
- Lesen Sie den Fehlerspeicher für das System aus. Für die Lichtanlage wäre das der »Bedienplatine-Sicherungskasten« im Motorraum.

### Prüfung von Bauteilen und Komponenten

Die klassische Fehlersuche bleibt dem Mechatroniker natürlich nicht erspart. Grundsätzlich beginnt diese aber nicht mehr über den Schaltplan eines Fahrzeugs. Vielmehr muss zuerst der Fehler möglichst vollständig erfasst werden. Über Funktionstest (auch Stellgliedtest über den Diagnoserechner) und genaue Beobachtung kann der Fehler oft recht schnell eingegrenzt werden. Den klassischen Kabelbruch gibt es auch heute noch. Auch noch an den gleichen Stellen, wo ein solcher Fehler schon immer aufgetreten ist. Das Abziehen von Kabelführungen und Ummantelungen zur Kontrolle ist also weiterhin erforderlich. Die Kabelbrüche sind zwar über einen Schaltplan nachvollziehbar, aber der Weg über die

Bild 8
Einfach zu erkennen: defekte Leuchtmittel.

Bild 9
Fehler über Funktionsprüfung des Testers und einfache Überlegungen gefunden: Kabelbruch im Übergang zwischen Tür und Karosserie verursacht oft mehrere Fehler und ist aufgrund der dauerhaften Bewegung nachvollziehbar.

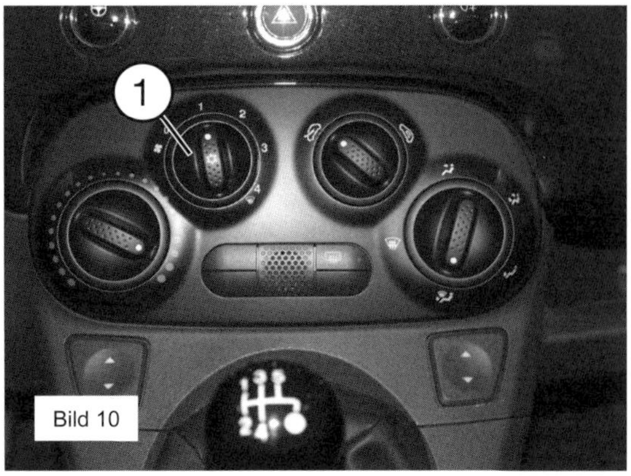


Bild 10
Lüfterschalter in der Mittelkonsole.
1 Gebläsestufenschalter für den Innenraumlüfter

Messtechnik in solchen Fällen nachrangig. Die Spannungsversorgung und die Prüfung der Sensoren und einzelner Bauteile sind unverändert wichtig geblieben. Die optische Kontrolle von Anschlüssen, Kabeln und Kontakten ist noch immer eine wichtige Grundlage.

**Den richtigen Schaltplan beschaffen**
Oftmals sind es nur minimale Unterschiede in den Komponenten, die einen Schaltplan für ein Fahrzeug passend darstellen oder sogar für ein Fahrzeug unbrauchbar machen. Sollten Sie die Schaltpläne für Ihr Fahrzeug benötigen, lassen Sie sich die Pläne für Ihr Fahrzeug von Ihrem Vertragshändler ausdrucken. Für die Identifizierung ist neben Fahrgestellnummer und Motorcode auch die »Organummer« sowie die Getriebekennung erforderlich.

## Fehlersuche am Heizungslüfter

Längst nicht alle Systeme in diesem Fahrzeug sind über den Bordnetzrechner gesteuert, obwohl das bei den meisten Herstellern heute schon üblich ist.
Ein Beispiel hierfür ist zumindest in den einfachen Ausstattungsvarianten der Gebläsemotor der Heizungsanlage.
Hier wird noch ganz ursprünglich die Motordrehzahl über eine Reihe von Heißwiderständen geregelt. Der Motor wird mit den Vorwiderständen in Reihen geschaltet. Je mehr Widerstände der Reihe zugeschaltet werden, umso geringer fällt die Versorgungsspannung für den Lüftermotor aus.

**Fehlerquellen analysieren**
Da die Ansteuerung nicht über ein Rechnersystem erfolgt, kann der Fehler nicht softwareseitig vorliegen. Allerdings besteht auch die Möglichkeit der Stellglied-Prüfung

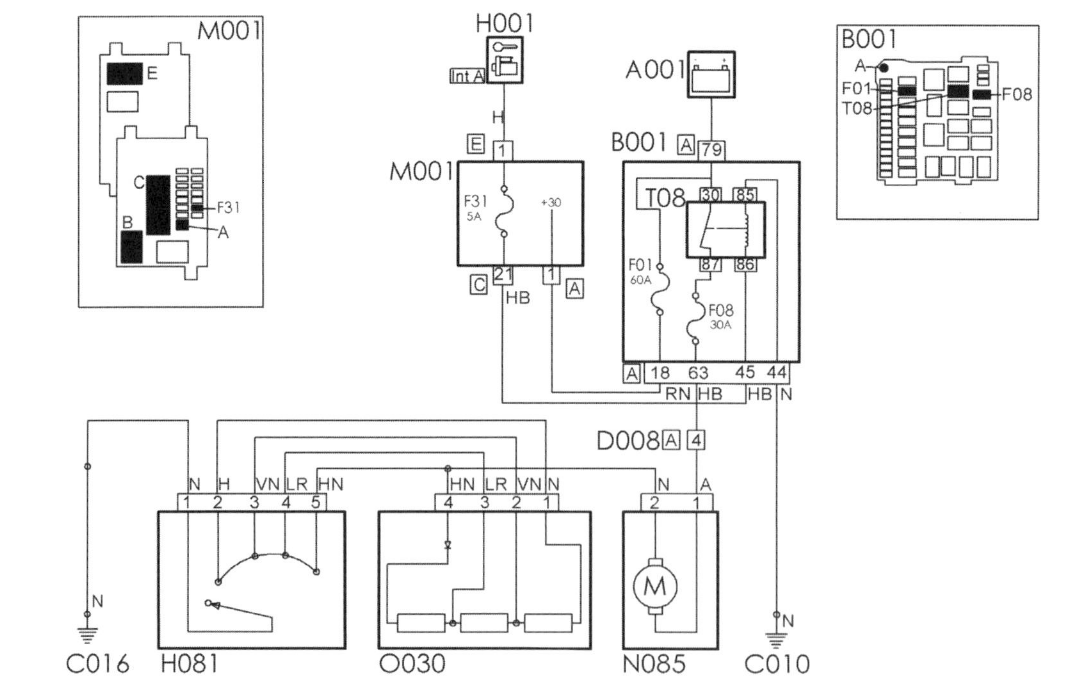


Bild 11

Bild 11
Schaltplan mit Lüfterschalter.
A001 Batterie (Plusanschluss)
B001 Sicherungskasten/Relaisträger Motorraum
C010 Masseanschluss vorne links
C016 Masseanschluss Klimaanlage
D008 Verbindung Heizung/Lüftung
H001 Zündschluss (KL 15)
H081 Gebläseschalter
M001 Sicherungskasten/Relaisträger Fußraum
N085 Gebläsemotor
O030 Vorwiderstände

und die Ablage im Fehlerspeicher nicht. Als mögliche Fehlerquellen kommen folgende Komponenten in Frage:

- Vorsicherung auf dem Sicherungsträger im Motorraum.
- Die Sicherung für den Gebläsemotor.
- Das Entlastungsrelais im BSi.
- Der Gebläsemotor im Gebläsekasten. Der Ausbau ist am aufwendigsten.
- Der Vorwiderstand für den Gebläsemotor. Er ist neben dem Gebläsemotor verbaut.
- Der Gebläseschalter im Armaturenbrett.
- Der Masseanschluss in der Mitte der Armaturentafel.

Achten Sie auch auf korrodierte Anschlüsse an Steckverbindern und Masseanschlüssen.

**Vorbereitung am Fahrzeug**

- Legen Sie den Lüftermotor auf der Beifahrerseite frei.
- Demontieren Sie die Abdeckung zum Sicherungsträger der E-Box in der Armaturentafel.
- Demontieren Sie die Abdeckung zum Sicherungsträger im Motorraum links (Relais und Sicherungsträger A).
- Schließen Sie ein Dauerladegerät (Erhaltungsladegerät) an die Batterie an.
- Schließen Sie einen Diagnosetester an und lesen Sie den Fehlerspeicher aller Systeme aus. Gerade Hinweise zur Unter- oder Überspannung können wichtig sein.

**Versorgungsspannung prüfen (Bild 12)**

- Prüfen Sie, ob die Sicherung F31 mit 5A (1 im Bild 12) im Sicherungsträger der E-Box im Motorraum in Ordnung ist.

Hier sollten bei eingeschalteter Zündung 12 V anliegen (KL15).

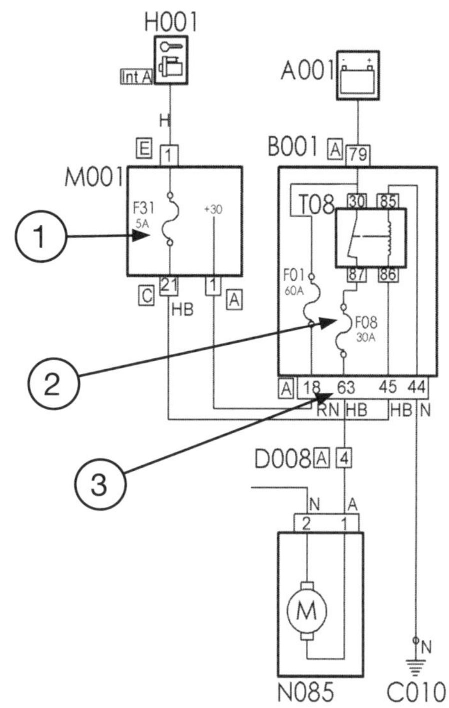


Bild 12

- Prüfen Sie, ob die Sicherung F08 mit 30A (2) im Sicherungsträger im Motorraum links (Relais und Sicherungsträger B001) in Ordnung ist.

Hier sollten immer 12 V anliegen (KL30). Die Spannungsversorgung erfolgt ohne Vorsicherung.

- Schalten Sie die Zündung ein.

Messen Sie das grau/weiße Kabel (3 im Bild 12) gegen Masse. Es sollten auch bei aufgestecktem Stecker 12 V anliegen. Ist das nicht der Fall, kontrollieren Sie die Funktion des Relais (T08) im Sicherungsträger im Fußraum links (Relais und Sicherungsträger).

Bild 12
Spannungsversorgung am Lüftermotor.
1 Sicherung F31 (5A)
2 Sicherung F8 (30A)
3 Pin 63 am Sicherungsträger im Motorraum
Legende:
A001 Batterie (Plusanschluss)
B001 Sicherungskasten/Relaisträger Motorraum
C010 Masseanschluss vorne links
D008 Verbindung Heizung/Lüftung
H001 Zündschluss (KL 15)
M001 Sicherungskasten/Relaisträger Fußraum
N085 Gebläsemotor

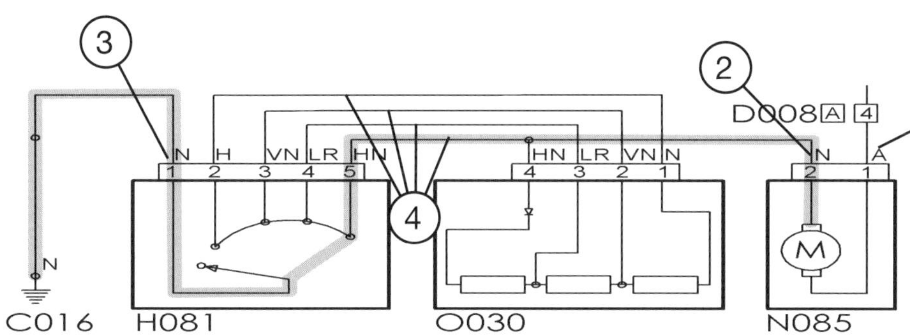


Bild 13

Bild 13
Masse am Lüftermotor.
1 Plusanschluss zur Sicherung F8
2 Masseanschluss über den Lüfterschalter
Legende:
C016 Masseanschluss Klimaanlage
D008 Verbindung Heizung/Lüftung
H081 Gebläseschalter
N085 Gebläsemotor
O030 Vorwiderstände

**Masseanschluss prüfen (Bild 13)**

■ Schalten Sie die Zündung ein.

■ Schalten Sie das Gebläse auf die höchste Stufe (Stufe 4).

Messen Sie das blaue Kabel (1 im Bild 13) am Gebläsemotor gegen das schwarze Kabel (2). Liegen hier bei aufgestecktem Stecker 12 V an, ist der Motor defekt oder seine Schleifkohlen verschlissen.

■ Bauen Sie den Motor aus und überprüfen Sie Kohlen und Anschlüsse.

■ Kontrollieren Sie die Anschlusskabel zum Vorwiderstand genau. Es kommt vor, dass die Kontakte verbrannt und der Anschlussstecker verschmort ist. Hier sind aber auch Reparatursätze lieferbar.

**Vorwiderstandsdekade unter Last prüfen (Bild 14)**

Diese Messung wird dann angewendet, wenn das Gebläse gelegentlich aussetzt oder beim Laufen starke Drehzahlunterschiede auftreten. Der Fehler kann beim Motor aber auch beim Vorwiderstand liegen.

■ Schalten Sie die Zündung ein.

■ Schalten Sie das Gebläse auf die höchste Stufe (Stufe 4). Hier wird die Masse durchgeschaltet.

*Spannungsversorgung plusseitig (Bild 14):*

Messen Sie das blaue Kabel (1 im Bild 14) am Gebläsemotor gegen Masse. Es sollte auch bei aufgestecktem Stecker noch die zuvor gemessene Spannung von etwa 12 V anliegen. Ist das nicht der Fall, kontrollieren Sie die Funktion des Relais (T08) im Sicherungsträger im Fußraum links (Relais und Sicherungsträger).

**Praxistip: Spannungsverlustmessung**

Fehler durch Übergangswiderstände lassen sich nur unter Last feststellen. Die Übergangswiderstände fallen zumeist klein aus und werden durch die Erwärmung größer. Eine Messung des Widerstandes ist deshalb nicht sinnvoll.

**Voraussetzungen für die Spannungsverlustmessung:**

■ Alle Geräte und Bauteile die im zu untersuchenden Stromkreis verwendet werden, müssen angeschlossen sein.

■ Die Zündung ist eingeschaltet.

■ Die Spannungsversorgung ist in Ordnung.

■ Die Messpunkte (Stecker an den Bauteilen) sind zugänglich.

■ Die Anschlussstecker sind nicht korrodiert und sitzen fest.

*Spannungsversorgung masseseitig (Bild 14):*

Der Widerstand ist mit einer thermischen Sicherung versehen. Oftmals geht nur diese Sicherung kaputt. Sie ist aber nicht einzeln erhältlich.

Überbrücken Sie die Sicherung in gar keinem Fall. Bei einer defekten Thermosicherung sollten Sie den gesamten Vorwiderstand ersetzen.

Die folgenden Messwerte sollten Sie als Anhaltspunkt sehen. Sie sind sehr stark von der Temperatur der Vorwiderstände, dem Hersteller und den Fertigungstoleranzen abhängig. Sie sollten aber in jedem Fall klar erkennbare Abstufungen in den Messwerten erreichen.

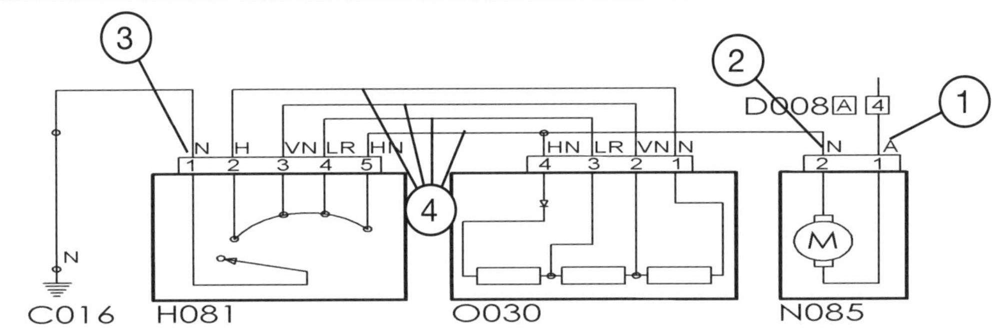


Bild 14

Bild 14
Masse am Lüftermotor.
1 Plusanschluss Motor
2 Masseanschluss Motor
3 Masseanschluss am Gebläseschalter
4 Verbindungsleitungen
Legende:
C016 Masseanschluss Klimaanlage
D008 Verbindung Heizung/Lüftung
H081 Gebläseschalter
N085 Gebläsemotor
O030 Vorwiderstände

Für die folgenden Messungen werden die Messpunkte nicht verändert.

*Spannungsverlust Massezuleitung (Bild 14):*

Messen Sie das schwarze Kabel (2 im Bild 14) am Gebläsemotor gegen Masse. Es sollte bei aufgestecktem Stecker eine gemessene Spannung von etwa 0 V anliegen. Ist das nicht der Fall, kontrollieren Sie den Masseanschluss zum Gebläseschalter (3) und die Verbindung der Kabel (4) zwischen Gebläseschalter und Vorwiderständen.

*Spannungsverlust Masseleitung auf Stufe 3 (Bild 15):*

■ Schalten Sie das Gebläse auf die zweithöchste Stufe (Stufe 3).

Messen Sie das schwarze Kabel (1 im Bild 15) am Gebläsemotor gegen Masse.

Es sollte bei aufgestecktem Stecker eine kleine Spannung anliegen. Es können etwa 3 V anliegen. Das ist die Spannung, die nun über dem Widerstand abfällt und dem Motor nicht mehr zur Verfügung steht, somit läuft er dann langsamer.

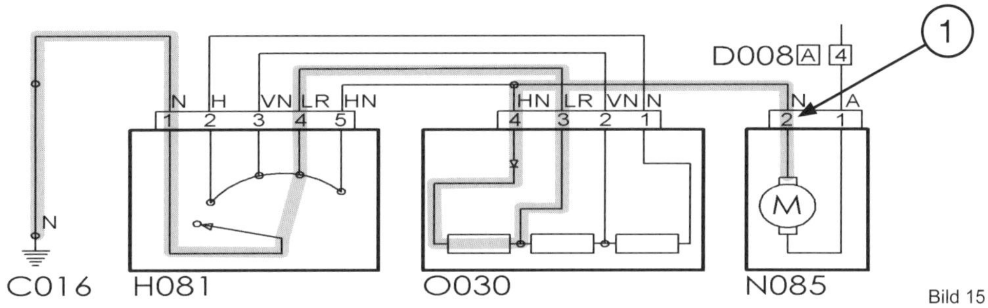


Bild 15

Bild 15
Masse am Lüftermotor in Stufe 3.
1 Messpunkt Motormasse gegen die Fahrzeugmasse
Legende:
C016 Masseanschluss Klimaanlage
D008 Verbindung Heizung/Lüftung
H081 Gebläseschalter
O030 Vorwiderstände
N085 Gebläsemotor

*Spannungsverlust Masseleitung auf Stufe 2 (Bild 16):*

■ Schalten Sie das Gebläse auf die zweitniedrigste Stufe (Stufe 2).

Messen Sie das schwarze Kabel (1 im Bild 16) am Gebläsemotor gegen Masse. Es sollte bei aufgestecktem Stecker eine kleine Spannung anliegen. Es können etwa 6 V anliegen. Das ist die Spannung, die nun über dem Widerstand abfällt und dem Motor nicht mehr zur Verfügung steht, somit läuft er dann langsamer.

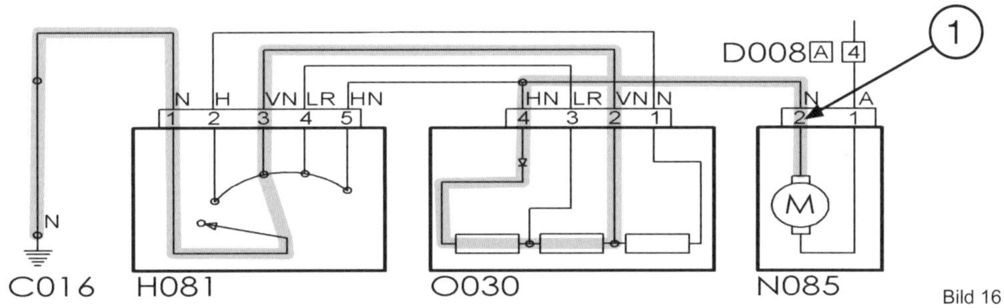


Bild 16

Bild 16
Masse am Lüftermotor in Stufe 2.
1 Messpunkt Motormasse gegen die Fahrzeugmasse
Legende:
C016 Masseanschluss Klimaanlage
D008 Verbindung Heizung/Lüftung
H081 Gebläseschalter
O030 Vorwiderstände
N085 Gebläsemotor

*Spannungsverlust Masseleitung auf Stufe 1 (Bild 17):*

■ Schalten Sie das Gebläse auf die zweitniedrigste Stufe (Stufe 1).

Messen Sie das schwarze Kabel (1 im Bild 17) am Gebläsemotor gegen Masse. Es sollte bei aufgestecktem Stecker eine kleine Spannung anliegen. Es können etwa 9 V anliegen. Das ist die Spannung, die nun über dem Widerstand abfällt und dem Motor nicht mehr zur Verfügung steht, somit läuft er dann langsamer.

■ Wenn Sie die Messwerte auch nicht annähernd erreichen, prüfen Sie den Masseanschluss zum Gebläseschalter und die Verbindung des schwarzen Kabels zwischen Gebläseschalter und Vorwiderständen.

**Schäden am Gebläseschalter**

Der Gebläseschalter schaltet den Lüftermotor unter Last. Im Laufe der Zeit ver-

Sichtprüfung Messen

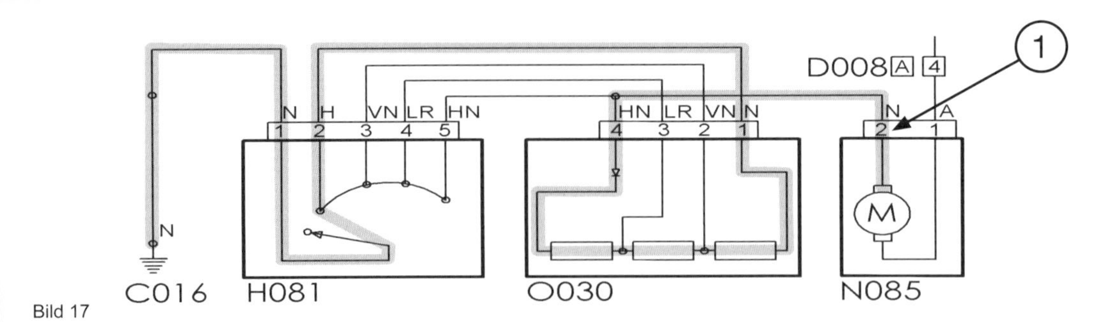

Bild 17

Bild 17
Masse am Lüftermotor in Stufe 1.
1 Messpunkt Motormasse gegen die Fahrzeugmasse
Legende:
C016 Masseanschluss Klimaanlage
D008 Verbindung Heizung/Lüftung, H081 Gebläseschalter
O030 Vorwiderstände
N085 Gebläsemotor

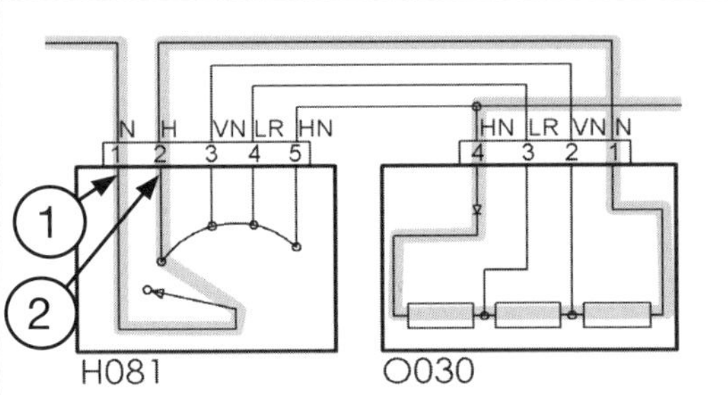

Bild 18

Bild 18
Masse am Lüftermotor in Stufe 1.
1 Masseanschluss Fahrzeugmasse (schwarz)
2 Anschluss Stufe 1 (Grau)
Legende:
H081 Gebläseschalter
O030 Vorwiderstände

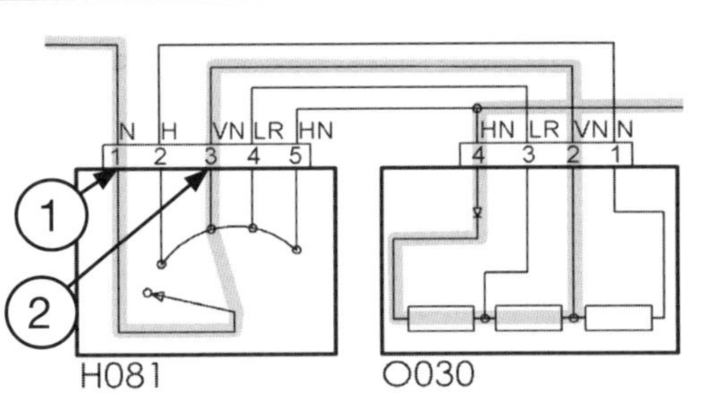

Bild 19

Bild 19
Masse am Lüftermotor in Stufe 2.
1 Masseanschluss Fahrzeugmasse (schwarz)
2 Anschluss Stufe 2 (grün/schwarz)
Legende:
H081 Gebläseschalter
O030 Vorwiderstände

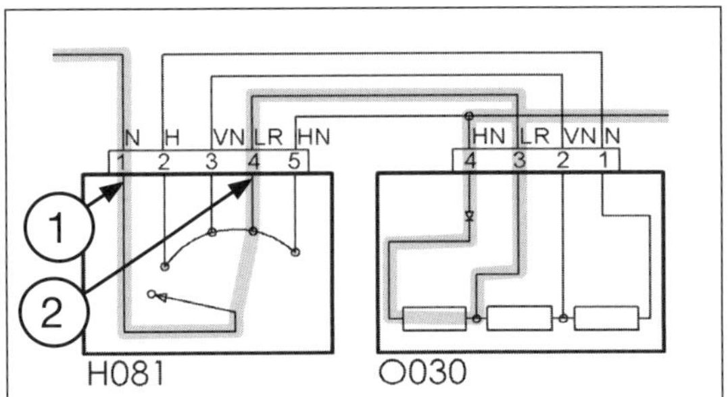

Bild 20

Bild 20
Masse am Lüftermotor in Stufe 3.
1 Masseanschluss Fahrzeugmasse (schwarz)
2 Anschluss Stufe 3 (hellblau/rot)
Legende:
H081 Gebläseschalter
O030 Vorwiderstände

schleißen die Kontakte oder der Andruck von Kontaktplatte zu Kontakt wird geringer. Abbrand und Schmutz bilden schnell einen Widerstand.
Auch hier fällt dann eine Spannung ab. Oftmals werden die Kontaktstellen dann sehr warm, sogar der Kunststoff des Schalters kann verschmoren.

*Vorbereitungen:*

Die Messungen können auch am Steuerausgang des Klimasteuergerätes erfolgen oder wahlweise an den entsprechenden Anschlüssen am Vorwiderstand.

- Legen Sie den Gebläseschalter frei. Die folgenden Messungen erfolgen am Schalterausgang.
- Schalten Sie die Zündung ein.

*Spannungsverlustmessung in Stufe 1 (Bild 18):*

- Stellen Sie den Schalter auf die Stufe 1.

Messen Sie nun zwischen dem Anschlusspin 1 des aufgesteckten Steckers (Kabelfarbe Schwarz/violett) zum Anschlusspin 2 des aufgesteckten Steckers.

- Der Messwert sollte annähernd 0 V betragen. Wenn Sie hier eine Spannung messen, ist die Schaltstufe oder der Anschluss defekt. Oft muss der Schalter ersetzt werden.

Der Übergangswiderstand kann aber auch am Anschlussstecker entstehen. Hier sind dann meist deutliche Schmauchspuren erkennbar.

*Spannungsverlustmessung in Stufe 2 (Bild 19):*

- Stellen Sie den Schalter auf die Stufe 2.

Messen Sie nun zwischen dem Anschlusspin 1 des aufgesteckten Steckers (Kabelfarbe Schwarz/violett) zum Anschlusspin 3 des aufgesteckten Steckers.

- Der Messwert sollte annähernd 0 V betragen. Wenn Sie hier eine Spannung messen, ist die Schaltstufe oder der Anschluss defekt. Meist muss der Schalter ersetzt werden.

Der Übergangswiderstand kann aber auch am Anschlussstecker entstehen. Hier sind dann meist deutliche Schmauchspuren erkennbar.

*Spannungsverlustmessung in Stufe 3 (Bild 20):*

■ Stellen Sie den Schalter auf die Stufe 3.

Messen Sie nun zwischen dem Anschlusspin 1 des aufgesteckten Steckers (Kabelfarbe Schwarz/violett) zum Anschlusspin 3 des aufgesteckten Steckers.

■ Der Messwert sollte annähernd 0 V betragen

Spannungsverlustmessung in Stufe 4 (Bild 21):

■ Stellen Sie den Schalter auf die Stufe 4.

Messen Sie nun zwischen dem Anschlusspin 1 des aufgesteckten Steckers (Kabelfarbe Schwarz/violett) zum Anschlusspin 3 des aufgesteckten Steckers.

■ Der Messwert sollte annähernd 0 V betragen. Ein Messwert bis 0,3 V ist vertretbar

## Norm-Klemmenbezeichnung

### Schaltplanlegenden

Um die Schaltpläne verwenden zu können ist es auch bei den Originalplänen erforderlich, die Legenden zur Verfügung zu haben. In unseren Plänen finden Sie die Legende in der Bildbeschreibung am Rand.

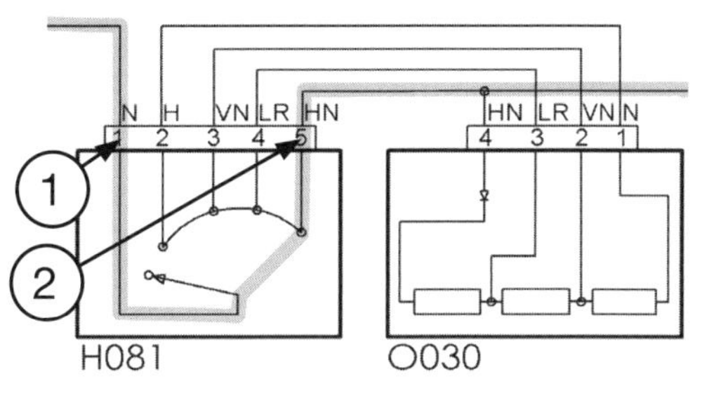


Bild 21

Bild 21
Masse am Lüftermotor in Stufe 4.
1 Masseanschluss Fahrzeugmasse (schwarz)
2 Anschluss Stufe 4 (grau/schwarz)
Legende:
H081 Gebläseschalter
O030 Vorwiderstände

### Klemmenbezeichnungen nach Norm

Die Liste auf der nächsten Seite fasst die häufig benutzten Klemmenbezeichnungen zusammen, wie wir sie im Kapitel »Elektrische Anlage« auch im Zusammenhang mit der Funktion von Sicherungen angegeben haben.

### Spannungsversorgung

Die wichtigsten Normkurzzeichen für die Spannungsversorgung im Bordnetz.

| DIN-Norm | Beschreibung |
|---|---|
| 15 | Geschaltetes Plus hinter Batterie (Ausgangskontakt vom Zündanlassschalter) |
| 15a | Geschaltetes Plus vom Zündanlassschalter (hinter der Sicherung) |
| 30 | Ausgang direkt von Batterie-Plus |
| 30a | Ausgang direkt von Batterie-Plus (hinter der Sicherung) |
| 30al | Ausgeschaltetes Plus von Steuergerät für Bordnetz für Innenleuchte |
| 31 | Batterie-Minus oder Fahrzeugmasse |
| 50 | Ausgangskontakt vom Zündanlassschalter für Anlasser |
| 75 | Ausgangskontakt vom Zündanlassschalter für Ausschalten von Verbrauchern zur Entlastung der Batterie beim Anlassen. |
| 75a | Ausgeschaltetes Plus hinter dem Relais für Entlastung der Batterie beim Anlassen hinter der Sicherung). |
| 86s | Ausgeschaltetes Plus durch Zündanlassschalter beim vollständigen Herausziehen des Schlüssels aus dem Zündanlassschalter. |
| 87 | Ausgangskontakt vom Kraftstoffpumpenrelais oder vom Relais für Dieseldirekteinspritzanlage. |
| 87a | Ausgangskontakt vom Kraftstoffpumpenrelais oder vom Relais für Dieseldirekteinspritzanlage hinter der Sicherung. |

**Signale und Beleuchtung**

Die wichtigsten Normkurzzeichen für die Beleuchtung im Bordnetz. Die Klemmenbezeichnung finden Sie auf externen Bauteilen wie bespielsweise der Anhägekupplung.

| DIN-Norm | Beschreibung |
|---|---|
| 54 | Bremsleuchten |
| 56 | Ausgang von Lichtschalter für Abblendlicht und Fernlicht |
| 56a | Fernlicht |
| 56aL | Fernlicht links |
| 56aR | Fernlicht rechts |
| 56b | Abblendlicht |
| 56bL | Abblendlicht links |
| 56bR | Abblendlicht rechts |
| 58 | Stand- und Schlusslicht, Kennzeichenleuchte |
| 58d | Beleuchtung von Schaltern und Schalttafeleinsatz |
| 58L | Standlicht, Schlusslicht und Parklicht links |
| 58R | Standlicht, Schlusslicht und Parklicht rechts |
| 49L | Blinker links |
| 48R | Blinker rechts |
| 49a | Blinkrelais Ausgang (nur konventionelle Blinkanlagen) |
| 71 | Eingang Signalhorn |

**Signale und Beleuchtung**

Die wichtigsten Normbezeichnung im Datenbussystem. Diese Bezeichnungen finden Sie oft nur in Schaltplänen der Testerhersteller. Fiat verwendet teilweise eigene Kurzbezeichnungen.

| Kurzbezeichnung | Beschreibung |
|---|---|
| CAN-H. Antrieb<br>CAN-L. Antrieb | Datenbus zwischen Steuergeräten von Antrieb, autom. Getriebe, ABS, Diagnose Interface für Datenbus …) |
| CAN-H. Komfort<br>CAN-L. Komfort | Komfort Datenbus zwischen Steuergeräten von Komfortelektrik (Türsteuergeräte, Climatic, Steuergerät für Bordnetz, Diagnose-Interface für Datenbus …) |
| CAN-H – Kl.<br>CAN-L – Kl. | Datenbus zwischen Schalttafeleinsatz und Diagnose-Interface für Datenbus |
| CAN-H. Infotainment<br>CAN-L. Infotainment | Datenbus zwischen Diagnose-Interface für Datenbus und Radio, Verstärker … |
| LIN-Bus | Datenbus zwischen Steuergerät für Bordnetz für Wischermotor … |
| K-Leitung | Reizleitung Diagnoseleitung Steuergeräte. |

# 16 Technische Daten

Zur Übersicht haben wir Ihnen die wichtigsten Daten für den Fiat 500 in den folgenden Tabellen zusammengetragen. Grundsätzlich sollten Sie diese Daten aber gerade bei Bestellung von Neuteilen über den Zulieferer oder über Ihren Fiat-Händler nachfragen und prüfen. Im Laufe der Zeit können sich durchaus veränderte Abmessungen oder Füllmengen ergeben. Jedes Serienfahrzeug verändert sich eben auch in der laufenden Produktion in vielen Details.

## 0,9-l-und 1,0-l-Benzinmotoren

| **Modellbezeichnung** | **0,9 l (80 PS)** | **0,9 l (85 PS)** | **0,9 l (105 PS)** | **1,0 l (60 PS)** | **1,0 l (60 PS)** |
|---|---|---|---|---|---|
| Motorkennbuchstaben | 312A5000 | 312A2000 | 199B6000 | 312A6000 | 312A4000 |
| Kraftstoff (Qualität) | 95 ROZ | | | | |
| Hubraum | 875 | | | 964 | |
| Zylinderzahl | 2 | | | | |
| Ventile pro Zylinder | 4 | | | | |
| Leistung kW bei 1/min | 59/5500 | 63/5500 | (72/3750) 77/3750* | 44/6250 | 48/6250 |
| Drehmoment Nm bei 1/min | 145/1900 | 145/1900 | (145/2000) 120/1750* | 44/6250 | 48/6250 |
| Einspritzsystem | Motronic Magneti Marelli MAP DI | | | | |
| Bohrung Ø mm (Grund) | 80,50 -80,51 | | | 83,50 -83,51 | |
| Maximaler Verschleiß mm | 0,1 | | | | |
| Ovalität mm | 0,012 | | | | |
| Bohrung Ø mm (Stufe 1) | 80,51 - 80,52 | | | 83,51 -83,52 | |
| Bohrung Ø mm (Stufe 2) | 80,52 - 80,53 | | | 83,52 -83,53 | |
| Hub mm | 86,00 | | | 88,00 | |
| Kolbendurchmesser (Grund) | 80,459 - 80,773 | | | 83,455 | |
| Kolbendurchmesser (Stufe 1) | 80,469 - 80,783 | | | 83,165 | |
| Kolbendurchmesser (Stufe 2) | 80,479 - 80,793 | | | 83,475 | |
| Stoßspiel 1. Ring | 0,15 - 0,25 | | | | |
| Stoßspiel 2. Ring | 0,35 - 0,50 | | | | |
| Stoßspiel Ölabstreifring | 0,15 - 0,45 | | | | |
| Höhenspiel 1. Ring | 0,04 - 0,08 | | | 0,05 | |
| Höhenspiel 2. Ring | 0,03 - 0,07 | | | 0,045 - 0500 | |
| Höhenspiel Ölabstreifring | 0,04 - 0,12 | | | 0,035 - 0,040 | |
| Pleuellagerspiel Kurbelwelle mm | 0,023 - 0,041 | | | 0,023 - 0,044 | |
| Lagerspiel KW Hauptlager mm | 0,025 - 0,061 | | | | |
| Aufladesystem | Bypasslader | | | Kein | |
| Nockenwellenantrieb | Steuerkette | | | | |
| Ventilspiel Einlass (kalt) | Hydraulisch | | | | |
| Ventilspiel Auslass (kalt) | Hydraulisch | | | | |

| Modellbezeichnung | 0,9 l (80 PS) | 0,9 l (85 PS) | 0,9 l (105 PS) | 1,0 l (60 PS) | 1,0 l (60 PS) |
|---|---|---|---|---|---|
| Motoröl | 0W30 synthetisch (Fiat 955535-GS1) (API/Acea C2 | | | | |
| Ölfilter | Einsatz | | | | |
| Ölmenge mit Filter | 3,2 l - 3,7 l | | | | |
| Ölmenge Filter | ca. 0,5 l | | | | |
| Kühlmittelmenge (Rot) ca. | 5,3 l | | | | |
| Getriebeöl Schaltgetriebe | SAE 75W-85 (Fiat 9.55550-MX3) ca. 1,65 l | | | | |
| Getriebeöl sequenzielles Schaltgetriebe | SAE 75W-85 (Fiat 9.55550-MX3) ca. 1,65 l | | | - | - |
| Steuerhydraulik sequenzielles Schaltgetriebe | Tutela CAR CS Speed (Fiat 955550-SA1) ca. 0,5 l -0,7 l | | | - | - |
| Bremsflüssigkeit | Dot 4 | | | | |
| Klimaanlage Klimamittel (alle Systeme) | R134a ISO46 | | | | |
| Klimaöl | 450 ± 40 | | | | |

*Angaben im Sportmodus

## 1,2-l-und 1,4-l-Benzinmotoren

| Modellbezeichnung | 1,2 l (69 PS) | 1,2 l (69 PS LPG) | 1,4 l (100 PS) | 1,4 l (102 PS) |
|---|---|---|---|---|
| Motorkennbuchstaben | 169A4.000 | | 169A3.000 | 169A3.000 |
| Kraftstoff (Qualität) | 95 ROZ | LPG | 95 ROZ | |
| Hubraum | 1242 cm³ | | 1368 cm³ | |
| Zylinderzahl | 4 | | | |
| Ventile pro Zylinder | 2 | | 4 | |
| Leistung kW bei 1/min | 51/5500 | | 73,5/6000 | 74/6000 |
| Drehmoment Nm bei 1/min | 102/3000 | | 131/4250 | |
| Einspritzsystem | Motronic Magneti Marelli MAP DI | | Bosch Motronic ME7.9.10 | |
| Bohrung Ø mm (Grund) | 70,80 - 70,81 | | 72,00 - 72,01 | |
| Maximaler Verschleiß mm | 0,1 | | | |
| Ovalität mm | 0,05 | | | |
| Bohrung Ø mm (Stufe 1) | 70,81 - 70,82 | | 72,01 - 72,02 | |
| Bohrung Ø mm (Stufe 2) | 70,82 - 70,83 | | 72,02 - 72,03 | |
| Hub mm | 78,86 | | 84,0 | |
| Kolbendurchmesser (Grund) | 70,76 - 70,77 | | 71,96 - 71,97 | |
| Kolbendurchmesser (Stufe 1) | 70,77 - 70,78 | | 71,97 - 71,98 | |
| Kolbendurchmesser (Stufe 2) | 70,78 - 70,79 | | 71,98 - 71,99 | |
| Stoßspiel 1. Ring | 0,20 - 0,40 | | | |
| Stoßspiel 2. Ring | 0,25 - 0,70 | | | |
| Stoßspiel Ölabstreifring | 0,20 - 0,45 | | 0,20 - 0,40 | |

| Modellbezeichnung | 1,2 l (69 PS) | 1,2 l (69 PS LPG) | 1,4 l (100 PS) | 1,4 l (102 PS) |
|---|---|---|---|---|
| Höhenspiel 1. Ring | 0,02 - 0,06 | | 0,03 - 0,07 | |
| Höhenspiel 2. Ring | 0,02 - 0,06 | | | |
| Höhenspiel Ölabstreifring | 0,02 - 0,05 | | | |
| Laufspiel Kolben/Zylinder | 0,03 - 0,05 | | | |
| Pleuellagerspiel Kurbelwelle mm | 0,0212 - 0,060 | | 0,023 - 0,060 | |
| Lagerspiel KW Hauptlager mm | 0,025 - 0,040 | | | |
| Nockenwellenantrieb | Zahnriemen | | Zahnriemen (Nockenwellen untereinander über Zahnräder) | |
| Ventilspiel Einlass (kalt) | Hydraulisch | | | |
| Ventilspiel Auslass (kalt) | Hydraulisch | | | |
| Ölfilter | Patrone | | | |
| Ölmenge mit Filter | 5W-40 synthetisch (Fiat 9.55535-S2) API/ACEA SM/C3 ca. 2,8 l | | 5W-40 synthetisch ( Fiat 9.55535-S2) API/ACEA SM/C3 ca. 2,9 l | |
| Ölmenge Filter | 0,5 l | | | |
| Kühlmittelmenge (Rot) ca. | 4,8 l | | 4,4 l | |
| Getriebeöl Schaltgetriebe | SAE 75W-85 (Euro 6 =75W) (Fiat 9.55550-MX3) ca. 1,7 l | | SAE 75W-85 SAE GL4 ca. 1,7 l | |
| Getriebeöl sequenzielles Schaltgetriebe | SAE 75W-85, (Euro 6 =75W), (Fiat 9.55550-MX3) ca 1,7 l | | | |
| Steuerhydraulik sequenzielles Schaltgetriebe | Tutela CAR CS Speed (Fiat 955550-SA1) ca. 0,5 l -.0,7 l | | | |
| Bremsflüssigkeit | Dot 4 | | | |
| Klimaanlage Klimamittel (alle Systeme) | R134a ISO46 | | | |
| Klimaöl | 450 ± 40 | | | |

## Verschleißmaße

| Fiat 500 Bauteile | |
|---|---|
| Bremsscheibendicke vorne (min.) Verschleißgrenze | 20,2 mm |
| Belagsstärke vorne (ohne Trägerplatte) | 1,5 mm |
| Bremsscheibendicke hinten (min.) Verschleißgrenze | 9,2 mm |
| Belagsstärke hinten (ohne Trägerplatte) | 1,5 mm |
| Bremstrommeln hinten Durchmesser (Max) Verschleißgrenze | 181,4 mm |
| Belagsstärke hinten (ohne Trägerplatte) | 1,5 mm |

# 17 Anzugsdrehmomente

In diesem Kapitel stellen wir Ihnen die Anzugsmomente für die wichtigsten Verschraubungen am Fahrzeug zur Verfügung. Diese sind zum einen alphabetisch und zum anderen nach den Motorkennbuchstaben sortiert. Natürlich konnten wir nur diese Motoren darstellen, deren Daten bis zum Redaktionsschluss bekannt waren. Alle Daten sollten Sie im Zweifel bei der Teilebestellung hinterfragen und wenn erforderlich korrigieren. Selbiges gilt auch für neue Motortypen. Übernehmen Sie niemals einfach Abmessungen eines anderen Motors ohne diese zu überprüfen. Hier können leicht Schäden entstehen, die vermeidbar währen und oft recht teuer sind.

## Motor

| Fiat 500 Modellbezeichnung | 0,9-l-Motoren | 1,2-l-Motoren | 1,4-l-Motoren |
|---|---|---|---|
| Abgaskrümmer Stufe 1 | 25 Nm | 10 Nm | 10 Nm |
| Abgaskrümmer Stufe 2 | - | 60° | 60° |
| Ansaugkrümmer | M6: 9 Nm<br>M8: 25 Nm | 25 Nm | 15 Nm |
| Auspuffrohr am Krümmer | 20 Nm | 20 Nm | 20 Nm |
| Kraftstoffverteilerrohr | 9 Nm | 9 Nm | 9 Nm |
| Kurbelwellenlager 1. | 20 Nm | 20 Nm | M8: 30 Nm<br>M10: 20 Nm |
| Kurbelwellenlager 2. | 80° | 90° | M8: -<br>M10: 80° |
| Nockenwellenlagergehäuse 1. | 12 Nm | M6: 9 Nm<br>M7: 20 Nm | - |
| Nockenwellenrad 1. | - | 70 Nm | 120 Nm |
| Ölablassschraube | 15 Nm | 20 Nm | 20 Nm |
| Ölpumpe am Zylinderblock | 9 Nm | 10 Nm | 10 Nm |
| Ölwannenschrauben | M6: 9 Nm<br>M8: 25 Nm | | 9 Nm |
| Ölfilter | 25 Nm | 25 Nm | 25 Nm |
| Pleuellager 1. | 30 Nm | 20 Nm | 20 Nm |
| Pleuellager 2. | 90° | 40° | 40° |
| Riemenscheibe Zentralschraube 1. | 130 Nm | 20 Nm | 20 Nm |
| Riemenscheibe Zentralschraube 2. | - | 90° | 110° |
| Riemenscheibe Dämpfer | - | - | 25 Nm |
| Schwungrad Kupplung** | 15 Nm | 14 Nm | 14 Nm |
| Schwungrad/Mitnehmer 1. | 20 Nm | 15 Nm | 15 Nm |
| Schwungrad/Mitnehmer 2. | 50° | 40° | 40° |
| Sensor »Klopfsensor« | 25 Nm | 25 Nm | 25 Nm |
| Sensor »Öldruckschalter« | 30 Nm | 30 Nm | 30 Nm |
| Sensor Kühlmittel | - | - | 20 Nm |
| Sensor Kurbelwelle | 9 Nm | 9 Nm | 9 Nm |
| Sensor Lambdasonde | 15 Nm | 45 Nm | 45 Nm |
| Sensor Nockenwelle | 9 Nm | - | - |

| Fiat 500 Modellbezeichnung | 0,9-l-Motoren | 1,2-l-Motoren | 1,4-l-Motoren |
|---|---|---|---|
| UniAir-Modul | 25 Nm | - | - |
| Ventildeckel 1. | 9 Nm | 10 Nm | 15 Nm |
| Wasserpumpe | 9 Nm | 9 Nm | 10 Nm |
| Zahnriemenspannrolle | - | 25 Nm | 25 Nm |
| Zündkerzen / Glühkerzen | 17 Nm | M14: 25 Nm | |
| M12: 18 Nm | 18 Nm | | |
| Zylinderkopfschrauben 1. | 20 Nm | 20 Nm | 20 Nm |
| Zylinderkopfschrauben 2. | 30 Nm | 30 Nm | 30 Nm |
| Zylinderkopfschrauben 3. | 90° | 90° | 90° |
| Zylinderkopfschrauben 4. | 90° | 90° | 90° |
| Zylinderkopfschrauben im Nockenwellenkasten | - | - | 15 Nm |
| Zylinderkopfschrauben im Nockenwellenkasten Verschlussschrauben | - | - | 15 Nm |

## Fahrgestell

| Verschraubung | Anzugsdrehmoment |
|---|---|
| Radnabe vorne 1. Stufe | 70 Nm |
| Radnabe vorne 2. Stufe | 55° |
| Radnabe hinten | 280 Nm |
| Lenkrad | 50 Nm |
| Befestigung Lenkgetriebe 1. | 65 Nm |
| Befestigung elektrische Lenkung | - |
| Äußeres Spurstangengelenk | 40 Nm |
| Bremsscheibe an Bremsnabe | 12 Nm |
| Bremstrommel an Bremsnabe | 12 Nm |
| Bremssattelhalter an der Nabe vorne | 100 Nm |
| Bremssattel an Halter vorne | 20 Nm |
| Bremssattelhalter an der Nabe hinten | 55 Nm |
| Bremssattel an Halter hinten | 15 Nm |
| Sensor ABS | 9 Nm |
| Radschrauben | Stahlfelge: 100 Nm<br>Alufelge: 110 Nm |
| Radnabe vorne 1. Stufe | 70 Nm |
| Radnabe vorne 2. Stufe | 55° |

Sichtprüfung Messen

| Verschraubung | Anzugsdrehmoment |
|---|---|
| Pendelstutze am Getriebe M10 (M12) | 60 Nm |
| Motorlager rechts am Motor | 50 Nm |
| Motorlager rechts am Rahmen | 50 Nm |
| Motorlager links am Getriebe | M8: 20 Nm<br>M10: 45 Nm<br>M12: 60 Nm |
| Motorlager links am Rahmen | 50 Nm |
| Querlenker vorne | 65 Nm |
| Querlenker unten | 65 Nm |
| Traggelenkbolzen | 45 Nm |

## Elektrische Anlage

| Verschraubung | Anzugsdrehmoment |
|---|---|
| Masseanschluss an der Batterie M6 | 6 Nm |
| Masseband am Getriebe | 20 Nm |
| Massepunkte an der Karosserie M6 | 8 Nm |
| Massepunkte an der Karosserie M8 | 15 Nm |
| Plusanschluss am Anlasser M8 | 15 Nm |
| Plusanschluss am Generator | 15 Nm |
| Plusanschluss am Sicherungskasten M5 | 4 Nm |
| Plusanschluss am Sicherungskasten M6 | 6 Nm |
| Plusanschluss an der Batterie M6 | 6 Nm |

## Sonstige Verschraubungen

| Schraubengröße | M4 | M5 | M6 | M8 | M10 | M12 | M14 | M16 |
|---|---|---|---|---|---|---|---|---|
| Anzugsdrehmoment | 0,5 Nm | 3 Nm | 10 Nm | 20 Nm | 45 Nm | 60 Nm | 100 Nm | 200 Nm |

## Einkaufszettel Wartungsteile

| Bauteil | Lieferant | Bemerkung |
|---|---|---|
| Luftfilter | | |
| Ölfilter | | |
| Twinairfiltereinheit | | |
| Innenraumfilter | | |
| Motoröl | | |
| Zündkerzen | | |
| | | |
| | | |
| | | |

## Sonstige Bemerkungen